James Herriot

Ein jegliches nach seiner Art

Neue Geschichten vom Doktor
und dem lieben Vieh

Mit Illustrationen
von Victor Ambrus

Deutsch von
Silvia Morawetz

Wunderlich

Die Originalausgabe erschien 1992 unter dem Titel
«Every Living Thing» bei Michael Joseph, London

1.–17. Tausend September bis November 1993
18.–20. Tausend Juni 1994

Schutzumschlag- und Einbandgestaltung Bernd Kuchenbeiser
(Illustration Peter S. Jones)
Satz aus der Garamond von Jung Satzcentrum GmbH, Lahnau
Druck und Bindung Clausen & Bosse, Leck
Printed in Germany
ISBN 3 8052 0542 2

Für meine verehrten und langjährigen Freunde
Polly und Bodie

Seid fruchtbar und mehret euch und füllet die Erde und machet sie euch untertan und herrschet über die Fische im Meer und über die Vögel unter dem Himmel und über das Vieh und über alles Getier, das auf Erden kriecht …

Und Gott machte die Tiere auf Erden, ein jegliches nach seiner Art.

I

Früh am Morgen bin ich nie in Höchstform, schon gar nicht an so einem kalten Morgen im Yorkshire-Frühling, wenn der schneidende Märzwind von den Bergen herunterfegt und mir in die Sachen fährt, mich an der Nase und an den Ohren zwackt. Es war eine freudlose Tageszeit und besonders schlimm, zu dieser Stunde auf diesem gepflasterten Farmhof stehen und miterleben zu müssen, wie dank meiner Unfähigkeit ein schönes Pferd starb.

Es hatte um acht Uhr angefangen. Mr. Kettlewell rief an, als ich gerade mein Frühstück beendete.

«Ich hab hier einen schönen großen Wagengaul, und er hat überall Flecken gekriegt.»

«Ach ja, was für welche denn?»

«Tja, rund und flach; sie sind überall, am ganzen Körper.»

«Und es hat ganz plötzlich angefangen?»

«Ja, gestern abend war er noch gesund und munter.»

«Gut, ich schau ihn mir gleich einmal an.» Ich hätte mir beinahe die Hände gerieben. Nesselsucht. Gewöhnlich heilte die zwar spontan, aber eine Injektion beschleunigte den Prozeß, und ich hatte ein neues Antihistamin, das ich ausprobieren wollte – angeblich sollte es bei dieser Art Erkrankung genau das Richtige sein. Jedenfalls war dies eine Situation, in der man als Tierarzt leicht glänzen konnte. Der Tag ließ sich nicht schlecht an.

In den fünfziger Jahren hatte zwar der Traktor die meiste Arbeit auf den Farmen übernommen, doch es gab in der Gegend immer noch eine stattliche Anzahl von Zugpferden, und als ich auf dem Hof von Mr. Kettlewell ankam, begriff ich, daß dieses hier ein besonderes Pferd war.

Der Bauer führte es aus einer offenen Box auf den Hof. Ein herrlicher Shire, achtzehn Hand hoch, mit einem edlen Kopf, den er stolz schüttelte, als er auf mich zu schritt. Ich empfand so etwas wie Ehrfurcht, als ich die schwellende Kurve des Halses, den Körper mit dem mächtigen Brustkorb und die kräftigen Beine betrachtete, die oberhalb der starken Fesseln einen dichten Haarbehang hatten.

«Was für ein wunderbares Pferd!» stieß ich hervor. «Er ist ja riesig.»

Mr. Kettlewell lächelte in stillem Stolz. «Ja, eine richtige Schönheit. Hab ihn erst letzten Monat gekauft. Ich hab gern gute Pferde um mich.» Er war ein kleiner Mann, schon älter, aber noch rüstig, und einer meiner Lieblingsfarmer. Er mußte hoch hinauflangen, um dem Pferd auf den gewaltigen Hals zu klopfen, woraufhin es den Kopf an ihm rieb. «Friedlich ist er auch. Ganz ruhig.»

«Ja, es ist viel wert, wenn ein Pferd gutmütig ist und auch noch gut aussieht.» Ich ließ die Hand über die typischen Plaques auf der Haut gleiten.

«Tja, Urtikaria, kein Zweifel.»

«Was ist das?»

«Manchmal wird es auch als Nesselsucht bezeichnet. Es ist

eine Allergie. Er hat vielleicht etwas Ungewöhnliches gefressen, aber es ist oft schwierig, die genaue Ursache zu bestimmen.»

«Ist es was Ernstes?»

«O nein. Ich habe da etwas zum Injizieren, das ihn bald wieder in Ordnung bringen wird. Sonst fehlt ihm doch nichts, oder?»

«Nein, er ist putzmunter.»

«Gut. Manchmal versetzt so eine Spritze die Tiere in Unruhe, aber dieser Bursche hier scheint ja vor Gesundheit zu strotzen.»

Als ich die Spritze mit dem Antihistamin füllte, dachte ich, daß ich nie wahrere Worte gesprochen hatte. Das mächtige Pferd strahlte Gesundheit und Wohlbehagen aus.

Es bewegte sich nicht, als ich ihm die Injektion gab, und ich wollte die Spritze schon weglegen, als mir etwas einfiel. Bei Urtikaria hatte ich immer ein Markenpräparat verwendet, und es hatte unfehlbar geholfen. Vielleicht sollte man es zusätzlich zum Antihistamin geben, nur zur Sicherheit. Ich wollte, daß dieses Prachtpferd ganz schnell wieder richtig in Ordnung kam.

Ich lief zu meinem Auto zurück, um die alte Reservespritze zu holen, und injizierte die übliche Dosis. Wieder achtete das große Tier gar nicht auf mich, und der Farmer lachte.

«Bei Gott, es macht ihm kein bißchen was aus, wie?»

Ich steckte die Spritze in die Tasche. «Nein, ich wünschte, alle unsere Patienten wären so. Er ist ein Pfundskerl.»

Dies, so dachte ich, war Tierheilkunde in ihrer schönsten Form. Ein leichter, problemloser Fall, ein netter Bauer und ein fügsamer Patient, ein bildschönes Pferd, das ich mir den ganzen Tag lang hätte anschauen können. Ich wollte gar nicht fort, obwohl ich noch andere Visiten vor mir hatte. Ich stand nur da und hörte mit halbem Ohr Mr. Kettlewell zu, der vom bevorstehenden Lammen erzählte.

«Na dann», sagte ich schließlich, «ich muß mich auf den Weg machen.» Ich wendete mich schon zum Gehen, als ich bemerkte, daß der Farmer verstummt war.

Er blieb eine Weile still, dann sagte er: «Er zittert ein bißchen.»

Ich betrachtete das Pferd. In den Beinmuskeln war der Anflug eines Tremors zu erkennen. Er war kaum sichtbar, doch während ich zuschaute, begann er sich allmählich nach oben auszubreiten, bis die Haut am Hals, der Körper und der ganze Rumpf zu vibrieren anfingen. Es war ein ganz leichtes Zittern, doch bestand kein Zweifel daran, daß es nach und nach stärker wurde.

«Was ist das?» sagte Mr. Kettlewell.

«Ach, nur eine kleine Reaktion. Es wird gleich vorbei sein.» Ich bemühte mich um einen lässigen Ton, aber so sicher war ich mir nicht.

Mit quälender Langsamkeit wurde aus dem Zittern ein Schütteln, das den gesamten Körper erfaßte, und dieses wurde, während der Farmer und ich schweigend dastanden, immer heftiger. Mir war, als hätte ich eine ganze Weile dort gestanden und versucht, eine gelassene und unbesorgte Miene zur Schau zu stellen, doch ich konnte nicht glauben, was ich da sah. Diese plötzliche, unerklärliche Veränderung – es gab keinen Grund dafür. Mein Herz begann zu pochen, und mein Mund wurde trocken, als das Schütteln von schweren Spasmen abgelöst wurde, die den Körper des Pferdes erbeben und ihm die vor kurzem noch so klaren Augen vor Entsetzen fast aus dem Kopf quellen ließen, während ihm Schaum von den Lippen zu tropfen begann. Mein Hirn arbeitete fieberhaft. Vielleicht hätte ich diese Injektionen nicht zusammen geben dürfen, doch das konnte doch nicht diese grauenerregende Wirkung auslösen. Unmöglich.

Während die Sekunden verstrichen, hatte ich das Gefühl, es nicht länger ertragen zu können. Das Blut hämmerte mir in den Ohren. Sicher würde er sich bald erholen – es konnte doch nicht noch schlimmer werden.

Ich irrte mich. Beinahe unmerklich begann das riesige Tier zu schwanken. Zuerst nur ein wenig, dann immer heftiger, bis es sich von einer Seite zur anderen neigte wie eine mächtige Eiche im Sturm. Heiliger Bimbam, es war nahe daran umzukippen, und das wäre dann das Ende. Und dieses Ende mußte bald kommen. Die Pflastersteine erbebten unter meinen Füßen, als das große Pferd mit Getöse zu Boden ging. Ein Weilchen lag es noch dort auf der Seite, die Füße traten konvulsivisch in die Luft, dann war es still.

Das war's. Ich hatte dieses Prachtpferd getötet. Es war unmöglich, einfach unglaublich, daß dieses Tier noch vor ein paar Minuten in all seiner Kraft und Schönheit dort gestanden hatte, bis ich mit meiner schlauen neuen Medizin gekommen war, und nun lag es da – tot.

Was sollte ich sagen? Tut mir schrecklich leid, Mr. Kettlewell, es ist mir einfach unbegreiflich, wie das geschehen konnte. Mein Mund ging auf, doch es kam nichts heraus, nicht einmal ein Krächzen. Und als sei ich ein Außenstehender, der ein Bild betrachtet, nahm ich das Rechteck der Hofgebäude mit den dunklen, schneegemaserten Bergen dahinter wahr, die sich unter einem tiefen Himmel erhoben, den beißenden Wind, den Bauern, mich selbst – und den reglosen Körper des Pferdes.

Ich fror bis auf die Knochen und fühlte mich hundeelend, doch ich mußte irgendeine Erklärung abgeben. Ich holte tief und zitternd Luft und wollte gerade zum Sprechen ansetzen, als das Pferd ein wenig den Kopf hob. Weder ich noch Mr. Kettlewell sagten etwas, als das mächtige Tier sich auf die Brust wälzte, ein paar Sekunden lang um sich schaute und dann auf die Beine kam. Es schüttelte den Kopf und ging dann zu seinem Herrn. Die Besserung stellte sich genauso schnell und genauso unglaublich ein wie der verheerende Zusammenbruch, und der krachende Sturz auf den gepflasterten Hof schien ihm nicht geschadet zu haben.

Der Bauer reckte den Arm hoch und tätschelte dem Pferd den Hals. «Schauen Sie, Mr. Herriot, die Flecken sind so gut wie fort.»

Ich ging hinüber und sah es mir an. «Tatsächlich. Sie sind kaum noch zu sehen.»

Mr. Kettlewell schüttelte verwundert den Kopf. «Also wirklich, das ist ja eine wunderbare neue Methode. Aber ich verrat Ihnen was. Ich hoffe, Sie nehmen's mir nicht krumm, wenn ich das sage, aber» – er legte mir die Hand auf den Arm und sah mir ins Gesicht – «ich denke, sie ist ein bißchen drastisch.»

Ich fuhr vom Hof und hielt an der windabgewandten Seite einer Bruchsteinmauer noch einmal an. Eine große Müdigkeit hatte mich überfallen. Derartige Erlebnisse taten mir nicht gut. Ich war nicht mehr der Jüngste – Ende Dreißig – und verkraftete derartige Schocks nicht mehr so wie früher. Ich drehte den Rückspiegel nach unten und sah mich an. Ich war ein wenig blaß, aber nicht so gräßlich blaß, wie ich mich fühlte. Dennoch ließen sich das Schuldgefühl und die Bestürzung nicht vertreiben, und auch nicht der ständig wiederkehrende Gedanke, daß es einfachere Mittel und Wege geben mußte, seinen Lebensunterhalt zu verdienen, als die eines Tierarztes auf dem Lande. Vierundzwanzig Stunden am Tag, sieben Tage in der Woche, hart, schmutzig und gespickt mit traumatischen Vorfällen wie dieser Beinahe-Katastrophe gerade eben. Ich lehnte mich zurück und schloß die Augen.

Als ich sie ein paar Minuten später wieder öffnete, war die Wolkendecke aufgerissen, und die Sonne kam durch, erweckte die grünen Hügel und glitzernden Schneehänge zu neuem Leben und malte die Felsvorsprünge golden an. Ich kurbelte das Fenster hinunter und atmete die kalte, reine Luft ein, die frisch und scharf vom Moor hoch über mir heruntergeweht kam. Der Schrei eines Brachvogels gellte durch die Stille, und auf der grasbewachsenen Straßenböschung sah ich die ersten Schlüsselblumen dieses Frühjahrs.

Allmählich kehrte Frieden in mir ein. Vielleicht hatte ich ja bei Mr. Kettlewells Pferd gar nichts falsch gemacht. Vielleicht lösten Antihistamine manchmal solche Reaktionen aus. Als ich den Motor anließ und davonfuhr, stieg jedenfalls das alte Gefühl in mir auf, das mich innerhalb von Minuten wieder ganz erfüllte: Es war gut, in dieser aufregenden Landschaft mit Tieren arbeiten zu können; ich hatte Glück, Tierarzt in den Yorkshire Dales zu sein.

2

Zweifellos schärft so ein Schock die Wahrnehmung, denn als ich mit noch flatterndem Herzen von Mr. Kettlewell wegfuhr, um mich auf meine Vormittagsrunde zu begeben, war es, als sähe ich alles zum ersten Mal. Ich war mir zwar der Schönheit ringsum bei meiner täglichen Arbeit immer bewußt, und auch die staunende Bewunderung, die mich beim ersten Anblick von Yorkshire erfüllt hatte, war mir nie abhanden gekommen, doch an diesem Morgen wirkte der Zauber der Dales stärker denn je.

Mein Blick wanderte über die aufragenden Bergflanken, ich nahm das Muster der ummauerten, dem gelben Moorgras abgewonnenen grünen Felder in mich auf, und als ich zu den Bergkuppen hinaufschaute, spürte ich den Schauer der Erregung, die mich beim Anblick dieses unberührten Landes jedesmal ergriff.

Nachdem ich einen abgelegenen Hof besucht hatte, konnte ich der Versuchung nicht widerstehen, das Auto am Rand der nicht eingezäunten Straße zu parken und mit meinem Beagle Dinah ins Hochland hinaufzusteigen, das mir winkte. Der Schnee war über Nacht fast verschwunden, geblieben waren nur weiße Streifen hinter den Steinwällen, und all die Gerüche der Erde und der Pflanzen schienen eingesperrt gewesen und nun vom Frühlingssonnenschein in Wogen von alles durchdringender Süße befreit worden zu sein. Als ich den Gipfel erreichte, war ich außer Atem und sog gierig und mit tiefen Zügen die kristallklare Luft ein, als könnte ich nicht genug davon bekommen.

Hier gab es keine Spuren menschlichen Tuns, und ich ging mit meinem Hund durch meilenweit sich erstreckende Heide, über Torfstege und an Moortümpeln vorbei, deren schwarzes Wasser sich kräuselte, während Binsenbüschel sich im ewigen Wind neigten und schwankten.

Während die vom Wind gejagten Wolken über mich hinwegflogen und Bänder aus Schatten und Helle über das endlose Braun und Grün zogen, verspürte ich ein immer stärker anschwellendes Hochgefühl darüber, gerade dort zu sein, auf dem Dach von Yorkshire. Es war eine leere Landschaft, in der sich kein Lebewesen regte. Bis auf den Schrei eines Vogels in der Ferne war alles still, und doch erfaßte mich in der Einsamkeit eine noch heftigere Erregung, ich spürte geradezu körperlich die Nähe der Schöpfung.

Wie immer geriet ich beim Sirenengesang des einsamen Hochlands in Versuchung zu bleiben, doch der Vormittag verging, und ich mußte noch auf mehreren Höfen vorbeifahren.

Mit einem anhaltenden Gefühl tiefer Befriedigung beendete ich die letzte Visite und fuhr zurück in mein Heimatstädtchen Darrowby. Sein rechteckiger Kirchturm ragte über das Gewirr der Dächer, als ich talabwärts fuhr, und bald überquerte ich den kopfsteingepflasterten Marktplatz mit dem Karree windschiefer Dächer über den Läden und Pubs, in denen sich die dreitausend Bewohner versorgten.

An der gegenüberliegenden Ecke bog ich in die Trengate

Street ein, in der unsere Praxis lag, und hielt vor dem dreigeschossigen Gebäude, an dessen bröckelnden Backsteinmauern sich der Efeu rankte: Skeldale House, mein Arbeitsplatz und glückliches Heim, wo meine Frau Helen und ich unsere Kinder großgezogen hatten.

Erinnerungen an die unvergeßlichen Zeiten kehrten zurück, als mein Partner Siegfried und sein unnachahmlicher Bruder Tristan in unseren Junggesellentagen dort mit mir zusammen gelebt und gelacht hatten. Mittlerweile waren sie verheiratet und wohnten mit ihren Familien in ihren eigenen Häusern. Tristan war ins Landwirtschaftsministerium eingetreten, doch Siegfried war immer noch mein Partner, und wohl zum tausendsten Male dankte ich dem Himmel dafür, daß beide Brüder immer noch eng mit mir befreundet waren.

Mein Sohn Jimmy war inzwischen zehn, meine Tochter Rosie sechs. Beide waren in der Schule, doch Siegfried kam die Treppe herunter und stopfte sich Flaschen in die Taschen.

«Ach, James», rief er. «Ich habe gerade einen Anruf für dich entgegengenommen. Von einer deiner verehrtesten Klientinnen – Mrs. Bartram. Puppy benötigt deine Dienste.» Er grinste, als er das sagte.

Ich lächelte kläglich zurück. «Ja, schön. Du hast nicht zufällig in Erwägung gezogen, selbst hinzugehen, oder?»

«Nein, nein, mein Junge. Würde mir nicht im Traum einfallen, dich des Vergnügens zu berauben.» Er winkte fröhlich und stieg in sein Auto.

Ich schaute auf die Uhr. Ich hatte noch eine halbe Stunde bis zum Mittagessen, und zu Puppy konnte ich zu Fuß gehen. Ich nahm meine Tasche und machte mich auf den Weg.

Ein himmlischer Duft von Fish and Chips drang aus dem Laden und zog durch die Sommerluft, und prompt meldete sich bohrend mein Hunger, als ich durchs Schaufenster den weißgeschürzten Gestalten mit den Drahtsieben zusah, die die knusprig ausgebackenen Schellfische heraushoben und sie zum Abtropfen neben die goldenen Pommes frites legten.

Zur Mittagszeit herrschte großer Andrang, und die Schlange im Laden bewegte sich stetig vorwärts. Die Kunden nahmen die in Zeitungspapier eingeschlagenen Pakete entgegen; manche liefen damit schnell nach Hause, andere schütteten Salz und Essig darauf, bevor sie sie auf der Straße im Freien verzehrten. Meine Magensäfte wurden stets aufs schönste angeregt, wenn ich Mrs. Bartrams Hund in der Wohnung über dem Fish-and-Chips-Laden besuchte, und ich holte noch einmal dankbar Luft, als ich durch den Flur ging und die Treppe hinaufstieg.

Mrs. Bartram saß wie üblich in ihrem Sessel in der Küche; fett, schwergewichtig, mit unbewegter Miene. Unfehlbar baumelte eine Zigarette von ihren Lippen. Aus einer Tüte auf ihrem Schoß warf sie dem ihr gegenübersitzenden Hund Puppy Pommes frites zu. Geschickt fing er eine nach der anderen auf.

Puppy strafte seinen Namen Lügen. Er war ein riesiges, zottiges Geschöpf von zweifelhafter Abstammung und konnte ziemlich ungehalten werden. Ich behandelte ihn stets mit Respekt.

«Er ist immer noch ziemlich dick, Mrs. Bartram», sagte ich. «Haben Sie denn nicht versucht, etwas an seiner Ernährung zu ändern, wie ich es Ihnen geraten habe? Wissen Sie nicht mehr, ich habe Ihnen doch gesagt, er sollte eigentlich nicht bloß Fisch und Chips zu fressen bekommen.»

Sie zuckte die Achseln, und ein feiner Ascheregen rieselte ihr auf die Bluse. «O ja, eine Weile hab ich das auch gemacht. Hab die Fritten weggelassen und ihm alle Tage bloß Fisch gegeben, aber es hat ihm nicht geschmeckt. Er mag nun mal seine Fritten.»

«Ich verstehe.» Ich konnte nicht zu lange auf der Ernährung herumreiten, denn ich hatte das Gefühl, daß Mrs. Bartram selbst kaum etwas anderes aß, und es wäre taktlos gewesen, darauf hinzuweisen, daß große Stücke in Teig ausgebackenen Fischs nicht gerade eine Schlankheitskur waren, denn ihre Körperfülle, wie auch die ihres Hundes, bewiesen es ja.

Und wirklich, wenn ich mir die zwei so ansah, ähnelten sie einander sehr, wie sie kerzengerade dasaßen und sich anschauten. Beide waren groß und unbeweglich, vermittelten jedoch den Eindruck einer verborgenen Kraft.

Dicke Hunde sind oft faul und gutmütig, doch eine lange Reihe von Briefträgern, Zeitungsjungen und Vertretern hatte schon verzweifelte Fluchtmanöver einleiten müssen, wenn sich

Puppy plötzlich in ein nach ihren Fersen schnappendes Ungeheuer verwandelte, und ich konnte mich lebhaft an einen Bürstenverkäufer erinnern, der immer ganz gemächlich mit seinen von der Lenkstange baumelnden Waren durch den Torweg radelte und vor der Wohnung das Tempo verlangsamte, um dann, wenn Puppy auf die Straße geschossen kam, wie ein Tour-de-France-Sieger in die Pedale zu treten.

«Was fehlt ihm denn, Mrs. Bartram?» wechselte ich das Thema.

«Er hat was am Auge. Es läuft immerzu.»

«Ah ja, ich seh schon.» Das linke Auge des großen Hundes war fast völlig geschlossen, und das Rinnsal des Ausflusses zog eine dunkle Spur durch das Haar im Gesicht, die ihn noch hinterhältiger erscheinen ließ. «Da liegt irgendeine Reizung vor, vermutlich eine Infektion.»

Es wäre schön gewesen, die Ursache dafür zu finden. Es konnte ein Fremdkörper im Auge stecken oder einfach nur eine Bindehautentzündung sein. Ich streckte die Hand aus, um das Lid anzuheben, doch Puppy fixierte mich, ohne sich zu rühren, mit seinem guten Auge und warf die Lippen über einer Reihe prachtvoller Zähne auf.

Ich zog die Hand zurück. «Schon gut. Ich lasse Ihnen eine antibiotische Salbe da, und davon müssen Sie ihm dreimal am Tag etwas ins Auge schmieren. Das können Sie doch, oder?»

«Natürlich. Er ist ja sanft wie ein altes Schaf.» Ausdruckslos brannte sie sich an der alten Zigarette eine neue an und sog den Rauch tief ein. «Ich kann einfach alles mit ihm anstellen.»

«Gut, gut.» Als ich in meiner Tasche nach der Salbe kramte, hatte ich das alte Gefühl, eine Schlappe erlitten zu haben, doch ich konnte nichts dagegen tun. Bei Puppy zog sich die Behandlung immer in die Länge. Ich hatte nie etwas so Dummes versucht wie beispielsweise, ihm die Temperatur zu messen, ja um ehrlich zu sein, ich hatte ihn in meinem ganzen Leben noch nicht einmal mit dem Finger berührt.

Zwei Wochen später hörte ich wieder von Mrs. Bartram. Puppys Auge hatte sich nicht gebessert, es war sogar schlimmer geworden.

Ich eilte zu ihrer Wohnung und atmete die köstlichen Düfte aus dem Laden ein, als ich durch den Durchgang ging. Puppy saß genauso da wie zuvor, kerzengerade, seiner Herrin gegenüber, und zweifelsohne war der Ausfluß aus seinem Auge stärker geworden. Doch diesmal meinte ich noch etwas anderes zu erkennen. Ich beugte mich vor und sah dem Hund von nahem ins Gesicht, als ein leises, aber drohendes Knurren mich davor warnte, mir weitere Freiheiten herauszunehmen. Und da war es, ganz richtig, die Ursache des Problems. Ein winziges Papillom, das am Rande des Augenlids wuchs und auf der Hornhaut rieb.

Ich drehte mich zu Mrs. Bartram um. «Er hat da drin eine kleine Wucherung. Sie reizt das Auge und verursacht den Ausfluß.»

«Eine Wucherung?» Im Gesicht der Dame zeichnete sich nur selten eine Emotion ab; nun aber zuckte eine Augenbraue nach oben, und die Zigarette in ihrem Mund erzitterte kurz. «Das höre ich aber gar nicht gern.»

«Oh, es ist ganz harmlos», sagte ich. «Kein Grund zur Beunruhigung. Ich kann das leicht entfernen, und hinterher ist er wieder vollkommen in Ordnung.»

Ich sagte das leichthin, weil derartige Dinge recht häufig vorkamen und eine kleine Injektion eines Lokalanästhetikums sowie ein kurzer Schnitt mit der gebogenen Schere die Sache mühelos aus der Welt schaffen konnten, doch als ich den großen Hund ansah, der mich mit seinem einen Auge kalt musterte, verspürte ich doch leise Angst. Bei Puppy war es vielleicht nicht so einfach.

Meine Bedenken erwiesen sich als wohlbegründet, als Mrs. Bartram ihn am nächsten Morgen in die Praxis brachte und in dem kleinen Behandlungszimmer ließ. Er mußte offensichtlich sediert werden, bevor wir überhaupt etwas tun konnten. Zu der Flut neuentwickelter Präparate gehörten auch ausgezeichnete Beruhigungsmittel wie beispielsweise Acetylpromazin. Blieb bloß noch das kleine Problem, daß einer von uns diesen Löwenkopf halten mußte, während der andere eine Hautfalte abhob und mit der Nadel einstach. Puppy gab deutlich zu verstehen, daß derlei nicht auf der Tagesordnung stand. Da er sich auf fremdem Terrain befand und sich bedroht fühlte, ging er knurrend und mit offenem Maul auf Siegfried und mich los, sobald wir versuchten, das Zimmer zu betreten. Wir zogen uns hastig zurück und schlossen die Tür ab.

«Fangstab?» schlug Siegfried ohne rechte Überzeugungskraft vor.

Ich schüttelte den Kopf. Der Fangstab war eine lange Stange, an deren Ende sich eine Schlinge aus weicher Schnur befand, und er war ein handliches Werkzeug, das man einem widerspenstigen Hund über den Kopf stülpen konnte, um ihn festzuhalten, während die Injektion gemacht wurde, doch bei Puppy wäre das, als wollte man einen Grizzly mit einem Lasso fangen. Wenn es uns überhaupt gelang, die Schlinge über seinen Kopf zu bekommen, so wäre dies das Vorspiel zu einem fürchterlichen Ringkampf.

Trotzdem, wir hatten es schon früher mit widerspenstigen Hunden zu tun gehabt, und wir hatten noch einen kleinen Trick in der Hinterhand.

«Sieht aus wie ein Nembutal-Kandidat», murmelte Siegfried, und ich nickte zustimmend. Für unnahbare Fälle bewahrten wir im Kühlschrank einen Vorrat saftiges Hackfleisch auf. Das war eine Delikatesse, der kein Hund zu widerstehen vermochte, und man konnte leicht ein paar zerkleinerte Kapseln Nembutal unter das Fleisch rühren und abwarten, bis das Tier in seligen Schlaf sank. Es funktionierte immer.

Aber es war eine zeitraubende Methode. Die kleine Wucherung zu entfernen wäre eine Arbeit von wenigen Augenblicken gewesen, doch nun mußten wir ungefähr zwanzig Minuten warten, bis das Medikament seine Wirkung tat. Ich versuchte, nicht an die dringenden Fälle überall in der Umgebung zu denken, die unserer Hilfe bedurften, als ich das präparierte Hackfleisch zurechtmachte.

Das Behandlungszimmer ging zum Garten hinaus und hatte ein Schiebefenster, das unten ein paar Zentimeter offenstand. Durch diese Öffnung warf ich das Fleisch, und wir zwei gingen in unser Büro, um uns auf unsere Besuchsrunden vorzubereiten.

Als wir zurückkamen, erwarteten wir, Puppy friedlich

schlummernd vorzufinden, doch als wir hineinspähten, warf er sich gegen das Fenster und knurrte wie ein verhungernder Wolf. Das Fleisch lag unberührt auf dem Boden.

«Sieh dir das an!» rief ich. «Nicht zu glauben. Noch kein Hund hat dieses wunderbare Futter abgelehnt!»

Siegfried schlug sich mit der Hand auf die Stirn. «Was für ein verfluchter Quälgeist! Glaubst du, er riecht das Nembutal? Versuch es lieber noch einmal mit einer größeren Portion Hackfleisch.»

Ich machte eine zweite Portion zurecht und warf sie durch den Fensterspalt. Wir zogen uns zurück, um jeden Verdacht des Hundes zu zerstreuen, doch als wir uns zehn Minuten später anschlichen, hatte sich nichts verändert. Puppy hatte keinen einzigen Bissen gefressen.

«Was zum Teufel machen wir jetzt?» stieß Siegfried hervor. «Es wird ja Mittag, bis wir hier fortkommen.»

Es wurde tatsächlich bald Mittag, denn eine saftige Brise trug den ersten Dufthauch aus dem Fish-and-Chips-Laden durch die Straße. «Gedulde dich noch einen Augenblick», sagte ich. «Ich glaube, ich weiß die Antwort.»

Ich rannte die Trengate entlang und kehrte mit einer Tüte Pommes frites zurück. Im Handumdrehen hatte ich eine Kapsel in eine Pommes implantiert und sie durch die Öffnung geworfen. Puppy stürzte sich wie der Blitz darauf und verschlang sie ohne Zögern. Die nächste Pommes, die nächste Kapsel, und so weiter, bis er die benötigte Dosis intus hatte.

Vor unseren Augen wich die Wildheit des großen Hundes allmählich einer liebenswürdigen Tolpatschigkeit, und als er ein paar unsichere Schritte machte und dann zur Seite kippte, wußten wir, daß wir gewonnen hatten. Als wir schließlich die Tür aufmachten und das Zimmer betraten, befand sich Puppy in einer glücklichen Trance, und wir führten in Minutenfrist die Operation durch. Er war immer noch benommen und ungewöhnlich friedfertig, als später sein Frauchen anrief und sagte, sie wolle ihn abholen. Als sie ihn ins Büro brachte, befand sich sein Kopf auf gleicher Höhe mit meinem Schreibtisch, und er lächelte mir beinahe zu, als ich mich setzte.

«Wir haben dieses kleine Ding entfernt, Mrs. Bartram», sagte ich. «Sein Auge wird jetzt wieder heilen, aber ich verschreibe eine Kur mit Lincocin-Tabletten, damit es keine weitere Infektion gibt.»

Als ich nach meinem Stift griff, um die Dosierung aufzuschreiben, schaute ich auf die anderen Etiketten, die ich beschriftet hatte. Zu dieser Zeit, als Injektionen noch nicht die allgemein übliche Behandlungsmethode waren, wurden viele Medikamente oral verabreicht. Die Anweisungen auf den anderen Etiketten waren unterschiedlich: «Mischpräparat für Ochsen. Mit einem halben Liter verdünnter Melasse verabreichen. Abführmittel für Kälber. Mit einem Viertelliter Mehlsuppe verabreichen.»

Ich hielt meinen Stift einen Augenblick lang in der Luft, und dann schrieb ich zum ersten Mal in meinem Leben: «Hundetabletten. Dreimal täglich eine in Pommes verabreichen.»

3

Mein Hals brachte mich um. Drei nacheinander auf windgepeitschten Berghängen in Hemdsärmeln beim Lammen verbrachte Nächte hatten mir eine beginnende Erkältung eingetragen, und ich verspürte das dringende Bedürfnis nach einem Päckchen der Hustendrops von Geoff Hatfield. Eine unwissenschaftliche Behandlungsmethode vielleicht, doch ich glaubte wie ein Kind an diese kraftvollen kleinen Bonbons, die einem im Munde explodierten und in wellenförmigen Stößen heilkräftige Feuchtigkeit durch die Bronchien pumpten.

Das Geschäft lag in einer Seitenstraße, beinahe versteckt, und es war so winzig – nicht viel größer als ein gemütliches Plätzchen in einer Wohnung –, daß über dem Fenster kaum Platz für das Ladenschild blieb: GEOFFREY HATFIELD, SÜSSWAREN.

Aber der Laden war voll. Er war immer voll, und da heute Markttag war, war er übervoll.

Die kleine Glocke machte «Pling», als ich die Tür öffnete und mich in das Gewühl von ortsansässigen Damen und Bauersfrauen quetschte. Ich mußte eine Weile warten, doch das machte mir nichts aus, denn Mr. Hatfield in Aktion zu sehen war eine der lohnendsten Beschäftigungen in meinem Leben.

Ich war auch zu einem günstigen Zeitpunkt gekommen, denn der Besitzer befand sich mitten in einer seiner Entscheidungsschlachten. Er kehrte mir den Rücken zu, und der Löwenkopf mit der silbernen Mähne ragte leicht geneigt über den breiten Schultern empor, als er die Reihen großer Bonbongläser vor der Wand inspizierte. Die auf dem Rücken zusammengelegten Hände strafften und lockerten sich abwechselnd, während er seinen inneren Kampf ausfocht, dann schritt er mit ein paar flinken Schritten die Reihe ab und prüfte nacheinander alle Gläser mit forschendem Blick. Mir kam der Gedanke, daß Lord Nelson, als er auf dem Achterdeck der *Victory* auf und ab geschritten war und über die beste Taktik für den Angriff auf den Feind nachgedacht hatte, nicht imposanter einen konzentrierten Menschen vorgestellt haben konnte.

Die Spannung in dem kleinen Laden stieg merklich, als er eine Hand nach oben reckte, sie dann jedoch kopfschüttelnd wieder zurückzog, und ein Seufzer entfuhr den versammelten Damen, als er mit einem abschließenden ernsten Nicken und einem Straffen der Schultern beide Arme ausstreckte, ein Glas ergriff, sich herumdrehte und der Gesellschaft zuwandte. Sein langes Gesicht, das dem eines römischen Senators ähnelte, war zu einem gütigen Lächeln verzogen.

«Nun, Mrs. Moffat», redete er mit Donnerstimme eine korpulente Matrone an, hielt das Glasgefäß mit beiden Händen und neigte es mit der Anmut und der Ehrerbietung eines Cartier-Juweliers, der ein Diamantenkollier präsentiert, «ich frage mich, ob ich Sie hierfür gewinnen kann.»

Mrs. Moffat, die fest ihre Einkaufstasche umklammerte, inspizierte die in Papier gewickelten Bonbons in dem Glas genau. «Nun, ich weiß nicht recht ...»

«Wenn ich mich recht entsinne, Madam, haben Sie angedeutet, daß Sie etwas in der Art eines russischen Karamels suchen, und diese kleine Köstlichkeit kann ich mit bestem Gewissen empfehlen. Sie entspricht zwar nicht ganz dem russischen, ist aber dennoch ein sehr feiner, weich schmelzender Toffee.» Sein Ausdruck wurde ernst, erwartungsvoll.

Der sonore Beigeschmack seiner Beschreibung weckte in mir umgehend den Wunsch, die Süßigkeiten zu packen und sie auf der Stelle zu verschlingen, und auf die Dame schien er die gleiche Wirkung auszuüben. «Also gut, Mr. Hatfield», sagte sie eifrig. «Ich nehme ein halbes Pfund.»

Der Ladenbesitzer machte eine leichte Verbeugung. «Verbindlichen Dank, Madam, ich bin sicher, daß Sie Ihre Wahl nicht bereuen werden.» Seine Züge entspannten sich zu einem gütigen Lächeln, und als er die Toffees liebevoll auf die Waage rutschen ließ, bevor er sie mit einem professionellen Schlenker der Hand in die Tüte schüttete, verspürte ich neuerlich das Verlangen, mich über die Süßigkeiten herzumachen.

Mr. Hatfield beugte sich, beide Hände auf den Ladentisch gestützt, vor und hielt den Blick unverwandt auf seine Kundin gerichtet, bis er sie mit einem höflichen «Ich wünsche Ihnen einen schönen Tag, Madam» und einer Verbeugung aus dem Laden komplimentiert hatte. Dann wandte er sich der versammelten Gemeinde zu. «Ah, Mrs. Dawon, wie überaus reizend, Sie zu sehen. Womit kann ich heute morgen dienen?»

Die offensichtlich entzückte Dame strahlte ihn an. «Ich hätte gern von diesem Schokoladenfondant, das ich letzte Woche hatte, Mr. Hatfield. Es war köstlich. Haben Sie es noch?»

«Gewiß, Madam, und ich bin erfreut, daß meine Empfehlung Ihren Beifall gefunden hat. So ein köstlicher cremiger Geschmack. Zufällig habe ich gerade auch eine Lieferung in einem besonderen Oster-Geschenkkarton hereinbekommen.» Er nahm einen vom Regal und balancierte ihn auf der Hand. «Wirklich hübsch und nett anzusehen, finden Sie nicht?»

Mrs. Dawson nickte schnell. «O ja, wirklich schön. Ich nehme einen Karton, und dann möchte ich noch etwas. Eine richtig große Tüte mit schönen Bonbons für die Familie zum Lutschen.

In verschiedenen Farben, wissen Sie. Was haben Sie denn in dieser Richtung?»

Mr. Hatfield spreizte die Finger, schaute sie durchdringend an und holte einmal tief und nachdenklich Luft. Er verharrte mehrere Sekunden lang in dieser Pose, dann schwang er sich herum, legte die Hände auf dem Rücken zusammen und inspizierte von neuem seine Gläser.

Dies war mein Lieblingsstück, und wie immer genoß ich es, zuzusehen. Es war ein vertrauter Anblick. Der winzige, überfüllte Laden, der Eigentümer, der mit der ihm gestellten Aufgabe rang, und Alfred, der am anderen Ende auf dem Ladentisch saß.

Alfred war Geoffs Kater, und er war immer da. Kerzengerade und majestätisch saß er auf der polierten Tischplatte in der Nähe des mit einem Vorhang abgeteilten Durchgangs, der ins Hatfieldsche Wohnzimmer führte. Wie gewöhnlich schien er aufmerksam Anteil an den Vorgängen zu nehmen; sein Blick wanderte vom Gesicht seines Herrn zu dem der Kundin, und obwohl es vielleicht nur ein Produkt meiner Phantasie war, hatte ich das Gefühl, daß sein Ausdruck ein gespanntes Interesse an den Verhandlungen und tiefe Befriedigung über deren Ausgang erkennen ließ. Er rührte sich nie von der Stelle und drang auch nie weiter auf dem Ladentisch vor, doch hin und wieder streichelte die eine oder andere Dame ihm die Wange, und er antwortete mit einem vernehmlichen Schnurren und einer hoheitsvollen Kopfbewegung in ihre Richtung.

Es war typisch, daß er sich nie zu einer ungebührlichen Zurschaustellung von Emotionen herabließ. Das wäre würdelos gewesen, und Würde war einer seiner unfehlbaren Wesenszüge. Schon als Kätzchen hatte er nie einem übermäßigen Spieltrieb gefrönt. Ich hatte ihn vor drei Jahren kastriert – was er mir nicht nachzutragen schien –, und er war zu einem gewichtigen, menschenfreundlichen getigerten Kater herangewachsen. Groß, unerschütterlich, im Frieden mit seiner Welt. Zweifellos ein Kater mit enormer Ausstrahlung.

Und es hat mich immer stark beeindruckt, daß er in dieser Hinsicht aufs Haar seinem Herrn glich. Die beiden waren vom gleichen Schlag, und es überraschte nicht, daß sie einander so treu ergebene Freunde waren.

Als ich an die Reihe kam, konnte ich den Arm bis zu Alfred ausstrecken und kraulte ihn unterm Kinn. Er mochte das und reckte den Kopf weit nach oben, während das Schnurren aus dem weichen Brustkorb gerollt kam, bis es durch den ganzen Laden widerhallte.

Sogar mein Kauf der Hustendrops ging nicht ohne ein gewisses Zeremoniell ab. Der große Mann hinter der Theke schnupperte ernst an dem Päckchen und schlug sich dann mit der Hand mehrmals auf die Brust. «Man riecht förmlich, wie gut sie tun, Mr. Herriot, die heilenden Dämpfe. Diese Drops werden Sie unverzüglich wieder auf die Beine bringen.» Er verbeugte sich und lächelte, und ich hätte schwören können, daß Alfred ebenfalls lächelte.

Ich zwängte mich zwischen den Damen hindurch und trat hinaus, und als ich die Straße hinabging, staunte ich zum x-ten Male über das Phänomen Geoffrey Hatfield. Es gab noch mehrere andere Süßwarenläden in Darrowby, große Geschäfte mit Schaufenstern links und rechts vom Eingang, die ihre Waren ansprechend auslegten, doch keines von ihnen machte auch nur entfernt einen solchen Umsatz wie das winzige Unternehmen, das ich soeben verlassen hatte. Zweifellos lag das einzig und allein an Geoffs unübertroffener Verkaufstechnik, und die war gewiß keine Schauspielerei; sie war geboren aus vollständiger und aufrichtiger Hingabe an seine Berufung, aus Freude an dem, was er tat.

Sein Benehmen und seine vornehme Sprechweise provozierten manch deftigen Kommentar von den Männern, die mit ihm im Alter von vierzehn Jahren die städtische Schule abgeschlossen hatten, und in den Pubs nannte man ihn oft den «Bischof», doch das war gutmütiger Spott, denn er war ein beliebter Mensch. Und die Damen vergötterten ihn natürlich und liefen ihm in hellen Scharen zu, um sich in seinen Aufmerksamkeiten zu sonnen.

Ungefähr einen Monat später war ich wieder in seinem Geschäft, um eine Tüte von der Lakritzmischung zu kaufen, die Rosie so gern hatte. Das Bild war unverändert: Geoffrey lächelnd und lautstark, Alfred an seinem Platz und jede Bewegung im Blick; beide strahlten Würde und Wohlergehen aus. Als ich meine Süßigkeiten einpackte, flüsterte mir der Besitzer ins Ohr: «Ich schließe heute um zwölf Uhr und mache Mittagspause, Mr. Herriot. Würden Sie so freundlich sein, vorbeizukommen und Alfred zu untersuchen?»

«Ja, natürlich.» Ich schaute zum Ende des Ladentischs auf die große Katze. «Ist er krank?»

«Oh, nein, nein ... ich habe nur das Gefühl, daß irgend etwas nicht stimmt.»

Später klopfte ich an der verschlossenen Tür; Geoffrey ließ mich in den ausnahmsweise einmal leeren Laden und führte mich durch den mit dem Vorhang abgeteilten Durchgang in sein Wohnzimmer. Mrs. Hatfield saß am Tisch und trank Tee. Sie war eine viel bodenständigere Persönlichkeit als ihr Mann. «Hallo, Mr. Herriot, Sie sind gekommen, um sich den kleinen Kater anzusehen.»

«So klein ist der nicht», sagte ich lachend. Und wirklich, Alfred sah gewichtiger aus denn je, wie er dort am Feuer saß und ruhig in die Flammen schaute. Als er mich sah, stand er auf, stolzierte gemächlich über den Teppich und strich mit dem Buckel an meinen Beinen entlang. Ich fühlte mich seltsam geehrt.

«Er ist wirklich schön, nicht wahr?» murmelte ich. Ich hatte ihn mir seit geraumer Zeit nicht genauer angesehen, und das freundliche Gesicht mit den dunklen Streifen, die über seine Stirn bis zu den intelligenten Augen verliefen, gefiel mir wie nie zuvor. «Ja», sagte ich und streichelte das Fell, das im Schein des flackernden Feuers üppig glänzte, «du bist ein hübscher großer Bursche.»

Ich drehte mich zu Mr. Hatfield um. «Mir kommt er gesund vor. Was macht Ihnen denn Sorgen?»

«Oh, vielleicht ist es ja gar nichts. An seinem Aussehen hat sich nicht das geringste verändert, doch mir fällt nun schon seit mehr als einer Woche auf, daß er nicht ganz so scharf auf sein Futter und nicht ganz so lebhaft ist wie sonst. Er ist nicht wirklich krank ... er ist nur anders.»

«Ich verstehe. Nun, dann wollen wir ihn uns mal anschauen.» Ich untersuchte die Katze gründlich. Die Temperatur war normal, die Schleimhäute von einem gesunden Rosa. Ich holte mein Stethoskop hervor und auskultierte Herz und Lunge – keine ungewöhnlichen Geräusche. Das Abtasten des Abdomens ergab keinen Hinweis.

«Nun, Mr. Hatfield», sagte ich, «allem Anschein nach fehlt ihm nichts. Vielleicht ist er ein wenig erschöpft, aber man sieht es ihm nicht an. Ich gebe ihm für alle Fälle eine Vitaminspritze. Die dürfte ihn aufmuntern. Sagen Sie mir in ein paar Tagen Bescheid, wenn es ihm nicht besser geht.»

«Ich bin Ihnen sehr verbunden, Sir. Ich danke Ihnen vielmals. Sie haben mir die Unruhe genommen.» Der große Mann streckte die Hand nach seinem Liebling aus. Doch sein besorgter Gesichtsausdruck strafte den zuversichtlichen Unterton in seiner Stimme Lügen. Als ich sie so zusammen sah, fiel mir erneut die Ähnlichkeit von Mann und Katze auf – Mensch und Tier, jawohl, aber ähnlich eindrucksvoll.

Eine Woche lang hörte ich nichts von Alfred und nahm an, er sei wieder wie immer, doch dann rief sein Herr an. «Er ist noch ganz genauso, Mr. Herriot. Wenn sich überhaupt etwas verändert hat, dann ein wenig zum Schlechteren. Ich wäre Ihnen verbunden, wenn Sie ihn sich noch einmal anschauen würden.»

Es war wie zuvor. Selbst bei genauer Beobachtung war nichts Bestimmtes zu erkennen. Ich verschrieb ihm eine Mischung aus Mineralien und Vitamintabletten. Es hatte keinen Sinn, eine Behandlung mit unseren neuen Antibiotika zu beginnen – die Temperatur war nicht erhöht, es gab kein Anzeichen für einen infektiösen Erreger.

Ich ging jeden Tag diese Straße entlang – sie war nur hundert Meter von Skeldale House entfernt –, und ich gewöhnte mir an, stehenzubleiben und durch das kleine Fenster in den Laden zu schauen. Jeden Tag bot sich die vertraute Szenerie: Geoffrey verbeugte sich vor seinen Kunden und lächelte, und Alfred saß an seinem Platz am Ende des Ladentischs. Alles schien in Ordnung zu sein, und doch... etwas war anders an der Katze.

Eines Abends ging ich noch einmal hin und untersuchte ihn. «Er verliert Gewicht», sagte ich.

Geoffrey nickte. «Ja, ich glaube auch. Er frißt zwar immer noch ganz ordentlich, aber nicht mehr so viel wie früher.»

«Geben Sie ihm noch ein paar Tage mit den Tabletten», sagte ich, «und wenn es ihm dann nicht besser geht, muß ich ihn zu uns in die Praxis holen und mir die Sache mal genauer anschauen.»

Ich hatte die scheußliche Vorahnung, daß keine Besserung eintreten würde, und so kam es auch, deshalb nahm ich eines Abends einen Katzenkäfig in den Laden mit. Alfred war so groß, daß es gar nicht einfach war, ihn in das Behältnis zu befördern, aber er leistete keinen Widerstand, als ich ihn sanft hineinbugsierte.

In der Praxis nahm ich eine Blutprobe von ihm und röntgte ihn. Auf dem Röntgenbild war nichts zu sehen, und als der Bericht aus dem Labor kam, wies er keine Unregelmäßigkeit auf. Auf eine Art war das zwar beruhigend, aber es half nichts, denn der kontinuierliche Abbau setzte sich weiter fort. Die nächsten Wochen waren so etwas wie ein Alptraum. Mein ängstliches Spähen durch das Schaufenster wurde zu einer täglichen Zerreißprobe. Die große Katze saß noch auf ihrem Posten, doch sie wurde zusehends dünner, bis sie kaum noch wiederzuerkennen war. Ich probierte jedes Medikament und jede Behandlung aus, die mir einfielen, aber nichts schlug an. Ich ließ ihn von Siegfried untersuchen, doch er kam zum gleichen Ergebnis wie ich. Die fortschreitende Auszehrung war etwas, was man bei einem Tumor an einem inneren Organ erwarten würde, doch eine neue Röntgenaufnahme ergab wieder keinen Befund. Alfred mußte von dem vielen Herumgeschubstwerden, den Tests und dem Durchkneten seines Bauchs gründlich die Nase voll haben, doch er ließ sich nie etwas davon anmerken. Er nahm die ganze Sache so gelassen hin, wie es eben seine Art war.

Ein zweiter Umstand verschlimmerte die Lage. Geoff selber verfiel nämlich unter der Anspannung. Seine imponierende fleischliche Hülle fiel allmählich von ihm ab, die sonst blühenden Wangen waren bleich und eingesunken und, noch schlimmer, sein dramatisches Verkaufstalent schien ihn verlassen zu haben. Eines Tages gab ich meinen Beobachtungsposten am Fenster auf und zwängte mich in das Getümmel der Damen im Laden. Es war eine erschütternde Szene. Geoff, gebeugt und abgemagert, nahm die Bestellungen entgegen, ohne auch nur zu lächeln, füllte die Süßigkeiten teilnahmslos in die Tüten ab und murmelte ein Wort oder zwei. Verschwunden waren die Donnerstimme und das glückliche Plaudern der Kunden, und ein seltsames Schweigen lastete über der Gesellschaft. Es war wie in jedem anderen Süßwarenladen.

Den traurigsten Anblick jedoch bot Alfred, der immer noch tapfer an seinem Platz saß. Er war unglaublich ausgemergelt, sein Fell hatte jeglichen Glanz verloren, und er blickte mit erloschenen Augen starr geradeaus, als ob ihn gar nichts mehr interessierte. Er war zur Karikatur einer Katze geworden.

Ich konnte es nicht länger mitansehen. An diesem Abend ging ich hinüber, um mit Geoff Hatfield zu sprechen.

«Ich habe heute Ihren Kater gesehen», sagte ich. «Mit ihm geht es rapide bergab. Gibt es irgendwelche neuen Symptome?»

Der große Mann nickte matt. «Ja, in der Tat. Ich wollte Sie schon anrufen. Er erbricht sich ein wenig.»

Ich ballte so fest die Fäuste, daß mir die Fingernägel ins Fleisch stachen. «Da ist es wieder. Alles deutet darauf hin, daß bei ihm innerlich etwas nicht normal ist, und doch kann ich nichts finden.» Ich beugte mich hinunter und streichelte Alfred. «Ich mag es gar nicht, ihn so zu sehen. Schauen Sie sich sein Fell an. Es hat immer so hübsch geglänzt.»

«Das stimmt», erwiderte Geoff. «Er vernachlässigt sich. Er putzt sich überhaupt nicht mehr. Es ist, als könnte er sich nicht dazu aufraffen. Und vorher konnte er gar nicht damit aufhören. Lecken, lecken, lecken, stundenlang, ohne Ende.»

Ich schaute ihn an. Seine Worte hatten einen Funken in meinem Kopf gezündet. «Lecken, lecken, lecken.» Ich schwieg und dachte nach. «Ja ... wenn ich es mir überlege, dann hat sich keine Katze, die ich je gesehen habe, so oft geputzt wie Alfred ...» Aus dem Funken wurde plötzlich eine Flamme, und ich schoß von meinem Stuhl hoch.

«Mr. Hatfield», sagte ich, «ich möchte eine Probe-Laparotomie vornehmen!»

«Was meinen Sie damit?»

«Ich glaube, er hat ein Haarknäuel im Bauch, und ich möchte ihn operieren, um herauszufinden, ob ich recht habe.»

«Sie meinen, ihn aufmachen?»

«Ja, genau das.»

Er hob die Hand vor die Augen, und das Kinn sank ihm auf die Brust. So blieb er lange stehen, dann sah er mich mit einem gehetzten Blick an. «Oh, ich weiß nicht. An so etwas habe ich noch gar nicht gedacht.»

«Wir müssen etwas unternehmen, sonst stirbt diese Katze.»

Er bückte sich und streichelte Alfred immer wieder den Kopf, dann sagte er, ohne hochzusehen: «Also gut, wann?»

«Morgen früh.»

Als Siegfried und ich uns am nächsten Tag im Operationsraum über die schlafende Katze beugten, arbeitete mein Hirn fieberhaft. Wir hatten in letzter Zeit zwar immer öfter Kleintiere operiert, aber da hatte ich stets gewußt, was mich erwartete. Diesmal hatte ich das Gefühl, ins Unbekannte vorzustoßen.

Ich schnitt durch die Haut, die Bauchmuskeln und das Bauchfell, und als ich nach vorn in Richtung Diaphragma griff, ertastete ich im Magen eine teigige Masse. Ich durchtrennte die Magenwand, und mein Herz machte einen Sprung. Da war es, ein großes, verfilztes Haarknäuel. Die Ursache für all die Probleme. Etwas, was auf dem Röntgenbild nicht zu erkennen war.

Siegfried grinste. «Jetzt wissen wir's!»

«Ja», sagte ich, während große Wellen der Erleichterung mich durchströmten. «Jetzt wissen wir's.»

Und da waren noch mehr Haare. Nachdem ich den Magen ausgeräumt und wieder zugenäht hatte, fand ich weitere, kleinere Haarknäuel, die über den ganzen Darm verteilt Beulen bildeten. Sie alle mußten entfernt und die Darmwand an mehreren Stellen genäht werden. Das gefiel mir gar nicht. Es bedeutete für meinen Patienten ein noch größeres Trauma und einen noch größeren Schock, aber schließlich war es geschafft, und man sah nur noch eine hübsche Reihe von Operationsnähten.

Als ich Alfred zu Hause ablieferte, brachte es sein Herr fast nicht über sich, ihn anzuschauen. Schließlich warf er einen schüchternen Blick auf seinen Kater, der immer noch von dem Anästhetikum betäubt war. «Wird er überleben?» flüsterte er.

«Seine Chancen stehen gut», erwiderte ich. «Er hat zwar eine größere Operation hinter sich, und vielleicht dauert es eine Weile, bis er sie verkraftet hat, aber er ist ja jung und kräftig. Er dürfte wieder in Ordnung kommen.»

Ich sah, daß Geoff nicht überzeugt war, und daran änderte sich auch während der folgenden Tage nichts. Ich erschien immer wieder in dem kleinen Zimmer hinter dem Laden, um der Katze Penicillinspritzen zu geben, und es war nicht zu übersehen, daß er der Meinung war, Alfred müsse sterben.

Mrs. Hatfield war optimistischer, aber sie machte sich Sorgen um ihren Mann.

«Ach, er hat die Hoffnung aufgegeben», sagte sie. «Und nur deswegen, weil Alfred den ganzen Tag in seinem Bett liegt. Ich habe schon versucht, ihm zu erklären, daß es noch eine Weile dauern kann, bis die Katze wieder herumläuft, aber er will einfach nicht hören.»

Sie sah mich mit angsterfülltem Blick an. «Und, wissen Sie, Mr. Herriot, es macht ihn fertig. Er ist wie ausgewechselt. Manchmal frage ich mich, ob er je wieder der alte sein wird.»

Ich ging hinüber und spähte am Vorhang vorbei in den Laden. Geoff stand da und tat seine Arbeit wie ein Automat. Abgemagert, ohne ein Lächeln, schweigend händigte er die Süßigkeiten aus. Wenn er sprach, dann monoton und matt, und schockartig wurde mir klar, daß seine Stimme völlig ihr altes Timbre verloren hatte. Mrs. Hatfield hatte recht. Er war wie ausgewechselt. Und, dachte ich, wenn er so blieb, was würde dann aus seinen Kunden werden? Bis zu diesem Zeitpunkt hatten sie ihm noch die Treue gehalten, doch ich ahnte, daß sie bald beginnen würden, wegzubleiben.

Es verging noch eine Woche, bis das Bild sich allmählich zum Besseren veränderte. Ich betrat das Wohnzimmer, aber Alfred war nicht da.

Mrs. Hatfield sprang von ihrem Stuhl auf. «Es geht ihm schon viel besser, Mr. Herriot», sagte sie eifrig. «Er frißt gut und wollte in den Laden. Er ist mit Geoff drüben.»

Wieder warf ich einen verstohlenen Blick am Vorhang vorbei. Alfred war wieder auf seinem Posten, noch mager zwar, aber er saß aufrecht da. Sein Herr jedoch sah kein bißchen besser aus.

Ich drehte mich wieder ins Zimmer zurück. «Von nun ab brauche ich nicht mehr zu kommen, Mrs. Hatfield. Ihr Kater ist auf dem besten Wege, gesund zu werden. Bald ist er wieder der alte.» Was den Kater anbetraf, war ich ziemlich zuversichtlich, nur bei Geoff hatte ich gewisse Zweifel.

Bald danach war ich wie in jedem Frühjahr vollauf beschäftigt mit dem Lammen und der Flut von Problemen, die es mit sich brachte, und ich hatte wenig Zeit, an meine anderen Fälle zu denken. So waren wohl drei Wochen vergangen, bis ich wieder in das Süßwarengeschäft kam, um für Helen ein paar Schokoladenbonbons zu kaufen. Der Laden war brechend voll, und als ich mich hineindrängte, fielen mir all meine Befürchtungen ein, und bang schaute ich Mann und Katze an.

Alfred, wieder gewichtig und würdevoll, thronte wie ein König am anderen Ende der Ladentafel. Geoff stützte sich mit beiden Händen auf dem Tisch auf und schaute einer Dame von nahem ins Gesicht. «Wenn ich Sie recht verstehe, Mrs. Hird, suchen Sie ein Konfekt von etwas weicherer Konsistenz.» Die volle Stimme schallte durch den kleinen Laden. «Meinen Sie vielleicht eine türkische Spezialität?»

«Nein, Mr. Hatfield, es war nicht so ...»

Der Kopf sank ihm auf die Brust, und er betrachtete mit scharfer Konzentration die polierte Ladentafel. Dann blickte er auf und schob das Gesicht noch näher an das der Dame heran. «Eine Pastille vielleicht ...?»

«Nein ... nein.»

«Ein Trüffel? Ein Weichkaramel? Ein Pfefferminz-Creme?»

«Nein, nichts von alledem.»

Er richtete sich auf. Dies war ein schwerer Fall. Er verschränkte die Arme vor der Brust, und während er ins Leere schaute und den tiefen Atemzug tat, den ich so gut kannte, sah ich, daß er wieder ein großer Mann geworden war: seine Schultern dehnten sich breit, sein Gesicht hatte eine gesunde Farbe und war wieder voll.

Da seine Innenschau ihn nicht weitergebracht hatte, preßte er die Kiefer aufeinander und drehte das Gesicht nach oben, erhoffte sich mehr Inspiration von der Decke. Alfred blickte, wie ich bemerkte, ebenfalls nach oben.

Es herrschte gespanntes Schweigen, während Geoff in dieser Pose verharrte, dann breitete sich auf seinen edlen Zügen langsam ein Lächeln aus. Er erhob den Zeigefinger. «Madam», sagte er, «ich glaube, ich hab's. Weißlich, sagten Sie... zuweilen rosa... fast schon breiig... Darf ich Ihnen... Marshmallows vorschlagen?»

Mrs. Hird schlug mit der Hand auf den Tisch. «Ja, das ist es, Mr. Hatfield. Der Name wollte mir einfach nicht einfallen.»

«Ha-ha, hab ich's mir doch gedacht», dröhnte der Besitzer, dessen Orgeltöne bis zum Dach hinauf rollten. Er lachte, die Damen lachten und, da war ich ganz sicher, Alfred ebenfalls.

Alles war wieder gut. Jedermann im Laden war glücklich – Geoff, Alfred, die Kundinnen und, nicht zuletzt, James Herriot.

4

«Sie schimpfen sich Tierarzt, aber Sie sind ein Straßenräuber!»

Mrs. Sidlow spie diese Worte aus, wobei ihre bösen kleinen dunklen Augen vor Zorn funkelten. Als ich sie ansah und das strähnige schwarze Haar betrachtete, das ihr hageres Gesicht mit dem vorstehenden Kinn einrahmte, dachte ich, und nicht zum ersten Mal, wie sehr sie doch einer Hexe ähnelte. Man konnte sich leicht vorstellen, wie sie ein Bein über einen Besenstiel schwang und rasch zu einem Rundflug um den Mond aufstieg.

«Überall hier draußen wird von Ihnen und Ihren hohen Rechnungen geredet», fuhr sie fort. «Ich weiß nicht, wieso Sie damit durchkommen, so was ist doch Diebstahl am hellichten Tag – Sie plündern die armen Bauern aus, und dann haben Sie auch noch die Stirn, in Ihrem blitzenden Auto hier vorzufahren.»

Das war also der Anlaß für die Tirade. Da mein altes Auto auseinanderfiel, hatte ich mir einen gebrauchten Austin 10 geleistet. Er hatte schon zwanzigtausend Meilen auf dem Tacho, war aber gut gepflegt. Mit der in der Sonne glänzenden Karosserie sah er aus wie neu, und dieser Anblick hatte Mrs. Sidlows Zorn entfacht.

Der Erwerb eines neuen Autos wurde von den meisten Bauern unweigerlich mit gutmütigen Frotzeleien kommentiert. «Die Arbeit muß ja ganz schön was einbringen», sagten sie grinsend. Doch ihr Spott war durchweg freundlich und hatte nie einen Anflug jener Boshaftigkeit, die im Sidlowschen Haushalt gang und gäbe zu sein schien.

Die Sidlows haßten Tierärzte. Nicht nur mich, sondern alle, und das waren eine ganze Menge, denn sie hatten es schon mit jeder Praxis im Umkreis von etlichen Meilen versucht und an allen etwas auszusetzen gehabt. Die Schwierigkeit bestand schlicht und einfach darin, daß Mr. Sidlow selber der einzige Mensch in unserer Gegend war, der wußte, wie man kranke Tiere gesund machte – für seine Frau und seine erwachsenen Kinder war das ein Glaubensgrundsatz, und wenn irgendein Tier aus seinem Viehbestand mit einer Krankheit geschlagen wurde, war es nur natürlich, daß Vater die Sache selbst in die Hand nahm. Erst wenn er sein gesamtes Repertoire geheimer Heilmittel erschöpft hatte, wurde der Tierarzt hinzugezogen. Ich persönlich hatte auf diesem Hof nur sterbende Tiere zu sehen bekommen und sie nicht wieder zum Leben erwecken können, so daß sich die Sidlows in ihrer Meinung über mich und meinen Berufsstand unweigerlich bestätigt fühlten.

Heute hatte ich mit dem vertrauten Gefühl der Hoffnungslosigkeit ein ausgezehrtes kleines Viech gesehen, das, in einer dunklen Ecke des Verschlags kauernd, nach einer mit Lungenentzündung verbrachten Woche seine letzten Atemzüge tat, während die Familie um das Tier herumstand, Feindseligkeit verströmte und mir aus finsteren Gesichtern die üblichen Seitenblicke zuwarf. Ich war lustlos zu meinem Auto zurückgetrottet, als Mrs. Sidlow mich beim Hinausgehen von ihrem Küchenfenster aus erspäht hatte und auf den Hof geschossen war.

«Ja, Ihnen ist das völlig egal», keifte sie jetzt weiter. «Wir müssen schwer arbeiten, um auf diesem Flecken Erde unseren Lebensunterhalt zu verdienen, und dann kommt einer wie Sie daher und zieht uns das Geld aus der Nase, ohne etwas dafür zu tun. Und ich weiß genau, warum – Sie wollen schnell reich werden!»

Nur meine lange Erfahrung mit dem Grundsatz, daß der Kunde immer recht hat, hielt mich davon ab, zurückzubellen. Statt dessen rang ich mir ein Lächeln ab.

«Mrs. Sidlow», sagte ich, «ich versichere Ihnen, daß ich alles andere als reich bin. Wirklich, wenn Sie meinen Kontostand sehen würden, wüßten Sie, was ich meine.»

«Sie wollen mir weismachen, Sie haben nicht viel Geld?»

«So ist es.»

Sie winkte in Richtung des Austin und warf mir den nächsten scharfen Blick zu. «Dann ist dieser teure Schlitten wohl bloße Angabe und nichts dahinter!»

Darauf fiel mir keine Antwort ein; ich konnte nicht vor und nicht zurück – in ihren Augen war ich entweder ein dicker Fisch oder ein eingebildeter Gernegroß.

Als ich auf der ansteigenden Straße davonfuhr, schaute ich zurück auf den Bauernhof mit dem soliden Wohnhaus und den weitverstreuten übrigen Gebäuden. Das da unter mir waren fünfhundert Morgen guter Boden, und sie lagen im Flachland, auf der Talsohle. Die Sidlows waren wohlhabende Großbauern und kannten keine der Sorgen, die die auf den höhergelegenen öden kleinen Höfen um ihre Existenz kämpfenden Bergbauern hatten, und es war schwer zu begreifen, warum mein vermeintlicher Reichtum eine solche Beleidigung für sie sein sollte.

Mir kam auch der Gedanke, daß dieser neueste Angriff gerade zu einem Zeitpunkt stattgefunden hatte, wo meine Finanzen auf dem Tiefpunkt waren. Als ich in einen anderen Gang schaltete, sah ich durchs Knie meiner alten Kordhose rosa Fleisch schimmern. Ach, zum Teufel, diese Hose würde es nicht mehr lange machen, wie viele meiner anderen Kleider auch, doch hinter den Bedürfnissen von zwei heranwachsenden Kindern mußten meine eigenen weit zurückstehen. Nicht daß ich darauf aus gewesen wäre, bei meiner Arbeit wie ein Dressman auszusehen – ich hatte einen der härtesten, schmutzigsten Berufe auf der Welt und konnte vernünftigerweise nur anstreben, daß man mich achtete –, doch beruhigte es mich immer zu wissen, daß ich einen «guten Anzug» besaß, der viele Jahre gehalten hatte, einfach deshalb, weil ich ihn kaum je trug.

Trotzdem war es wirklich seltsam, daß ich stets und ständig knapp bei Kasse war. Siegfried und ich hatten eine gute, erfolgreiche Praxis aufgebaut. Ich arbeitete fast ununterbrochen, sieben Tage die Woche, abends und häufig auch nachts, und schwer war die Arbeit auch noch – ich mußte mich auf gepflasterten Höfen auf dem Boden herumwälzen und bis zur Erschöpfung mit störrischen kalbenden Kühen ringen, wurde gestoßen, gequetscht, getreten und mit Kot bespritzt. Oft taten mir tagelang sämtliche Muskeln weh. Und dennoch hatte ich nur ein quälendes, unveränderliches Minus von eintausend Pfund auf meinem Konto aufzuweisen.

Den Großteil meiner Zeit verbrachte ich natürlich unterwegs im Auto. Dafür wurde man nicht bezahlt, und vielleicht war das der Grund für meine Lage. Aber ich verbrachte diese Autofahrten, die Arbeit und mein ganzes erfülltes Leben im Freien in dieser herrlichen Landschaft. Das alles tat ich wirklich gern, und nur wenn man mich beschuldigte, eine Art Parasit der Landwirtschaft zu sein, kam mir der Widerspruch in den Sinn.

Als die Straße sich noch höher hinaufwand, begann ich den Kirchturm und die Dächer von Darrowby zu sehen, und schließlich tauchten am Stadtrand einladend die Tore von Mrs. Pumphreys schönem Haus auf. Ich schaute auf die Uhr – Punkt zwölf Uhr mittags. Durch langes Üben war es mir gelungen, immer kurz vor dem Mittagessen hier zur Visite einzutreffen, wo ich den Härten der Arbeit auf dem Lande entfliehen und ein Weilchen in der Gastfreundschaft der ältlichen Witwe schwelgen konnte, die mein Leben schon so lange verschönte.

Die Reifen knirschten auf dem Kies der Auffahrt, und ich lächelte, als Tricky Woo am Fenster erschien und mich begrüßte. Er war inzwischen alt, aber er konnte noch immer auf seinen Aussichtspunkt hinaufspringen, und wie jedesmal teilte ein hechelndes Begrüßungsgrinsen sein Pekinesengesicht in zwei Hälften.

Als ich die Stufen zwischen den Säulen des Aufgangs emporstieg, sah ich, daß er seinen Fensterplatz verlassen hatte, und ich hörte sein freudiges Bellen im Flur. Ruth, das langjährige Dienstmädchen, öffnete mir die Tür und strahlte vor Vergnügen, als Tricky sich mir an die Knie warf.

«Ja, er freut sich, Sie zu sehen, Mr. Herriot», sagte sie und fügte, wobei sie die Hand auf meinen Arm legte, hinzu, «wir alle freuen uns.»

Sie führte mich in den geschmackvollen Salon, in dem Mrs. Pumphrey in einem Sessel am Feuer saß. Mrs. Pumphrey hob ihren weißen Kopf von ihrem Buch und rief entzückt: «Ach, Mr. Herriot. Wie überaus nett! Tricky, ist es nicht wunderbar, daß Onkel Herriot dich wieder einmal besuchen kommt!»

Sie winkte mich zu dem gegenüberstehenden Sessel. «Ich habe Sie schon erwartet, denn bei Tricky ist ja die Kontrolle fällig, aber bevor Sie ihn untersuchen, müssen Sie sich erst einmal setzen und ein bißchen aufwärmen. Es ist so schrecklich kalt. Ruth, meine Liebe, bringen Sie doch Mr. Herriot ein Glas Sherry. Sie sagen doch ja, Mr. Herriot, oder?»

Ich bedankte mich murmelnd. Ich sagte immer ja zu dem erlesenen Sherry, der in riesigen Gläsern aufgetragen wurde und jederzeit herzerquickend war, besonders jedoch an kalten Tagen.

Ich sank in die Kissen und streckte die Beine in Richtung der im Kamin lodernden Flammen aus, und als ich den ersten Schluck trank und Ruth einen Teller mit kleinen Keksen neben mir abstellte, während der kleine Hund auf meine Knie kletterte, fiel der letzte feindselige Ausbruch der Sidlows sanft von mir ab.

«Tricky ist es seit Ihrem letzten Besuch einfach wunderbar gegangen, Mr. Herriot», sagte Mrs. Pumphrey. «Ich weiß, bei seiner Arthritis wird er immer ein bißchen steif sein, aber er kommt gut zurecht, und sein kleiner Herzhusten ist auch nicht schlimmer geworden. Und das Beste von allem», sie klatschte in die Hände und ihre Augen wurden groß, «es hat überhaupt nicht geklemmt. Nicht ein einziges Mal. Sie werden den armen Liebling also nicht quetschen müssen.»

«O nein. Ganz bestimmt nicht. Ich tue das nur, wenn er es wirklich braucht.» Jahrelang hatte ich wegen des von seiner Herrin so anschaulich in Worte gefaßten Problems mit seinen Afterdrüsen Tricky Woo das Gesäß gedrückt, und der kleine Hund hatte deswegen nie irgendwelche Ressentiments entwickelt. Ich streichelte ihm den Kopf, während Mrs. Pumphrey weitersprach.

«Ich muß Ihnen etwas höchst Interessantes erzählen. Sie wissen ja, daß Tricky schon immer ein großer Experte bei Pferderennen gewesen ist; er hat einen wunderbaren Blick für die Tagesform eines Pferdes und gewinnt bei fast allen Einsätzen. Neuerdings aber», sie hob einen Finger und sprach in vertraulichem Flüsterton, «zeigt er großes Interesse an Windhundrennen!»

«Tatsächlich?»

«Ja, tatsächlich, er hat angefangen, sich um die Läufe auf der Windhundrennbahn in Middlesbrough zu kümmern und mir Anweisung gegeben, für ihn zu setzen, und er hat schon ziemlich viel Geld gewonnen, wissen Sie!»

«Du meine Güte!»

«Ja, erst heute vormittag hat Crowther, mein Chauffeur, nach den letzten Abendläufen zwölf Pfund vom Buchmacher abgeholt.»

«Also wirklich, das ist ja wunderbar.» Mir blutete das Herz für Honest Joe Prendergast, den Buchhalter der städtischen Rennbahn, der ein schwergeprüfter Mann sein mußte, wenn er seit Jahren beim Pferderennen an einen Hund Geld verlor und nun auch noch bei den Windhundrennen zahlen mußte. «Sehr bemerkenswert.»

«Ja, nicht wahr!» Mrs. Pumphrey strahlte mich an, doch dann wurde sie ernst. «Aber ich frage mich, Mr. Herriot, woher rührt wohl dieses neue Interesse? Was meinen Sie dazu?»

Ich schüttelte nachdenklich den Kopf. «Schwer zu sagen. Sehr schwer.»

«Jedenfalls, ich habe da eine Theorie», sagte sie. «Halten Sie es für möglich, daß er sich mit zunehmendem Alter mehr zu Tieren seiner eigenen Art hingezogen fühlt und es vorzieht, auf schnelle Hunde zu setzen, auf Windhunde eben?»

«Könnte sein ... könnte sein ...»

«Und schließlich sollte man doch vermuten, daß er gerade wegen dieser Zuneigung einen tieferen Einblick und bessere Gewinnchancen haben müßte.»

«O ja, durchaus. Das ist ein weiterer Aspekt.»

Tricky, der genau wußte, daß wir über ihn sprachen, wedelte mit dem feinen Schwanz und sah mit breitem Grinsen und heraushängender Zunge zu mir hoch.

Ich ließ mich noch tiefer in die Kissen sinken, während die Wärme des Sherrys sich in allen Verästelungen meines Organismus auszubreiten begann. Mrs. Pumphreys Schilderung der Aktivitäten von Tricky Woo zuzuhören war eine mir glücklicherweise vertraute Situation. Sie war eine freundliche, hochintelligente und kultivierte Dame und wurde von allen bewundert. Sie war die Seele unzähliger Wohltätigkeitsvereine, Mitglied verschiedener Gremien, und ihr Rat wurde bei vielen wichtigen Angelegenheiten eingeholt, doch wenn es um ihren Hund ging, berührte ihre Konversation niemals schwergewichtige Themen, sondern war von seltsamen, erstaunlichen Dingen erfüllt.

Sie beugte sich in ihrem Sessel vor. «Da ist noch etwas, worüber ich mit Ihnen sprechen möchte, Mr. Herriot. Wissen Sie, daß in Darrowby ein chinesisches Restaurant eröffnet hat?»

«Ja, und ein sehr hübsches dazu.»

Sie lachte. «Wer hätte das gedacht? Ein chinesisches Restaurant in einem Städtchen wie Darrowby – erstaunlich!»

«Sehr unerwartet, da bin ich ganz Ihrer Meinung. Aber in den vergangenen ein, zwei Jahren sind sie ja überall in Großbritannien wie Pilze aus dem Boden geschossen.»

«Ja, aber eigentlich wollte ich mit Ihnen darüber sprechen, daß das an Tricky nicht spurlos vorübergegangen ist.»

«Wie bitte?»

«Ja, die ganze Sache hat ihn sehr aufgeregt.»

«Wie, um Himmels willen ...»

«Nun, Mr. Herriot ...» Sie runzelte die Stirn und starrte mich mit feierlichem Gesichtsausdruck an. «Ich habe Ihnen doch vor vielen Jahren einmal erzählt, und Sie haben es immer gewußt, daß Tricky von einer langen Linie chinesischer Kaiser abstammt.»

«Ja, ja, natürlich.»

«Nun, ich denke, ich kann das ganze Problem erklären, wenn ich am Anfang beginne.»

Ich trank einen großen Schluck von meinem Sherry und hatte dabei die angenehme Empfindung, in eine Traumwelt zu entschwinden.

«Bitte tun Sie das.»

«Als das Restaurant aufmachte», fuhr sie fort, «hatten manche Leute hier in der Stadt überraschend viele Vorbehalte. Sie kritisierten das Essen und den netten kleinen Chinesen und seine Frau und brachten das Gerücht in Umlauf, für ein derartiges Restaurant sei in Darrowby kein Platz und man solle so was nicht unterstützen. Und dann hörte Tricky, als ich mit ihm einen unserer kleinen Spaziergänge machte, zufällig diese Bemerkungen auf der Straße und wurde wütend.»

«Wirklich?»

«Ja, er war ziemlich gekränkt. Ich spüre das. Er stolziert dann mit einem ganz beleidigten Gesicht umher, und es ist recht schwierig, ihn zu besänftigen.»

«Ach, du meine Güte, das tut mir aber leid.»

«Und man kann es ihm schließlich nachfühlen, wie er empfand, als er hörte, daß seine Landsleute so herabgesetzt wurden.»

«Richtig, absolut richtig – das ist ja nur natürlich.»

«Jedenfalls... ich sage Ihnen, Mr. Herriot.» Sie streckte wieder den Zeigefinger hoch und lächelte mich wissend an. «Der kluge Liebling ist von ganz allein auf die Lösung gekommen.»

«Was Sie nicht sagen.»

«Ja, er meinte, wir sollten das Restaurant von nun ab häufig aufsuchen und das Essen dort durchprobieren.»

«Aha.»

«Und das haben wir auch getan. Ich gab Crowther Anweisung, uns zum Mittagessen dorthin zu fahren, und es hat uns so gefallen! Außerdem stellten wir fest, daß wir das Essen auch so hübsch heiß in kleinen Kartons mit nach Hause nehmen konnten – was für ein Vergnügen! Nun, wo wir damit angefangen haben, fährt Crowther oft am Abend hin und holt uns unser Abendessen, und, wissen Sie, das Restaurant scheint neuerdings recht gut besucht zu sein. Ich glaube, wir konnten uns da wirklich nützlich machen.»

«Da bin ich mir ganz sicher», sagte ich, und das meinte ich auch. Der in eine Ecke des Marktplatzes gezwängte *Lotosgarten* war nicht viel breiter als ein Schaufenster und hatte innen nur Platz für vier kleine Tische, und der Anblick der glänzenden langen Limousine, die mit ihrem livrierten Chauffeur häufig vor seiner Tür parkte, mußte ihm gewaltigen Auftrieb gegeben haben. Ich bot vergeblich all meine Phantasie auf, um mir vorzustellen, wie die Einheimischen durch das Schaufenster auf Mrs. Pumphrey und Tricky schielten, die an einem dieser winzigen Tische aßen, doch da fuhr sie bereits fort.

«Ich bin so froh, daß Sie ebenfalls dieser Meinung sind. Und es hat uns allen so viel Spaß gemacht. Tricky schwärmt für *Char sui*, und mein Lieblingsgericht ist *Chow mein*. Dieser kleine Chinese bringt uns auch bei, wie man mit Stäbchen ißt.»

Ich stellte mein leeres Glas ab und wischte mir die leckeren Krümel vom Jackett. Ich unterbrach diese Gespräche, nach denen ich in die Wirklichkeit zurückkehren mußte, stets äußerst ungern, doch jetzt schaute ich auf die Uhr. «Ich bin so froh, daß die Dinge diesen erfreulichen Verlauf genommen haben, Mrs. Pumphrey, aber ich glaube, nun sollte ich mir den kleinen Kerl mal anschauen.»

Ich hob Tricky auf ein Sofa und tastete gründlich seinen Unterleib ab. Dort konnte ich nichts feststellen. Dann fischte ich mein Stethoskop heraus und horchte ihm Herz und Lunge ab. Ich hörte das Murmeln des Herzens, das mir nicht neu war, und ein paar schwache Bronchialgeräusche, die ich erwartet hatte. Nachdem ich über die Jahre hinweg sein Leibarzt gewesen war, waren mir eigentlich alle inneren Funktionen meines alten Freundes bestens bekannt. Nun die Zähne – vielleicht konnte ich das Entfernen des Zahnsteins aufs nächste Mal verschieben. Die Augen ließen die ersten Anfänge der bei alten Hunden einsetzenden Linsentrübung erkennen, doch es war noch gar nicht schlimm.

Ich drehte mich zu Mrs. Pumphrey um. Tricky bekam Prednisolon für seine Arthritis und Oxytetracyclin für die Bronchitis, doch ich hielt mich bei ihr nie mit ausführlichen Schilderungen seiner Wehwehchen auf – zu viele medizinische Fachbegriffe beunruhigten sie nur. «Für sein Alter geht es ihm wirklich blendend, Mrs. Pumphrey. Sie haben ja die Tabletten, die Sie ihm bei Bedarf geben, und Sie wissen, wo ich zu finden bin, sollten Sie mich jemals brauchen. Nur noch eins. Sie haben es mit seiner Ernährung in der letzten Zeit wieder zu gut gemeint, also geben Sie ihm nicht zu viele Leckerbissen – auch kein *Char sui* zwischendurch.»

Sie kicherte und warf mir einen spitzbübischen Blick zu. «Oh, bitte schimpfen Sie nicht mit mir, Mr. Herriot. Ich verspreche, mich zu bessern.» Sie hielt einen Augenblick inne. «Eins muß ich im Zusammenhang mit Trickys Arthritis allerdings noch erwähnen. Sie wissen doch, daß Hodgkin jahrelang Ringe für ihn geworfen hat.»

«Ja.» Bei ihren Worten stieg vor meinem geistigen Auge das Bild des mürrischen alten Gärtners auf, der gezwungenermaßen auf dem Rasen Gummiringe werfen mußte, die der kleine, vor Vergnügen bellende Hund dann jedesmal holte und zu ihm zurückbrachte. Hodgkin, der, wie nicht zu übersehen war, Hunde verabscheute, zog unweigerlich ein mißmutiges Gesicht, und seine Lippen schienen sich ständig zu bewegen, wenn er sich selber oder Tricky etwas zubrummelte.

«Nun, in Anbetracht von Trickys Gesundheitszustand meinte ich, Hodgkin werfe die Ringe zu weit, und ich sagte ihm, er solle sie nur ein paar Schritt weit werfen. Der kleine Liebling würde dabei genausoviel Spaß haben, sich aber weniger anstrengen müssen.»

«Ich verstehe.»

«Bedauerlicherweise», und hier drückte ihr Gesicht Mißbilligung aus, «ist Hodgkin in diesem Punkt ziemlich gemein gewesen.»

«Inwiefern?»

«Ich hätte ja gar nichts davon erfahren», sagte sie und senkte die Stimme, «aber Tricky hat es mir anvertraut.»

«Oh, wirklich?»

«Ja, er hat mir erzählt, Hodgkin habe sich bitter beklagt, weil das bedeute, daß er sich nun viel öfter bücken müsse, um die Gummiringe aufzuheben, und er habe ebenfalls Arthritis. Ich hätte es ihm nicht verübelt», ihre Stimme sank zu einem Flüstern, «doch Tricky war tief bestürzt; er hat gesagt, Hodgkin habe mehrmals das Wort ‹Scheiße› verwendet.»

«Ach, du meine Güte, ja, ich sehe das Problem.»

«Dadurch ist die ganze Angelegenheit für Tricky so peinlich geworden. Was soll ich Ihrer Meinung nach tun?»

Ich nickte weise und äußerte nach einigem Nachdenken meine Ansicht zu dem Thema. «Ich glaube, Mrs. Pumphrey, es wäre eine gute Idee, die Wurfstunden weniger häufig anzusetzen und nicht mehr so lange auszudehnen. Denn immerhin sind ja beide, Tricky und Hodgkin, nicht mehr die Jüngsten.»

Sie schaute mich ein Weilchen an und lächelte dann liebevoll. «Ich danke Ihnen, Mr. Herriot, ich bin sicher, Sie haben wie immer recht. Ich werde Ihren Rat befolgen.»

Ich war im Begriff, mich zu verabschieden, als Mrs. Pumphrey mir die Hand auf den Arm legte. «Bevor Sie gehen, Mr. Herriot, möchte ich, daß Sie sich etwas anschauen.»

Sie schritt mir durch den Korridor in ein anderes Zimmer voran und öffnete die Türen eines riesigen Garderobenschranks. Ich schaute auf die lange Reihe stattlicher Anzüge – außerhalb eines Geschäfts hatte ich noch nie so viele auf einmal gesehen.

«Dies hier», sagte sie und fuhr mit der Hand über Jacketts aller denkbaren Arten, dunklere elegante und helle aus Tweed, «hat meinem verstorbenen Mann gehört.» Sie schwieg einen Moment lang und befühlte einen Ärmel nach dem anderen, doch dann wurde sie plötzlich lebhaft und drehte sich mit einem strahlenden Lächeln zu mir um. «Er liebte gute Kleidung und hat sich alle seine Anzüge aus London mitgebracht. Diesen hier zum Beispiel.» Sie langte hinauf und nahm ein Jackett und eine Hose aus Lovat-Tweed herunter. «Dieser hier wurde von einem der besten Schneider in der Savile Row angefertigt. Huch, er ist so schwer, würden Sie ihn bitte halten?» Sie schnappte nach Luft, als sie ihn mir über den ausgestreckten Arm legte, und auch ich war verblüfft über sein Gewicht.

«Ja», sprach sie weiter, «das ist ein sehr schöner Anzug für einen Herrn, der auf dem Land lebt, und, wissen Sie was, er hat ihn nie getragen.» Sie schüttelte den Kopf, und ihr Blick wurde sanft, als sie über die Revers strich. «Nein, nicht ein einziges Mal. Er starb ein paar Tage, nachdem er angefertigt worden war, und dabei hatte er sich so darauf gefreut. Er liebte Bewegung im Freien über alles, aber selbstverständlich in ansprechender Kleidung.» Dann sagte sie ohne Überleitung, wobei sie mich mit entschlossener Miene ansah: «Nun, Mr. Herriot, würden Sie diesen Anzug gern haben?»

«Wie bitte?»

«Ich möchte, daß Sie ihn bekommen. Ich bin sicher, daß er Ihnen sehr nützlich wäre, und es ist eine Verschwendung, ihn hier in diesem Schrank herumhängen zu lassen.»

Ich wußte nicht, was ich sagen sollte, doch in Gedanken ging ich zu mehreren Pausen in unserem Gespräch am Kamin zurück, in denen ich bemerkt hatte, daß ihr Blick, während ich das Glas hob, für kurze Zeit auf den ausgefransten Säumen meiner abgewetzten Hosenaufschläge und auf meinen durchgescheuerten Knien geruht hatte.

Während ich noch schweigend dastand, sah sie plötzlich beunruhigt aus. «Vielleicht bringe ich Sie damit in Verlegenheit?»

«O nein, nein, nicht im geringsten. Das ist sehr freundlich von Ihnen. Ich bin sicher, ich würde ihn gern nehmen.»

«Oh, das freut mich aber!» Sie klatschte in die Hände. «Er ist genau das richtige für Sie, genau die richtige Kleidung für einen Landtierarzt. Der Gedanke, daß Sie ihn tragen, würde mir sehr gefallen.»

«Schön... schön...», sagte ich, ein wenig amüsiert. «Ich danke Ihnen sehr.» Ich lachte. «So eine nette Überraschung.»

«Gut, gut», sagte sie und lachte ebenfalls. Dann rief sie durch den Flur: «Ruth, Ruth, würden Sie bitte einen von diesen großen Bogen braunen Papiers bringen, damit wir diesen Anzug einwickeln können, seien Sie so lieb.»

Als das Dienstmädchen davoneilte, legte Mrs. Pumphrey den

Kopf zur Seite. «Nur noch eins, Mr. Herriot. Mein Mann war sehr groß. Ein paar Änderungen werden unumgänglich sein.»

«Oh, das macht nichts», sagte ich. «Ich werde mich darum kümmern.»

Als ich, unter der Last meines Pakets gebeugt, über den Kiesweg zu meinem Auto ging, sann ich über die unerwartete Wendung nach, die mein Tag genommen hatte. Erst vor wenigen Stunden war ich nach einer Visite, bei der ich nur Kritik und Mißfallen geerntet hatte und als Draufgabe noch beschimpft worden war, wie ein Paria von einem Hof geschlichen, und nun – sehen Sie mich an. Mrs. Pumphrey und Ruth lächelten und winkten mir von der Tür aus zu. Tricky saß wieder am Fenster und lachte sich das Herz aus dem Leib, als er mir zum Abschied zubellte: Die Vorhänge wogten hin und her, so wedelte er mit dem Schwanz. Mein Magen glühte vom Sherry und von den köstlichen Plätzchen, und ich hatte einen hübschen geschenkten Anzug in den Armen.

Nicht zum ersten Mal dankte ich der Vorsehung für die unendlich vielen Aspekte der tierärztlichen Arbeit.

5

«Schau dir das an, Helen!» rief ich, als ich, wieder in Skeldale House, das braune Papier abwickelte. «Mrs. Pumphrey hat mir einen Anzug geschenkt.»

Meiner Frau verschlug es den Atem, als meine Neuerwerbung ausgepackt war. «Er ist wunderschön, Jim. Und sieht so teuer aus.»

«Ja, nicht wahr. So etwas könnte ich mir nie leisten.»

Wir betrachteten den prachtvollen Tweed mit den feinen, kaum erkennbaren bräunlichen Fäden, die sich durch das Lovatgrün zogen, und Helen hob das Jackett hoch, um den Stoff noch genauer inspizieren zu können.

«Großer Gott, er ist so dick und schwer, ich kann ihn kaum heben. Ich habe noch nie solchen Stoff gesehen – wenn du den anhast, wirst du nie mehr frieren. Willst du ihn nicht anprobieren? Bis zum Mittagessen ist noch ein bißchen Zeit – ich geh nur mal rasch in die Küche und schau nach, daß nichts überkocht.»

Ich lief zu unserem Schlafzimmer und zog, überschäumend vor Vorfreude, meine Hose aus und die neue an, dann schlüpfte ich in die Jacke und schaute in den Spiegel. Ich brauchte gar nicht hinzusehen – ich spürte gleich zu Beginn, daß meine Hoffnungen zerschlagen waren. Die Hose stauchte in ziehharmonikaartigen Falten auf dem Boden auf, und die Jackenärmel baumelten mehrere Zentimeter unter meinen Händen. Der verstorbene Mr. Pumphrey mußte nicht bloß groß, er mußte ein Riese gewesen sein.

Ich schaute traurig an mir hinunter, als ich von der Tür her gedämpfte Geräusche hörte. Helen lehnte an der Wand und konnte sich vor Lachen kaum halten, als sie mit einem zitternden Finger auf mich zeigte. «Ach, du meine Güte», stieß sie hervor. «Es tut mir so leid, aber wirklich, ha-ha-ha!»

«Schon gut», sagte ich. «Ich weiß, ich weiß, es ist ein Schuß in den Ofen.» Dann erblickte ich mich wieder im Spiegel und konnte ein ironisches Lächeln nicht unterdrücken. «Du hast recht, ich sehe komisch aus, aber was für eine Enttäuschung. Es ist so ein wunderbarer Anzug – ich hatte mir schon ausgemalt, daß ich der bestangezogene Mann von ganz Darrowby sein würde. Was zum Kuckuck machen wir nun mit dem Ding?»

Helen trocknete sich die Augen und kam zu mir herüber. «Es ist eine solche Schande, aber warte mal einen Augenblick.» Sie zog die Ärmel hoch, bis meine Hände zum Vorschein kamen, und schlug dann die Hosenbeine mehrmals um. Sie trat zurück, um das Ergebnis zu betrachten. «Weißt du, ich glaube wirklich, man könnte ihn so ändern, daß er dir paßt.»

«Na hör mal, das ist doch ausgeschlossen. Ich ertrinke ja darin.» Noch einmal warf ich meinem Spiegelbild einen finsteren Blick zu.

Meine Frau schüttelte heftig den Kopf. «Ich bin mir da nicht so sicher. Wenn ich dich jetzt so sehe, kann ich mir schon vorstellen, wie toll das werden könnte. Auf alle Fälle nehme ich den Anzug mal zu Mr. Bendelow mit und schaue, ob ich ihn becircen kann, daß er ihn schnell ändert.»

Bei dem Gedanken, daß der Schneider unserer Stadt sich bei einer Arbeit sputen würde, mußte ich grinsen. «Das wäre ja ein Wunder.»

«Man kann nie wissen», sagte Helen. «Versuchen kann ich es ja mal.»

Noch am gleichen Tag berichtete sie mir, daß Mr. Bendelow von der Qualität des Stoffs und vom Schnitt des Anzugs so verblüfft gewesen sei, daß er eine Eilanfertigung versprochen hatte.

Die Aufregung über den Anzug war vergessen, denn unmittelbar nach dem Mittagessen bekam ich einen dringenden Anruf.

Ted Newcombes Stimme am Telefon klang gepreßt und zittrig. «Es geht um Clover – sie ist beim Kalben, aber man sieht nur den Kopf und sonst nichts. Ich hab's schon versucht, aber ich kriege die Beine nicht zu fassen – es ist ein richtiger Brocken von einem Kalb. Und genau das eine, das ich unbedingt haben will – erinnern Sie sich?»

«Ja, natürlich.»

«Können Sie schnell herkommen, Mr. Herriot?»

«Ich fahre sofort los.»

Clover war seine beste Färse, und sie war von einem erstklassigen Bullen gedeckt worden. Für einen Bergbauern wie Ted wäre es eine Katastrophe, wenn er das Kalb verlieren würde. Ich rief Helen an, daß ich wegmüßte, und rannte hinaus zum Auto.

Teds kleiner Hof war ein grauer Klecks hoch oben auf einem Berghang am oberen Ausläufer des Tals. Dorthin führte keine Straße, und mein Auto holperte über die grasbewachsene Anhöhe, während hinter mir die Medikamente und Instrumente klapperten und klirrten. Der gepflasterte Hof und die dickwandigen Gebäude waren Hunderte von Jahren alt; wenn man noch die Abgeschiedenheit dazunahm, war es genau die Art Gehöft, auf der nur Mühsal gewohnte Bauern, wie Ted einer war, davon träumen konnten, ihren Lebensunterhalt zu verdienen. Die Pacht war niedrig, und mehr hätte er sich auch nicht leisten können.

Er kam aus dem Kuhstall, als ich anhielt. Er war groß und dünn, ungefähr in meinem Alter, und er war Vater eines Jungen und eines Mädchens, die diesen Hügel jeden Tag hinabstiegen und dann noch zwei Meilen bis zur Dorfschule liefen. Er sah besorgt aus, rang sich jedoch ein Grinsen ab.

«Schönes Auto, Mr. Herriot.» Er wischte sich mit dem Ärmel spöttisch über die glänzende Motorhaube, aber, typisch für ihn, damit war es mit der Frotzelei auch schon wieder vorbei.

Ich folgte ihm in den kleinen Kuhstall, und mir wurde klar, warum er nicht zu Späßen aufgelegt war. Das Lächeln war sofort wie weggefegt aus meinem Gesicht, als ich die schöne Färse sah, die stöhnte und sich aufbäumte und preßte – und trotzdem schaute nur ein riesiges Maul aus der Vulva hervor.

So etwas sieht kein Tierarzt gern. Hier ging es nicht nur darum, eine anomale Fötuslage zu beheben, es bedeutete vielmehr, daß ein sehr großes Kalb nicht den Weg nach draußen fand.

«Ich hab's schon probiert», sagte Ted, als ich die Ärmel hochkrempelte und meine Arme in dem Eimer mit dampfend heißem Wasser wusch. «Aber da sind keine Beine – und die Füße sind meilenweit weg. Ich weiß noch, Sie haben mir mal gesagt, daß man den Kopf zurückdrücken muß, um die Füße zu erwischen, und das hab ich auch versucht, aber sie ist viel stärker als ich.»

Ich nickte. Er hatte nicht viel Fleisch auf den Knochen, aber seine Arme waren muskulös und konnten zupacken, und ich wußte, wovon er sprach. «Niemand ist so stark wie ein Tier, das so groß ist wie das hier, Ted.»

«Und die ganze Zeit über frage ich mich, ob das Kalb wohl noch lebt. Es ist schon verteufelt lange da drin eingeklemmt.»

Das war auch meine Sorge. Ich seifte mir den Arm ein und schob an dem massigen Kopf vorbei eine Hand in die Vulva, doch als ich nach der Schulter griff, bäumte sich Clover wieder auf, und mein Arm steckte für ein paar beängstigende Sekunden fest.

«Das sieht gar nicht gut aus», keuchte ich. «Da drin ist nicht das kleinste bißchen Platz. Ich versuch mal mein Glück mit dem Kopf.»

Ich legte die Hand auf den Schädel und drückte fest, stemmte mich mit aller Kraft dagegen, bis der Kopf ein paar Zentimeter zurückrutschte. Weiter hinein brachte ich ihn nicht. Ein weiterer kräftiger Versuch der Färse, das Kalb auszutreiben, brachte mich wieder genau dahin, wo ich angefangen hatte.

Ich begann mir die Hände und Arme noch einmal zu waschen. «Es geht nicht, Ted. Dieses Kalb kommt erst heraus, wenn wir die Füße vorholen, und es ist einfach nicht möglich, die Füße zu packen. Sie ist eine große, starke Färse, und wir können nicht gewinnen, wenn wir mit Gegendruck vorgehen.»

«Verdammt!» Er sah mich mit großen Augen an. «Was können wir denn sonst tun? Kaiserschnitt? Das ist eine Riesensache!»

«Vielleicht nicht nötig», sagte ich. «Einen Trick habe ich noch auf Lager.»

Ich ging hinaus zum Auto und war nach wenigen Augenblikken mit einer Spritze und einem örtlichen Betäubungsmittel wieder im Stall. «Packen Sie sie am Schwanz, Ted», sagte ich, «und bewegen Sie ihn hoch und runter wie einen Pumpenschwengel. Ja, genau so.» Ich tastete nach dem Epiduralraum zwischen den Rückenwirbeln und injizierte zehn Kubikzentimeter, trat dann zurück und beobachtete die Kuh.

Ich mußte nicht lange warten. In weniger als einer Minute begann Clover zu erschlaffen, als wären ihre Wehen vorüber. Ted zeigte auf sie. «Schauen Sie sich das an, sie hat aufgehört zu pressen.»

«Sie kann jetzt nicht pressen», sagte ich. «Ich habe ihr eine Spinalanästhesie gegeben, und sie spürt da hinten jetzt überhaupt nichts mehr. Sie weiß gar nicht, was vor sich geht.»

«Und wenn sie sich uns nicht entgegenstemmt, kriegen wir vielleicht den Kopf wieder rein?»

«Das ist der Zweck der Übung.» Erneutes Einseifen des Arms, dann drückte ich mit der Hand gegen den breiten Schädel. Ach, war das herrlich, Kopf und Hals zu tasten und zu spüren, wie das ganze Kalb ohne das geringste Anzeichen von Widerstand von mir wegrutschte. Dann war so viel Platz, daß ich eine Geburtsschlinge einführen und sie um einen Fuß wickeln konnte und danach auch noch um den zweiten, bis zwei gespaltene Hufe am Ausgang der Vulva erschienen. Ich packte mit jeder Hand einen, und als ich mich zurückbeugte, erschien wieder der Schädel des

Kalbs, und mit großer Erleichterung sah ich zuckende Nasenlöcher.

Ich lachte. «Das Kalb lebt, Ted.»

«Oh, dem Himmel sei Dank dafür», sagte Ted und atmete tief aus. «Wir können jetzt weitermachen, nicht wahr?»

«Ja, aber die Sache hat noch einen Haken. Weil sie nicht pressen kann, kann sie uns auch nicht helfen. Wir müssen alles selber machen.»

Vor uns lag immer noch ein schweres Stück Arbeit, und es verging ungefähr eine halbe Stunde, während derer wir vorsichtig an den Beinen und am Kopf zogen und immer wieder Gleitcreme auftrugen. Wir kamen bald ins Schwitzen, doch Clover war völlig unbeteiligt und achtete nicht auf uns, sondern rupfte glücklich am Heu in der Raufe. Meine große Befürchtung war, daß das Kalb sich mit der Hüfte verklemmen würde, doch als wir ein letztes Mal mit aller Kraft hievten, glitt das kleine Wesen heraus in die Welt, und ich fing den schlüpfrigen Körper auf, als er fiel.

Ted hob ein Hinterbein hoch. «Es ist ein Bulle. Hab ich mir schon gedacht, weil es so groß war.» Er lächelte glücklich. «Meistens will ich ja Färsen, aber den hier verkaufe ich als Zuchtbullen. Er hat auf beiden Seiten einen guten Stammbaum.»

Er begann die Rippen und den Kopf mit Stroh abzureiben, und das Kalb reagierte, indem es den Kopf hob und schnupperte. Bei dem Geräusch drehte Clover sich schnell um, stieß vor Entzücken und, wie es mir vorkam, vor Überraschung ein leises Muh aus, denn sie hatte nichts von dem Vorgang gemerkt, und es war ihr unverkennbar ein wenig schleierhaft, woher dieser bezaubernde Zuzügler gekommen war. Wir zogen das Kalb nach vorn vor Clovers Kopf, und sie machte sich begeistert daran, den kleinen Körper von einem Ende bis zum anderen abzulecken.

Ich lächelte. Dies wurde mir nie zuviel – es war das Lohnendste in meinem Leben als Tierarzt. «Macht Spaß, das zu sehen, was, Ted? Ich wünschte, das Kalben ginge immer so aus.»

«Bei Gott, Sie haben recht, Mr. Herriot, und ich weiß gar

nicht, wie ich Ihnen danken soll. Ich hab wirklich geglaubt, diesmal würde ich ein totes in den Händen halten.» Als ich mich über den Eimer beugte, klopfte er mir freundschaftlich auf den Rücken.

Während ich mir die Arme abtrocknete, sah ich mich in dem Stall um, in dem eine Reihe gutgepflegter Kühe stand. Im Verlauf einiger Monate hatte Ted das Gebäude völlig renoviert, hatte die alten Holzverschläge weggehackt und sie durch Metallstangen ersetzt, hatte die Wände verputzt, die Pflastersteine herausgegraben und Beton ausgegossen. Er hatte die ganze Arbeit selbst gemacht.

Er folgte meinem Blick. «Was halten Sie jetzt von meinem kleinen Stall?»

«Er sieht prächtig aus, Sie haben Wunder bewirkt, Ted. Und Sie haben sich auch einen hübschen kleinen Bestand an Milchvieh aufgebaut.»

«Ja, ich muß es irgendwie schaffen, diese Tuberkulose-Prüfung zu bestehen.» Er rieb sich das Kinn. «Aber da sind noch ein paar Dinge, wo der Stall den Richtlinien nicht entspricht. Zum Beispiel hab ich hier nicht genug Platz zwischen der Dungrinne und der rückwärtigen Mauer. Doch in dem Punkt der Vorschrift und bei ein oder zwei anderen kann ich nichts ändern. Aber wenn das Ministerium mir die Anerkennung gibt, bekomme ich vier Pence mehr für die Gallone Milch, und damit ändert sich für mich alles.»

Er lachte, als könnte er meine Gedanken lesen. «Sie denken vielleicht, vier Pence sind nicht viel, aber wissen Sie, wir brauchen nicht viel Geld. Wir gehen abends nie weg – wir sind schon zufrieden, wenn wir mit den Kindern Karten und Domino spielen, und bei diesen Kühen, die zweimal am Tag gemolken, gefüttert und ausgemistet werden müssen, und das dreihundertfünfundsechzig Tage im Jahre, komme ich hier auch gar nicht weg.» Er lachte wieder. «Ich weiß nicht mal mehr, wann ich das letzte Mal in Darrowby war. Nein, wir wollen nicht viel Geld, bloß jetzt im Moment komme ich gerade so durch – kann mich gerade so über Wasser halten. Egal, wie es ausgeht, nächsten Donnerstag weiß ich's. Sie haben da ein Treffen, auf dem sie es entscheiden.»

Ich sagte nichts. Ich konnte ihm nicht sagen, daß ich derjenige war, der an dem Tag vor dem Milchausschuß einen vertraulichen Bericht über ihn und seinen Hof geben mußte, und alles hing allein davon ab, ob ich sie überzeugen konnte. Ob Ted vier Pence mehr pro Gallone bekam, lag in meiner Hand, und das ängstigte mich ein wenig, denn ich wagte nicht, mir auszumalen, wie lange er den Kampf darum, aus diesem windgepeitschten Hof und den spärlichen Weiden etwas zu machen, noch durchhalten konnte, wenn die Anerkennung als tuberkulosefreier Viehbestand nicht durchkam.

Ich packte meine Sachen zusammen, und wir gingen nach draußen. Als ich die kalte, saubere Luft einatmete, schaute ich den Wolkenschatten zu, die über die sich meilenweit in alle Richtungen erstreckenden grünen Hügel jagten. Und ich ließ den Blick über die paar Morgen schweifen, die Teds ganze Welt waren. Sie waren eine kleine, von Mauern umgrenzte Insel, an die ringsum plätschernd die Grasbüschel des Heidemoors schlugen, das stets versuchte, die Mauer zu überspülen und die Insel zu überschwemmen. Auf diesen Feldern mußten Kühe weiden, und sie mußten gedüngt werden, damit sie nicht in ihren wilden Urzustand zurückverfielen, und die Mauern, von den Jahrhunderten verkrümmt und gebeugt, warfen immer wieder ihre Steine ab – eine weitere Arbeit, die der Mann ganz allein erledigen mußte. Ich erinnerte mich an das eine Mal, als Ted mir erzählt hatte, daß einer seiner Genüsse darin bestand, mitten in der Nacht aufzuwachen – dann konnte er sich umdrehen und wieder einschlafen.

Als ich den Motor anließ, winkte er mir mit einer gewaltigen, von der Arbeit schwielig gewordenen Hand. Als ich den Abhang hinunterstolperte, schaute ich zurück zu der dünnen, ein wenig gebeugten Gestalt, die neben dem von verkrüppelten Bäumen gesäumten Haus stand, und wie schon früher oft stieg Mitgefühl für seine Situation in mir auf. Verglichen mit seinem Leben war meins ein Picknick.

6

Als ich am folgenden Donnerstag aufwachte, gingen mir die Worte meines Gutachtens über Ted im Kopf herum, und ich sagte ein paar Wendungen auch noch im Auto immer wieder vor mir her, während ich ein paar Fälle meiner morgendlichen Besuchsrunde abarbeitete. Ich sollte um elf Uhr im Büro des Ministeriums erscheinen, und um zehn Uhr war ich wieder zu Hause und wollte mich umziehen.

Ich wollte gerade die Treppe hinaufgehen, als Helen hereinkam.

«Du wirst es nicht glauben», sagte sie atemlos, «aber Mr. Bendelow hat mich gesehen, als ich an seinem Schaufenster vorüberging, und hat mir den Anzug mitgegeben.»

«Mr. Pumphreys Anzug?»

«Ja, er ist völlig umgeändert, du kannst ihn anziehen.» Sie schaute mich mit großen Augen an.

Ich betrachtete erstaunt das Paket. «Das hat es ja noch nie gegeben. Wir haben um ein Wunder gebeten und eins bekommen.»

«So ist es», sagte Helen. «Und noch was, ich fühle ganz genau, daß das ein gutes Omen ist.»

«Was willst du damit sagen?»

«Du kannst ihn anziehen, wenn du vor dem Milchausschuß sprichst. In einem solchen Anzug machst du wirklich Eindruck.»

Ihre Worte trafen ins Schwarze. Als Redner war ich nicht gerade Winston Churchill, und ich konnte jede Unterstützung brauchen, die mir zum Erfolg verhalf. Im Schlafzimmer riß ich mir die Kleider vom Leib und stieg in die aufgemöbelte Hose. Die Hosenbeine hatten nun zwar genau die richtige Länge, aber eine Schwachstelle hatte die Hose doch noch, und zwar eine, die mir nicht aufgefallen war, als ich sie zum ersten Mal anprobiert hatte. Sie reichte mir bis zur Brust hinauf, so daß der Hosenbund fast unter meinen Achseln saß. Es war die Ära hochgeschnittener Hosenbünde, die bequem oberhalb der Hüfte saßen, doch bedingt durch Mr. Pumphreys Statur war dieser Schnitt hier weit übertrieben. Wieder war ich zutiefst niedergeschlagen. Ich drehte mich zu Helen um, und ihr Mund begann zu zucken. Dann senkte sie den Kopf, und ihr Körper erzitterte vor unterdrücktem Kichern.

«Fang ja nicht wieder damit an!» rief ich. «Es ist fast genau so komisch wie beim letzten Mal. Du brauchst es mir nicht noch unter die Nase zu reiben. Ich kann das verdammte Ding jedenfalls nicht anziehen, und mehr gibt es dazu nicht zu sagen. Ich bin nichts als eine wandelnde Hose, aus der oben ein Kopf und Schultern herausgucken.»

Ich wollte das nervtötende Kleidungsstück gerade ausziehen, als Helen die Hand hob.

«Warte... warte doch...», sagte sie. «Zieh mal das Jackett an.»

«Wozu soll das gut sein?»

«Die Revers sind ziemlich weit oben, zieh's einfach mal an.»

Mit einem Gefühl der Hoffnungslosigkeit zwängte ich mich in das Jackett und drehte mich zu ihr um.

Der Blick, mit dem Helen mich anschaute, drückte so etwas wie Ehrfurcht aus. «Es ist wunderbar», flüsterte sie, «unglaublich.»

«Was denn?»

«Sieh dich doch mal an.»

Ich schaute in den Spiegel, und Lord Herriot von Darrowby blickte zurück. Der Hosenbund war nicht zu sehen, nur der Anzug war da in all der Pracht seines kostbaren Stoffs und seines raffinierten Schnitts, hüllte mich elegant ein, als sei er für mich geschneidert worden.

«Mein Gott», stieß ich hervor. «Ich hätte nie gedacht, daß Kleidung einen solchen Unterschied machen kann. Ich bin ja ein anderer Mensch.»

«Ja, ja», sagte Helen eifrig. «Du siehst aus wie ein wichtiger, einflußreicher Mann. Du mußt ihn für den Ausschuß anziehen – der Anzug haut die glatt um.»

Als ich mich wusch und mir die Haare kämmte, durchströmte mich warm das Gefühl, daß sich alles zum Besten wenden würde, wo es doch schon verloren gewesen schien, und als ich nach einem letzten bewundernden Blick auf mein Spiegelbild aus dem Haus ging, war ich von gelassener Zuversicht erfüllt.

Draußen fegte ein bitterkalter Wind über die Felder, doch ich spürte ihn nicht. Durch mein Gewand drang nichts durch; ich war fest überzeugt davon, daß ich in diesem Aufzug ganz bequem bis zum Nordpol würde wandern können, ohne mich umziehen zu müssen.

Im Auto stieg meine Körpertemperatur rapide an, und ich mußte die Fenster aufmachen. Ich war froh, als ich meinen Bestimmungsort erreichte und ein paar Atemzüge in der kalten Luft tun konnte. Das Gefühl der Erleichterung währte jedoch nur kurz, denn als sich die Pendeltür des Ministeriums hinter mir schloß, schlug mir eine Hitze entgegen, die mir fast die Luft nahm. Bei allen meinen früheren Besuchen hatte ich mich gefragt, wie Menschen in dieser Atmosphäre, bei voll aufgedrehter Zentralheizung arbeiten konnten, und als ich durch den Korridor ging und durch das Glas die Schreibkräfte, Techniker und Ministerialbeamten sah, die offenbar alle ganz vergnügt ihrer Beschäftigung nachgingen, da fragte ich mich das erneut. Nur daß es diesmal schlimmer war. Viel, viel schlimmer. Diesmal war ich bis fast hinauf zum Kinn von zwei Schichten eines teppichähnlichen Materials umhüllt.

Es war natürlich der Hosenbund, der mir Schwierigkeiten machte, der meinen gesamten Brustkorb einschnürte wie ein Schraubstock; und ich hatte das lächerliche Gefühl, daß der Anzug selbst mich zu der zweiflügeligen Tür des Konferenzraums am Ende des Korridors trug. In dem großen Zimmer war es heißer denn je, und in einem Augenblick der Panik dachte ich, ich würde keine Luft bekommen, doch ich beruhigte mich wieder, als die Ausschußmitglieder mich auf ihre übliche freundliche Art und Weise begrüßten und der Vorsitzende mich zu meinem Platz an dem langen Konferenztisch führte.

Der Milchausschuß bestand aus etwa zwanzig Mitgliedern: aus Großbauern, Technikern des Ministeriums, aus den beiden größten Landbesitzern in unserem Verwaltungsbezirk, Lord Darbrough und Sir Henry Brookly, aus einem Arzt und einem praktizierenden Tierarzt, mir. Ich hatte mich geehrt gefühlt, als ich aufgefordert wurde, dem Ausschuß beizutreten, und hatte mich bemüht, meine Pflichten nach bestem Wissen und Gewissen zu erfüllen, doch dieser Morgen war etwas Besonderes.

Sir Henry führte den Vorsitz, und als er mit der Tagesordnung begann, betete ich, daß es eine kurze Sitzung werden würde. Mir war klar, daß ich, bei dieser Hitze fest eingemummt, nicht lange würde durchhalten können, doch als die Minuten mit aufreizender Langsamkeit verstrichen, begriff ich, daß heute ein riesiges Arbeitspensum zu bewältigen war. Lange Debatten über Sterilisation, Bauen und Buchführung in der Landwirtschaft, Viehkrankheiten – es wollte kein Ende finden, während ich dasaß und mir immer heißer wurde. Ich wurde ziemlich oft aufgefordert, meine Meinung zu äußern, und ich rang bei meinen Antworten nach Luft, was, wie ich hoffte, von niemandem bemerkt wurde, aber es hatte den Anschein, daß mein wichtigster Sitzungsbeitrag bis zum Ende aufgeschoben werden würde.

Mein Befinden verschlechterte sich immer mehr, bis ich nach einer Stunde sicher wußte, daß ich ersticken und daß es nur eine Frage der Zeit sein würde, bis ich in Ohnmacht fiel und aus dem Raum hinausgetragen werden müßte. Ich atmete nur noch mit Mühe, ich spürte, wie mir der Schweiß über den Hals und auf den Kragen lief, und ich mußte gegen den Drang ankämpfen, mir das Jackett aufzureißen und einen Teil der angestauten Hitze herauszulassen, doch der Gedanke daran, daß diese Ansammlung würdiger Männer beim Anblick meiner kinnhohen Hose in Gelächter ausbrechen würde, lähmte mir die Hand.

Nach ungefähr zwei Stunden ließ Sir Henry den Blick über die Runde schweifen und kündigte mein Thema an. «Nun, Gentlemen», sagte er, «als letzten Punkt unserer Tagesordnung haben wir heute vormittag über den Grenzfall des Bergbauern Edward Newcombe zu befinden, der einen Antrag auf die Anerkennung seines Viehbestands als tuberkulosefrei gestellt hat, und wie ich weiß, hat unser junger Freund, Mr. Herriot, die Angelegenheit für uns geprüft. Mr. Herriot …?» Über den Tisch hinweg lächelte er mir zu.

Jemand begann über Ted Newcombe zu sprechen, und ein paar Sekunden lang begriff ich nicht, daß ich das selber war. Die Worte kamen mir bekannt vor, doch sie schienen von irgendwo außerhalb zu kommen, klangen japsend und heiser. Durch die Rinnsale von Schweiß, die mir in die Augen liefen, sah ich, daß alle mich freundlich anschauten. Freundlich waren sie immer gewesen, die Männer, vielleicht weil ich das jüngste Ausschußmitglied war, und als die Worte aus mir herauspurzelten – «hervorragender Viehzüchter» … «Vieh in makellosem Zustand» … «arbeitet schwer» … «peinlichste Beachtung der Hygienevorschriften» … «Mensch mit höchster Integrität» –, lächelten sie immer noch und nickten mir aufmunternd zu, und als der letzte Satz hervorkam – «Edward Newcombes Stallungen sind vielleicht nicht perfekt, aber er läßt wirklich nichts unversucht, und wenn er die Plakette erhält, wird er bestimmt niemanden enttäuschen» –, schien ich von fröhlichen, freundlichen Gesichtern umringt zu sein.

Sir Henry strahlte mich an. «Äh, haben Sie vielen Dank,

Mr. Herriot, Ihre Ausführungen sind sehr hilfreich, und wir sind Ihnen sehr verbunden. Ich glaube, wir stimmen darin überein, Gentlemen, daß gegen eine Erteilung der Lizenz keine Einwände bestehen?» Um den ganzen Tisch herum gingen zustimmende Hände hoch.

Wie ich aus dem Zimmer gekommen bin, darüber läßt mich mein Gedächtnis weitgehend im Stich. Ich weiß nur noch, daß ich die Treppe hinunter zur Herrentoilette rannte, mich in einer der Kabinen einschloß, mein Jackett von mir warf und mit offenem Mund auf dem Toilettensitz zusammenbrach. Als ich das Vorderteil der gewaltigen Hose öffnete, mir das Hemd aufknöpfte und mich keuchend zurücklehnte, entströmten mir Wogen von Hitze, in die sich Erleichterung und das Gefühl des Triumphs mischten. Ich hatte es hinter mich gebracht. Ted hatte seine Lizenz, und ich war noch am Leben.

Als ich langsam wieder zu mir kam, hörte ich zwei Männer hereinkommen. Aus meiner halb schiefen Position sah ich ihre Füße unter der Tür, und ich erkannte die Stimme von Sir Henry und Lord Darbrough. Die Füße verschwanden, als die Männer zur gegenüberliegenden Wand traten.

Zunächst war es still, dann dröhnte Seine Lordschaft: «Ich sag dir was, Henry, es hat mir gutgetan zu sehen, wie dieser junge Kollege sich für den Bergbauern eingesetzt hat.»

«Ganz deiner Meinung, George. Verdammt guter Vortrag, dachte ich.»

«Hat sich für ihn ins Zeug gelegt, weiß Gott. Sich nicht geschont. So etwas hab ich noch nie erlebt – der Schweiß lief ihm ja übers Gesicht.»

«Hm, hab ich auch gesehen. Hingabe, würde ich sagen.»

«Genau, Hingabe. Gut, das bei jemandem in seinem Alter noch zu sehen.»

Nun folgte eine weitere Pause, und dann: «Weißt du, Henry, und noch etwas war an dem jungen Mann bemerkenswert.»

«Was denn, George?»

«Versteht sich zu kleiden. Großartiger Anzug. Beneide ihn richtig um seinen Schneider.»

7

«Sieh sich einer den kleinen Kerl an!»

Schmunzelnd schaute Farmer Dugdale zu, wie Jimmy mir mit der Fackel leuchtete, als ich der Kuh half, ihr Kalb zur Welt zu bringen. Mein Sohn, zehn Jahre alt, nahm seine Aufgabe sehr ernst. In der Box war es ziemlich dunkel, und er begleitete feierlich jede meiner Bewegungen mit dem Lichtstrahl seiner Fackel, hielt sie über das hintere Ende der Kuh, wenn ich arbeitete, dann wieder über den Eimer mit dem heißen Wasser, wenn ich mir noch einmal die Arme einseifte und die Seilenden in das Desinfektionsmittel tauchte.

«Ja», sagte ich, «Nachtarbeit hat er gern.»

Im Grunde hatte Jimmy alle Arbeiten eines Tierarztes gern, aber wenn ich abends vor seiner Schlafenszeit irgendwohin gerufen wurde, bereitete es ihm besonderes Vergnügen, mich zu begleiten, neben mir im Auto zu sitzen und aufmerksam zuzuschauen, wenn die Scheinwerfer die Windungen und Kurven der Landstraßen ausleuchteten.

Und als wir heute abend ankamen, war er schon vor mir am Kofferraum gewesen, hatte die verschiedenfarbigen Stricke herausgesucht, die um Kopf und Beine des Kalbs geschlungen werden mußten, und geschäftig die richtige Menge Desinfektionsmittel in den Eimer geschüttet.

«Hast du den roten Strick schon um den Kopf rum, Dad?»

«Ja.»

«Richtig hinter den Ohren?»

«Jawohl.»

Er nickte. Zum Teil wollte er auf dem laufenden gehalten sein, aber er paßte auch auf mich auf, wollte verhindern, daß ich irgendwelche dummen Fehler machte.

Für mich war es ein reines Wunder, daß meine beiden Kinder von meiner Arbeit fasziniert waren. Ich hatte oft gedacht, daß schon der Anblick ihres Vaters, der zu allen Tages- und Nachtzeiten herumhastete, bei Mahlzeiten fehlte, an Sonnabenden und Sonntagen arbeitete, während meine Freunde, die keine Tierärzte waren, Golf spielten, daß schon dieser Anblick genügen müßte, um ihnen einen Widerwillen gegen meine Lebensaufgabe einzuflößen; statt dessen aber bereitete es ihnen das größte Vergnügen, mich auf meinen Besuchsrunden zu begleiten und sich jede Einzelheit meiner diagnostischen Bemühungen und Behandlungsmethoden einzuprägen.

Dies ließ sich vermutlich schlicht und einfach dadurch erklären, daß sie, wie ich und auch Helen, in Tiere vernarrt waren. Mit diesen reizenden Geschöpfen arbeiten zu können lohnte alle Mühen, und meine beiden Kinder hatten nicht den geringsten Zweifel daran: Sie wollten Tierärzte werden.

Nun fiel mir auf, daß Jimmy im Alter von zehn Jahren bereits auf dem besten Wege dorthin war. Als das Kalb auf den Boden des Bretterverschlags glitt, wischte er schnell den Schleim von Nüstern und Maul des kleinen Tieres ab, nahm eine Handvoll Heu und begann das Kalb mit flinken Bewegungen abzureiben.

«Es ist eine Färse, Dad», sagte er, nachdem er einen fachmännischen Blick zwischen die Hinterbeine geworfen hatte. «Das ist doch gut, Mr. Dugdale, oder?»

Der Farmer lachte. «Ja, mein Junge. Wir wollen viele Färsen. Aus der hier, die du gerade abreibst, wird vielleicht eines Tages mal eine gute Milchkuh.»

Der nächste Tag war ein schulfreier Sonnabend, und nach dem Frühstück standen beide Kinder tatendurstig bereit. Genaugenommen hatten sie die ersten Taten schon vollbracht. Sie hatten den Deckel des Kofferraums aufgeklappt und suchten die leeren Flaschen und Kartons heraus, überprüften, ob ich auch alles hatte, was ich eventuell brauchen würde.

«Du hast nicht mehr allzuviel Kalzium, Dad», sagte Rosie. Sie war inzwischen sechs und hatte mich seit ihrem zweiten Lebensjahr auf den Besuchsrunden begleitet, so daß ihr der Inhalt der großen Fächerkiste vertraut war, die mir ein Freund zur Aufbewahrung meiner Medikamente und Instrumente gebaut hatte.

«Richtig, mein Schatz», erwiderte ich. «Bist du so nett und holst mir welches? Kalzium ist eins der Dinge, ohne die wir nicht auskommen.»

Vor Wichtigkeit strahlend, rannte sie in die Apotheke, und ich fragte mich zum wiederholten Male, woher es kam, daß sie, ganz gleich, ob zu Hause oder auf den Bauernhöfen, Dinge für mich immer im Laufschritt holte, wohingegen Jimmy jedesmal ging.

Oft sagte ich mitten in einer Behandlung: «Hol mir doch noch eine Spritze, Jimmy», und mein Sohn schlenderte ganz gemächlich zum Auto hinaus und pfiff oft dabei. Ganz gleich, wie sehr ihn interessierte, was gerade geschah, er schlug nie eine schnelle Gangart an. Und mir ist oft aufgefallen, daß er heute, wo er ein sehr erfahrener Tierarzt ist, immer noch keine Eile hat.

Vermutlich ist das gut so, denn unsere Arbeit kann nervenaufreibend sein, und daher ist es wohl am besten, wenn man die Dinge ruhig angeht.

Als alles eingepackt war, fuhren wir in die Berge. Es war ein strahlender Vormittag, und die schroffen Konturen des Fells und des Heidemoors wirkten im Sonnenschein viel weicher. In der

Nacht hatte es geregnet, und alle Gerüche der Landschaft drangen durch die offenen Fenster ins Auto.

Das erste Gehöft erreichten wir auf einer Straße mit mehreren Toren, und Rosie war begeistert, weil das ihre Aufgabe war.

Als wir an das erste heranfuhren, sprang sie blitzschnell aus dem Auto. Mit rotem Gesicht und ernsthafter Miene öffnete sie das Tor, und ich fuhr hindurch.

«Hast Glück, daß ich heute morgen mir dir unterwegs bin, Dad», sagte sie. «Da hinten kommen noch zwei. Ich seh sie schon.»

Ich nickte. «Das ist wahr, mein Liebling. Wenn ich etwas verabscheue, dann Tore.»

Meine kleine Tochter lehnte sich zufrieden wieder an. An den Tagen unmittelbar vor ihrer Einschulung war sie regelrecht besorgt.

«Was wirst du nur ohne mich machen?» sagte sie oft. «Bald muß ich in die Schule gehen, und Jimmy geht jetzt schon. Dann bist du ganz allein.»

Jimmy schien durchaus immer darauf zu vertrauen, daß ich auch zurechtkommen würde, wenn ich auf mich gestellt war, aber Rosie hatte daran tiefe Zweifel. Die Wochenenden waren für sie nicht einfach Tage, an denen sie spielen konnte, sondern eine willkommene Gelegenheit, bei ihrem Vater nach dem rechten zu sehen. Und für mich waren das wundervolle Tage, und ich staunte über mein Glück. So viele beruflich stark eingespannte Männer bekommen ihre Familien nur selten zu sehen, doch ich hatte das eine, ohne auf das andere verzichten zu müssen, weil mein kleiner Sohn und meine Tochter so oft an meiner Seite waren, wenn ich arbeitete.

Und es war nichts daran zu deuteln: Es war ein wahrer Segen, daß mir die Tore geöffnet wurden. Rosie stand in Habtachtstellung, als ich durch das letzte hindurchfuhr. Ihre Hand lag auf dem Riegel, und ihr Gesicht drückte Befriedigung über eine gut erledigte Aufgabe aus.

Ein paar Minuten später stand ich im Kuhstall und kratzte mir verwundert den Kopf. Meine Patientin hatte 41,1° Fieber, doch meine anfängliche selbstsichere Diagnose, daß es sich um Mastitis handele, entpuppte sich als falsch, als ich feststellte, daß die Milch weiß und klar war.

«Das ist ja komisch», sagte ich zu dem Farmer. «Ihre Lungen sind in Ordnung, der Magen arbeitet gut, und trotzdem hat sie dieses hohe Fieber, und Sie sagen, sie frißt nicht?»

«Ja, das stimmt, Sir. Sie hat heute früh weder ihr Heu noch ihr Brot angerührt. Und sehen Sie nur, wie sie schwankt.»

Ich drehte den Kopf der Kuh herum und suchte nach möglichen Symptomen, als hinter mir die helle Stimme meines Sohnes ertönte.

«Ich glaube, es ist doch Mastitis, Dad.»

Er hockte neben dem Euter, zog an den Zitzen und ließ sich Strahlen der Milch in die Hand laufen. «Die Milch ist hier ziemlich heiß.»

Ich betastete die Zitzen noch einmal, und tatsächlich, Jimmy hatte recht. Die Milch aus einer Zitze sah zwar einwandfrei aus, aber sie war eindeutig wärmer als die andere, und als ich mir noch ein paar Tropfen auf die Hand zog, spürte ich schon die Flocken auf der Haut, obwohl sie noch nicht zu sehen waren.

Ich schaute trübselig zu dem Farmer hoch, und er brach in schallendes Gelächter aus. «Sieht so aus, als wüßte der Lehrling mehr als der Meister. Wer hat dir das beigebracht, Junge?»

«Dad. Er hat gesagt, mit der Methode könnte man oft bei einem Irrtum ertappt werden.»

«Und das hat auch geklappt, was!» Der Bauer schlug sich auf die Schenkel.

«Schon gut, schon gut», sagte ich, und als ich zum Auto ging, um die Penicillinstäbe zu holen, fragte ich mich, wie viele andere kleine Tricks mein Sohn während der Besuchsrunden mit mir wohl schon aufgeschnappt hatte.

Später, als wir auf den mit Toren abgesperrten Straßen zurückfuhren, gratulierte ich ihm.

«Gut gemacht, alter Junge. Du weißt viel mehr, als ich dachte.»

Jimmy grinste. «Ja, und weißt du noch, als ich nicht mal eine Kuh melken konnte?»

Ich nickte. Auf den größeren Farmen waren Melkmaschinen

gang und gäbe, doch viele Kleinbauern molken immer noch von Hand, und offenbar faszinierte es meinen Sohn, ihnen dabei zuzuschauen. Mir fiel ein, wie er neben dem alten Tim Suggett gestanden hatte, als der eine von seinen sechs Kühen molk. Auf einem Schemel hockend, den Kopf an die Flanke der Kuh gelehnt, sandte der Farmer mühelos die zischenden und schäumenden weißen Strahlen in den Eimer, den er zwischen den Knien hielt.

Er schaute hoch und fing den gebannten Blick des Jungen ein.

«Willst du's auch mal probieren, junger Mann?» fragte er.

«O ja, bitte.»

«In Ordnung, hier hast du einen neuen Eimer. Sieh mal zu, ob du ihn voll bekommst.»

Jimmy hockte sich hin, nahm eine Zitze in jede Hand und fing an, munter zu ziehen. Nichts tat sich. Er probierte es an den beiden anderen Zitzen: mit dem gleichen Erfolg.

«Es kommt nichts raus», jammerte er traurig. «Nicht ein Tropfen.»

Tim Suggett lachte. «Ja, ist wohl doch nicht so leicht, wie's aussieht, was? Würde bestimmt 'ne ganze Weile dauern, bis du meine sechs Kühe gemolken hättest.»

Mein Sohn sah ganz niedergeschlagen aus, und der alte Mann legte ihm die Hand auf den Kopf. «Komm mal irgendwann her, dann bring ich's dir bei. Ich mach schon noch einen Melker aus dir.»

Ein paar Wochen später kam ich eines Nachmittags von meiner Besuchsrunde zurück und sah Helen beunruhigt auf der Treppe von Skeldale House stehen.

«Jimmy ist nicht von der Schule nach Hause gekommen», sagte sie. «Hat er dir gesagt, daß er zu einem seiner Freunde geht?»

Ich dachte einen Augenblick nach. «Nein, nicht daß ich wüßte. Aber vielleicht spielt er bloß irgendwo.»

Helen schaute in die anbrechende Dämmerung. «Ist trotzdem seltsam. Normalerweise kommt er doch erst nach Hause und sagt uns Bescheid.»

Wir telefonierten erfolglos bei seinen Schulfreunden herum,

dann machte ich mich auf einen Rundgang durch Darrowby, schaute in die kleinen verwinkelten Höfe, ging bei Leuten vorbei, die wir kannten, und bekam stets das gleiche zu hören: «Nein, tut mir leid, wir haben ihn nicht gesehen.» Munter zu erwidern: «Vielen Dank auch, tut mir leid, wenn ich gestört habe», fiel mir zunehmend schwerer, und eine kalte Faust begann sich mir aufs Herz zu legen.

Als ich nach Skeldale House zurückkam, war Helen den Tränen nahe. «Er ist immer noch nicht heimgekommen, Jim. Wo um alles in der Welt kann er nur hingegangen sein? Da draußen ist pechschwarze Nacht. Er kann nicht irgendwo spielen.»

«Ach, er taucht schon wieder auf. Es gibt bestimmt eine ganz einfache Erklärung, mach dir keine Sorgen.» Ich hoffte, daß das unbeschwert klang, und ich erzählte Helen nicht, daß ich den Wassergraben am unteren Ende des Gartens abgesucht hatte.

Schon begannen sich die unverkennbaren Symptome panischer Angst einzustellen, als ich plötzlich eine Idee hatte. «Warte mal, hat er nicht gesagt, er würde mal eines Tages nach der Schule zu Tim Suggett rumgehen, um melken zu lernen?»

Das kleine Gehöft lag ja in Darrowby, und ich war in Minuten dort. Ein weiches Licht leuchtete über der halbhohen Tür des kleinen Kuhstalls, und als ich hineinsah, hockte da mein Sohn auf einem Schemel, den Eimer zwischen den Knien, den Kopf an eine geduldige Kuh gelegt.

«Hallo, Dad», sagte er fröhlich. «Sieh mal!» Er zeigte mir seinen Eimer, in dem sich ein paar Liter Milch befanden. «Ich kann es jetzt. Mr. Suggett hat es mir beigebracht. Man zieht gar nicht an den Zitzen. Man bewegt nur einfach die Finger, so.»

Eine herrliche Erleichterung durchströmte mich. Ich wollte Jimmy an mich reißen und ihn küssen, wollte Mr. Suggett küssen, die Kuh küssen, doch ich holte ein paarmal tief Luft und beherrschte mich.

«Sehr schön, Tim, daß er hier bei Ihnen ist. Ich hoffe, er hat Sie nicht gestört.»

Der alte Mann lachte leise in sich hinein. «Nein, mein Junge, gar nicht. Wir haben viel Spaß gehabt, und der junge Mann hat einen scharfen Verstand. Ich hab ihm gesagt, wenn er Tierarzt werden will, muß er wissen, wie man die Milch aus einer Kuh herausholt.»

Das ist eine meiner lebhaftesten Erinnerungen: der Abend, an dem Jimmy lernte, wie man die Milch aus einer Kuh herausholt, so daß er Mastitis diagnostizieren und seinem Alten Herrn eine überbraten konnte.

Bis zum heutigen Tag frage ich mich oft, ob es richtig von mir war, Rosie ihre Zukunftspläne auszureden. Vielleicht war es falsch, aber damals, in den vierziger und fünfziger Jahren, war das Leben in einer Tierarztpraxis ganz anders als heute. Unsere Patienten waren zu neunzig Prozent Großtiere, und ich mochte die Arbeit, aber trotzdem wurde ich ständig getreten, herumgestoßen und mit allen möglichen Arten von Dreck bespritzt. Trotz all ihrer reizvollen Seiten und der Befriedigung, die sie einem verschaffte, war es eine schmutzige und gefährliche Arbeit. Mehrere Male wurde ich von benachbarten Praxen zu Hilfe gerufen, wenn der Tierarzt sich einen Knochenbruch eingefangen hatte, und einmal hinkte ich selber wochenlang, nachdem ein großes Zugpferd mich mit seinem eisenbeschlagenen Huf am Oberschenkel getroffen hatte.

Ziemlich oft roch ich nicht besonders, denn man konnte in antiseptischen Mitteln baden, sooft man wollte, der Geruch von verwesenden Kälbern, die man herausholte, und von Nachgeburten, die man entfernte, blieb trotzdem haften. Ich war es gewohnt, daß Leute die Nase rümpften, wenn sie mir nahe kamen.

Manchmal, wenn das Kalben oder Fohlen sich in die Länge zog, und oft dauerte es stundenlang, tat mir hinterher tagelang jeder Muskel weh, als sei ich mit einem schweren Knüppel geschlagen worden.

Heute ist das alles ganz anders. Wir haben lange Handschuhe aus Plastik, die uns schützen, wenn wir die geruchsintensiven Arbeiten tun, es gibt die Metallgitter, die die großen Tiere halten, so daß wir uns nicht mehr zwischen sie zwängen müssen, wenn sie auf der Farm in einen Durchgang getrieben werden, und mit der Kaiserschnittoperation ist der schwere Teil der Geburtshilfe verschwunden. Außerdem hat die leichtere Kleintierbehandlung in einem Maße zugenommen, die all unsere Erwartungen übertroffen hat; sie macht heute mehr als die Hälfte unserer Arbeit aus.

Als ich am Veterinärmedizinischen Institut zu studieren begann, war nur ein Mädchen in unserer Klasse – eine gewaltige Neuerung –, doch inzwischen sind mindestens fünfzig Prozent der Studenten an den tierärztlichen Hochschulen junge Frauen, und wir haben auch in unserer Praxis schon ausgezeichnete Tierärztinnen gehabt.

Das alles wußte ich vor vierzig Jahren noch nicht, und obwohl ich mir vorstellen konnte, daß der zähe kleine Jimmy mal mein Leben führen wird, konnte ich den Gedanken daran, daß Rosie ebenso leben sollte, nicht ertragen. Manchmal war es ungerecht, doch ich benutzte jede sich mir bietende Gelegenheit, um ihr den Beruf des Tierarztes zu vermiesen und sie dazu überreden, statt dessen lieber Doktor der Humanmedizin zu werden.

Sie ist auch eine glückliche Ärztin, aber wie gesagt, ich frage mich immer noch...

8

«Herriot, ich glaube, Sie sind unredlich.»

«Was!» Ich hatte in meinem Leben zwar schon einiges zu hören bekommen, aber so etwas noch nie, und es traf mich besonders hart, weil es von einem großen, patrizischen Tierarzt kam, der hochnäsig auf mich heruntersah. «Was zum Teufel wollen Sie damit sagen? Wie können Sie so etwas behaupten?»

Hugo Mottrams herrische blaue Augen betrachteten mich mit Mißfallen. «Ich sage das nur, weil ich keine andere Schlußfolgerung ziehen kann. Ich betrachte ethisch unakzeptables Verhalten als Form von Unredlichkeit, und dessen haben Sie sich ohne Frage schuldig gemacht. Und Ihre Versuche, Ihre Taten zu rechtfertigen, sind in meinen Augen ein reines Ausweichmanöver.»

Das war ja wirklich toll, dachte ich, ausgerechnet hier in Brawton, wo ich versuchte, mich an meinem kostbaren freien halben Tag zu freuen. Ich hatte vergnügt in der Buchhandlung Smith's herumgestöbert und Mottram erspäht, der an den Regalen entlangging, und hatte ihn eigentlich ein wenig neidvoll betrachtet, mir gewünscht, ich sähe aus wie er. Er war die vollendete Verkörperung meiner Vorstellung von einem Landarzt: karierte Mütze, makelloses Sportsakko, Kniehose, Strümpfe und Schnürschuhe und dazu noch eine gebieterische Erscheinung und habichtartige, markante Züge. Er war ein Mann in den Fünfzigern, doch als er an den Büchern vorüberschritt, den Kopf hoch und das Kinn vorgestreckt, wirkte er wie ein flotter junger Mann.

Ich holte einmal tief Luft und versuchte, ruhig zu sprechen. «Mr. Mottram, was Sie soeben gesagt haben, ist beleidigend, und ich meine, Sie sollten sich entschuldigen. Sie werden gewiß begreifen, daß weder mein Partner noch ich etwas Böses gegen einen Ihrer Klienten im Schilde führen – es war einfach eine unglückliche Verkettung von Umständen. Unter den gegebenen Umständen konnten wir gar nicht anders handeln, und wenn Sie einmal richtig überlegen würden ...»

Der hochgewachsene Mann streckte sein Kinn noch weiter vor. «Ich habe es mir richtig überlegt, und es ist mir Ernst mit dem, was ich sage. Ich habe nicht die Absicht, noch mehr Zeit in einer Debatte über die Angelegenheit zu verschwenden, und ich hoffe, in Zukunft nicht noch einmal mit Ihnen zu tun haben zu müssen.»

Er drehte sich rasch um und verließ mit großen Schritten die Buchhandlung, und ich blieb wutschnaubend zurück. Ich stand da und schaute auf meine Stiefel. Helen würde jeden Augenblick zu mir kommen – sie hatte sich die Haare machen lassen –, und dann würde unser fröhliches Programm beginnen: Einkaufen, Tee trinken, danach ins Kino und ein spätes Abendessen mit vielen guten Gesprächen, alles mit meinem Freund Gordon Rae, dem Tierarzt aus Boroughbridge, und seiner Frau Jean. Es war zwar eine simple Abfolge, aber eine willkommene Abwechslung nach der schweren Arbeit, und wir hatten uns schon die ganze Woche darauf gefreut. Und nun war alles dahin, zerstört.

Diese Sache mit Mottram hatte ein paar Wochen zuvor angefangen. Ich untersuchte in unserem Behandlungsraum einen Spaniel, der einen Hautausschlag hatte, als dessen Besitzerin plötzlich sagte: «Mr. Mottram aus Scanton behandelt diesen Hund schon seit einiger Zeit. Er behauptet, es sei ein Ekzem, aber es wird gar nicht besser, und deshalb glaube ich, es muß etwas anderes sein. Ich möchte eine zweite Meinung einholen.»

Ich schaute die Dame an. «Es wäre mir lieb gewesen, wenn Sie das gleich zu Beginn erwähnt hätten. Ich hätte nämlich Mr. Mottram um Erlaubnis bitten müssen, bevor ich mir Ihren Hund ansehe.»

«Oh, das habe ich nicht gewußt.»

«Tja, so ist es nun einmal, und ich fürchte, bevor ich weitermache, muß ich zuerst mit ihm sprechen.»

Ich entschuldigte mich und ging ins Büro hinüber zum Telefon.

«Ja, Mottram.» Die Stimme klang, wie ich sie in Erinnerung hatte: tief, selbstsicher, kühl. Da er der Facharzt für Tierheilkunde im Nachbarbezirk war, war ich ihm ein paarmal begegnet, hatte aber festgestellt, daß ich mit ihm nicht warm wurde. Seine aristokratische Überheblichkeit stieß mich unwillkürlich ab. Doch ich hatte versucht, freundlich zu sein.

«Hallo, hier ist Herriot, Darrowby. Wie geht es Ihnen?»

«Kann nicht klagen, Herriot. Ich hoffe, Ihnen ebenso.» Verdammt, er klang immer noch herablassend.

«Also, hier bei mir ist eine Ihrer Klientinnen, eine Mrs. Hickson, mit ihrem Hund – ich sehe, daß er eine Hauterkrankung hat. Sie bittet um eine zweite Meinung.»

Die Stimme wurde plötzlich eisig. «Sie haben das Tier schon untersucht? Sie hätten mich wohl zuerst einmal benachrichtigen sollen.»

«Tut mir leid. Ich hatte keine Gelegenheit dazu. Mrs. Hickson hat es mir erst gesagt, als ich den Hund schon auf dem Tisch hatte. Ich entschuldige mich und würde gern wissen, ob Sie mir erlauben, fortzufahren.»

Es folgte eine lange Pause, danach wieder der eisige Tonfall. «Nun, wenn Sie es tun müssen, dann müssen Sie es eben.» Krachend wurde der Hörer aufgelegt.

Mir brannte das Gesicht vor Scham. Was war mit dem Burschen los? Solche Dinge passierten in der tierärztlichen Praxis andauernd. Ich mußte mich an Ärzte in anderen Bezirken wenden, und manchmal sie sich an mich. Auf beiden Seiten hatte die Antwort dann stets gelautet: «O ja, natürlich, unbedingt. Es würde mich freuen zu hören, was Sie denken.» Und dann folgte stets eine Erläuterung der bis zum jeweiligen Zeitpunkt durchgeführten Behandlung.

Nichts von alledem bei Mottram, und ein zweites Mal würde ich ihn nicht anrufen. Welche Behandlung bereits durchgeführt worden war, mußte ich, wenn möglich, von der Besitzerin herauskriegen.

Später erzählte ich Siegfried davon.

«Hochnäsiges Arschloch», brummte er. «Weißt du noch, als ich ihn vor langer Zeit mal zum Essen eingeladen habe? Da sagte er, seiner Meinung nach sollten konkurrierende Tierärzte einander mit Anstand und Respekt begegnen, doch gesellschaftlichen Umgang halte er nicht für angebracht.»

«Ja, ich erinnere mich.»

«Okay, ich respektiere seine Einstellung, aber für diese dumme Empfindlichkeit gibt es wirklich keinen Grund.»

Ein paar Wochen später hatte ich das Gefühl, über mir schwebe ein Verhängnis, als ich das Hinterbein eines lahmenden Hundes abtastete und dessen Besitzer, ein netter alter Mann, plötzlich zwitscherte: «Ach, übrigens, das hätte ich Ihnen vielleicht sagen sollen. Mr. Mottram in Scanton hat ihn behandelt, doch ich sehe überhaupt keinen Fortschritt und würde gern Ihre Meinung hören.»

Meine Zehen begannen sich zu kringeln, doch ich hatte keine andere Wahl. Ich rief unseren Nachbarn wieder an.

«Ja, Mottram.» Die gleiche entmutigende Stimme.

Ich erzählte ihm, was passiert war, und bat ihn um Erlaubnis.

Wieder diese lange Pause, und danach ein verächtliches: «Sie mischen sich also schon wieder ein?»

«Mische mich ein...? Was wollen Sie damit sagen? Ich mische mich nirgendwo ein, ich bitte Sie lediglich um Erlaubnis, das zu tun, worum Ihr Klient mich gebeten hat.»

«Ach, machen Sie doch, was Sie wollen!» Und ich hörte das wohlbekannte Klicken des Telefons am anderen Ende der Leitung.

Ein paar Tage später spürte ich das unheimliche Walten des Schicksals, als Siegfried mit nachdenklicher Miene hereinkam. «Du wirst es nicht glauben, James, aber ich wurde heute morgen zu einem von Mottrams Klienten gerufen. Bolland heißt er, und er war in einer schrecklichen Verfassung. Sein Pferd hatte sich das Bein gebrochen, und er konnte Mottram nicht erreichen. In seiner Verzweiflung hat er mich angerufen. Ich hab die Praxis in Scanton angeläutet, aber er war auf seiner Besuchsrunde, und ich mußte zum Hof von diesem Bolland sausen. Es war eine scheußliche Sache – ein entsetzlicher offener Bruch, und das arme Tier litt Höllenqualen. Unmöglich, das zu behandeln. Mir blieb einfach nichts anderes übrig, als das arme Vieh sofort zu erschießen. Ich konnte es nicht leiden lassen. Und schon wieder Mottrams Bezirk – ich habe jetzt noch einmal versucht, ihn zu erreichen, aber er ist immer noch nicht wieder da.»

Ich mußte Siegfried helfen, die entzündeten Ohren eines Hundes zu säubern, und wir räumten gerade auf, als zu unserem höchsten Erstaunen Mottram in der Türöffnung zu unserem Operationsraum erschien. Er war wie immer makellos gekleidet und sichtlich wütend, aber kaltblütig und beherrscht.

«Ach, Sie sind beide da.» Wieder die überlegene Stimme. «Das trifft sich gut, denn was ich zu sagen habe, geht auch Sie beide an. Mit dieser letzten Eskapade bei Bolland haben Sie den Bogen wirklich überspannt, Farnon. Ich kann daraus nur den Schluß ziehen, daß Sie eine Kampagne führen, um mir meine Klienten wegzunehmen.»

Siegfried errötete. «Hören Sie, Mottram, das ist doch lächerlich. Wir haben absolut nicht die Absicht, Ihnen in die Quere zu kommen. Und was Bollands Pferd angeht, ich habe erfolglos versucht, Sie zu erreichen, und –»

Mottram hob die Hand. «Ich will nichts mehr hören. Sie können sagen, was Sie wollen, ich jedoch glaube an *redliche* Beziehungen. Nun, nachdem dies geschehen ist, bin ich froh, daß ich bei diesem ‹Zusammen-essen-gehen›-Unsinn nicht von meinen

Prinzipien abgewichen bin.» Er nickte uns von hoch oben herab zu und ging.

Siegfried drehte sich bedauernd zu mir um. «Tja, damit ist die Sache nun endgültig im Eimer. Ich möchte mit allen meinen Mitmenschen gut auskommen, aber hier sind wir mit unserem Latein am Ende.»

Als ich nun in Brawton in der Buchhandlung stand und die Abfolge der Ereignisse im Geiste Revue passieren ließ, meinte ich, daß ich auf diesen letzten Angriff von Mottram gut hätte verzichten können. Während ich, inmitten der Trümmer meines halben freien Tages, seinem sich entfernenden Rücken nachsah, dämmerte mir, daß er nichts mehr mit mir zu tun haben wollte.

Wie mein Partner war ich nicht glücklich darüber, doch ich dachte nicht mehr daran, bis ungefähr einen Monat später das Telefon neben meinem Bett um ein Uhr nachts läutete. Schläfrig streckte ich den Arm aus.

Die Stimme am anderen Ende klang aufgeregt. «Hier spricht Lumsden, Scanton. Mr. Mottrams Assistent. Ich behandle sein Pferd, es hat eine schlimme Kolik, aber ich weiß mir keinen Rat mehr. Ich brauche Hilfe.»

Plötzlich war ich hellwach. «Wo ist Mottram?»

«Er macht im Norden von Schottland Urlaub.» Die Stimme des jungen Mannes begann zu zittern. «Daß das gerade jetzt passieren muß, wo er nicht da ist. Er vergöttert sein Pferd – es ist sein Lieblingspferd, er reitet jeden Tag damit aus. Aber ich habe alles versucht, und es sieht so aus, als ob es stirbt. Ich weiß nicht, wie ich ihm unter die Augen treten soll, wenn er zurückkommt.» Nun folgte eine Pause. «Eigentlich hatte ich gehofft, mit Mr. Farnon sprechen zu können. Er versteht was von Pferden, nicht?»

«Ja», sagte ich. In der Dunkelheit legte ich den Hörer auf meine Brust und schaute zur Decke, als Helen sich unruhig neben mir regte. Dann sprach ich wieder. «Hören Sie, Lumsden, ich rede mit meinem Partner. Er hat zwar heute keinen Nachtdienst, aber ich hör mal, was er sagt. Ich verspreche Ihnen aber, daß einer von uns auf jeden Fall zu Ihnen rüberkommt und Ihnen zur Hand geht.»

Ich schnitt ihm das Wort ab, als er sich umständlich bedanken wollte, und wählte Siegfrieds Nummer. Ich erzählte ihm die Geschichte und spürte, wie er am anderen Ende schlagartig wach wurde. «O mein Gott, Mottram!»

«Ja. Was hältst du davon?»

Ich hörte einen tiefen Seufzer und dann: «Ich muß fahren, James.»

«Ich begleite dich.»

«Wirklich? Ist das dein Ernst?»

«Natürlich. Ich habe sowieso Nachtdienst, und vielleicht kann ich ja behilflich sein.»

Während der Fahrt nach Scanton redeten wir nicht viel, doch Siegfried sprach aus, was wir beide dachten. «Weißt du, das ist richtig unheimlich. Das klingt, als bekämen wir das Fell abgezogen für nichts und wieder nichts, und Mottram wird uns noch mehr lieben, wenn er erfährt, daß wir etwas mit dem Tod seines geliebten Pferdes zu tun haben. Koliken sind jedesmal scheußlich und immer gefährlich, sogar die ganz einfachen, und ich möchte wetten, daß diese hier mit ein paar Komplikationen verbunden sein wird.»

Das Haus lag am Stadtrand von Scanton, und unsere Scheinwerfer erleuchteten eine Allee von Kastanienbäumen, die zu einem eindrucksvollen, gewaltigen Gebäude mit einem schönen säulengeschmückten Eingang führte. Wir fuhren nach hinten und fanden Lumsden, der uns mit seiner Fackel auf einen gepflasterten Hof lotste. Als wir anhielten, drehte er sich um und rannte schnell in einen erleuchteten Verschlag in einer Ecke des Hofs. Als wir ihm nachgingen, sahen wir den Grund für seine Eile. Und es war ein bestürzender Anblick. Mir drehte sich der Magen um, und ich hörte ein leises «Gütiger Himmel» von Siegfried. Ein großer Fuchs stolperte mit hängendem Kopf, starrem Blick und in Schweiß gebadet in der Box herum, knickte mit den Knien ein, versuchte mit aller Kraft, sich zu Boden zu werfen und herumzuwälzen, was, wie jeder Tierarzt weiß, eine Torsion des Darms und unfehlbar den Tod herbeiführen kann. Der junge Mann zerrte verzweifelt am Halfter und drängte das Pferd, weiter in der Box herumzugehen.

Lumsden hatte das Aussehen eines Sechzehnjährigen, doch als ausgebildeter Tierarzt mußte er mindestens zehn Jahre älter sein. Er war leicht gebaut, und sein natürliches Jungengesicht war blaß und sah erschöpft aus.

«Sehr freundlich von Ihnen, daß Sie gekommen sind», keuchte er. «Ich habe Sie äußerst ungern aus dem Bett geholt, aber ich habe mich schon gestern den ganzen Tag und heute wieder den ganzen Tag mit dem Pferd abgemüht und nichts erreicht. Dem Pferd geht es höchstens noch schlechter, und ich bin am Ende meiner Kraft.»

«Ist schon in Ordnung, alter Junge», sagte Siegfried beruhigend. «James wird das Pferd einen Augenblick halten, und in der Zwischenzeit erzählen Sie mir, was Sie unternommen haben.»

«Also, ich habe Istin als Laxativ und Chloralhydrat zur Linderung der Schmerzen gegeben. Largactil und ein paar kleine Injektionen Arecolin, aber ich habe Angst davor, noch mehr Arecolin zu spritzen, denn er hat eine höllische Verstopfung, und ich will den Darm nicht zum Platzen bringen. Wenn er nur ein bißchen Kot ausscheiden würde, aber seit achtundvierzig Stunden ist rein gar nichts aus ihm rausgekommen.»

«Schon gut, mein Junge, Sie haben nichts falsch gemacht, also machen Sie sich darum keine Sorgen.» Siegfried fuhr mit der Hand hinter den Ellbogen des Tiers und fühlte den Puls. Als das Pferd dann herumwankte, bog er das Augenlid zurück und untersuchte die Bindehaut. Er betrachtete sie nachdenklich, bevor er die Temperatur maß.

«Ja... ja...», murmelte er, ohne das Gesicht zu verziehen, dann drehte er sich zu dem jungen Mann um. «Würden Sie jetzt bitte ins Haus gehen und uns einen Eimer heißes Wasser, Seife und ein Handtuch holen. Ich möchte eine Rektaluntersuchung machen.»

Als Lumsden hinauslief, fuhr Siegfried herum. «Bei Gott, James, das gefällt mir gar nicht. Ein lausiger, schwacher Puls – ich kann ihn kaum fühlen –, eine ziegelrote Bindehaut und eine Temperatur von 39,5°. Ich will dem jungen Burschen keine Angst einjagen, aber ich glaube, unsere Mühe ist hier vergebens.»

Seine Augen wurden groß. «Und schon wieder Mottram! Gibt es so etwas wie Hexerei?»

Ich sagte nichts, da ich das sich aufbäumende Tier in Schach hielt. Ein schwacher Puls ist bei einem Pferd ein besonders bedrohliches Zeichen, und die anderen Symptome deuteten auf eine komplizierte Darmentzündung hin.

Als der junge Mann zurückkam, rollte Siegfried einen Ärmel hoch und fuhr mit dem Arm tief ins Rektum. «Ja... ja... eine schlimme Verstopfung, wie Sie gesagt haben.» Er pfiff eine Weile leise vor sich hin. «Nun, zuerst einmal müssen wir diese Schmerzen lindern.»

Er injizierte ein Sedativ in die Jugularis und sprach dabei ständig leise auf das Pferd ein. «Danach wird es dir gleich bessergehen, alter Bursche. Armer alter Junge», und spritzte anschließend intravenös eine große Menge Salzlösung zur Bekämpfung des Schocks und ein Antibiotikum gegen den Darmkatarrh. «Jetzt flößen wir ihm eine Gallone flüssiges Paraffin ein und versuchen, die Kotmasse da drin einzuölen.» Schnell schob er einen Magenschlauch durch die Nüstern und in den Magen und hielt ihn fest, während ich das Öl einpumpte.

«Als nächstes nun ein krampflösendes Mittel.» Und wieder gab er eine intravenöse Injektion.

Als er den Magenschlauch saubergemacht und zusammengerollt hatte, machte das Pferd schon einen viel erfreulicheren Eindruck. Eine Kolik ist ein beängstigender Schmerz, und ich habe immer zu wissen gemeint, daß Pferde Schmerzen stärker empfinden als jedes andere Tier, ein Leiden, das man manchmal kaum mitansehen kann. Es war eine Erleichterung zu sehen, wie das große Tier sich beruhigte, seine wiederholten Versuche, sich hinzulegen, aufgab und ganz eindeutig eine willkommene Linderung spürte.

«Tja», sagte Siegfried ruhig, «jetzt müssen wir abwarten.»

Lumsden schaute ihn fragend an. «Sind Sie sicher? Ich habe ein sehr schlechtes Gewissen, weil Sie Ihren Schlaf nicht bekommen. Es ist schon nach zwei – vielleicht könnte ich es jetzt allein schaffen.»

Mein Partner bedachte ihn mit einem milden Lächeln. «Bei

allem Respekt, junger Mann, da wird eine Gemeinschaftsaktion nötig sein. Das Pferd ist nur vorübergehend betäubt, und ich muß Ihnen nicht sagen, daß es in sehr schlechtem Zustand ist. Wenn wir es nicht schaffen, Bewegung in seinen Darm zu bringen, wird es, fürchte ich, sterben. Er braucht noch mehr von alledem. Wir bringen es gemeinsam zu Ende, so oder so.»

Der junge Mann setzte sich auf einen Heuhaufen und starrte stumpfsinnig auf seine Stiefel. «O Gott, ich hoffe, es wird nicht die andere Art. Als letztes hat Mr. Mottram zu mir gesagt: ‹Du wirst dich jetzt um Match kümmern.›»

«Match?»

«Match Box. So heißt das Pferd. Mein Chef liebt es über alles.»

«Es tut mir leid», sagte Siegfried. «Sie sind in einer peinlichen Lage. Es dürfte nicht ganz einfach sein, Mottram so etwas zu erklären.»

Lumsden fuhr sich mit der Hand durchs Haar. «Nein... nein...» Er schaute hoch zu uns. «Wissen Sie, er ist kein schlechter Kerl. Er hat mich immer gerecht behandelt. Es ist einfach seine Persönlichkeit... Wenn er mich mit einem seiner Blicke ansieht, habe ich das Gefühl, keinen halben Meter groß zu sein.»

«Das Gefühl kenne ich», sagte ich.

Siegfried schaute den jungen Mann einen Augenblick an. «Wie heißen Sie? Wie nennt Ihre Mutter Sie?»

«Harry.»

«Also, Harry. Vermutlich haben Sie recht. Und Ihre Loyalität gefällt mir. Vielleicht ist es einfach seine Art, doch James und ich haben ihn anscheinend auf dem falschen Fuß erwischt. Wie dem auch sei, könnten Sie uns einen Becher Kaffee besorgen? Könnte eine lange Nacht werden.»

Es wurde tatsächlich eine lange Nacht. Wir wechselten uns dabei ab, das Pferd herumzuführen, wenn es Anstalten machte, zu Boden zu gehen. Siegfried wiederholte die Injektionen, behandelte abwechselnd mit Sedativen und krampflösenden Mitteln und spritzte vorsichtig noch einmal eine Dosis Arecolin, und um fünf Uhr setzte er den Magenschlauch noch einmal an und gab Magnesiumsulfat. Und die ganze Zeit über, während wir auf dem Heu ausgestreckt dösten und gähnten, warteten wir auf eine spürbare Linderung der Schmerzen, darauf, daß das Tier seine Niedergeschlagenheit überwand, und am meisten darauf, daß es seinen Darm entleerte.

Während ich zusah, wie Match Box den Kopf hängen ließ und mit schleppenden Schritten umherging, war meine größte Sorge das Wissen, daß Pferde so schnell sterben. Rinder und die meisten anderen Tiere überstanden Krankheiten viel besser, und das alte, Bauern geläufige Sprichwort «Pferde halten nicht viel aus» war so zutreffend. Als die Nacht sich dahinzog und mein Kreislauf allmählich schlappmachte, sank mir gleichzeitig auch der Mut. Ich rechnete jeden Augenblick damit, daß das Pferd seine schmerzhaften Kreise in der Box beenden, zur Seite kippen und seufzend seine letzten Atemzüge tun würde. Danach würden wir unglücklich nach Darrowby zurückfahren.

Über der halbhohen Tür der Box sah ich, wie die Sterne allmählich verblaßten und der Himmel im Osten hell wurde. Ungefähr um sechs Uhr, als die Vögel in den Kastanien zu singen begannen und das graue Licht der Dämmerung in die Box kroch, stand Siegfried auf und reckte sich.

«Da draußen fängt die große Welt wieder an, sich zu drehen, Freunde, und was machen wir jetzt? Wir müssen uns um unsere beiden Praxen kümmern, und wer wird dann bei Match Box bleiben? Wir können ihn nicht allein lassen.»

Wir sahen einander verschlafen an, als das Pferd plötzlich den Schwanz hob und einen kleinen Haufen dampfenden Kot auf den Stallboden fallen ließ.

«Oh, was für ein herrlicher Anblick!» rief Siegfried, während ein erleichtertes Lächeln über unsere müden Gesichter kroch. «Jetzt ist mir schon viel wohler, aber wir dürfen trotzdem nicht übermütig werden. Er hat immer noch ein wenig Enteritis, deshalb spritze ich ihm noch mal ein Antibiotikum, bevor wir gehen. Harry, ich denke, wir können Sie nun ruhigen Gewissens mit ihm allein lassen, aber zögern Sie nicht, uns anzurufen, wenn er keine Fortschritte macht.»

Draußen auf dem Hof schüttelten wir einander die Hand. Der junge Mann blinzelte vor Müdigkeit, aber er sah glücklich aus. «Ich weiß nicht, was ich sagen soll», murmelte er. «Ich bin Ihnen beiden so dankbar. Sie haben mir da aus einer schrecklichen Patsche geholfen, und ich kann Ihnen gar nicht genug danken.»

«Nicht der Rede wert, mein Junge», tönte Siegfried. «Freut mich sehr, daß wir behilflich sein konnten. Sie können uns jederzeit rufen – bloß an den nächsten ein, zwei Tagen nicht zu Pferden mit Kolik, wenn es Ihnen nichts ausmacht.»

Wir alle lachten und winkten, als Siegfried den Motor anließ und vom Hof fuhr.

Bis zum folgenden Tag hörten wir nichts von Lumsden, und dann nahm ich den Hörer ab. «Match Box ist vollkommen gesund. Stuhlgang normal, knabbert Heu, einfach großartig», sagte er. «Danke – nochmals, vielen Dank!»

Drei Wochen vergingen, und bei der Hetze der täglichen Arbeit begann die Scanton-Episode eine Erinnerung zu werden wie andere auch, doch eines Morgens sah Siegfried von den Seiten des Praxisbuches auf.

«Weißt du, James, meiner Meinung nach hätte sich Mottram durchaus ein Wort der Anerkennung für unsere Hilfe bei seinem Pferd abringen können. Ich erwarte keine überschwenglichen Dankesbezeigungen, aber irgendwas hätte er doch sagen können.» Gereizt kritzelte er etwas in das Buch. «Der eingebildete Scheißkerl kann sich wohl nicht einmal dazu herablassen.»

«Ach, ich weiß nicht, Siegfried. Vielleicht ist er ja noch im Urlaub. Das können wir doch nicht wissen.»

«Hm.» Mein Partner sah mich zweifelnd an. «Möglich. Vielleicht tue ich ihm ja wirklich Unrecht, jedenfalls haben wir die Befriedigung, daß wir dabei geholfen haben, dieses großartige Pferd wieder auf die Beine zu bringen.» Seine Miene wurde sanft. «Wunderschönes Tier.»

Am nächsten Tag kam ich von meiner Vormittagsrunde herein und sah, daß sich mein Partner über eine offene Kiste beugte, aus deren Tiefen eine Reihe von Flaschen mit goldfarbenem Hals hervorleuchtete.

«Was ist denn das?» fragte ich.

«Champagner. Ein Dutzend.» Er zog eine Flasche hervor und besah sich das Etikett. «Kein Geringerer als Bollinger!»

«Meine Güte, woher ist der denn?»

«Keine Ahnung. Wurde heute morgen geliefert, als wir unterwegs waren, und ein Zettel ist nicht drin. Aber keine Sorge, der ist schon für uns. Schau. Messrs. Farnon und Herriot, Skeldale House.»

«Wunderbar, ich möchte nur wissen ...»

Bei meinen Worten klopfte es an der Tür, und Mottram kam herein.

Wir sprachen kein Wort – starrten ihn nur an.

Er warf einen flüchtigen Blick auf die Kiste. «Ah, ich sehe, Sie haben den Champagner bekommen.»

«Den haben *Sie* geschickt!?» sagten wir unisono.

«Ja .. ja ... eine kleine Geste des Dankes. Ich bin erst gestern abend aus dem Urlaub zurückgekommen, und ... äh ... Lumsden hat mir erzählt, was Sie für Match getan haben.»

«Oh, wirklich, das ist aber doch nicht nötig ... war uns ein Vergnügen ...» Ausnahmsweise stammelte der wortgewandte Siegfried einmal fast.

Auch Mottram war die Situation unbehaglich. Er stand groß und würdevoll da wie immer, fühlte sich aber außerordentlich unwohl. Er suchte verzweifelt nach Worten. «Ich habe allerdings das Bedürfnis ... das Bedürfnis, meinen Dank auszudrücken, der ... der tiefer ist, als ich ... als ich es mit Worten ausdrücken kann. Und ich habe auch das Bedürfnis ... mich bei Ihnen, meine Herren, für meine dummen und unverzeihlichen Worte bei unserer letzten Begegnung zu entschuldigen.»

«Mein lieber Freund, sagen Sie nichts mehr», platzte Siegfried heraus. «Wir haben doch nie wirklich –»

Mottram hob die Hand. «Bitte lassen Sie mich ausreden ... Es tut mir aus tiefstem Herzen leid, und ich schäme mich. Warum ich solche Sachen gesagt habe, weiß ich nicht ... Das ist mir auch schon früher passiert ... Ich bin anscheinend einfach zu ... empfindlich. Ich fürchte, ich kann es nicht ändern.»

Während er das sagte, hielt er weiter das Kinn vorgestreckt und schaute von oben auf uns herab. Vielleicht konnte er das ebenfalls nicht ändern. Doch es war kaum zu übersehen, daß sein Bekenntnis ihm nicht leichtfiel.

Siegfried, das war klar, meinte, daß die Lage entschärft werden mußte. Mit einer Geste alles verzeihender Gutmütigkeit breitete er die Arme aus.

«Mottram, Mottram, mein lieber Freund. Warum so viele Worte? Das war doch nur ein einfaches Mißverständnis und sofort wieder vergessen. Sagen Sie nichts mehr, ich bitte Sie. Ich versichere Ihnen, für James und mich zählt nur, daß Ihr schönes Pferd wieder vollkommen gesund ist.»

Das Gesicht des großen Mannes bekam einen sanften Ausdruck. «Er ist schön, nicht wahr?»

«Ich sage Ihnen was», sprach Siegfried leise. «Ich wünschte, ich hätte ein Pferd wie dieses. Ich beneide Sie.»

Ich sah, wie sich blitzschnell Gemeinsamkeit herstellte, als diese beiden Pferdeliebhaber einander gegenüberstanden.

Mottram nickte. «Also gut, freue mich, freue mich», murmelte er.

«Ach, übrigens, ich habe hier etwas für Sie von Lumsden. Er ist Ihnen ebenfalls überaus dankbar.» Er reichte Siegfried ein kleines Päckchen.

Mein Partner wickelte es rasch aus und stieß erfreut hervor: «Eine Flasche Malt Whisky! Der gute alte Harry! Heut ist unser Glückstag. Ich meine, wir sollten Match Box' Genesung feiern, unter anderem. Alles, was wir dazu brauchen, haben wir ja schon da.» Er holte eine Flasche Champagner aus der Kiste. «Was sagen Sie, Mottram, alter Junge? Wir haben doch noch ein wenig Zeit bis zum Mittagessen.»

«Sehr freundlich, Farnon. Ich sage nicht nein.»

«Ausgezeichnet, ausgezeichnet, setzen Sie sich doch und machen Sie es sich bequem. Holen Sie die Gläser, James.»

Minuten später hatte der Champagnerkorken geknallt, und wir saßen rings um den Tisch. Siegfried erhob sein Glas und betrachtete anerkennend dessen perlenden Inhalt. «Auf Match Box, möge er niemals wieder Bauchschmerzen haben!»

Er trank, und Mottram räusperte sich. «Da ist noch etwas, was ich loswerden möchte. Ich wünschte, wir hätten uns schon längst einmal privat besser kennengelernt. Ich frage mich, ob Sie beide wohl nächsten Freitag zum Essen zu mir kommen würden?»

9

Sonst war mir immer etwas mulmig, und ich ahnte Böses, wenn ich Mrs. Featherstones Problemhund vor mir auf dem Tisch hatte, aber diesmal war ich ruhig und voller Zuversicht. Aber so ging es mir schließlich immer, wenn ich Fieberphantasien hatte.

Fieberschübe waren eines der zahllosen sonderbaren Symptome von Bruzellose. Diese Erkrankung, die bei Rindern zu einem seuchenhaften Verwerfen der Frühgeburten führte, hatte Tausende von tüchtigen Farmern meiner Generation ruiniert und stellte auch eine ständige Gefahr für den Tierarzt dar, der die verfrühten Kälber herausholen und die Nachgeburten entfernen mußte.

Durch das Bruzellose-Programm ist diese Krankheit, dem Himmel sei Dank, heute nahezu ausgemerzt, doch in den fünfziger Jahren konnte man davon noch nicht einmal träumen, und ich und meine Zeitgenossen hatten beinahe täglich mit der entsetzlichen Infektion zu tun.

Ich weiß noch, wie ich, nackt bis zum Gürtel, in Kuhställen stand – Geburtshelferkittel waren zu der Zeit noch etwas Ungewöhnliches und die langen Schutzhandschuhe aus Plastik unbekannt – und stundenlang im Bauch infizierter Kühe herumhantierte. Dann betrachtete ich mit scheelem Blick die lederartige Plazenta und die hellen, nekrotischen Kotyledone, die mir sagten, daß ich im Kontakt mit Millionen von Erregern war. Und wenn ich mich anschließend mit Desinfektionsmittel abspülte, war der Stall vom typischen ätzenden Gestank des Abortus erfüllt.

Die Folgen für viele meiner Tierarztkollegen waren tiefgreifend und vielfältig. Ein großer dicker Kollege magerte dank des undulierenden Fiebers bis zum Skelett ab und war jahrelang krank, andere erkrankten an Arthritis, die ihnen die Hände verkrüppelte, und wieder andere bekamen psychische Beschwerden. Ein Arzt schrieb in *The Veterinary Record,* ein Aspekt seines Syndroms habe sich darin geäußert, daß er eines Abends nach Hause kam und auf den Gedanken verfiel, seine Frau zu ermorden. Es kam nicht so weit, daß er ihn auch in die Tat umsetzte, doch er schilderte den Impuls als ein interessantes Beispiel dafür, was *Brucella abortus* aus einem Menschen machen kann.

Gewöhnlich gratulierte ich mir und dankte Gott dafür, daß ich immun war. Ich hatte seit Jahren mit der Infektion zu tun gehabt und niemals die kleinste Reaktion erlebt, und wenn ich mich umsah und an einige meiner leidenden Freunde dachte, war ich dankbar dafür, daß mir ihre Qualen erspart geblieben waren. Nach all der Zeit wußte ich einfach, daß mir so etwas nie passieren konnte.

Das war, bevor ich anfing, meine Macken zu haben.

Mit diesem Wort bezeichnete meine Familie die Serie von geheimnisvollen Anfällen, die ohne jede Vorwarnung einsetzten und ebenso schnell auch wieder verschwanden. Zuerst diagnostizierte ich sie als wiederholte Erkältungen – ich mußte mich ständig auf freiem Feld ausziehen, oft mitten in der Nacht –, dann dachte ich, ich hätte wohl eine kurzlebige Grippe. Die Symptome waren immer gleich – ein Gefühl der Niedergeschlagenheit, danach eisiger Schüttelfrost, der mich ins Bett trieb, wo meine Temperatur binnen einer Stunde auf 40,5° oder gar 41° hinaufschoß. Hatte sich erst einmal dieses hohe Fieber eingestellt, fühlte ich mich großartig – mir war warm, ich war glücklich und lachte aus vollem Herzen, schwatzte mit mir selber und fing zu guter Letzt an zu singen. Das Singen kam wie von selbst, ohne mein Zutun – so wohl fühlte ich mich.

Dies war für meine Kinder ein Anlaß zu großer Belustigung. Wenn ich mich im Stadium des Singens befand, konnte ich sie immer draußen vor der Schlafzimmertür kichern hören, doch das machte mir nichts aus – nichts machte mir etwas aus.

Trotzdem mußte ich endlich herausfinden, was mit mir geschah, und ein von Dr. Allinson durchgeführter Bluttest zerstreute alle Zweifel, indem er einen schönen *Brucella abortus*-Titer nachwies. Widerstrebend mußte ich zugeben, daß es mich nun auch erwischt hatte.

Dieser spezielle Anfall, als Mrs. Featherstone mit ihrem Hund ankam, ereignete sich an einem Sonnabend. Ich war mit einigen meiner Freunde auf dem Rückweg von einem Fußballspiel in Sunderland. Unsere Mannschaft hatte gewonnen, wir waren ausgelassen, lachten und scherzten, und ich merkte gar nicht, ab wann ich nicht mehr kreuzfidel war wie die anderen und verstummte. Als ich in Skeldale House angekommen war, mich elend vor den Kamin kauerte und es mich schüttelte wie einen Malariakranken, da wußte ich, daß eine weitere Macke im Anzug war.

Helen sah mich nur kurz an, scheuchte mich die Treppe hinauf und fing an, die Wärmflaschen zu füllen. Sterbenskrank kroch ich zwischen die Laken, hatte eine Wärmflasche in den Armen und die andere an den Füßen, während das Bett durch meinen entsetzlichen Schüttelfrost ins Schaukeln geriet. Helen deckte mich mit einer zweiten Daunendecke zu, knipste das Licht aus und überließ mich meinem Schicksal. Wir wußten beide, was nun folgen würde.

Es dauerte nicht lange, und der bekannte Mechanismus kam in Gang. Schon bald ging es mir ein wenig besser – mir war wärmer, ich war heiterer –, dann nahm die Wärme zu und durchströmte jeden Winkel meines Körpers, bis ich in einer herrlichen Trägheit auf und davon schwebte, vollkommen zufrieden, all meine Sorgen wie weggeblasen. Dies, spürte ich, war der Himmel. Hier konnte ich für immer bleiben, doch die Wärme wurde zu einer feurigen Hitze, in der es mir sogar noch besser ging; ich war nicht mehr schlapp, sondern stark, mächtig und zum Schreien glücklich.

Das war der Augenblick, in dem ich gewöhnlich einen glühenden Arm ausstreckte, um nach dem Thermometer neben dem Bett zu greifen und es mir unter die Achselhöhle zu stecken. Ach, na bitte, 41°, wie ich es mir gedacht hatte. Ich gluckste vor Zufriedenheit. Das Leben war einfach herrlich.

Ich lag also dort und war so erfüllt von Lebensfreude, daß ich laut zu sprechen begann, mit mir selber über interessante Fragen debattierte. Danach brauchte meine begeisterte Hochstimmung ein weiteres Ventil, und zu singen war da nur natürlich. «Die Grampian Hills sind herrlich, in der Früh glitzert taunaß das Gras, und dort war's, wo Annie Laurie mit mir die Zeit vergaß.» Ich legte mit voller Lautstärke los; noch nie hatte meine Stimme so voll und rund geklungen.

Hinter der Tür erklangen ein paar Hi-hi-his, gefolgt von Jimmys geflüstertem «Jetzt singt er wieder» und einem gedämpften Lachen von Rosie. Die kleinen Kerlchen waren wieder da, aber zum Teufel mit ihnen! «Und dort war's, wo Annie Laurie mit mir die Zeit vergaß.» Ich schmetterte die hohen Töne ohne jede Hemmung heraus und überhörte die Lachsalven hinter der Tür einfach.

Ich hielt noch einen Schwatz mit mir selber ab, wobei ich all meinen Äußerungen aus vollem Herzen zustimmte, und kam dann auf den Gedanken, daß ich durchaus mal meine John-McCormick-Imitation der «Rose von Tralee» zum besten geben könnte. Ich holte tief Luft. «Über dem grünen Berg stand bleich der Mond.»

«Ha-ha-ha-ha.» Meine Kinder amüsierten sich großartig da

draußen. Dann hörte ich das Läuten der Türklingel, Schritte auf der Treppe und danach ein Klopfen an der Schlafzimmertür.

Jimmy steckte den Kopf ins Zimmer. «Hallo, Dad.» Vor lauter Mühe, das Lachen zu unterdrücken, schnitt er Grimassen. «Mrs. Featherstone ist mit ihrem Hund unten. Sie sagt, es ist dringend, und Mum mußte für ein paar Minuten weggehen.»

«Gut, alter Junge.» Ich schwang die Beine aus dem Bett. «Ich bin gleich unten.»

Mein Sohn machte große Augen. «Bist du dir sicher?»

«Absolut. Ich bin im Handumdrehen unten. Schick sie ins Behandlungszimmer.»

Mit einem letzten verdutzten Blick schloß Jimmy die Tür und ging.

Als ich mir ein Hemd und eine Hose anzog, hämmerte mir das Blut in den Ohren, und mein Gesicht glühte vor Hitze. Gewöhnlich schrak ich schon zurück, wenn nur Mrs. Featherstones Name genannt wurde. Diese reiche, herrische Dame in mittleren Jahren hatte mich schon seit Jahren mit den eingebildeten Wehwehchen ihres kleinen Pudels Rollo drangsaliert.

Rollo war ein außergewöhnlich gesundes Hündchen. Wie im Grunde alle Pudel war er ein zähes Vieh und konnte beispielsweise aus dem Stand fast zwei Meter hoch springen, als habe ihn eine Feder in die Höhe katapultiert, doch wenn es um ihn ging, war Mrs. Featherstone in ihrer Hypochondrie nicht zu bremsen. Vom kaufmännischen Standpunkt aus betrachtet, war es vielleicht ideal, eine reiche Klientin zu haben, die für regelmäßige Untersuchungen ihres vollkommen gesunden Hundes bezahlte, doch mir wurde das zunehmend lästiger. Endlose Konsultationen mit «Wirklich, Mrs. Featherstone, das, was Sie da schildern, ist vollkommen normal», oder «Ich versichere Ihnen, Mrs. Featherstone, Ihre Sorge ist unbegründet» führten lediglich dazu, daß die Dame sich zu ihrer vollen Größe aufrichtete und das Kinn vorreckte: «Wollen Sie damit andeuten, Mr. Herriot, daß ich das alles nur träume? Daß ich meinen eigenen Augen nicht trauen kann? Mein armer Rollo leidet, und ich erwarte von Ihnen, daß Sie etwas dagegen unternehmen.»

In meiner Willensschwäche gab ich mich dann unweigerlich

geschlagen und speiste sie mit irgendeinem Placebo ab, das dem kleinen Tierchen nicht schaden würde, doch das Gefühl der Scham saß tief. Ich mußte mir eingestehen, daß mich die Frau einschüchterte, daß ich in ihrer Gegenwart zur Qualle und zum Waschlappen wurde und es zuließ, daß sie mein Geschwafel mit einer Handbewegung abtat. Warum konnte ich mich nicht durchsetzen?

In diesem Moment jedoch, als ich mir den Schlips knotete, dabei ein fröhliches Liedchen summte und mir funkelnde Augen in einem zinnoberroten Gesicht aus dem Spiegel entgegensahen, kam mir meine frühere Zaghaftigkeit völlig schleierhaft vor. Ich freute mich regelrecht darauf, die Dame wiederzusehen.

Ich lief die Treppe hinunter, riß einen weißen Kittel vom Haken, trabte durch den Gang und traf Mrs. Featherstone neben dem Untersuchungstisch an.

Sie war eine verdammt gut aussehende Frau! Sehr, sehr hübsch sogar. Komisch, daß mir das noch nie aufgefallen war. Jedenfalls hatte ich nicht den geringsten Zweifel daran, was nun zu tun war. Ich würde sie packen, ihr einen dicken Schmatz geben und sie richtig fest drücken, und all unsere früheren Mißverständnisse würden sich in nichts auflösen wie Morgennebel in der Sonne.

Ich ging auf sie zu, als ich etwas Seltsames bemerkte. Sie war verschwunden. Ich war ganz sicher, daß sie noch vor einer Sekunde dort gestanden hatte. Verblüfft blinzelte ich, schaute mich um und sah, daß sie sich hinter den Tisch geduckt hatte. Wie herrlich, daß auch sie in Turtelstimmung und zu einem kleinen Versteckspiel aufgelegt zu sein schien.

Sekunden später fuhr ihr Kopf hoch, und ich begrüßte ihn mit einem fröhlichen Aufschrei. «Juhu, ich sehe Sie!» trällerte ich, doch konnte ich mich des Eindrucks nicht erwehren, daß sie sich lediglich gebückt hatte, um ihren Hund hochzuheben, den sie nun auf den Tisch stellte.

Sie warf mir einen eigenartigen Blick zu. «Sind Sie im Urlaub gewesen, Mr. Herriot? Sie haben so eine frische Farbe.»

«Nein, nein, nein, nein. Mir geht's nur einfach ausgezeichnet. Im Gegenteil, ich ...»

Die Dame schürzte die Lippen und schnitt mir mit einer ungeduldigen Handbewegung das Wort ab. «Ich mache mir wirklich ganz schreckliche Sorgen um meinen armen kleinen Rollo.»

Beim Klang des Namens begann der kreuzfidele Pudel auf dem Tisch herumzutollen und mir ins Gesicht zu springen.

«Ach? Das ist aber bedauerlich. Erzählen Sie mal ganz genau.» Ich unterdrückte ein Glucksen.

«Nun, wir hatten uns gerade zu unserem Abendspaziergang aufgemacht, als er ganz plötzlich hustete.»

«Nur einen Huster?»

«Nein, zwei, ungefähr so. Ähe-ähe.»

«Ähe-ähe, ja?» Es kostete mich furchtbare Mühe, ein ernstes Gesicht zu machen. «Und was dann?»

«Nichts dann! Reicht das nicht? Ein häßlicher Husten?»

«Also, sagen Sie, meinen Sie damit zwei Ähes oder nur ein Ähe-ähe?» So entzückt, wie ich von meinem Witz war, konnte ich ein Kichern nicht unterdrücken.

«Ich meine, Mr. Herriot, einen sehr unerfreulichen und beunruhigenden Huster.» Ein gefährliches Licht glomm im Auge der Dame.

«Aha.» Ich holte Stethoskop und Thermometer heraus und fing an, den Patienten gründlich zu untersuchen. Natürlich war alles normal, und ich hätte schwören können, daß ich einen entschuldigenden Seitenblick von Rollo auffing.

Und die ganze Zeit über kämpfte sich das Kichern immer weiter nach oben und platzte schließlich mit einem lauten «Ha-ha» heraus.

Mrs. Featherstones Augenbrauen schossen in die Höhe, und sie starrte mich an. «Was gibt's denn da zu lachen?» fragte sie mit eisiger Stimme. Sie verlieh ihrer Frage noch mehr Gewicht, indem sie das Wort «da» so aussprach, als habe es mindestens vier «a»s.

«Tja, wissen Sie, es ist einfach zu komisch.» Ich stützte mich auf dem Tisch auf und lachte mich erst einmal aus.

«Komisch?!» Mrs. Featherstones Miene drückte eine Mischung von Entsetzen und Unglauben aus. Ihr Mund ging ein paarmal auf, blieb aber stumm. «Ich kann nichts Komisches dabei finden, wenn ein Tier krank ist.»

In meinen Kittel aus Hitze und Euphorie gehüllt, drohte ich ihr mit dem Zeigefinger. «Aber er ist doch gar nicht krank, das ist ja das Komische. Er ist nie krank, wenn Sie ihn zu mir bringen.»

«Ich muß doch sehr bitten!»

«Es stimmt, Mrs. Featherstone. Alle Beschwerden, die Rollo hat, bilden Sie sich nur ein.» Der Tisch wackelte unter meinem neuerlichen Lachanfall.

«Wie können Sie so etwas behaupten!» Die Dame schaute mich von oben herab an. «Sie sind unverschämt, und ich kann mir –»

«Hoppla, seien Sie mal einen Augenblick still. Ich will es Ihnen erklären.» Ich wischte mir ein paar Lachtränen ab und holte einige Male japsend Luft. «Wissen Sie noch, wie Sie zu Tode erschrocken waren, weil Rollo sich angewöhnt hatte, ein paar Schritte lang ein Hinterbein zu heben und es dann wieder aufzusetzen? Ich habe Ihnen gesagt, das sei gar nichts, nur eine Eigenheit, aber Sie haben darauf bestanden, daß ich ihn gegen Arthritis behandle.»

«Ja, schon, aber ich war eben besorgt.»

«Ich weiß, aber Sie wollten mir damals nicht glauben, und er macht es immer noch. Ihm fehlt gar nichts. Viele kleine Hunde machen das.»

«Ja, schon möglich, aber...»

«Und da war noch etwas», sagte ich zwischen meinen Glucksern. «Da war die Zeit, als Sie von mir verlangt haben, daß ich ihm wegen seiner schrecklichen Alpträume Schlaftabletten verordne.»

«Ja, und mit vollem Recht. Er hat, während er schlief, so traurig gewimmert, und seine Pfoten waren ständig in Bewegung, als liefe er vor etwas ganz Schrecklichem davon.»

«Er hat geträumt, Mrs. Featherstone! Vermutlich ein schöner Traum von einem Ball, dem er hinterhergerannt ist. Alle Hunde haben solche Träume.»

Ich nahm Rollos Kopf zwischen die Hände. «Und schauen Sie hier, ha-ha. Sie werden sich doch noch daran erinnern, daß Sie steif und fest behauptet haben, da über seinen Augen wüchse etwas. Und Sie wollten mir auf keinen Fall glauben, daß das seine normalen dritten Augenlider waren, ha-ha! Und, sehen Sie, die sind immer noch da, nicht wahr? Sie sehen sie doch jetzt, und er ist ganz zufrieden damit, ha-ha-ha.» Ich verlor jegliche Hemmungen und beugte mich hinüber, um ihr in die Rippen zu stupsen, doch sie trat zurück und wich meinem Finger aus.

Sie legte die Hand vor den Mund und starrte mich unverwandt an. Ihre Augenbrauen hatten sich hoch oben auf ihrer Stirn häuslich niedergelassen. «Das ... das alles kann doch unmöglich Ihr Ernst sein?»

«O doch, doch. Ich könnte noch mehr aufzählen.»

«Also, ich weiß nicht, was ich sagen soll. Und dieser Huster gestern abend?»

«Sie können gehen», sagte ich, «und wenn er noch mal ähe-ähe macht, kommen Sie morgen mit ihm wieder, aber das wird nicht nötig sein.» Ich wischte mir das tränenüberströmte Gesicht ab und hob Rollo vom Tisch.

Die Dame wirkte ganz benommen, als ich sie durch den Flur zur Ausgangstür lotste. Sie hatte immer noch die Hand auf dem Mund und warf mir einen ungläubigen Blick aus den Augenwinkeln zu, blieb aber stumm, wie ein Stein.

Als ich die Tür hinter ihr zugemacht hatte, zog ich mich wieder ins Bett zurück und schlief mit dem zufriedenen Gefühl ein, ein Problem glücklich und völlig mühelos aus der Welt geschafft zu haben. Ich hatte die Sache prima hingekriegt.

Am nächsten Morgen dachte ich ganz anders darüber. Meine jüngste Macke nahm ihren gewöhnlichen Verlauf. Nach der Hochstimmung am Abend zuvor nun ein vernichtender Dämpfer, Lethargie, Trübsinn, Niedergeschlagenheit und, in diesem Falle, das Schreckgespenst der Reue. Während ich im Bett lag und mir die Laken bis zum Kinn emporzog, herrschte in meinem Kopf ein fürchterlicher Wirrwarr. Mir war nicht klar, was sich am vorausgegangenen Abend eigentlich abgespielt hatte.

Ich war erst einige Augenblicke richtig wach, als die Erinnerung mich plötzlich wie ein Blitzschlag traf. Mrs. Featherstone! O mein Gott! Was hatte ich zu ihr gesagt? Was hatte ich getan? Verzweifelt versuchte ich, mir die Einzelheiten ins Gedächtnis zurückzurufen, doch das gelang mir nur bei der wichtigsten, unleugbaren Tatsache, daß ich sie ausgelacht, ja verhöhnt und möglicherweise sogar angefaßt hatte. Hatte ich wirklich versucht, sie zu umarmen? Hatte ich sie in den Arm genommen, als ich sie durch den Flur begleitet hatte? Meinem Mund entrang sich wiederholt ein leises Stöhnen.

In einer Hinsicht konnte ich ganz sicher sein – ich hatte mich häßlich und ungehörig benommen und war felsenfest davon überzeugt, daß ich bitter dafür würde bezahlen müssen. Ganz bestimmt würde sie nie wieder den Fuß in meine Praxis setzen. Die ganze schändliche Geschichte würde sich herumsprechen. Vielleicht würde sie mich sogar dem Veterinärmedizinischen Aufsichtsamt melden. Ich sah die Schlagzeilen in der *Darrowby and Houlton Times* förmlich vor mir: SCHWERE ANSCHULDIGUNGEN GEGEN TIERARZT. HERRIOT VOR DEN DISZIPLINARAUSSCHUSS ZITIERT.

Stöhnend verkroch ich mich tiefer unter der Decke und schaute mit leerem Blick auf die Tasse Tee, die Helen mir ans Bett gestellt hatte. Nach meinen Macken ruhte ich mich immer einen Tag lang aus, und danach erholte ich mich jedesmal bemerkenswert rasch. Doch diesmal würden die seelischen Wunden nur langsam heilen. Und was war mit den schrecklichen Folgen?

Ich konnte die Selbstquälerei nicht mehr ertragen. Ich stürzte den Tee hinunter, zog meine Sachen an und schleppte mich nach unten.

«Geht's dir besser, Jim?» fragte meine Frau, die das Geschirr abspülte, strahlend. «Du kommst bald wieder auf die Beine, das ist doch immer so. Was für eine eigenartige Sache das doch ist, aber den Kindern hat es jedenfalls Spaß gemacht. Wie ich höre, warst du gestern abend ausgezeichnet bei Stimme.» Kichernd griff sie nach dem Handtuch.

Ich dachte, ein gemächlicher Spaziergang in der frischen Luft würde mir guttun, also machte ich mich auf zu einem Bummel durch die Stadt. Ich traute meinen Augen nicht, als ich, kaum aus der Haustür, Mrs. Featherstone in einer Entfernung von knapp hundert Metern auf mich zusteuern sah. Von panischem Schrekken ergriffen, wechselte ich eilig auf die andere Straßenseite, doch die Dame hatte mich bereits entdeckt und überquerte ebenfalls die Straße. Und als die in teuren Tweed gehüllte Gestalt mit energischen Schritten auf mich zukam, war mir klar, daß es kein Entrinnen gab.

Also gut, sagte ich mir, jetzt geht es los: Mr. Herriot, vielleicht interessiert es Sie zu erfahren, daß ich den Vorfall von Samstagabend an meine Anwälte übergeben habe. Ihr Benehmen war empörend, und ich meine, es ist meine Pflicht, dafür zu sorgen, daß wehrlose Damen in Zukunft vor Ihnen geschützt werden. Ich kann kaum glauben, daß ein Vertreter Ihres Berufsstands sich so benehmen würde wie Sie – einfach Ihre Situation auszunutzen und das in Sie gesetzte Vertrauen zu mißbrauchen. Und dann noch Ihre unglaubliche Herzlosigkeit angesichts der Schmerzen meines armen Hundes – ich mag gar nicht daran denken.

Doch es kam ganz anders. Als Mrs. Featherstone vor mir stand, legte sie mir die Hand auf den Arm. «Wirklich, Mr. Herriot, Sie haben mir gestern abend einen Dienst erwiesen.»

«Wie bitte?»

«Ja, Sie waren so verständnisvoll. Ich begreife nun, daß ich es mit Rollo übertrieben habe. Ich muß Ihnen ja auf die Nerven gegangen sein.»

«O nein, nein, nein.»

»Sie sind sehr freundlich, aber ich weiß, daß ich unvernünftig gewesen bin, Sie zu den ungünstigsten Zeiten wegen Nichtigkeiten gestört zu haben, und nun habe ich Sie schon wieder an einem Samstagabend aufgesucht.»

«Ich versichere Ihnen ...»

«Doch anstatt ungehalten zu sein, haben Sie gelacht, und es war so wunderbar, wie Sie mich auf die komische Seite meiner Dummheit aufmerksam gemacht haben. Ich schäme mich so dafür, daß ich nicht auf Sie gehört habe, als Sie mir mit vollem Recht begreiflich machen wollten, daß ich mich völlig grundlos ängstige, und ich hoffe, Sie können mir verzeihen. Von nun an werde ich eine vernünftige Hundebesitzerin sein. Und Rollo ist ja wirklich ganz munter, nicht wahr?»

Wogen der Erleichterung durchströmten mich, als ich dem

kleinen Hund zusah, der bei der Nennung seines Namens mit glänzenden Augen und lachendem Gesicht hochsprang. «Also, hundertprozentig sicher bin ich nicht. Allzu lebhaft sieht er mir nicht aus.»

«Oh, jetzt versuchen Sie schon wieder, mich zum Lachen zu bringen.»

Mit der gleichen schamhaften Geste, die ich schon kannte, legte sie die Hand auf den Mund und sah mich dann fragend an. «Ich habe das Gefühl, daß ich in Zukunft viel häufiger lachen werde.»

Seit dreißig Jahren habe ich nun keine Macken mehr gehabt. Sie sind ganz einfach allmählich aus meinem Leben verschwunden. Doch wenn ich an diesen Samstagabend mit Mrs. Featherstone zurückdenke, läuft es mir immer noch kalt den Rücken hinunter.

10

Ich konnte nicht glauben, daß ich diesen Jungen ganz allein im Dschungel der tierärztlichen Arbeit aussetzen würde. Der junge John Crooks, ein so vertrautes Gesicht nach den Monaten, die er während der Semesterferien bei uns verbracht hatte, um die Praxis kennenzulernen, uns bei der Arbeit zuzusehen, praktische Kniffe und Tips aufzuschnappen und das eine oder andere selbst zu machen, aber stets unter unseren Fittichen, er stand jetzt hier neben meinem Schreibtisch, fröhlich lächelnd wie immer, aber ach, so jung noch. Er sah aus wie siebzehn. Es schien mir nicht fair, ihn schutzlos dort hinauszuschicken.

Dennoch, ein Zweifel war nicht möglich: hier stand Herr J. L. Crooks, Mitglied der Königlichen Veterinärmedizinischen Akademie, den Koffer neben sich, mit strahlenden Augen und erpicht darauf, loszulegen, und ich mußte mich mit dieser Tatsache anfreunden.

Ich räusperte mich. «Also, John», sagte ich und lächelte zu ihm hinauf, «herzlichen Glückwunsch zum Examen. Sie sind nun ein ausgewachsener Tierarzt, haben alle Prüfungen hinter sich, und es tut gut, Sie hier zu sehen. Und, wissen Sie, das ist ein ziemliches Ereignis. Sie sind der allererste Assistent, der in der Praxis von Farnon und Herriot eingestellt wird.»

Er lachte. «Wirklich? Das klingt ja so, als sei ich eine ganz wichtige Person. Aber als ich als Student hier war, hatten Sie doch auch junge Leute, die für Sie gearbeitet haben.»

«Ja, das stimmt. Tristan zum Beispiel, aber er gehört zur Familie, und ihn haben wir nie als Assistenten betrachtet. Und einoder zweimal war vorübergehend jemand hier, aber Sie sind der erste *offizielle* Mitarbeiter.»

«Schön zu hören. Und wo ich nun einmal hier bin, sollte ich wohl anfangen, mir mein Gehalt zu verdienen.»

«Okay, wir packen Ihnen Ihr Auto voll, und danach sollten Sie sich bei Ihrer Wirtin melden. Sie wohnen bei Mrs. Barrie, oder?»

Als der junge Mann die Medikamente und Instrumente, die er brauchen würde, im Kofferraum des Autos verstaute, sah ich, daß er schon richtig scharf darauf war, sich in die ungewisse Welt der Praxis zu stürzen, doch fragte ich mich auch, wie nervös er wohl sein mochte bei der Aussicht, den harten Yorkshire-Farmern ganz allein gegenüberzutreten. Würde er es schaffen? Manch frischgebackener Hochschulabsolvent war dem einfach nicht gewachsen, und als er in seinem Ford 8 mit der klappernden Trickkiste darin davonfuhr, ertappte ich mich dabei, daß ich ihm die Daumen hielt.

Ich bin ziemlich gluckenhaft, wie meine Familie bestätigen wird, und den ganzen Tag über machte ich mir Sorgen. Wie kam der arme Junge zurecht? Wir hatten so viel zu tun, daß ich ihn nicht zu Gesicht bekam, und ich hoffte nur, daß er in keine schwierige Situation geraten war. Unsere Farmer waren fast durchweg nüchterne und freundliche Männer, aber gelegentlich hatten wir auch sehr anspruchsvolle Klienten.

Mir fiel meine Visite bei Major Sykes vor ein paar Tagen ein. Der herrische kleine Mann hatte mich angebellt, als ich sein Pferd behandelte. «Herriot, gütiger Himmel, Mensch! Bringen Sie denn nicht mehr zuwege? Ihnen scheint ja nicht viel zu diesem Mistpferd einzufallen!» Dann schrie er seinen Stallburschen an: «Stell doch den Eimer nicht dahin, du dummer Esel!» Man konnte es ihm nicht recht machen, und er stauchte jeden zusammen, behandelte alle Menschen, und anscheinend vor allem Tierärzte, wie die einfachen Soldaten mit den eher schlichten Gemütern aus seiner Armeezeit. Und wirklich, unwillkürlich fuhren meine Daumen an die Hosennaht, und ich fühlte mich in die Royal Air Force zurückversetzt.

Es war später Nachmittag, als ich ins Behandlungszimmer kam, ins Tagesbuch schaute und der Eintrag mir förmlich entgegensprang. Major Sykes, Jagdpferd, Hufrehe. John hatte ein Häkchen dahinter gemacht – er war nun dort.

Mir fielen fast die Augen aus dem Kopf. Eines der geliebten und wertvollen Jagdpferde – und Hufrehe, eine Erkrankung mit so vielen häßlichen möglichen Begleitumständen. Keine Arbeit für einen frischgebackenen jungen Tierarzt. Der Major würde ihn bei lebendigem Leibe auffressen. Ich mußte mich darum kümmern, also brauste ich los zum Gehöft Roova Range.

Als ich aus dem Auto stieg, hörte ich die aggressive Stimme des Majors aus einer Box herüberschallen, und ich befürchtete, daß er John schon in der Mangel hatte.

Ich spähte über die halbhohe Tür der Box. Eine schöne braune Stute stand dort in der für Rehe typischen schmerzverzerrten, gekrümmten Haltung mit den nach vorn unter den Körper gezogenen Hinterfüßen. Ein Fohlen, ganz offensichtlich erst wenige Tage alt, stand dicht neben ihr. Major Sykes, die Hände in die Hüften gestemmt, schrie John fast ins Gesicht.

«Also hören Sie, äh ... äh, wie sagten Sie noch, ist Ihr Name? Crooks, ja, also hören Sie mir mal zu, verdammich, Crooks, Sie behaupten also, diese Stute hat eine schlimme Hufrehe. Verdammt hohes Fieber, alles verkrüppelt, und Sie versuchen mir weiszumachen, daß sie wieder in Ordnung kommt! Ich hab sie als Fohlen gekauft, und ich hab sie in gutem Glauben gekauft.

Wird sie immer an dieser äh, äh, Rehe leiden? Ich hab von Pferden gehört, die das immer wieder kriegen. Hat man mich übers Ohr gehauen, was meinen Sie? Verstehen Sie genug von der Sache, um mir das sagen zu können, äh, äh?»

Der junge Mann schien nicht im mindesten verärgert zu sein. Er sprach beruhigend auf Sykes ein: «Hören Sie, Major Sykes, ich habe Ihnen bereits gesagt, wo die Ursache des Problems liegt. Ihre Stute hat beim Fohlen die Nachgeburt nicht ausgestoßen, und sie hat eine Gebärmutterentzündung bekommen. Die Geburtsrehe ist eine Komplikation, die dabei häufig auftritt, und das, was Sie hier haben, ist kein Einzelfall. Ich habe ihr schon ein Antibiotikum gespritzt, und das werde ich noch ein oder zwei Tage lang wiederholen. Dadurch wird die Entzündung abklingen.»

Noch immer wütend, streckte der kleine Mann das Kinn vor. «Und was ist mit der verfluchten Rehe, was wollen Sie denn dagegen unternehmen?»

«Nun, wie Sie gesehen haben, habe ich ihr auch dagegen eine Injektion gegeben.» John bedachte ihn mit einem gleichmütigen Lächeln. «Und wenn Sie ihr in den nächsten Tagen nur Kleie füttern und sie in den Teich führen, damit sie sich die Hufe kühlen kann, wie ich es Ihnen aufgetragen habe, wird sie sicher bald wieder ganz normal sein.»

«Und glauben Sie, daß sie das früher auch schon gehabt hat?»

«Nein, nein.»

«Woher zum Teufel wollen Sie das wissen?»

«Weil sie keine Kerben rund um die Hufe hat, und sehen Sie mal hier.» Er hob einen der Vorderfüße des Pferdes. «Ein wunderbares konkaves Sohlengewölbe. Sie hat noch nie Hufrehe gehabt.»

«Und die kriegt sie auch nicht wieder, äh?»

«Unwahrscheinlich, daß sie noch einmal auftritt.»

«Ich hoffe bloß, Sie haben recht», grunzte der Major.

«Ich bin mir ganz sicher. Sie werden es ja sehen. Sie machen sich zu viele Sorgen, wissen Sie.»

Erschaudernd schloß ich die Augen, als John den Arm ausstreckte und dem kleinen Mann beruhigend auf die Schultern klopfte. Einen Augenblick lang dachte ich, der Major würde in die Luft gehen, doch dann überzog zu meinem Erstaunen ein schüchternes Lächeln sein Gesicht.

«Meinen Sie, äh?»

«Ganz bestimmt. Sie sollten sich von diesen Dingen wirklich nicht so aus der Fassung bringen lassen.»

Dies war für den kleinen Mann eine ganz neue Erfahrung, und er schaute John einen Moment lang ins Gesicht, nahm dann seine Mütze ab und kratzte sich den Kopf. «Vielleicht haben Sie ja recht. Vielleicht haben Sie recht, junger Mann. Hä-hä-hä!»

Ich konnte es nicht fassen. Er lachte! John warf den Kopf in den Nacken und lachte ebenfalls. Es war wie ein Wiedersehen zweier alter Studienkameraden. Und plötzlich ging mir auf, daß das hier in dem Stall gar nicht unser Student John Crooks war, sondern ein großer, gutaussehender, selbstsicherer Tierarzt mit einer schönen kräftigen Stimme, die allem, was er sagte, Autorität verlieh. Ich schlich mich zu meinem Auto und fuhr mit einem Entschluß ab, der sich in meinem Geiste bereits geformt hatte. Ich würde mir um John keine Sorgen mehr machen.

Er war inzwischen schon ein paar Wochen bei uns, als ich eines Vormittags ans Telefon ging. «Hallo, spricht dort Mr. Herriot?» fragte eine muntere Stimme. Ich erkannte einen Farmer, der unser Klient war.

«Ja, Mr. Gates», erwiderte ich. «Was kann ich für Sie tun?»

«Nein, ist schon gut. Ich möchte den jungen Mann sprechen.»

Ein unerwartet tiefer und schneidender Schmerz durchzuckte mich. Was war das? Ich war der «junge Mann», war es immer gewesen. Mich hatten die Klienten durch die Bank so angesprochen, obwohl ich nur sechs Jahre jünger war als Siegfried. Hier mußte doch ein Fehler vorliegen.

«Wen, sagten Sie, wollen Sie sprechen?» fragte ich.

«Den jungen Mann – Mr. Crooks.»

Aha, das war es also. Ich hatte gar nicht bemerkt, daß ich inzwischen so an meiner Titulierung hing, und ich lief durch den Gang, um John zu holen. Mir war seltsam beklommen zumute, als ich mich mit der Tatsache konfrontiert sah, daß ich, obwohl kaum über dreißig, nicht mehr der junge Mann war.

Von da ab mußte ich mit einer stetig steigenden Flut von Bitten um die Dienste eines jungen Mannes leben, der nicht ich war. Trotzdem bedrückte mich das nur kurze Zeit, denn die Vorteile waren gewaltig. Als John sich in der Praxis eingewöhnte, wurde mein Leben, wie ich feststellte, auf wunderbare Weise leichter. Es war herrlich, einen Assistenten zu haben, und noch dazu einen so guten wie ihn. Ich hatte ihn immer gut leiden mögen, doch wenn ich nachts um drei zu einer kalbenden Färse gerufen wurde und statt dessen ihn hinschicken und mich umdrehen und weiterschlafen konnte, dann spürte ich, wie aus dem Gut-leiden-Können herzliche Zuneigung wurde.

Er hatte eigene Vorstellungen von gewissen Behandlungsmethoden und scheute sich nicht, sie zu äußern. Eines Tages kam Siegfried herein, als wir beide im Operationsraum waren.

«Ich habe über diesen Thermoinduktor gelesen. Revolutionäre neue Methode zur Behandlung von Sehnenzerrungen bei Pferden. Man wickelt einfach ein Elektrokabel täglich für eine bestimmte Zeit um den Fuß des Pferdes, und die Hitze bringt die Zerrung zum Verschwinden.»

Ich gab ein unverbindliches Knurren von mir. Ich hatte selten irgendwelche Ideen und war im Grunde von meiner Wesensart her allen Veränderungen, allen Neuerungen abhold. Dieser Zug, das wußte ich, irritierte meinen Partner ungemein, darum hielt ich einfach den Mund.

John jedoch sprach frei heraus. «Ich habe auch darüber gelesen, aber mir gefällt das nicht.»

«Warum denn nicht?» Siegfrieds Augenbrauen fuhren in die Höhe.

«Riecht mir nach Hexerei», sagte John.

«Ach, Unsinn.» Siegfried bedachte ihn mit einem Stirnrunzeln. «Ich finde, die Sache klingt ganz vernünftig. Jedenfalls hab ich eins von den Geräten bestellt, und ich möchte wetten, daß es uns eine große Hilfe sein wird.»

Siegfried war der Pferdespezialist, darum erhob ich keine Einwände, sondern war sehr interessiert daran zu erfahren, wie das Ding funktionierte, und das herauszufinden sollten wir schon bald Gelegenheit haben. Der Besitzer des großen Rittergutes von Darrowby, gewöhnlich nur der Gutsherr genannt, hatte seine Pferde in ein paar Ställen am unteren Ende unserer Straße stehen, nur hundert Meter entfernt, und es war wie ein Wink des Schicksals, als er uns von einem Fall von Sehnenzerrung berichtete.

Siegfried rieb sich die Hände. «Genau, was wir wollten. Ich muß nach Whitby rüberfahren und mir einen Deckhengst anschauen, darum überlasse ich diesen Fall Ihnen, John. Ich denke, Sie werden bald merken, daß diese Behandlungsmethode ein großer Fortschritt ist.»

Ich weiß, mein Partner wartete nur darauf, «Hab ich's Ihnen nicht gesagt!» zu dem jungen Mann sagen zu können, doch nach einer Behandlungswoche war John immer noch nicht beeindruckt.

«Ich habe dem Pferd das Ding jeden Tag um den Fuß gewikkelt und dann abgewartet, aber ich kann keinen Fortschritt erkennen. Heute nachmittag hab ich noch mal eine Visite, aber wenn es danach immer noch nicht besser ist, schlage ich vor, daß wir zur alten Behandlung zurückkehren.»

Ungefähr um fünf Uhr an jenem Nachmittag, ein Sturm peitschte starken Regen über die Straßen, kam ich gerade wieder vor der Praxis an und erstarrte förmlich auf meinem Autositz. Draußen bot sich mir ein entsetzlicher Anblick. Mehrere Männer des Gutsherrn trugen einen Körper die Straße entlang. Es war John. Als ich aus dem Auto stieg, brachten sie ihn ins Haus und legten ihn am Fuß der Treppe nieder. Anscheinend war er bewußtlos.

«Was um alles in der Welt ist denn passiert?» Mit offenem Mund und starr vor Schrecken betrachtete ich die rücklings über die untersten Treppenstufen drapierte Gestalt meines Kollegen.

«Der junge Mann hat einen Stromschlag gekriegt», sagte einer der Männer.

«Was!?»

«Ja, wirklich. Er war naß bis auf die Haut, und als er die Maschine in die Steckdose stecken wollte, muß er das bloße Metall mit den Fingern berührt haben. Er fing an zu schreien, aber er kam nicht mehr los. Und dann war er da am Schreien, aber ich hab das Pferd am Kopf gehalten und konnte ihm nicht helfen. Er ist ein bißchen rumgestolpert, und zum Schluß ist er über das Hinterbein des Pferdes gefallen. Dadurch muß er sich von dem Ding losgerissen haben, sonst wär er wahrscheinlich hingewesen.»

«Mein Gott! Was können wir bloß tun?» Ich drehte mich zu Helen um, die aus der Küche gekommen war. «Könntest du bitte schnell den Doktor anrufen?» rief ich ihr zu. «Halt, wart mal einen Augenblick, ich glaube, er kommt zu sich.»

John, der ausgestreckt auf der Treppe lag, begann sich zu regen, und als er schließlich aus halbgeschlossenen Augen zu uns heraufschielte, brach ein erstaunlicher Schwall farbenprächtiger Worte aus ihm hervor. Er fluchte in einem fort.

Helen starrte mich mit offenem Mund an. «Hör dir das an! Und dabei ist er so ein netter junger Mann!»

Ich konnte ihr das Erstaunen nachfühlen, denn John war ein anständiger, sehr korrekter junger Mann, der im Gegensatz zu den meisten anderen Tierärzten niemals fluchte. Doch er schien über einen prachtvollen Vorrat an Schimpfwörtern zu verfügen, denn einige waren sogar mir neu, und das war erstaunlich, wenn man bedenkt, daß ich in Glasgow aufgewachsen bin.

Nach einer Weile tröpfelte der Schwall zu einem unverständlichen Gemurmel aus, und Siegfried, der gerade von einer Besuchsrunde hereingekommen war, begann ihm puren Gin einzuflößen, was, wie ich glaube, in solchen Fällen nicht gerade angezeigt ist.

Ohne Zweifel hätte John ums Leben kommen können, doch zum Glück erholte er sich binnen weniger Minuten so weit, daß er sich schließlich auf der Treppe aufsetzen konnte. Endlich, wir hatten ihn beschworen, sich nicht aufzuregen und zu bleiben, wo er war, schüttelte er sich, kam auf die Beine, richtete sich zu seiner ganzen, bemerkenswerten Größe auf und trat Siegfried gegenüber.

«Mr. Farnon», sagte er mit großer Würde. «Wenn Sie mich

noch einmal bitten, mit diesem verfluchten Gerät zu hantieren, reiche ich meine Kündigung ein.»

Damit war die kurze Karriere des Thermoinduktors beendet.

Ein paar Tage danach beschlich mich ein leichtes Mißtrauen, als ich die beeindruckende Gestalt von Sep Craggs sah, die sich mir im Flur von Skeldale House entgegenstellte.

«Hey, Herriot», bellte er. «Ich hab ein Wörtchen mit Ihnen zu reden.»

Er war ein grober Mensch, und ich hatte mich längst an seine Form der Anrede gewöhnt und fand mich damit ab, denn er war ein wichtiger Kunde mit einer großen Farm, die er mit vier erwachsenen, von ihm schikanierten und drangsalierten Söhnen bewirtschaftete.

«Ja, Mr. Craggs, wo liegt denn das Problem?» erkundigte ich mich friedlich.

Er schaute von seinen zwei Metern Höhe auf mich herab und schob das Gesicht ganz nahe an meines heran. «Ich sag Ihnen, wo das Problem liegt. Ihretwegen hab ich meine Zeit verschwendet.»

«Ach, wirklich? Inwiefern?»

«Wissen Sie nicht mehr, dieses Mastitispulver, das Sie mir hinlegen wollten?»

O Gott, das Sulfanilamidpulver. Das hatte ich ganz vergessen. «Tut mir schrecklich leid, ich –»

«Sie haben's vergessen, nicht! ‹Kommen Sie heute nachmittag vorbei›, haben Sie gesagt. ‹Ich leg es Ihnen in die Box neben der Tür.› Ja, und ich komme um drei Uhr runter, aber da ist nichts in der Box und keiner weiß von irgendwas. Ich bin verdammt wütend, das kann ich Ihnen sagen!»

«Wie ich schon sagte, Mr. Craggs, es tut mir sehr leid ...»

«Ja, ja, Sie machen es sich leicht, Sie sagen einfach, tut mir leid, aber das hilft mir gar nicht. Ist ein verdammt langer Weg von mir zu Hause bis nach Darrowby, und ich mußte vom Heumachen weg. Und alles umsonst. Ich bin ein ziemlich beschäftigter Mann, das wissen Sie doch, und ich kann's mir nicht leisten, meine Zeit für so was zu vergeuden.»

Ach, zum Teufel, er rieb es mir aber unter die Nase, doch er hatte ja recht. Ich holte das Pulver aus dem Vorratsschrank und gab es ihm.

Er brummelte immer noch vor sich hin. «So was will ich in Zukunft nicht noch mal erleben, merken Sie sich das. Wenn Sie wollen, daß ich hierherkomme und mir irgendwas abhole, dann legen Sie es mir auch wirklich hin.»

Ich nickte stumm, aber er war noch immer nicht fertig.

«Sie sind derjenige, der hier ein Pulver braucht», knurrte er. «Eins gegen die Vergeßlichkeit!» Er warf mir einen letzten wütenden Blick zu und ging.

Ich holte ein paarmal tief Luft und hoffte inständig, daß mir so ein Lapsus nie wieder unterlaufen würde.

Der Vorfall stand mir noch lebhaft im Gedächtnis, als Sep Craggs in der darauffolgenden Woche zum zweiten Mal in der Praxis auf mich wartete, als ich von einer Besuchsrunde zurückkam.

Seine Miene war unergründlich, doch ich hatte eine böse Vorahnung, als er da bedrohlich vor mir stand.

«Ich bin heute morgen hergekommen, um mir eine Flasche Liniment abzuholen, aber sie war nicht in der Box», brummelte er.

O nein! Bitte nicht noch einmal! Verlor ich den Verstand? Ich ballte so fest die Fäuste, daß mir die Nägel ins Fleisch schnitten. «Tut mir so leid ... Ich ... ich kann mich beim besten Willen nicht erinnern, daß wir das vereinbart haben.»

Doch diesmal folgte kein Ausbruch. Der Mann blieb seltsam zahm. «Sie waren das nicht, es war der junge Mann.»

Nun sollte also der arme John die Peitsche zu spüren bekommen. Wie konnte ich den Zorn von ihm ablenken? Ich lachte leise auf. «Ach, ich verstehe ... Mr. Crooks ist ein prächtiger Bursche, nur sein Gedächtnis ist nicht das allerbeste.»

«Nein, nein – sagen Sie nichts gegen den jungen Mann. Er hat schon genug um die Ohren, da kann er sich nicht noch um solche Kleinigkeiten wie eine Flasche Liniment kümmern.»

«Was?»

»Ja, fangen Sie bloß nicht an, ihm die Schuld zu geben. Das lasse ich nicht zu!» Er schaute mich finster und mißbilligend an. «Bei den vielen Sachen, an die er denken muß, kann man doch nicht erwarten, daß er sich alles merkt.»

Ich machte den Mund auf, doch es kam nichts heraus.

Ich hatte Mr. Craggs nie lächeln sehen, doch seine granitenen Züge wurden ein wenig weicher, und ein beinahe träumerischer Ausdruck trat in seine Augen. «Bei Gott, er weiß eine ganze Menge, dieser Bursche – ich hab noch nie jemanden kennengelernt, der so gebildet ist. Ich sag Ihnen was, Herriot. Er kam zu einem Bullen, der Fußfäule hatte, und er hat nicht erst eine Woche mit Teer und Salz rumgepfuscht wie Sie immer. Er hat den verflixten Fuß gar nicht angerührt, sondern ihm einfach eine Spritze in die *Schulter* gegeben, und schon nach zwei Tagen ging es dem Vieh besser. Was sagen Sie dazu, hä?» Er tippte mir an die Brust.

Ich wußte, er würde mir nicht glauben, wenn ich ihm sagte, daß ich nun ebenfalls die neue Sulfanilamidinjektion verwende, deshalb erwiderte ich nichts.

«Und ich sag Ihnen noch was», sprach er weiter. «Der Bulle lahmte auf dem *rechten* Fuß, aber er hat in die *linke* Schulter gespritzt.» Seine Augen wurden groß. «Es war wie ein Wunder!»

«Gut... gut...», krächzte ich. «Also, ich bringe Ihnen jetzt das Liniment.»

Ich holte die Flasche aus dem Vorratsraum und gab sie ihm. «Hier, bitte, Mr. Craggs. Tut mir leid, daß Sie sich extra auf den Weg machen mußten.»

Der große Mann schüttelte den Kopf. «Na, macht doch nichts. Kostet mich nur ein paar Minuten.»

Wie im Traum begleitete ich ihn zur Tür hinaus, und als ich ihm auf der Straße nachschaute, beherrschte mich ein einziger Gedanke. Wenn John das Herz von Sep Craggs rühren konnte, dann war seine Zukunft gesichert.

Ich glaube, erst in diesem Augenblick wurde mir klar, daß John zu Höherem bestimmt war. Ich hatte von Anfang an die Samenkörner der Größe in ihm entdeckt, weil er auf geradezu unheimliche Weise imstande war, Menschen aller Schichten für sich einzunehmen. Es war nicht nur seine Erscheinung, seine zuversichtliche Herangehensweise und seine kräftige Stimme – da war noch etwas anderes, und ich konnte es nicht recht in Worte fassen, aber was immer es auch sein mochte, alles an ihm wies ihn als einen jungen Mann aus, der zum Erfolg geboren ist.

II

Johns Heimatstadt war Beverley mit seinem herrlichen Münster, fünfzig Meilen von Darrowby entfernt, und an seinen halben freien Tagen fuhr er für ein paar Stunden nach Hause. Im Verlauf des nächsten Jahres fiel, wenn er mir von diesen Besuchen erzählte, immer häufiger der Name eines Mädchens. Sie hieß Heather, und sobald er sie erwähnte, erschien in seinem Blick etwas Versonnenes, und ein ätherisches Lächeln breitete sich über sein Gesicht. Diese Symptome prägten sich über die Monate hinweg deutlicher aus, bis er mir eines Tages anvertraute, daß Heather und er hofften, bald heiraten zu können.

Eines Tages im Winter trat ich mir unter dem Vordach von Skeldale House den Schnee von den Stiefeln, als John in der Tür erschien.

«Heather ist da drin», sagte er ein wenig kurzatmig. «Sie ist im Büro – ich möchte, daß Sie sie kennenlernen.»

Ich wollte sie ebenfalls kennenlernen. Nach allem, was ich über sie gehört hatte, war ich schon richtig gespannt. Ich rückte mir den Schlips zurecht, fuhr mir mit den Händen durchs Haar und schritt mit weltmännischem Gebaren flott in das Zimmer. Unglücklicherweise klebte mir ein Schneeball an der Hacke, und als ich durch die Tür kam, rutschte ich auf dem glatten Linoleum aus, segelte durch die Luft und landete mit einem erschütternden Plautz in der gegenüberliegenden Ecke des Zimmers auf dem Hinterteil. Als ich die Augen öffnete, stellte ich fest, daß ich zu einem sehr attraktiven dunkelhaarigen Mädchen aufschaute, das tapfer versuchte, keine Miene zu verziehen.

So lernte ich Heather kennen – zu ihr aufschauend –, und seitdem habe ich immer zu ihr aufgeschaut und sie bewundert. Es gibt die verschiedensten Möglichkeiten, sie in ihrer zukünftigen Ehe mit John zu beschreiben: als verehrte Lebenspartnerin, als verläßliche Gehilfin, als glückliche Gefährtin – sie war all das und Mutter dreier prachtvoller Kinder obendrein.

Nach dieser ersten Begegnung machten Johns Bemühungen um Heather rasch Fortschritte, und ich merkte, daß die bevorstehende Heirat ihn immer mehr beschäftigte. Die früheren Symptome prägten sich noch deutlicher aus, und er gestand kurze Anfälle von Amnesie ein, bei denen er während seiner Besuchsrunden mitten in der Landschaft das Auto anhalten und versuchen mußte, sich zu vergegenwärtigen, wohin er fuhr und was er vorhatte. Gelegentlich ertappte ich ihn dabei, wie er in sich hineinlächelte, und es war klar, daß er in Gedanken bei irgend etwas Wunderbarem in der Zukunft weilte.

In welchem Maße seine Zukunft ihn beschäftigte, erwies sich eines regnerischen Nachmittags. Einer unserer Farmer rief mich an.

«Ich bin telefonisch benachrichtigt worden, daß Mr. Crooks' Verlobte krank geworden ist. Er ist gerade von meinem Hof gefahren, und ich dachte schon, ich verfehle ihn, aber dann sah ich, daß er mit seinem Auto in der Furt gleich hinter dem Gatter steckengeblieben ist.»

«Ach, du meine Güte, dann sollte ich wohl hinkommen und ihn holen.»

«Nein, nicht nötig. Ich bin schnell in mein Auto gesprungen und hab ihm die Nachricht überbracht, und er ist ausgestiegen und hat mich gebeten, ihn nach Darrowby zum Bahnhof zu fahren. Dort hat er gleich einen Zug erwischt und ist fort.»

«Mann, das ging ja schnell.»

«Ja, bei Gott, er hat nicht lange gefackelt.»

«Und wo ist das Auto jetzt?»

«Steckt immer noch im Wasser.»

«Aha. Danke, daß Sie mir Bescheid gesagt haben. Ich komm dann mit Mr. Farnon zu Ihnen raus, um es zu holen...»

Der Anblick, der sich Siegfried und mir bot, als wir zu der Furt kamen, ist eine der lebendigsten Erinnerungen an Johns Zeit bei uns. Dort befand sich eine Senke in der schmalen, zwischen zwei Hügeln hindurchführenden Straße, wo der Wildbach den Asphalt überflutet hatte, und darin stand Johns kleiner Ford 8 bis zur Achse im Wasser. Es gab deutliche Anzeichen für einen hastigen Ausstieg – die Fahrertür stand offen, und die Scheibenwischer waren noch an und pendelten gemächlich auf dem Glas hin und her. John hatte sich mit seinem Abgang keine Sekunde zu lange Zeit gelassen.

Glücklicherweise war Heather nicht ernstlich krank, und unser geschäftiges Praxisleben ging damit weiter, daß John die ganze Routine des Kalbens, Fohlens, Lammens und des Kastrierens von Hengstfohlen miterlebte und sich tagtäglich als der rechte Mann am rechten Platz erwies.

Das junge Paar heiratete an einem schönen Tag im Mai, und sie zogen in einen Flügel von Siegfrieds Haus. Heather war Lehrerin, und während der gesamten Zeit, die John in unserer Praxis war, unterrichtete sie die beiden Kinder von Siegfried.

Es war ein tiefer Einschnitt, als unvermeidlich der Tag kam, an dem John sich selbständig machte. Er verließ uns und eröffnete eine eigene Praxis in Beverley, und ich spürte, daß ich nicht nur einen großartigen Assistenten verloren hatte, sondern auch einen Freund. Ich war nur etwa zehn Jahre älter als John – wenig genug, daß wir noch gemeinsame Interessen und Ziele haben konnten. Während die Jahre vergingen und andere junge Männer in unsere Praxis eintraten, habe ich vermutlich alle Stadien durchlaufen, angefangen vom alternden Kollegen über den erfahrenen Staatsmann bis hin zum schrulligen alten Fossil, doch zu Zeiten der ersten Assistenten bewegte ich mich noch in deren Welt, und John und ich hatten viel Spaß zusammen.

In Skeldale House wurde immer viel gelacht, und mit John kehrte, dem Himmel sei Dank, eine lebendige, ganz eigene Art Humor in die Praxis ein. Er erlebte seine Niederlagen und Unglücke wie jeder von uns, und er besaß eine wunderbare darstellerische Gabe, mit der er uns daran teilhaben ließ. Trotz seiner kraftvollen Persönlichkeit war er feinfühlig und frei von jeglicher Eitelkeit.

Für mich verkörpert er vor allem den typischen Engländer einer beinahe altmodischen Art mit einer Leidenschaft für Krikket, einem unerschütterlichen Glauben an die alten Werte und einer ehrfürchtigen Liebe zu der schönen Landschaft, in der wir arbeiteten.

Als er uns verlassen und seine eigene Praxis in Beverley eröffnet hatte, nahm uns unser eigenes geschäftiges Leben wieder in Anspruch, und wir sahen einander immer seltener. Natürlich gab es besondere Gelegenheiten. Helen und ich hatten die Ehre, Annettes, der Erstgeborenen der Familie Crooks, Pateneltern zu werden. Später wurde uns das freudige Ereignis der Geburt von James und danach von Elizabeth mitgeteilt. Wir konnten es einrichten, Heather und John dann und wann in Scarborough zu besuchen, und ich sah John auf tierärztlichen Zusammenkünften, doch das alte Kapitel war abgeschlossen.

Da ich davon überzeugt war, daß er es im Beruf weit bringen würde, verfolgte ich seine Entwicklung über die Jahre hinweg. Mir fiel auf, wie rasch er seine Praxis vergrößerte, bis er mehrere Assistenten beschäftigte, und daß er aufgrund seiner Tatkraft und seines Organisationstalents auch zunehmend öffentliche Anerkennung fand und sich in der Entwicklung und Verwaltung der Belange unseres Berufsstands betätigte. Meine Prognose bestätigte sich: Das einzige, was am Ende Johns Aufstieg beendete, war die Tatsache, daß er nicht mehr höher klettern konnte. Im

Jahre 1983, dreißig Jahre nachdem er aus Darrowby fortgegangen war, wurde er zum Präsidenten der Britischen Tierärztevereinigung gewählt.

Es ging mir nahe, daß er sich nach all den Jahren auf seinen ersten Chef besann und mich bat, die Ansprache bei seiner Amtseinführung zu halten.

«Die Jahre in Darrowby waren für Heather und für mich die glücklichste Zeit unseres Lebens», sagte er. «Ich möchte, daß Sie es tun.»

Und so geschah es auch. Der große Tag kam, an dem ich inmitten von Hunderten von Tierärzten aus aller Welt im Konferenzsaal der Lancaster University saß. Alle Berühmtheiten waren anwesend – illustre Namen überall –, doch als ich, nachdem ich meinen Text aufgesagt hatte, zum Podium hinaufblickte, gab es mir einen gewaltigen Ruck, denn mir wurde klar, daß mitten in diesem erlauchten Kreis – und überdies noch als dessen bedeutendste Person – der junge Mann aus Darrowby stand.

Meine Rede war vorbei, die Zeremonie ging weiter, und John stand in seiner ganzen Größe da und wurde mit den Insignien des Präsidenten geschmückt. Der Geschäftsführer half ihm beim Anlegen des schönen schwarzen Gewands mit den grünen Seidenmoiré-Besätzen, danach legte ihm der Präsident des vorausgegangenen Jahres die Amtskette um den Hals. Als dies geschah und ich sah, wie die Kette hinten geschlossen wurde, erinnerte mich das Ganze plötzlich an den Geburtshelferkittel, den man vor dem Kalben anzog und den einem der Farmer hinten am Rücken zuband. Anscheinend empfand John genau das gleiche, denn in diesem sehr feierlichen Augenblick sagte er: «Könnte ich bitte einen Eimer heißes Wasser, Seife und ein Handtuch haben.» Schallendes Gelächter ertönte im Auditorium – so viele von uns hatten diese Worte tausendmal gesprochen.

In voller Tracht drehte er sich schließlich um und wandte sich der Versammlung zu. Er war korpulenter als in seinen Tagen in Darrowby, und sein Haar war eine silbern glänzende Mähne, doch er war eine durch und durch beeindruckende Erscheinung. Ich schaute zur ersten Reihe im Saal, wo Heather und die gesamte Familie saßen und stolz nach oben blickten. Unter ihnen sah ich die kleine Emily, das erste Enkelkind, auf James' Knien, und die Jahre zogen vor meinem inneren Auge vorüber. O ja, John war zwar nicht mehr der junge, dafür aber ein berühmter und glücklicher Mann.

In meiner Rede hatte ich mich darum bemüht, Johns einzigartige Fähigkeit, Menschen zu beeinflussen, besonders herauszustellen, und ich hatte lange nach einer Erklärung oder nach den richten Worten dafür gesucht. Es war ein so schwer in Worte faßbarer Zug seines Wesens, daß ich auf eine Bierreklame zurückgriff, als ich sagte, er dringe in Regionen vor, die anderen Tierärzten verschlossen blieben.

Als ich dort saß und die Zeremonie auf dem Podium verfolgte, stieg die Erinnerung an jene einsame Straße zwischen den Berghängen und an das im Wasser gestrandete Auto mit der offenen Tür und den hin und her, hin und her pendelnden Scheibenwischern in meinem Gedächtnis auf. Mir kam der Gedanke, in dieser Szene sei vielleicht ein Schlüssel verborgen. Vielleicht war sie die Klammer für die zwei Facetten von Johns Charakter, die ihn an die Spitze seines Berufsstands gebracht hatten – zärtliche Hingabe an seine Frau und der Mut zu schnellen Entscheidungen.

12

«Dieses Haus ist Mord für eine Frau, Mr. Herriot.»

Der Farmer schaute auf Helen hinunter, die die Eingangstreppe schrubbte. Seine Worte fuhren durch mich hindurch wie ein Messer. Er sprach da unverblümt aus, was schon lange an mir nagte.

«Ja», sagte er noch einmal. «Es ist ein prächtiges altes Haus, aber für eine Frau ist es Mord.»

Das war der Augenblick, in dem ich den Entschluß faßte, Helen irgendwann, irgendwie aus Skeldale House herauszuholen. Wir liebten das alte Gemäuer, doch für ein junges Paar mit bescheidenen finanziellen Mitteln brachte es riesige Nachteile mit sich. Es war reizend, anheimelnd und dank seiner Atmosphäre zweifellos ein glückliches Haus, aber es war viel zu groß und bei kaltem Wetter der reinste Eiskeller.

Ich schaute über die mit Efeu bewachsene Vorderfront zu den großen Schlafzimmerfenstern und noch eine Etage weiter hinauf, wo sich die Zimmerflucht befand, in der wir in der Anfangszeit unser Wohn-Schlaf-Zimmer gehabt hatten. Und wenn man die winzigen Zimmer unter dem Dach dazuzählte, lag darüber noch ein Stockwerk; hier hing am Ende einer Zugfeder eine große Glocke, die in den Anfangstagen des Jahrhunderts ein kleines Dienstmädchen ins Erdgeschoß zu rufen pflegte.

Der alte Arzt, von dem wir das Haus übernahmen, hatte sechs Angestellte inklusive einer Haushälterin, die den ganzen Tag über anwesend war; Helen jedoch versorgte das ganze Anwesen mit Hilfe nur eines Dienstmädchens, das vom nächsten abgelöst wurde und so fort, denn die meisten von ihnen bekamen die schwere Arbeit und die unerträgliche Unbequemlichkeit des Hauses schon bald satt.

Bevor ich wieder hineinging, schaute ich noch einmal auf meine munter weiterschrubbende Frau. Es war verrückt, und die Worte «Hör bitte auf!» kamen mir in den Sinn. Doch ich sprach sie nicht aus. Es hatte keinen Zweck; ich hatte immer wieder versucht, ihr solche Arbeiten auszureden – es war reine Zeitverschwendung. Das war nun einmal ihre Art. Sie war häuslich veranlagt, und sie konnte sich nicht einfach zurücklehnen und die Niederlage eingestehen. Sie war finster entschlossen, drinnen und draußen für Sauberkeit und Ordnung zu sorgen.

Das war eine Sache, die mir Kummer machte und mich zur Verzweiflung trieb. Ich war mit einer hübschen, intelligenten und warmherzigen Frau verheiratet, und ich wünschte mir aus ganzem Herzen, daß sie weniger hart zu sich selbst wäre und sich mehr Ruhe gönnen möge. In der ersten Zeit unserer Ehe versuchte ich mit Bitten und manchmal auch mit bösen Szenen, in denen ich keine gute Figur machte, sie dazu zu bewegen, kürzer zu treten, doch es war, als spräche ich zu einer Wand – sie rakkerte sich trotzdem ab. Beim Kochen war es dasselbe. Ich hatte noch nie jemanden kennengelernt, der beim Kochen derartige Wunderdinge zustande brachte, und da ich sehr gern aß, war ich mir meines Glücks nur allzu bewußt, doch ich wünschte mir inbrünstig, daß sie weniger lange am Herd stehen möge. Und als ich einsah, daß all mein inständiges Flehen umsonst war und sie ihren eigenen Kopf hatte, beruhigte ich mich damit, daß ich sie singen hören konnte, wenn sie mit dem Staubsauger und dem Staubtuch durchs Haus ging. Auch in diesem Augenblick summte sie leise vor sich hin, während sie die verwünschten Stufen schrubbte.

Noch heute, fünfzig Jahre danach, wo uns die hohe Ehre zuteil wird, daß die Fotos von unserer Goldenen Hochzeit in der *Darrowby and Houlton Times* veröffentlicht werden, singt sie, wenn sie in einem anderen, glücklicherweise viel kleineren Haus geschäftig hantiert. Schon vor langer Zeit war mir aufgegangen, daß es sie glücklich macht.

Von der Eingangstür ging ich durch den gefliesten Durchgang, der im Sommer lichtdurchflutet war und Atmosphäre hatte, an diesem kalten Frühlingstag jedoch so eine Kälte verströmte, daß es einen fror wie draußen auf der Straße. Ich ging weiter am Eßzimmer und am Wohnzimmer vorbei, bog dann nach links ab zur Apotheke und dann rechts und noch einmal links und passierte eine weitere Gerade am Behandlungszimmer und am Frühstückszimmer vorbei, bis ich schließlich zur Küche und zur Spülküche am langen Ausläufer an der Rückseite des Hauses gelangte. Mir schien, ich sei fünfzig Meter marschiert, und wer hätte es Tristan in den alten Tagen verübeln können, daß er den Weg zur Vordertür mit dem Fahrrad zurücklegte?

Auf meinem Marsch überholte ich Rosie, die in festen Schuhen, die Beine in dicken Pantalons gemummt wie vor ihr schon Jimmy, über die Fliesen klapperte. Manchmal fragte ich mich, wie wir in dieser unbarmherzigen Kälte die Kinder großgezogen hatten, und war dankbar dafür, daß sie anscheinend nicht häufiger als andere Kinder auch unter Husten und Schnupfen gelitten hatten. Das Hauptopfer war Helen, die von entsetzlichen Frostbeulen an den Knöcheln geplagt wurde.

Als ich am nächsten Morgen erwachte, stand mir mein Entschluß sofort deutlich vor Augen. Wir mußten ausziehen. Skeldale war für Praxisräume gut geeignet, doch zum Wohnen mußten wir etwas Kleineres finden.

Dies war der Anfang einer Obsession, und ich konnte an

nichts anderes denken, als ich aus dem Bett sprang, vergeblich versuchte, durch die eisblumenverzierten Fenster nach draußen zu sehen und mich in der eisigen Kälte rasch anzog. Ich riß die Schlafzimmertür auf und begann in vollem Galopp mein morgendliches Training. Zwei Stufen auf einmal überspringend die Treppe hinunter, mit Volldampf durch den frostkalten Gang – der Trick war, alles im Laufschritt zu machen – in die Küche, wo ich den Wasserkessel aufsetzte. Mit Höchstgeschwindigkeit wieder zurück ins Eßzimmer, wo der hinterhältige Steinkohleherd wieder ausgegangen war. Er war die einzige Wärmequelle im ganzen Haus, doch ich hatte jetzt keine Zeit, ihn wieder anzuzünden.

Die lange Gerade zurück in die Küche, wo ich Tee brühte und Helen eine Tasse brachte. Während ich mir auf die Hände hauchte und herumhüpfte, damit mir das Blut nicht in den Adern gefror, machte ich Feuer in der Küche. Zum Heizen fehlte mir das Pfadfinder-Geschick – im Gegensatz zu Helen, die im Handumdrehen ein hübsches Feuerchen in Gang bringen konnte –, doch wenn die Familie herunterkam, züngelten die für mich typischen schwachen Flämmchen zwischen den Kohlen.

Das Frühstück war eine freudlose Angelegenheit, bei der ein elektrisches Heizgerät mit nur einem Heizstab einen aussichtslosen Kampf führte und wir alle uns bemühten, nicht mit den Zähnen zu klappern. Ich war während der ganzen Mahlzeit schweigsam und völlig von meinem grimmigen Entschluß in Anspruch genommen, und ich dachte immer wieder an frühere Festtage zurück, rief mir ins Gedächtnis, wie wir uns im großen Wohnzimmer um den Ofen gedrängt hatten, während uns die Kälte über den Rücken kroch und der Weihnachtsschmuck in den diversen Luftzügen schaukelte.

Diese Gedanken standen vor meinem geistigen Auge noch ganz vorn, als ich Mrs. Drydens kleine Doppelhaushälfte am Stadtrand von Darrowby betrat. Ich hatte bei ihrem Kater einen bösen Anfall von Ohrräude behandelt.

«Na komm, Sooty», sagte ich, als ich ihn auf den Tisch hob. «Du siehst ja heute schon viel besser aus.»

Seine Herrin lächelte. «Ja, wirklich. Er schüttelt nicht mehr ständig den Kopf, und er kratzt sich auch nicht mehr. Bevor Sie ihm die Ohren gereinigt haben, wäre er fast verrückt geworden.»

Ich putzte ihm noch ein bißchen die Ohren aus und träufelte danach etwas Lösung hinein, und der schwarze Kater schnurrte zufrieden. «Ja. Er braucht mich nun nicht mehr. Träufeln Sie ihm nur noch ein paar Tage jeweils abends und morgens ein paar Tropfen ins Ohr, und dann wird er, denke ich, wieder ganz gesund werden.»

Ich ging zur Spüle, wusch mir die Hände und schaute aus dem Fenster in den gepflegten Garten. «Ein hübsches kleines Haus, Mrs. Dryden.»

«Ja, da haben Sie recht, Mr. Herriot, aber ich gehe bald fort von hier.»

«Ach, warum denn?»

«Tja, ich brauche das Geld. Damit steht und fällt für mich alles. Als Robert starb, hat er mir nicht viel hinterlassen.»

Das glaubte ich ihr gern. Sie war eine Farmerswitwe im Ruhestand, und ich wußte, wie sie zu kämpfen gehabt hatten, um mit einem kleinen Hof gerade so ihr Auskommen zu finden. Bob Dryden und ich hatten da oben auf den Bergen manches Schlimme erlebt. Hatten schwieriges Kalben und Lammen durchgestanden, und ich konnte mich an ein katastrophales Frühjahr erinnern, in dem viele seiner Kälber an Ruhr gestorben waren. Er war ein tapferer Mann, und ich erinnerte mich an ihn als einen Freund.

«Aber wo wollen Sie denn hin?» fragte ich.

«Ach, ich ziehe zu meiner Schwester nach Houlton. Dort werde ich es gut haben, aber es tut mir leid, mich von diesem hübschen kleinen Haus zu trennen. Robert und ich hatten uns so gefreut, daß wir es kaufen konnten, als er in den Ruhestand ging. Trotzdem, ich hoffe, daß ich zweitausend Pfund dafür bekommen kann, das ist für mich in meinem Alter ein Geschenk des Himmels.»

In dem Augenblick hatte ich einen meiner blendenden Einfälle. Dieses Haus war genau das richtige für uns. Es war vollkommen, und ich war sicher, daß ich eine Hypothek aufnehmen konnte, um es zu kaufen.

«Würden Sie es mir verkaufen?» fragte ich eifrig.

Sie lächelte. «Ja, würde ich, wenn ich könnte, Mr. Herriot, aber die Vorkehrungen sind schon getroffen. Es wird am Mittwoch auf der Auktion im Drovers' Arms versteigert.»

Mein Herz begann zu hämmern. «Nun, ich werde dasein und mitbieten, Mrs. Dryden.»

Ich war überzeugt, daß ich das Haus bekommen würde, und als ich mich in der Küche umsah, schienen sich all meine Sorgen zu verflüchtigen. Was für ein Glück! Ich sah Helen schon an diesem Fenster stehen und in den kleinen Garten hinausschauen, hinter dem sich grüne Felder erstreckten und von dem aus man auf der anderen Seite des Flusses über den Wipfeln der Bäume die Kirchturmspitze sah. Und alles lag so nah beieinander. In der Küche gab es eine Durchreiche ins Wohnzimmer – kein Fünfzigmetersprint mehr mit dem Essen. Ein kleiner Flur vor der Tür, von dem aus eine Treppe zu den drei Schlafzimmern hinaufführte, nur eine Armlänge entfernt. Man konnte die Hand ausstrecken und alles anfassen, und diese Vorstellung gefiel mir über alles. In meiner damaligen seelischen Verfassung war klein gleichbedeutend mit schön. Nichts anderes zählte.

Ich suchte den Mann von der Bausparkasse auf, und es ging alles glatt. Man würde mir eine Hypothek geben. Es war ein Haus, für das man heutzutage vermutlich 50000 oder 60000 Pfund bekommen würde, doch Anfang der fünfziger Jahre waren 2000 Pfund ein ungefähr angemessener Preis.

Bis zum Mittwoch, an dem ich mit Helen am Drovers' zur Auktion vorfuhr, ging ich wie auf Wolken. Der Raum war voll, und als Helen und ich unsere Plätze einnahmen, stupste mich einer unserer Farmerkunden an. «Da drüben ist der alte Seth Bootland», murmelte er. «Er will das Haus für seinen Sohn, der gerade geheiratet hat. Schätze, er kriegt es auch. Er schwimmt in Geld, aber er ist auch ein gewiefter Geschäftsmann.»

Ich schaute zu dem reichen Getreidehändler hinüber. Mit der Habichtsnase im hochroten Gesicht und dem Kamelhaarmantel, den er trug, war er eine eindrucksvolle Gestalt, und auf seinem Gesicht lag ein Ausdruck finsterer Entschlossenheit. Mir kamen

Bedenken, doch dann meldete sich mein stählerner Wille zurück. *Ich* würde dieses Haus kaufen.

Die Versteigerung begann bei 1500 Pfund, und die Gebote kletterten schnell – schneller, als ich erwartet hatte – bis zu meiner Obergrenze von 2000 Pfund hinauf. Bootland ging auf 2100 Pfund hoch. Er kannte sich zweifellos in diesen Dingen aus und schnipste nur lässig mit dem Zeigefinger. Ich bohrte den Finger eifrig in die Luft, um noch einmal einhundert Pfund zuzulegen – ich war mir ziemlich sicher, daß meine Hypothek noch ein klein wenig aufgestockt werden konnte –, doch Bootland schnipste nur wieder mit dem Finger, und dann war wieder ich dran.

Bald boten nur noch wir beide mit. Alle anderen Interessenten waren abgesprungen, und ich kam mir grausam bloßgestellt vor. Die Gebote stiegen jetzt nur noch im Abstand von fünfzig Pfund, und als der Preis immer weiter in die Höhe kroch und schließlich bei 3000 Pfund angelangt war, begann mir das Herz zu hämmern, und ich spürte, wie meine Hände feucht wurden.

Helen klammerte sich an mein Knie und flüsterte bei jedem neuen Gebot verzweifelt: «Nein, Jim, nein! Wir haben kein Geld!» Doch eine Art Wahn hatte Besitz von mir ergriffen. Das Geld war ganz unwichtig. Ich sah nichts als Helen, die in diesem schmucken kleinen Haus aus dieser hübschen Küche in ihren Garten hinausschaute. Diese Vision wollte einfach nicht verschwinden, und ich arbeitete mich beharrlich weiter an sie heran.

Nachdem der Preis über 3000 Pfund geklettert war, stieß das Publikum in dem vollbesetzten Raum bei jedem neuen Gebot ein erregtes «Ahh» aus. Die Gebote stiegen nun nur noch 25-Pfundweise.

«Mr. Bootland bietet dreitausendzweihundertfünfundzwanzig.»

Mein Mund war trocken, als der Auktionator mich fragend anschaute.

Helen hielt mein Knie umklammert wie ein Schraubstock. Sie rüttelte daran und bat mich inständig: «Nein, Jim, nein.»

Ich hob die Hand.

«Und fünfzig. Vielen Dank.» Und dann warf er Bootland einen Blick zu. «Und fünfundsiebzig.» Die Blicke des Auktionators und aller Anwesenden waren auf mich gerichtet. Wie im Traum hob ich die Hand.

«Wir sind bei dreitausenddreihundert Pfund.»

Bootland wackelte mit dem Finger.

«Und fünfundzwanzig.»

Wieder schauten in der vibrierenden Stille alle auf mich. Ich war völlig ausgepumpt, hatte schrecklichen Durst, war total erschöpft. Ich zitterte und nahm nur undeutlich wahr, daß Helen mir aufs Bein trommelte und dem Schluchzen nahe war. «Hör auf! Bitte hör auf!» Ich dachte, sie würde anfangen zu weinen. Ich sah den Auktionator kopfschüttelnd an, und die Sache war gelaufen.

Im Saal brach ein erregtes Stimmengewirr los, doch ich blieb zusammengesunken auf meinem Stuhl sitzen, nahm nur verschwommen wahr, daß Bootland nach vorn ging und mit dem Auktionator sprach und Helen sehr still neben mir saß. Endlich stand ich auf und sah sie an.

«Guter Gott, Jim, du bist ja weiß wie ein Stück Papier!» sagte sie japsend.

Ich nickte wortlos. Ich fühlte mich tatsächlich außerordentlich blaß. Auf dem Weg nach draußen fing ich einen bösen Blick von Mr. Bootland ein. Meinetwegen mußte er 1325 Pfund – ungefähr 30 000 Pfund beim heutigen Preisniveau – mehr hinlegen, als das Haus vielleicht wert war. Er betrachtete mich gewiß nicht als seinen besten Freund.

Doch das war mir gleichgültig. Mich beschäftigte nur mein schmähliches Versagen. Meine glückliche Vision von Helen, die aus diesem Fenster blickte, war zerschlagen, und ich war wieder dort, wo ich angefangen hatte. Ich hatte nichts erreicht.

Draußen auf dem Marktplatz stand ich einen Augenblick reglos da und sog die kalte Luft ein. Ich nahm Helens Arm und wollte gerade losgehen, als ich eine Hand auf der Schulter spürte. Ich schaute in das liebenswürdige Gesicht von Mrs. Dryden. Sie lächelte zu mir hoch.

«Ach, Mr. Herriot, es tut mir richtig leid, daß Sie das Haus nicht gekriegt haben, aber Sie haben viel für mich getan – Sie können sich gar nicht vorstellen, wieviel. Ihretwegen habe ich nun das viele Extrageld bekommen, das ich zur Seite legen kann. Glauben Sie mir, das ist ganz wichtig für mich. Ich kann Ihnen gar nicht genug danken.»

Als sie fortging, sah ich ihre dünne, gebeugte Gestalt und ihr weißes Haar. Da ging die Frau des guten alten Bob Dryden, und er hätte sich gefreut. Letztendlich hatte ich doch etwas erreicht.

13

Ich drehte das spiralförmige Hudson-Instrument aus der Zitze der Kuh, und ein starker Strahl Milch floß hinterher.

«Ach, das ist wunderbar, herrlich», hauchte Mr. Dowson ehrfürchtig. «Ich weiß nicht, wie Sie das immer machen – Sie haben mich wieder mal gerettet. Sie sind ein großer Mann, Mr. Herriot.»

Wir führten immer noch viele von diesen Zitzenoperationen durch, denn Melkmaschinen hatten sich noch nicht allgemein durchgesetzt, und wenn die Farmer mit ihren schwieligen Händen an den Zitzen der Kühe zogen, führte das häufig zu Beschädigungen der Schleimhaut und zu Verstopfungen. Bei Tierärzten war die Prozedur nicht sonderlich beliebt, denn es bestanden ganz hervorragende Chancen, daß man den Kopf abgeschlagen bekam, wenn man sich unten neben dem Euter hinhockte, doch es war zweifelsohne befriedigend, eine nutzlose Zitze wieder funktionstüchtig zu machen. Eine Kuh büßte viel von ihrem Wert ein, wenn sie zu einer «dreizylindrigen» wurde.

Obwohl die Operation den Farmern viel bedeutete, war es sehr ungewöhnlich, so überschwengliche Dankesbezeigungen wie die von Mr. Dowson zu erhalten. Aber so war es bei ihm immer. Er überschüttete mich mit Lob, und obwohl im Verlaufe der Jahre gewiß nicht all meine Fälle auf seinem Hof Triumphe gewesen waren, stellte er es so dar. Wenn irgend etwas in der Vergangenheit schiefgegangen war, so hätte er das nie zugegeben.

Damit unterschied er sich gänzlich von den meisten anderen Farmern, die unsere Klienten waren. Ganz gleich, mit welcher Meisterleistung wir eine Heilung zustande brachten, wir hörten nur sehr selten etwas davon. Siegfrieds Theorie war, daß sie unsere Heilerfolge aus Furcht, wir würden die Rechnung ein wenig heraufsetzen, so ungern erwähnten, und damit konnte er recht haben, denn sie versäumten es nie, uns über unsere Mißerfolge in Kenntnis zu setzen: «He, aus dem Vieh, das Sie behandelt haben, ist nichts Rechtes geworden», wurde oft peinlicherweise quer über einen bevölkerten Marktplatz geschrien.

Wie dem auch sei, Mr. Dowsons Einstellung war jedesmal Balsam für meine Seele. Er starrte mich an, als ich die Hudson-Spirale nun wieder in die Spiritusflasche steckte, und sein schmales braunes Gesicht verzog sich von einem wohlwollenden Lächeln in unzählige Fältchen. Er setzte die Mütze ab und strich die weißen Strähnen zurück, die ihm über die Stirn gefallen waren.

«Ich weiß auch nicht. Sie sind ja unendlich klug. Ich hab grade an meine Kuh damals gedacht, die den Magnesiummangel hatte. Sie lag da wie tot – ich dachte schon, sie hätte den Geist aufgegeben –, aber Sie haben ihr eine Flasche in die Ader gespritzt, und dann haben Sie auf die Uhr gesehen. ‹Mr. Dowson›, haben Sie gesagt, ‹dieses Tier wird in genau zwölfeinhalb Minuten wieder auf den Beinen stehen.›»

«Das habe ich gesagt?»

«Ohne Salz und Schmalz, das haben Sie gesagt, und Sie können's mir glauben oder nicht, genau in dem Moment, in dem die Zeiger Ihrer Uhr zwölfeinhalb Minuten weitergerückt waren, ist diese Kuh aufgesprungen und davonmarschiert.»

«Herr im Himmel! Das hat sie getan?»

«Jawoll, und ich verrat Ihnen noch was, von da ab ging's ihr immer prima.»

«Das ist ja großartig.» Mich überkam das Gefühl der Bestürzung, das mich bei Mr. Dowsons Lobeshymnen stets beschlich. Ich konnte mich nie an die Zauberdinge erinnern, die ich angeblich bewerkstelligt hatte, aber es war trotzdem ganz angenehm. War ich tatsächlich so brillant, oder dachte er sich das alles nur aus? Seine gewohnheitsmäßige Wendung «Sie können's mir glauben oder nicht» ließ darauf schließen, daß er selber auch gewisse Zweifel gehegt haben mochte, doch das änderte nichts an der Tatsache, daß er seine Elogen immer aus tiefster Überzeugung und mit Nachdruck zum besten gab.

Schon die Umgebung seines Gehöfts war idyllisch, und als ich in einer Brise, die mir alle Gerüche des Sommers um die Nase wehen ließ, zum Wagen ging, schaute ich zu diesem Bauernhaus zurück, das sich an den grünen Berghang lehnte, der über Äcker und Furchen bis zu dem im Sonnenlicht glitzernden Fluß abfiel.

Wie immer fuhr ich innerlich erwärmt von dannen, und Mr. Dowson winkte, bis ich aus seinem Blickfeld entschwunden war.

Binnen einer Woche war ich wieder bei ihm, um nach einer kalbenden Färse zu sehen. Mr. Dowson war beunruhigt, weil sie schon über der Zeit war, doch das Kalben verlief ohne Komplikationen, und schon bald hatte ich ein großes Bullenkalb vor mir, das schnaubend in dem Stall herumschnüffelte.

«Na, das ist ja schön», sagte ich. «Manchmal kommen diese großen Kälber mit ein wenig Verspätung. Es war fürchterlich eng, aber es ist alles gutgegangen.»

«Ja, ja», sagte der Farmer. «Kein Grund zur Sorge. Ich hätt's ja wissen müssen. Sie haben mir schon vor mehr als einem Monat gesagt, daß die Färse genau fünf Tage zu spät kalben würde, und Sie hatten wie immer recht.»

«Habe ich das wirklich gesagt? Ich verstehe nicht ganz, woher ich das hätte ...»

Er zuckte die Achseln. «Mr. Herriot, das waren Ihre Worte. Ich werde sie mir doch wohl gemerkt haben.»

Als wir aus dem Kuhstall gingen, blieb Mr. Dowson stehen, um ein kleines Dales-Pony zu tätscheln, das auf der Wiese neben dem Haus fröhlich fraß. «Erinnern Sie sich noch an diesen kleinen Burschen? Wissen Sie noch, die schlimme Verstopfung, die er hatte?»

«O ja, natürlich erinnere ich mich. Jetzt sieht er ganz munter aus.»

«Ja, und bei Gott, er war wirklich krank. Ich dachte schon, ich würde ihn verlieren. War richtig aufgebläht und hat vor Schmerzen gestöhnt. Ich hatte schon mit allen möglichen Arzneien versucht, seinen Darm anzuregen, aber nichts hat geholfen – zwei ganze Tage lang ging absolut nichts durch ihn durch. Dann hab ich Sie angerufen, und ich werde nie vergessen, was Sie getan haben.»

«Was denn?»

«Ich sag Ihnen, es war wie ein Wunder. Sie sind mal morgens vorbeigekommen, und Sie haben ihm zwei Spritzen gegeben und zu mir gesagt: ‹Mr. Dowson, heute nachmittag um zwei Uhr wird Bewegung in den Darm kommen.›»

«Das habe ich gesagt?»

«Ja, genau das, und dann haben Sie noch gesagt: ‹Zuerst wird er nur eine Handvoll ausscheiden, soviel ungefähr.›» Zur Illustration machte er hohle Hände. «Und um Punkt zwei hat er das auch getan. Nicht mehr und nicht weniger.»

«Mann!»

«Jawohl, und dann haben Sie gesagt: ‹Um halb drei wird er so viel ausscheiden, daß es genau auf diese kleine Schaufel paßt.›» Mr. Dowson rannte eifrig hinüber zum Haus und holte eine kleine Schaufel, die neben dem Kohlenkeller stand. Er hielt sie mir unter die Nase. «Genau die Schaufel ist es. Und auf meiner Uhr war es Punkt halb drei, als er haargenau die Menge ausschied, wie Sie's gesagt haben. Ich hab's gemessen.»

«Unmöglich! Sind Sie sicher?»

«Sie können's mir glauben oder nicht. Dann haben Sie gesagt: ‹Um drei Uhr wird er seinen Darm gründlich entleeren›, und genauso ist es auch gekommen. Ich sah grade auf die Uhr, als er den Schwanz hob und alles loswurde, was ihm so zu schaffen gemacht hat. Und seitdem ist bei ihm alles in bester Ordnung.»

«Sehr schön, Mr. Dowson. Es freut mich, das zu hören.» Ich schüttelte den Kopf, um die Nebel der Phantasie zu teilen, die sich auf mich zu senken begonnen hatten. Ich bin als Tierdoktor ein kleiner Fisch, fleißig und gewissenhaft, aber das ist auch alles, und es bringt mich aus dem Takt, wenn man mich als Genie bejubelt, doch wie immer, wenn ich Mr. Dowson zuhörte, war es, als würde mir wohltuendes Öl auf mein so oft angeschlagenes Ego geträufelt. Ich mußte zugeben, daß es mir gefiel, und ich erhob keinen Einspruch, als er weiterredete.

«Und wo Sie schon mal da sind, sehen Sie sich doch mal diese Sau da an.» Er nahm meinen Arm und führte mich zu einem Nebengebäude. «Da ist sie», sagte er, lehnte sich an einen Koben und zeigte auf eine schöne große Sau, die mit einem Wurf kleiner, eifrig an ihren Zitzen saugender Ferkel auf dem Stroh lag. «Das ist die, die diese häßliche große Schwellung am Fuß hatte. Sie war total lahm, und ich hab mir richtige Sorgen um sie gemacht. Sie haben ihr eine Spritze verpaßt und mir Salbe dagelassen, die ich ihr auf die Geschwulst schmieren sollte, und am nächsten Morgen war sie weg!»

«Sie meinen ... es ist über Nacht weggegangen? Das ganze Geschwür?»

«Jawoll, ganz recht, ohne Salz und Schmalz. Es war weg!»

«Also ... das ist ja erstaunlich.»

«Nicht für mich, Mr. Herriot. Alles, was Sie für mich tun, geht gut aus. Ich weiß gar nicht, was ich ohne Sie anstellen würde.»

Selbst in meiner Verwirrung fand ich seinen Glauben rührend. Ich hoffte, er würde nie erschüttert werden.

Doch dieser Augenblick war nun erreicht, meinte ich, als Mr. Dowson mich ein paar Wochen später wieder einmal zu seiner Farm rief.

«Was ist es denn diesmal?» wollte ich wissen.

Der alte Mann rieb sich am Kinn. «Tja, eine komische Geschichte, sag ich Ihnen. Es geht um dieses Kalb.» Er zeigte auf ein kräftiges, ungefähr einen Monat altes Jungtier. «Es trinkt seine Milch nicht richtig. Schauen Sie. Ich zeig's Ihnen.» Er goß ein wenig Milch in einen großen Eimer und stellte ihn dem kleinen Wesen vor die Füße, doch anstatt zu trinken, beugte das Kalb den Kopf hinab und ließ den Eimer mit einem wilden Stoß durch die Luft fliegen, daß die Milch in alle Richtungen spritzte.

«Macht es das jedesmal?»

«Ja, es stößt den Eimer immer um. Wirklich zu dumm. Und dabei wird auch noch meine gute Milch verschwendet.»

Ich untersuchte das Kalb und wandte mich dann dem Farmer zu. «Es kommt mir kerngesund vor.»

«O ja, ist es auch. Springlebendig wie ein Floh und voller Energie. Es ist bloß diese Sache mit dem Eimer. Ich dachte mir, vielleicht können Sie ihm eine von Ihren Wunderspritzen geben, damit es ihn nicht mehr umwirft.»

«Also wirklich, Mr. Dowson», sagte ich lachend. «Das hier ist kein medizinisches Problem, sondern ein psychologisches. Es mag Eimer einfach nicht. Ich fürchte, diesmal kann ich nichts für Sie tun. Können Sie den Eimer nicht festhalten, solange es trinkt?»

«Ja, muß ich wohl, aber trotzdem schlägt es mit dem Kopf dran.» Er streckte die Hände in die Taschen und schaute mich ganz niedergeschlagen an. «Ich bin sicher, Sie könnten was unternehmen. Sie sagen zwar, es ist kein medizinisches Problem, aber es ist eins, was ein Tier hat, und alles, was Sie für meine Tiere getan haben, hat geholfen. Wollen Sie's nicht wenigstens versuchen? Machen Sie schon, geben Sie ihm eine Spritze.»

Ich schaute in das traurige Gesicht des alten Mannes. Ich hatte das Gefühl, daß er richtig geknickt sein würde, wenn ich das Gehöft verließe, ohne etwas getan zu haben. Wie konnte ich ihm den Gefallen ohne Scharlatanerie tun? Wenn ich nicht irgend etwas injizierte, würde es ihm das Herz brechen, bloß was ...? Im Geiste ging ich den Inhalt meines Kofferraums durch und war schon der Verzweiflung nahe, als vor meinem geistigen Auge die Flasche Thiamin auftauchte – eine Vitamin-B-Injektion. Wir verwendeten sie bei einer Erkrankung, die Hirnrindennekrose hieß, und natürlich litt das Kalb weder daran noch an etwas anderem, doch zumindest hatte es auch mit dem Kopf zu tun. Ich beruhigte mein Gewissen mit dem Gedanken, daß ich dem alten Mann nichts berechnen würde.

Ich eilte zum Auto. «Ich gebe ihm eine Spritze davon», sagte ich und wurde mit einem strahlenden Lächeln auf Mr. Dowsons Gesicht belohnt. Mit dem Wissen, daß ich dem Kalb keinen Schaden zufügen würde, injizierte ich ein paar Kubikzentimeter. Die Spritze würde nichts nützen, aber trotzdem ihrem Zweck dienen. Der alte Mann war glücklich, und wenn ich es mir recht überlegte, wäre es nicht schlecht, wenn meine Behandlung einmal wirkungslos sein würde. Der Nimbus der Unfehlbarkeit würde von mir abfallen, und es würde nichts Unmögliches mehr von mir erwartet.

Mehr als ein Monat verging, bis ich Mr. Dowson wiedersah. Er lehnte beim Rindermarkt über einem Geländer, und er winkte und kam zu mir herüber. Die Aussicht, daß er mir zum ersten Mal von einem Scheitern würde berichten müssen, machte mich ganz neugierig. Welche Worte würde er finden? Er hatte so etwas noch nie tun müssen. Und ich war mir sicher, daß es ihm sehr unangenehm war, mir das zu sagen.

Er schaute mich mit großen Augen an. «Sie haben's wieder mal geschafft, Mr. Herriot!»

«Wieder geschafft...?» Ich sah ihn fassungslos an.

«Ja, bei dem Kalb. Ihre Spritze hat geholfen.»

«Was?!»

«Ja, hat sie.» Das vertraute glückliche Lächeln erstrahlte auf seinem Gesicht. «Von dem Tag an hat es nie wieder einen Eimer umgestoßen.»

14

Wenn unsere Katzen- und Hundepatienten starben, brachten ihre Besitzer sie manchmal zu uns, damit wir sie beseitigten. Das war jedesmal ein trauriger Anlaß, und ich hatte schon eine düstere Vorahnung, als ich das Gesicht des alten Dick Fawcett sah.

Er stellte eine improvisierte Katzenbox auf den Operationstisch und sah mich unglücklich an.

«Es ist Frisk», sagte er. Seine Lippen zitterten, als brächte er kein weiteres Wort heraus.

Ich stellte keine Fragen, sondern begann die Stricke um den Pappkarton aufzuknüpfen. Dick konnte sich keine richtige Katzenbox leisten, und er hatte diese hier, eine selbstgemachte Angelegenheit mit Löchern an den Seiten, schon früher benutzt.

Ich löste den letzten Knoten und schaute hinein auf den reglosen Körper. Frisk. Das schwarz glänzende, verspielte kleine Tier, das ich so gut kannte, das immer schnurrte und Dicks zutraulicher Gefährte und Freund war.

«Wann ist er gestorben, Dick?» fragte ich.

Er fuhr sich mit der Hand über das verhärmte Gesicht und durch die störrischen grauen Haare. «Ich hab ihn heut morgen ausgestreckt neben meinem Bett gefunden. Aber... ich weiß gar nicht genau, ob er schon tot ist, Mr. Herriot.»

Ich schaute noch einmal in die Box. Ein Anzeichen dafür, daß das Tier atmete, sah ich nicht. Ich hob die schlaffe Gestalt auf den Tisch und berührte die Hornhaut des Auges, das nichts wahrnahm. Kein Reflex. Ich griff nach meinem Stethoskop und hielt es ihm an die Brust.

«Das Herz schlägt, Dick, aber nur noch sehr schwach.»

«Könnte jederzeit aufhören, meinen Sie?»

Ich zögerte. «Es klingt jedenfalls so, fürchte ich.»

Während ich sprach, hob sich der Brustkorb des kleinen Katers ein wenig und senkte sich dann wieder.

«Er atmet noch», sagte ich. «Aber nur gerade so.» Ich untersuchte ihn gründlich und fand nichts Ungewöhnliches. Die Bindehaut der Augen hatte eine gesunde Farbe. Da war nichts anormal.

Ich fuhr mit der Hand über den geschmeidigen kleinen Körper. «Es ist mir ein Rätsel, Dick. Er ist doch immer so lebendig gewesen – hat seinem Namen alle Ehre gemacht, und da liegt er nun und rührt sich nicht, und ich kann keinen Grund dafür entdecken.»

«Könnte er einen Schlaganfall gehabt haben oder so was?»

«Gut möglich, aber trotzdem würde ich in dem Fall nicht erwarten, daß er völlig bewußtlos ist. Ich frage mich, ob er vielleicht einen Schlag auf den Kopf bekommen hat?»

«Das glaube ich nicht. Er war putzmunter, als ich ins Bett gegangen bin, und er ist nachts nie rausgegangen.» Der alte Mann zuckte die Achseln. «Jedenfalls sieht es wohl ziemlich schlecht für ihn aus, oder?»

«Ich fürchte, ja, Dick. Er lebt kaum noch. Aber ich gebe ihm eine Aufbauspritze, und danach müssen Sie mit ihm nach Hause gehen und ihn warm halten. Und wenn er morgen früh noch da ist, bringen Sie ihn wieder her, und ich schaue, wie er sich macht.»

Ich wollte einen optimistischen Ton anschlagen, doch ich war mir ziemlich sicher, daß ich Frisk nie wiedersehen würde, und ich wußte, der alte Mann spürte das ebenfalls.

Ihm zitterten die Hände, als er die Box zuschnürte, und er sprach kein Wort, bis wir an der Tür waren. Dort drehte er sich kurz zu mir um und nickte: «Danke, Mr. Herriot.»

Ich sah ihm nach, als er mit schlurfenden Schritten die Straße entlangging. Er kehrte mit seinem sterbenden Freund in ein leeres kleines Haus zurück. Seine Frau hatte er vor vielen Jahren verloren – ich hatte nie eine Mrs. Fawcett kennengelernt –, und er lebte allein von einer Altersrente. Es war ein sehr bescheidenes Leben. Er war ein stiller, freundlicher Mann, der nicht oft ausging und kaum Freunde zu haben schien, aber er hatte Frisk. Der kleine Kater war ihm vor sechs Jahren zugelaufen und hatte sein Leben verwandelt, hatte durch seine Abwesenheit Leben und Freude in das stille Haus und mit seinen Tricks und seiner Verspieltheit den alten Mann zum Lachen gebracht, war ihm überallhin nachgelaufen, hatte sich an seinen Beinen gerieben. Seitdem war Dick nicht mehr einsam, und ich hatte beobachtet, wie im Lauf der Jahre das warme, freundschaftliche Band zwischen ihnen immer stärker geworden war. Im Grunde war es sogar noch etwas mehr – der alte Mann schien von Frisk abhängig zu sein. Und nun das.

Ja, dachte ich, als ich durch den Flur zurückging, solche Dinge kommen in der tierärztlichen Praxis eben vor. Haustiere lebten einfach nicht lange genug. Doch in diesem Falle war mir nur so unbehaglich zumute, weil ich keine Ahnung hatte, was meinem Patienten fehlte. Ich tappte total im dunkeln.

Am folgenden Morgen sah ich zu meiner Überraschung Dick Fawcett im Wartezimmer sitzen, den Pappkarton auf den Knien.

Ich starrte ihn an. «Was ist passiert?»

Er antwortete nicht, und sein Gesichtsausdruck war unergründlich, während wir ins Behandlungszimmer gingen und er die Knoten aufknüpfte. Als er die Box öffnete, machte ich mich auf das Schlimmste gefaßt, doch zu meiner Verblüffung sprang die kleine Katze auf den Tisch, rieb ihr Gesicht an meiner Hand und schnurrte wie ein Motorrad.

Der alte Mann lachte, sein dünnes Gesicht war wie verwandelt. «Na, was sagen Sie dazu?»

«Ich weiß nicht, was ich dazu sagen soll, Dick!» Ich untersuchte das kleine Tier gründlich. Es war vollkommen in Ordnung. «Ich weiß nur, daß es mich riesig freut. Es ist wie ein Wunder.»

«Nein, nein», sagte er. «Es war die Spritze, die Sie ihm gegeben haben. Sie hat das Wunder bewirkt. Ich bin Ihnen sehr dankbar.»

Das war zwar sehr nett von ihm, aber so einfach lagen die Dinge nicht. Irgend etwas war hier noch, das ich nicht verstand, aber egal. Gott sei Dank war die Sache gut ausgegangen.

Der Vorfall war bereits zu einer angenehmen Erinnerung verblaßt, als Dick Fawcett drei Tage später wieder mit seiner Box in der Praxis erschien. Darin lag Frisk, reglos, ohnmächtig wie zuvor. Völlig fassungslos wiederholte ich die Injektion, und am folgenden Tag war die Katze normal. Von da ab befand ich mich in einer Lage, die jeder Tierarzt nur zu gut kennt – ich stand vor einem rätselhaften Fall und wartete mit einer Ahnung drohenden Unheils darauf, daß etwas Tragisches geschehen würde.

Fast eine ganze Woche lang tat sich nichts, und dann rief Mrs. Duggan, Dicks Nachbarin, mich an.

«Ich rufe im Auftrag von Mr. Fawcett an. Seine Katze ist krank.»

«Was fehlt ihr denn?»

«Ach, sie liegt ausgestreckt da, als wenn sie bewußtlos wäre.»

Ich unterdrückte einen Aufschrei. «Wann ist das passiert?»

«Hat sie grad heute früh so gefunden. Und Mr. Fawcett kann sie nicht zu Ihnen bringen – er ist selber schlecht dran. Er liegt im Bett.»

«Tut mir leid, das zu hören. Ich komme gleich vorbei.»

Und es war ganz genauso wie zuvor. Ein nahezu lebloses kleines Wesen lag auf dem Bauch auf Dicks Bett. Dick selber sah schrecklich aus – gräßlich weiß und magerer denn je –, doch er rang sich trotzdem ein Lächeln ab.

«Sieht so aus, als würde er wieder eine von ihren Zauberinjektionen brauchen, Mr. Herriot.»

Als ich die Spritze aufzog, schoß mir der Gedanke durch den Kopf, daß hier tatsächlich irgendein Zauber am Werk war, bloß war das nicht meine Injektion.

«Ich komm morgen wieder vorbei, Dick», sagte ich. «Und ich hoffe, Ihnen selbst geht es dann auch besser.»

«Ach, ich komm schon zurecht, solange es nur dem kleinen Burschen bessergeht.» Der alte Mann streckte die Hand aus und streichelte das glänzende Fell des Katers. Der Arm war spindeldürr, und die Augen in dem bis zum Schädel abgemagerten Gesicht spiegelten äußerste Besorgnis.

Ich schaute mich in dem trostlosen kleinen Zimmer um und hoffte auf ein weiteres Wunder.

Ich war im Grunde nicht überrascht, als ich am nächsten Vormittag wiederkam und sah, daß Frisk auf dem Bett herumsprang und mit der Pfote nach einem Stück Schnur haschte, das der alte Mann ihm hinhielt. Ich war sehr erleichtert, hatte aber das immer beklemmendere Gefühl, das Dunkel meiner Unwissenheit habe sich kein bißchen gelichtet. Was zum Teufel ging hier vor? Das Ganze ergab einfach keinen Sinn. Eine Krankheit mit Symptomen wie diesen war nicht bekannt. Ich war der festen Überzeugung, daß es mir auch nicht helfen würde, wenn ich eine ganze Bücherei mit Lehrbüchern zur Tierheilkunde durchläse.

Aber egal, der Anblick der kleinen Katze, die einen Buckel machte und mir schnurrend um die Hand strich, war Lohn genug, und Dick bedeutete es alles. Er war gelöst und lächelte.

«Sie bringen ihn immer wieder auf die Beine, Mr. Herriot. Ich kann Ihnen gar nicht genug danken.» Dann flackerte die Besorgnis wieder in seinen Augen auf. «Aber wird er auch in Zukunft durchkommen? Ich fürchte, irgendwann mal wacht er nicht wieder auf.»

Ja, das war die Frage. Ich befürchtete das ebenfalls, doch ich mußte mich bemühen, unbekümmert zu erscheinen. «Vielleicht ist es nur eine vorübergehende Phase, Dick. Ich hoffe, wir haben die Sorgen jetzt ausgestanden.» Doch versprechen konnte ich nichts, und das wußte der zerbrechliche alte Mann im Bett auch.

Mrs. Duggan begleitete mich hinaus, als ich vor der Eingangstür die Bezirkskrankenschwester aus ihrem Auto steigen sah.

«Hallo, Schwester», sagte ich. «Sie kommen sicher, um nach Mr. Fawcett zu sehen? Tut mir leid, daß er krank ist.»

Sie nickte. «Ja, armer alter Bursche. Es ist ein solcher Jammer.»

«Was meinen Sie damit? Ist es etwas Ernstes?»

«Ich fürchte, ja.» Sie preßte den Mund zusammen und wandte den Blick von mir ab. «Er stirbt. Er hat Krebs. Und es wird sehr schnell schlimmer.»

«Mein Gott! Der arme Dick. Noch vor ein paar Tagen hat er seine Katze in meine Praxis gebracht. Er hat kein Wort darüber verloren. Weiß er es?»

«O ja, gewiß, aber das ist ganz typisch für ihn, Mr. Herriot. Er war schon immer ein Dickkopf. Eigentlich hätte er gar nicht rausgehen dürfen.»

«Muß er... muß er... sehr leiden?»

Sie zuckte die Achseln. «Er hat schon Schmerzen, aber wir versuchen, sie ihm mit Medikamenten so erträglich wie möglich zu machen. Wenn nötig, gebe ich ihm eine Spritze, und er hat Sachen zu Hause, die er selber einnehmen kann, wenn ich nicht da bin. Er ist sehr zittrig und kann sich die Medizin nicht auf einen Löffel gießen. Mrs. Duggan würde es ja für ihn tun, aber er will so unabhängig sein wie möglich.» Sie lächelte. «Er gießt die Tropfen auf eine Untertasse und nimmt sie dann mit einem Löffel ein.»

«Von einer Untertasse...?» Irgendwo in dem Dunkel erglomm ein kleines Licht. «Was sind das für Tropfen?»

«Ach, Heroin und Pethidin. Die Mischung, die Dr. Allison in solchen Fällen immer verschreibt.»

Ich packte sie am Arm. «Ich gehe noch mal mit Ihnen rein, Schwester.»

Der alte Mann war überrascht, als ich wieder auftauchte. «Was ist los, Mr. Herriot? Haben Sie was liegengelassen?»

«Nein, Dick. Ich möchte Sie etwas fragen. Hat Ihre Medizin einen angenehmen Geschmack?»

«Ja, schmeckt ganz ordentlich, süß. Ist gar nicht schlimm, die zu nehmen.»

«Und Sie träufeln sie auf eine Untertasse?»

«Ja, stimmt. Meine Hand macht nicht mehr richtig mit.»

«Und wenn Sie sie abends als letztes genommen haben, bleibt manchmal noch ein bißchen was davon auf der Untertasse?»

«Ja, warum?»

«Weil Sie die Untertasse doch neben dem Bett stehenlassen, stimmt's, und Frisk schläft auf Ihrem Bett...»

Der alte Mann lag ganz still da und sah mich an. «Sie meinen, der kleine Kerl leckt sie auf?»

«Darauf würde ich meine Stiefel verwetten.»

Dick warf den Kopf in den Nacken und lachte. Ein langes, fröhliches Lachen. «Und das schläfert ihn ein. Kein Wunder. Ich werd selber ziemlich dösig davon.»

Ich lachte ebenfalls. «Jedenfalls wissen wir jetzt Bescheid, Dick. Sie stellen die Untertasse von nun an in den Schrank, wenn Sie Ihre Medizin genommen haben, nicht wahr?»

«Ja, mach ich, Mr. Herriot. Und Frisk wird nie wieder so in Ohnmacht fallen?»

«Nein, nie mehr.»

«He, das ist ja großartig!» Er setzte sich im Bett auf, hob die kleine Katze hoch und hielt sie sich ans Gesicht. Er stieß einen Seufzer reinen Glücks aus und lächelte mich an.

«Mr. Herriot», sagte er, «nun brauche ich mir um nichts mehr Sorgen zu machen.»

Als ich mich draußen auf der Straße zum zweiten Mal von Mrs. Duggan verabschiedete, warf ich einen Blick zurück auf das kleine Häuschen. «Um nichts mehr Sorgen machen, was? Das ist ja wunderbar, ausgerechnet er.»

«O ja, und er meint es auch so. Um sich selber macht er sich keine Gedanken.»

Zwei Wochen lang sah ich Dick nicht wieder. Dann besuchte ich einen Freund im kleinen Landkrankenhaus von Darrowby, und dort erblickte ich den alten Mann in einem Bett in der Ecke der Krankenstation.

Ich ging hinüber und setzte mich zu ihm. Sein Gesicht war völlig ausgemergelt, aber heiter und klar.

«Hallo, Dick», sagte ich.

Er sah mich schläfrig an und flüsterte: «Tag, Mr. Herriot.» Er schloß für ein paar Sekunden die Augen, dann schaute er mit einem zaghaften Lächeln wieder hoch. «Ich bin froh, daß wir nun wissen, was dem kleinen Kater gefehlt hat.»

«Das freut mich auch, Dick.»

Wieder eine Pause. «Mrs. Duggan hat ihn jetzt.»

«Ja. Ich weiß. Er hat dort ein gutes Zuhause.»

«Ja... ja...» Die Stimme wurde schwächer. «Aber ich wünsch mir oft, ich hätte ihn hier.» Die knochige Hand strich über die Tagesdecke, und seine Lippen bewegten sich wieder. Ich beugte mich weiter hinunter, um zu hören, was er sagte.

«Frisk...», sagte er, «Frisk...» Dann schloß er die Augen, und ich sah, daß er schlief.

Am nächsten Tag erfuhr ich, daß Dick Fawcett gestorben war, und es ist gut möglich, daß ich der letzte war, der ihn sprechen hörte. Und es war seltsam, paßte aber zu ihm, daß diese letzten Worte seiner Katze galten.

«Frisk... Frisk...»

15

Ich muß nun zu diesen frühen Tagen zurückgehen, als John Crooks aus unserer Praxis ausschied und es mir schwerfiel, mich innerlich damit abzufinden, daß er für immer fort war. Ich konnte nicht glauben, daß ich nie mehr die dröhnende Stimme am anderen Ende der Leitung «Okay» sagen hören würde, oder daß ich im Bett bleiben konnte und er in die kalte Dunkelheit hinausgehen würde, um dieser Färse beim Kalben zu helfen. Aber es war nicht nur das. Wie ich schon sagte, war ich damals jung genug, um mit einem Assistenten befreundet zu sein. Deshalb verlor ich einen Freund – im Grunde sogar zwei –, als John und Heather fortgingen, um sich in Beverley ein eigenes Leben aufzubauen, was bei mir ein Gefühl der Leere hinterließ.

Trotzdem, Grübeln hatte keinen Sinn. Wir brauchten einen

neuen Assistenten, und nachdem wir mit unserer Anzeige im *Veterinary Record* Erfolg gehabt hatten, war in diesem Augenblick einer zu uns unterwegs. Ich schaute auf die Uhr. Kurz vor halb drei. Calum Buchanans Zug würde in ein paar Minuten in Darrowby ankommen. Ich rannte hinaus zum Wagen und fuhr zum Bahnhof.

Als der Zug einfuhr, stieg nur eine Person aus. Er war ein großer junger Mann, neben dem ein riesiger Jagdhund einhertrottete, und als er auf dem Bahnsteig auf mich zukam, nahm ich einen ramponierten Koffer, einen wallenden schwarzen Schnurrbart und sehr dunkle Augen wahr, doch das auffälligste Detail war ein großes haariges Tier, das ihm über der linken Schulter hing.

Er streckte die Hand aus und grinste. «Mr. Herriot?»

«Ja... Sie müssen Calum Buchanan sein.»

«Stimmt.»

«Gut, gut... aber was ist da auf Ihrer Schulter?»

«Das ist Marilyn.»

«Marilyn?»

«Ja, mein Dachs.»

«Ein Dachs!»

Er lachte, ein unbekümmertes Lachen. «Tut mir leid, vielleicht hätte ich Sie in meinem Brief vorwarnen sollen. Sie ist mein Hausgenosse. Begleitet mich überallhin.»

«Überallhin?»

«Absolut.»

Alle möglichen düsteren Vorahnungen überschlugen sich in meinem Kopf. Wie konnte ein tierärztlicher Assistent seine Aufgaben erfüllen, wenn ihm ständig ein wildes Tier von der Schulter baumelte? Und was für eine Sorte Mann war das, der eine neue Stelle nicht nur mit einem Dachs, sondern auch noch mit einem riesigen Hund im Schlepptau antrat?

Das würde ich ja bald herausfinden. Ich schob meine Bedenken beiseite und führte ihn hinaus zum Auto. Der Weg dorthin glich einem Spießrutenlauf vorbei an einem Fahrkartenverkäufer, der Stielaugen machte, an zwei Damen, die auf dem Bahnsteig auf einer Bank saßen, und an einem Träger, der beinahe einen Karren voller Gepäckstücke an die Wand gesteuert hätte.

«Wie ich sehe, haben Sie auch einen Hund», sagte ich.

«Ja, das ist Storm. Ein reizendes, gutmütiges Tier.»

Der Jagdhund wedelte mit dem Schwanz und sah aus freundlichen Augen zu mir hoch. Ich tätschelte den zottigen Kopf. «Man sieht's.»

«Ach, übrigens», sagte ich. «Bei einem Namen wie dem Ihren hatte ich mit einem schottischen Akzent gerechnet, aber Sie haben keinen.»

Er lächelte. «Nein, ich bin in Yorkshire aufgewachsen, aber meine Vorfahren sind Schotten.» Seine Augen glänzten, und sein Kinn fuhr nach vorn.

«Darauf sind Sie stolz, was?»

Er nickte ernst. «Bin ich wirklich. Sehr stolz.»

In Skeldale House zeigte ich ihm sein Auto und half dabei, ihn mit dem notwendigen Handwerkszeug auszurüsten, das wir alle mit uns führten – den Medikamenten, Instrumenten, dem Geburtshelferkittel und der Schutzbekleidung –, und danach führte ich ihn nach oben in die Wohnung, wo sein Hauptinteresse anscheinend nicht der Einrichtung galt, sondern den Vögeln und Blumen, die er durch das auf den langen Garten hinausgehende Fenster sehen konnte.

«Ach, noch was», sagte ich. «Das hätte ich Sie schon früher fragen sollen. Haben Sie schon zu Mittag gegessen?»

«Zu Mittag?»

«Ja, haben Sie etwas gegessen?»

«Gegessen... gegessen...?» Die schwarzen Knopfaugen bekamen einen nachdenklichen Ausdruck. «Ja... ich bin ganz sicher, gestern war was.»

«Gestern! Du meine Güte, es ist schon fast vier Uhr nachmittags. Sie müssen ja völlig ausgehungert sein.»

«O nein, nein, nicht im mindesten.»

«Sie wollen damit sagen, daß Sie keinen Hunger haben?»

Er schien die Frage ungewöhnlich, ja sogar nebensächlich zu finden, und beantwortete sie mit einem unverbindlichen Achselzucken.

«Wie dem auch sei», sagte ich. «Ich sause mal schnell nach unten und schaue, was ich für Sie auftreiben kann.»

In dem Schrank im Büro stand ein großer, noch nicht aufgeschnittener Rührkuchen, den Helen gerade gebacken hatte und der für die Pausen zwischen den Visiten bestimmt war, wenn wir rasch eine Tasse Kaffee hinunterstürzten. Ich stellte ihn mit einem Messer auf eine Kuchenplatte und brachte ihn hinauf in die Wohnung.

«Hier, bitte», sagte ich und stellte den Kuchen auf den Tisch. «Bedienen Sie sich, später bekommen Sie dann etwas Richtiges zu essen.»

Noch während ich sprach, hörte ich Fußtritte auf der Treppe, und Siegfried kam ins Zimmer geplatzt.

«Calum Buchanan, Siegfried Farnon», sagte ich.

Sie schüttelten einander die Hand, und dann zeigte Siegfried mit zitterndem Finger auf die Schulter des jungen Mannes. «Was zum Teufel ist das denn?»

Calum lächelte sein gewinnendes Lächeln. «Marilyn, mein Dachs.»

«Und Sie wollen dieses Tier hierbehalten?»

«Richtig.»

Siegfried holte tief Luft und ließ sie dann langsam durch die Nase heraus, sagte aber nichts. Statt dessen schaute er unseren neuen Assistenten nur unverwandt an.

Der junge Mann berichtete im Plauderton von seinen praktischen Erfahrungen, sprach davon, wie es ihn freue, in eine so reizende Stadt wie Darrowby gekommen zu sein, und über die Dinge, die er im Garten sah.

Er hatte sich unterdessen dem Kuchen gewidmet, machte aber keine Anstalten, das Messer zu benutzen. Statt dessen brach er beim Reden geistesabwesend einige Stücke heraus. «Was für eine prächtige Glyzinie! Die hübscheste, die ich je gesehen habe. Und dort ist ein schöner kleiner Dompfaff, und bestimmt ist das auf Ihrem Apfelbaum ein Baumläufer – sieht man nicht mehr oft. Und du meine Güte –» er steckte sich einen großen Brocken des rosinenschweren Gebäcks in den Mund –, «da drüben sehe ich eine weiße Amsel. Was für ein schönes Tier!»

Siegfried war ein begeisterter Naturforscher und Ornithologe, und normalerweise wäre diese Unterhaltung ganz nach seinem

Geschmack gewesen, doch er blieb schweigsam, und sein ungläubiger Blick wanderte zwischen dem Dachs und dem Hund und dem beständig dahinschwindenden Kuchen hin und her.

Zum Schluß las Calum die letzten Krümel mit den Fingern auf – ich hatte den Eindruck, daß ihn gar nicht interessierte, was er da gegessen hatte – und wandte sich vom Fenster ab.

«Ja, also, haben Sie vielen Dank. Ich packe jetzt mal aus.»

Ich schluckte. «Richtig, dann bis später.»

Wir gingen nach unten, und Siegfried bugsierte mich schnell in das leere Büro. «Was zum Teufel haben wir denn da, James? Ein Assistent mit einem verdammten Dachs um den Hals! Und einem Hund so groß wie ein Esel!»

«Nun ja ... aber er scheint ein ganz netter Kerl zu sein.»

«Vielleicht, aber doch sehr merkwürdig. Hast du gesehen – er hat den ganzen verdammten Kuchen verdrückt.»

«Ja, hab ich. Aber er war sehr hungrig; er hatte seit gestern nichts gegessen.»

Siegfried starrte mich an. «Seit gestern? Bist du sicher?»

«So sicher, wie ich mir nur sein kann. Er hatte es anscheinend selbst nicht gemerkt.»

Mein Partner stöhnte auf und schlug sich mit der Hand auf die Stirn. «Gütiger Himmel, wir hätten erst mal ein Vorstellungsgespräch führen sollen, ehe wir diesen Burschen nehmen. Aber er hatte so glänzende Beurteilungen von der Universität. Es hieß, er sei hervorragend – ich dachte, wir würden keinen Fehler machen.»

«Man kann nie wissen. Vielleicht ist er gut bei der Arbeit – das ist das einzige, was zählt.»

«Ja, darauf müssen wir hoffen, aber er ist ein verdammter Spinner, und ich rieche Ärger.»

Ich sagte nichts, hatte ich doch selber Bedenken. John Crooks mit all seinen großartigen Eigenschaften war im Grunde einfach ein gewöhnlicher junger Mann, aber an diesem jungen Mann mit den dunklen Augen war nichts gewöhnlich.

Das Telefon unterbrach mein Sinnieren. Ich nahm ab und drehte mich zu Siegfried um. «Miles Horsley ist dran. Seine Färse kalbt.»

Mein Partner nickte und spitzte dann nachdenklich die Lippen. Nach einer Weile hob er entschlossen den Zeigefinger. «Genau, wir schicken den jungen Mann hin. Wir haben uns ja gefragt, ob er der Arbeit gewachsen ist. Das ist die Gelegenheit, es herauszufinden.»

«Einen Augenblick, Siegfried», sagte ich. «Der junge Mann hat gerade seine Ausbildung abgeschlossen, und hier geht es um Miles Horsley. Er ist ein alter Fuchs – das Kalben ist bei ihm nie ein Zuckerschlecken, und außerdem ist es eine Färse. Könnte ziemlich knifflig werden. Vielleicht sollte lieber ich gehen.»

Siegfried schüttelte heftig den Kopf. «Nein, ich möchte herausfinden, aus welchem Holz dieser Bursche geschnitzt ist, und je früher, desto besser. Ruf ihn doch mal runter.»

Calum hörte sich die Anweisungen gelassen an und pfiff leise vor sich hin, als ich ihm die Farm auf der Karte zeigte. Als er sich zum Gehen wandte, feuerte Siegfried zum Abschied einen Schuß ab. «Das könnte eine schwierige Sache werden, aber kommen Sie nicht wieder, ehe Sie nicht das Kalb dieser Färse zur Welt gebracht haben. Alles klar?»

Mir gefror das Blut in den Adern, doch Calum schien nicht im mindesten gekränkt zu sein. Er nickte, winkte uns lässig zu und ging hinaus zu seinem Wagen.

Als er abgefahren war, drehte sich Siegfried mit grimmigem Lächeln zu mir um. «Du denkst vielleicht, ich sei hart, James, aber ich will nur vermeiden, daß er in einer halben Stunde hier wieder hereinmarschiert mit der Geschichte, es sei eine ungewöhnliche Fruchtlage, und ob wir nicht bitte übernehmen könnten. Nein, gleich ins tiefe Wasser, sage ich. Das ist die beste Methode.»

Ich zuckte mit den Achseln. Ich hoffte bloß, der junge Mann konnte schwimmen.

Das war ungefähr gegen halb sechs, und ungefähr um halb acht begann mir die schier unerträgliche Spannung schwer zu schaffen zu machen. Vor meinen inneren Augen zogen Bilder dieses glücklosen Grünschnabels vorbei, wie er blut- und kotbedeckt auf einem Stallboden umherrollte, und ich merkte, daß ich alle fünf Minuten auf die Uhr schaute. Ich hatte schon fast das Stadium des Hin- und Herlaufens erreicht, als Siegfried mit einem kleinen Hund auf dem Arm hereinkam, der sich die Flanke aufgerissen hatte und genäht werden mußte. «Wie ist Buchanan zurechtgekommen?» fragte er.

«Ich weiß nicht. Er ist noch nicht wieder da.»

«Was?» Mein Partner warf mir einen kühlen Blick zu. «Dann stimmt irgend etwas nicht. Nähen wir diesen Hund zu, und danach sollte einer von uns hinfahren und nachsehen, was da los ist.»

Wir schwiegen beide, als ich das kleine Tier betäubte und Siegfried die Wunde zu reinigen begann. Ich wußte, daß wir das gleiche dachten: Es war ein Fehler gewesen, den jungen Mann dorthin zu schicken.

Als Siegfried die Wunde vernähte, bemerkte ich, daß auch er immer wieder auf die Uhr sah.

Es war gerade acht Uhr vorbei, als die Tür des Operationszimmers aufging und Calum Buchanan hereinmarschiert kam.

Mein Partner, die Nadel in der Luft, schaute ihn an. «Nun...?»

«Ich fürchte, das war eine unmögliche Lage», erwiderte Calum. «Eine kleine Färse und ein riesiges Kalb mit einer Schieflage des Kopfes. Ganz hinten, war nicht zu fassen. Ausgeschlossen, der Färse beim Kalben zu helfen.»

Siegfried wurde rot, und ein gefährliches Licht erglomm in seinen Augen. «Und was dann...?»

«Dann hab ich einen Kaiserschnitt gemacht.»

«Sie haben was?»

Calum lächelte ruhig. «Einen Kaiserschnitt gemacht. Eine andere Möglichkeit gab es nicht. Das Kalb war am Leben, daher war eine Embryotomie ausgeschlossen.»

Siegfried schaute ihn mit offenem Mund an. «Und sagen Sie mir... wie... was ist passiert?»

«Ach, es ging relativ leicht. Die Färse stand schon wieder und sah ganz gut aus, als ich ging, und wir haben ein hübsches lebendiges Kalb bekommen.»

«Also... also...» Meinem Partner schienen die Worte zu fehlen – ein Kaiserschnitt bei Kühen war ein in den fünfziger Jahren noch sehr seltenes Unterfangen –, doch am Ende gewann sein natürlicher Gerechtigkeitssinn wieder die Oberhand. «Also, mein Junge, Sie haben prachtvolle Arbeit geleistet, und ich gratuliere Ihnen. Und das bei Ihrer ersten Visite nach der Ausbildung. Wirklich gut gemacht.»

Der junge Mann ließ sein dunkeläugiges Lächeln aufblitzen. «Vielen Dank.» Er besah sich seine Hände. «Ich könnte jetzt ein Bad vertragen, wenn Sie nichts dagegen haben.»

«Mein lieber Junge, unbedingt. Und denken Sie auch ans Essen.»

Als sich die Tür hinter unserem neuen Assistenten schloß, sah Siegfried mich aus großen Augen an. «Na, was sagst du jetzt?»

«Absolut phantastisch!» sagte ich. «Wer eine Arbeit wie diese bewältigt, wenn er eben erst angekommen ist, muß gut sein. Meine Güte, er hat doch kaum Zeit gehabt, sich seine Instrumente richtig im Auto zurechtzulegen!»

«Ja... ja...» Siegfried war ganz in Gedanken versunken, während er zu Ende nähte, und er sagte immer noch nichts, als er die Nadel weglegte und zum Waschbecken an der Wand hinüberging, um sich die Hände zu waschen. Dann drehte er sich plötzlich um. «Weißt du, James, ich kann es immer noch nicht glauben! Meinst du, er hält uns zum Narren?»

Ich lachte. «O nein, bestimmt nicht. Das würde er nicht wagen.»

«Ich weiß nicht», brummte Siegfried. «Irgend etwas ist ganz merkwürdig bei dem Burschen. Mir ist irgendwie nicht klar, woran ich bei ihm bin.» Er trocknete sich die Hände ab, und dann überzog langsam ein Lächeln sein Gesicht. «Weißt du was. Wenn wir hier aufgeräumt haben, schauen wir mal bei Miles Horsley vorbei. Die Fahrt dauert ja nur zehn Minuten, und wir können im Pub ein Bier trinken. Ist ja gleich schräg gegenüber der Farm. Ich bin erst beruhigt, wenn ich mir die Sache selber angeschaut habe.»

Miles Horsley war ein schlanker, einsachtzig großer Mann aus den Dales – ein anständiger Mann, aber ein Mann, dem man nicht in die Quere kommen wollte. Ein erfahrener, auf Milchviehhaltung spezialisierter Farmer, ein Perfektionist. Seine wie gemeißelten Züge entspannten sich, als er die Tür öffnete.

«Na, meine Herren, wir kriegen ja heute abend jede Menge Tierärzte zu sehen.»

«Ach, wissen Sie, Miles», sagte Siegfried leichthin, «James und ich haben drüben im Blacksmith's Arms gerade ein Bier getrunken, und wir dachten uns, schauen wir doch mal Ihre Färse an.»

Der Farmer nickte. «Ja, ist schon recht. Kommen Sie nur.» Er ging uns über den dunklen Hof voran, öffnete einen Verschlag am anderen Ende und schaltete das Licht an.

Eine hübsche rötlichgraue Färse rupfte lässig Heu aus ihrer gefüllten Raufe, während ein strammes Kalb an ihrem Euter saugte. Auf der linken Flanke der Färse war in einem nahezu perfekten Rechteck das Haar wegrasiert, und dort verlief in der Mitte in den gleichmäßigsten Stichen eine Naht, so schön, wie ich nur je eine gesehen hatte.

«Ist ein guter junger Mann, den Sie da haben», sagte der Farmer. «Allerdings, ich muß schon sagen, als ich den Dachs auf seiner Schulter sah, dachte ich, wer kommt denn da!»

Siegfried betrachtete noch immer verwirrt die Operationsstelle. «Ja... ja, in der Tat.»

«Tja, sehr selbstsicher war der Bursche», sprach der Farmer weiter. «Und es hat mir gefallen, wie er seine Sache gemacht hat. Hat sorgfältig und sehr sauber gearbeitet. Hat all seine Instrumente ins Haus gebracht und sie gründlich ausgekocht. Ich wette, nach dieser Geburt wird es keine Infektion geben. Und obendrein habe ich noch ein prächtiges Kalb gekriegt.»

Siegfried ließ die Hand über den Rücken der Färse gleiten und strich dem Kalb über den Kopf. «Ich freue mich, daß die Sache so gut ausgegangen ist. Vielen Dank, Miles, daß wir einen Blick darauf werfen durften.»

Im Blacksmith's Arms trank mein Partner nachdenklich einen großen Schluck aus seinem Glas. «Das ist eine sehr schöne, ordentliche Arbeit, James, aber es ist komisch – ich werde trotzdem das Gefühl nicht los, daß da irgendwo noch ein Haken ist.»

«Wieso denn, was meinst du? Wir haben einen erstklassigen Tierarzt für unsere Praxis bekommen – das ist sonnenklar.»

«Ja, ja, es scheint so. Aber er ist so eigenartig. Ich muß immer wieder an diesen verfluchten Dachs denken. Und dieser komische große Walroßschnauzbart. Und der Kuchen! Ich habe noch nie jemanden gesehen, der einen riesigen verdammten Rührkuchen auf einen Streich vernichtet hat – und er schien gar nicht zu merken, was er tat.»

Ich lachte. «O ja, ich weiß schon. Kein Zweifel, er ist ein sehr ungewöhnlicher junger Mann. Aber in meinen Augen ist er ein netter Bursche – er hat etwas ganz Liebenswertes an sich –, und er versteht was von seiner Arbeit. Das ist die Hauptsache.»

«Ganz deiner Meinung, ganz deiner Meinung.» Siegfried fuhr sich mit der Hand durchs Haar und verwuschelte es ein bißchen. «Vermutlich mache ich mir unnötig Sorgen, aber... es wird sich schon noch erweisen...»

16

«Ein hübscher Hund», sagte ich, als ich die Afterdrüsen des großen Tieres auf dem Tisch entleerte. Am vorderen Ende machte er ein brummendes Geräusch, doch es tat gut zu sehen, wie er freundlich mit dem Schwanz wedelte, obwohl es für ihn kein Vergnügen gewesen sein konnte, als ich auf seinem Hinterteil herumdrückte.

«Ja, aber...», setzte die alte Mrs. Coates an, doch es war schon zu spät. Als ich mich vorbeugte, um mir seine Augen anzuschauen, ging der Hund, ganz gebleckte Zähne und Knurren, zu meinem Erstaunen auf mich los und schnappte wild nach meinem Gesicht. Ich hatte meine Ausweichtechnik über die Jahre hinweg zwar verfeinert, entging aber nur knapp einer häßlichen Wunde.

«Laß das, Wolfie! Du ungezogener böser Hund!» schrie die alte

Dame. «Benimm dich, oder du kriegst eine Tracht, die du nicht vergißt!»

Das große Tier ließ sich von der Schelte seiner Herrin beeindrucken, und ich trat einen Schritt zurück aus der Gefahrenzone. «Wissen Sie, das ist ganz außergewöhnlich», sagte ich und sah den Hund mit großen Augen an. «Er wedelt immer noch wie verrückt mit dem Schwanz, und trotzdem knurrt er und zeigt die Zähne, als wollte er mich in Stücke reißen.»

«Ja, das ist das Problem, Mr. Herriot. Die Leute bekommen immer den falschen Eindruck von ihm. Wenn sie ihn wedeln sehen, denken sie, er sei so gutmütig, und dann kriegen sie einen Schrecken.»

«Tja, mich hat er jedenfalls schön zum Narren gehalten, Mrs. Coates. Er ist der einzige Hund, den ich je gesehen habe, der zur gleichen Zeit wedelt und knurrt. Hängt davon ab, von welcher Seite man es betrachtet, nicht wahr?»

Mrs. Coates wohnte in einer Straße mit kleinen städtischen Häusern für alte Leute. Einige Tage nach meiner Visite wurde ich zu einem älteren Ehepaar gerufen, zu Mr. und Mrs. Hart, die weiter hinten in derselben Straße wohnten.

Der Katze, die wie ihre Herren schon ziemlich alt war, gingen die Haare aus, und an manchen Stellen war sie bereits kahl. Als ich die Haare beiseite schob und die Haut untersuchte, erkannte ich die klaren Anzeichen des miliaren Ekzems.

«Das ist eine Erkrankung, die bei kastrierten Katern wie Ihrem Tom häufig vorkommt. Ich kann sie mit einer Hormoninjektion und einer Tablettenkur in den Griff bekommen.»

Peter hörte nicht auf zu schnurren, als ich mit der Nadel in die Haut stach – er war ein Kater, der jede Form von Zuwendung zu schätzen wußte –, doch mir entging nicht, daß seine Besitzer ein wenig verängstigt aussahen. Sie machten einen noch unglücklicheren Eindruck, als ich ein paar Tabletten in eine Schachtel legte und die Dosierungsanleitung aufschrieb.

«Wir sind ein bißchen beunruhigt, Mr. Herriot», sagte der alte Mann plötzlich. «Diese Behandlung wird einiges kosten, und wir können Sie nicht bezahlen. Nicht heute jedenfalls.»

«Das stimmt», fiel seine Frau ein. «Wir bezahlen sonst immer gleich, aber wir haben im Moment kein Geld. Wir sind ausgeraubt worden.»

«Ausgeraubt?»

«Ja, leider. Mein Mann hat sich in letzter Zeit nicht so wohl gefühlt, und dadurch ist der Garten ein bißchen vernachlässigt worden. Zwei Männer sind vorbeigekommen und haben gesagt, sie würden den Garten für uns machen, und während wir mit dem einen hier im Wohnzimmer geredet haben, ging der andere in die Küche und hat uns unsere Rente gestohlen und auch das bißchen Bargeld, das wir auf dem Kaminsims hatten.»

«Was für ein schmutziger Trick!» sagte ich. «Bitte machen Sie sich keine Sorgen über meine Bezahlung. Das hat Zeit. Es tut mir wirklich sehr leid – das muß Sie ja schrecklich aufgeregt haben.»

Als ich das Haus verließ, fiel es mir schwer zu glauben, daß es Menschen gab, die in die Häuser anständiger alter Leute eindrangen und ihnen die wertvollen paar Pfund stahlen. Doch traurigerweise hatte ich diese Geschichte schon früher gehört. Diese beiden Männer waren in letzter Zeit in Darrowby unterwegs, schlichen sich unter irgendeinem Vorwand in die Häuser ein und begingen ihre verabscheuungswürdigen Taten. Ihre Spezialität war, ältere Leute auszurauben. Sehr mutig waren sie nicht.

Ein paar Tage danach ging ich an Mrs. Coates' kleinem Häuschen vorüber, als mir der Gedanke kam, ich sollte mal nach Wolfie schauen. Die alte Dame führte mich hinein, und ich sah mir den großen Hund an, der wieder heftig mit dem Schwanz wedelte und zugleich dabei knurrte.

«Es geht ihm ganz prima», sagte Mrs. Coates. «Jetzt wetzt er das Hinterteil nicht mehr auf dem Boden.»

«Oh, gut», sagte ich. «Das ist eine unangenehme Sache für einen Hund.»

Sie faßte mich am Arm. «Ich muß Ihnen noch etwas sagen. Ich hatte diese Diebe hier bei mir im Haus!»

«O nein, diese zwei Männer? Nicht Sie auch noch! Es tut mir so leid.»

«Ja, aber hören Sie nur», sagte sie aufgeregt. «Einer dieser

Schufte redete mit mir, und der andere war in der Küche bei Wolfie. Ich hab gehört, wie er dauernd ‹Braves Hündchen, braves Hündchen› gesagt hat, und dann war da ein fürchterlicher Schrei und ein Gepolter, und der Kerl rannte schreiend an der Wohnzimmertür vorbei, und Wolfie hing hinten am ihm dran. Der andere ist dann auch rausgerannt, aber Wolfie hat ihn gekriegt, als er gerade zur Tür hinauswollte, und er hat nicht schlecht gebrüllt. Das letzte, was ich gesehen hab, war, wie die beiden die Straße runter um ihr Leben gerannt sind, und Wolfie hinter ihnen her.»

Sie langte in die Ecke am Kamin und hielt mir ein zerrissenes, blutverschmiertes Stück Stoff hin, ganz offensichtlich vom Hosenboden eines Mannes. «Das hat Wolfie mit zurückgebracht.»

Ich begann so zu lachen, daß ich mich an den Kaminsims lehnen mußte. «Ach, was für eine herrliche Geschichte. Ich wette, diese beiden sehen wir hier nie wieder.»

«Nein, nein, ganz bestimmt nicht.» Die alte Dame schlug die Hände vors Gesicht und kicherte. «Hi-hi, ich kann mir das Lachen nicht verkneifen, wenn ich daran denke, wie der Kerl ‹Braves Hündchen, braves Hündchen› gesagt hat.»

«Ja, das ist sehr komisch», sagte ich. «Er hat sich wohl das falsche Ende angesehen.»

17

Bei neunzig Prozent aller lahmenden Pferde ist es der Fuß. So weiß es ein altes Sprichwort, und ich sah, daß es hier zutraf.

Das große Clydesdal hob die Hinterhand, neben der ich stand, hielt den zitternden Fuß ein paar Zentimeter über dem Boden und setzte ihn dann vorsichtig wieder auf. Dieses Verhalten hatte ich schon hundertmal gesehen, und es war bezeichnend.

«Er hat Kies», sagte ich zu dem Farmer. Dies war der in dieser Gegend gebräuchliche Ausdruck für eine Infektion am Fuß. Die entstand, wenn das Pferd sich die Fußsohle angeschlagen hatte oder sie aufgerissen war und dadurch Bakterien eindringen konnten. Dann bildete sich ein Abszeß, und die einzige Behandlungsmöglichkeit bestand darin, das Horn abzukratzen und den Eiter zu entfernen.

Das bedeutete, daß man den Huf hochheben und ihn sich entweder aufs Knie legen – wenn es um eine Hinterhand ging – oder zwischen die Beine klemmen – wenn es ein Vorderfuß war – und die Sohle mit einem Hufmesser beschneiden mußte. Manchmal war das Horn hart wie Marmor und die genaue Stelle nur schwer zu finden, und ich habe schon viele ermüdende Sitzungen erlebt, bei denen ich drauflos schnitt und das Pferd mit seinem ganzen Gewicht auf mir lastete und mir der Schweiß die Nase hinunterrann und auf den Huf tropfte.

«Dann mal los», sagte ich zu dem Farmer, «wollen wir uns das mal ansehen.» Ich ließ die Hand über das Bein gleiten und wollte nach dem Fuß greifen, als das Pferd vor Zorn wieherte, sich schnell umdrehte, nach mir ausschlug und mir einen Hieb verpaßte, der meinen Oberschenkel streifte.

«Treten kann er mit dem kranken Fuß jedenfalls noch», murmelte ich.

Der Farmer packte das Halfter fester und stützte sich mit den Füßen ab. «Ja, er ist ein frecher Kerl. Passen Sie auf. Mir hat er auch schon den einen oder anderen Hieb verpaßt.»

Ich versuchte es noch einmal, mit dem gleichen Ergebnis, und beim dritten Anlauf, als der ausschlagende Huf mich wieder knapp verfehlt hatte, schwang das Pferd sich herum und schleuderte mich krachend gegen die Wand der Box. Als ich mich aufgerappelt hatte und wild entschlossen noch einmal nach dem Fuß greifen wollte, drehte es sich ganz herum, landete den Vorderfuß auf meiner Schulter und versuchte dann auch noch, mich zu beißen.

Der Farmer war ein älterer Mann, von leichter Statur, und er machte keine sehr glückliche Figur, wie er da von dem stampfenden Tier herumgezerrt wurde.

«Schauen Sie», sagte ich keuchend und rieb mir die Schulter. «Wir haben hier ein kleines Problem. Ich muß sowieso heute nachmittag mit Denny Boynton zu einem anderen Pferd mit Kies hier in der Nähe. Wir kommen ungefähr um zwei vorbei und behandeln dann auch diesen Burschen. Er hat ja sowieso ein Hufeisen drauf, und es geht viel leichter, wenn man diese Arbeit mit einem Hufschmied machen kann.»

Farmer Hickson schien erleichtert. «Ja, das wird das beste sein. Ich hab gerade schon einen kleinen Rodeo für uns kommen sehen.»

Als ich davonfuhr, dachte ich über meine Beziehung zu Denny nach. Wir waren alte Freunde. Er war ein wenig jünger als ich und begleitete mich regelmäßig zu Visiten bei Pferden. In den fünfziger Jahren hatte zwar der Traktor im Grunde auf allen Farmen Einzug gehalten; einige Farmer hatten aber trotzdem gern noch ein Wagenpferd und waren sehr stolz darauf. Meist waren das große, fromme Tiere, und es ging mir immer sehr nahe, wenn sie im Zockeltrab geduldig ihre tägliche Arbeit in Angriff nahmen, doch dieses eine Pferd bei Hickson war eine Ausnahme.

Normalerweise hätte ich das Hufeisen ohne größere Schwierigkeiten abgenommen, bevor ich den Fuß untersuchte. Alle Tierärzte hatten bereits zu einem frühen Zeitpunkt ihrer Ausbildung Kurse im Beschlagen von Pferden durchlaufen, und ich hatte das notwendige Werkzeug bei mir, aber ich würde ein schönes Theater erleben, wenn ich das bei Hicksons Biest versuchte. Das war eine Aufgabe für Denny.

Die Boynton-Schmiede befand sich direkt am Ortsausgang des Dorfes Rolford, und als ich auf das niedrige Gebäude mit den Baumgruppen ringsherum und den grünen Berghängen im Hintergrund zufuhr, meinte ich wie so oft, eines der letzten Überbleibsel aus der Vergangenheit vor mir zu sehen. Als ich neu nach Yorkshire gekommen war, hatte noch jedes Dorf seine eigene Schmiedewerkstatt gehabt, und in Darrowby gab es gleich mehrere. Doch mit dem Verschwinden des Zugpferdes waren sie ebenfalls einfach verschwunden. Die Männer, die seit Generationen dort ihr Leben verbracht hatten, waren fort, und ihre Arbeitsplätze, von denen das Klappern der Pferdehufe und das Klirren von Eisen widerhallte, waren verlassen und still.

Dennys Werkstatt war eine der wenigen, die überlebt hatten, hauptsächlich deshalb, weil er ein Meister in seinem Fach war und sich auch mit den Spezialhufeisen, die Reitpferde benötigten, gut auskannte. Als ich hineinkam, beugte er sich über den Fuß eines kolossalen Jagdpferdes und lachte und scherzte mit der attraktiven Besitzerin, die daneben stand.

«Sieh an, Mr. Herriot», rief er, als er mich sah. «Bin in ein paar Minuten bei Ihnen.» Er drückte das Hufeisen auf den Fuß auf, und der Geruch des vom versengten Horn aufsteigenden Rauchs, das Glühen des Schmiedeherds und das klirrende Bing-Bing, das durch den Raum schallte, als sein noch immer rüstiger Vater das glühende Metall auf dem Amboß hämmerte, riefen in mir Hunderte von Erinnerungen an eine farbigere Vergangenheit wach.

Denny war zwar nicht sehr groß, aber drahtig und kräftig, und wenn er arbeitete, traten die angespannten Muskeln auf seinen Oberarmen hervor. Er hatte den breiten, ausgeprägten Rücken, der für sein Handwerk wichtig war, aber abgesehen davon vermittelte er den gleichen Eindruck von Zähigkeit und Ausdauer wie die Farmarbeiter in den Dales, die täglich neben mir arbeiteten.

Nun schlug er die Nägel in das Hufeisen, und ein paar Minuten später richtete er sich auf und gab dem Pferd einen Klaps aufs Hinterteil. «Fertig, Angela, du kannst die alte Mähre jetzt mitnehmen», sagte er und warf dem Mädchen ein Lächeln zu, bei dem seine weißen Zähne blitzten.

Sie kicherte, und ich dachte plötzlich, daß dies eine typische Szene war: Denny mit den schelmischen Augen und dem Anflug von Draufgängertum, das seine kantigen Züge ausstrahlten und das die vielen jungen Damen vom Lande, die ihre Pferde zu ihm brachten, zweifellos anzog. Ich hatte ihn nie anders erlebt als jemanden, der bei der Arbeit ein wenig schäkerte. Ein Besuch in der Boynton-Schmiede war in gewisser Weise ein gesellschaftliches Ereignis.

Als Pferd und Reiterin verschwanden, griff er nach seiner großen Werkzeugtasche. «Fertig, Mr. Herriot. Zu Ihren Diensten!»

«Hast du Zeit, unterwegs noch einen zweiten Fall von Kies mit mir zu behandeln, Denny?» fragte ich.

Er lachte. «Das schaffen wir spielend. Was tut man nicht alles für einen Gentleman!»

Als wir davonfuhren, hatte ich das Gefühl, ich müßte ihm reinen Wein über Hicksons Pferd einschenken. Ich wußte zwar, daß er es seit seiner Kindheit mit unruhigen, häufig gefährlichen

Pferden zu tun gehabt hatte, und ich hatte immer wieder miterlebt, wie er große, aufbrausende Tiere mühelos herumbugsiert hatte, als seien es kleine Kätzchen, doch es war nur gerecht, ihn vorzuwarnen.

«Denny», sagte ich, «dieses Pferd bei Hickson könnte ein bißchen schwierig werden. Er ist ein wilder Teufel, und ich bin kaum an ihn rangekommen.»

«Ach ja?» Der junge Mann, die Werkzeugtasche auf den Knien, die Zigarette zwischen den Lippen klemmend, betrachtete genüßlich die Landschaft, durch die wir fuhren. Er hörte mir anscheinend gar nicht zu.

Ich versuchte es noch einmal. «Er hat ein paarmal mit der Hinterhand nach mir ausgeschlagen, und dann fing er auch noch an, mit der Vorderhand herumzufuchteln ...»

Unwillig wandte er den Blick vom Fenster ab. «Das kriegen wir schon hin, Mr. Herriot, das kriegen wir schon hin», murmelte er geistesabwesend und unterdrückte ein Gähnen.

«Er ist auch ziemlich bissig. War schon verflucht nahe an meiner Schulter, gerade als ich versuchte, von ihm –»

«He, warten Sie 'nen Augenblick!» schrie Denny, als wir an einem Gehöft am Straßenrand vorbeikamen. «Dahinten auf dem Hof, das ist George Harrison. Fahren Sie doch mal einen Moment langsamer, ja, Mr. Herriot?» Flink kurbelte er das Fenster herunter. «Hallo, George, wie geht's denn heute?» schrie er dem jungen Farmer zu, der einen Strohballen geschultert hatte. «Bist du schon wieder nüchtern? Ha-ha-ha-ha!»

Die beiden Männer wechselten ein paar gebrüllte Freundlichkeiten, dann fuhren wir weiter. Denny drehte sich zu mir herüber. «Bei Gott, George hatte gestern beim Ball der Lebensmittelhändler ganz schön einen geladen. Sieht immer noch ein bißchen grün aus, hä-hä!»

Ich gab es auf, ihn warnen zu wollen. Er war eindeutig nicht interessiert.

Er erzählte mir eine zum Brüllen komische Episode nach der anderen vom vorausgegangenen Abend, doch als wir in Hicksons Hof einfuhren, verstummte er plötzlich. Sein Gesicht war auf einmal eingefallen und ernst, und er spähte durch die Autofenster in alle mögliche Richtungen. Ich wußte, was als nächstes kam.

«Gibt es hier bissige Hunde, Mr. Herriot?»

Ich unterdrückte ein Lächeln. In all den Jahren, die ich ihn nun kannte, hatte er das immer wieder gesagt.

«Nein, nicht einen, Denny», erwiderte ich.

Mißtrauisch beäugte er einen älteren Hütehund, der sich neben der Küchentür eine Milchmahlzeit schmecken ließ. «Und was ist mit dem da?»

«Das ist der alte Zak. Er ist zwölf. Fromm wie ein Lamm.»

«Ja, kann schon sein, aber das heißt noch lange nicht, daß man ihm vertrauen kann. Schaffen Sie ihn rein, unbedingt.»

Ich ging über den Hof, wartete, bis der Hund seine Schüssel ausgeleckt hatte, und bugsierte ihn, der, weil er Beachtung fand, das weiße Maul herumgedreht hatte und mit dem Schwanz wedelte, ins Haus. Ich hatte das so viele Male getan, doch Denny machte noch immer keine Anstalten, aus dem Auto zu kommen. Nach einem letzten Rundumblick stieg er aus und blieb argwöhnisch eine Weile auf dem Pflaster stehen, dann eilte er zu dem Verschlag, in dem das Pferd wartete.

Der Farmer packte das Halfter fester und lächelte Denny unsicher zu, als der hereinkam. «Sei vorsichtig, Junge. Er hat 'ne komische Art.»

«Komisch, ach ja?» Der junge Mann, in dessen Hand der Hammer baumelte, grinste und trat nahe an das Pferd heran. Als sei es entschlossen, die Richtigkeit dieser Worte zu bestätigen, legte das Tier die Ohren an und schlug aus.

Denny wich dem fliegenden Fuß mit geübter Leichtigkeit aus, warf den Kopf zurück und stieß ein dämonisches Lachen aus. «Aha! So einer bist du also. Na, du Teufel, wir werden ja sehen.»

Danach ging er wieder auf das Pferd zu. Ich weiß nicht, wie er es schaffte, von dem Pferd, das noch mehrmals versuchte, ihn zu treten, nicht getroffen zu werden, doch schon einen Augenblick später hatte er die Spitze des Hammers in das auf ihn zusausende Hufeisen gehackt und zog es zu sich heran. «Okay, du großer Teufel, jetzt hab ich dich, was?»

Das Clydesdal unternahm auf drei Beinen ein paar halbherzige

Versuche, den Fuß wegzuziehen, während Denny es festhielt und auf das Tier einredete, und es war nicht zu übersehen: Es begriff, daß dieser neue Mann eine völlig veränderte Lage geschaffen hatte. Denny, den Fuß des Tiers auf dem Knie, langte nach seinen Werkzeugen und stieß ununterbrochen Flüche aus, und während ich ungläubig zusah, schlug er schon die Niete ab, zog mit der Zange die Nägel heraus und nahm das Hufeisen ab. Das Pferd, das, von den bebenden Flanken abgesehen, reglos dastand, befand sich völlig in seiner Gewalt.

Denny drehte die Sohle so, daß ich sie inspizieren konnte. «Nun, an welcher Stelle soll ich, Mr. Herriot?»

Ich drückte auf der Sohle herum, bis ich eine Stelle fand, die mir weich vorkam. Um ganz sicherzugehen, pikte ich noch einmal mit der Pinzette auf die Stelle, und das Tier zuckte zusammen.

«Genau hier ist es, Denny», sagte ich. «Da ist ein Riß.»

Der junge Schmied begann mit fachmännischen Schwüngen seines scharfen Messers das Horn abzuschälen. Das war eine Arbeit, die ich so oft selber schon gemacht hatte, aber es war eine Freude, einem Fachmann dabei zuzusehen. In Null Komma nichts hatte er sich nach unten zu dem Riß vorgearbeitet, und dann zischte es kurz, bevor ein Rinnsal Eiter aus dem freigelegten Infektionsherd lief. Dies war eins der befriedigendsten Erlebnisse in der tierärztlichen Praxis, denn wenn der Abszeß nicht ausgeräumt wird, bereitet er dem Tier quälende Schmerzen. Manchmal breitet sich der Eiter unter der Wand des Hufs aus, bis er nach einer langen Schmerzphase an der Hufkrone austritt, und ich habe auch schon andere Fälle erlebt, wo Pferde aufgegeben werden mußten, wenn alle Versuche, die Infektion zu beseitigen, fehlgeschlagen waren und das Tier mit einem riesigen geschwollenen Fuß stöhnend dagelegen hatte. Solche Erinnerungen aus den Zeiten der alten Wagenpferde waren für mich immer eine Pein.

Doch diesmal würde nichts Derartiges passieren, und ich war wie immer sehr erleichtert. «Danke, Denny, das ist großartig.» Ich spritzte Antibiotika- und Tetanusinjektionen und sagte zu dem Farmer: «Nun wird er bald wieder gesund, Mr. Hickson.»

Anschließend machten Denny und ich uns auf den Weg zu unserer nächsten Visite. Als wir vom Hof fuhren, schaute ich Denny an. «Du bist ja mit dem wilden Pferd wirklich gut zu Rande gekommen. Erstaunlich, wie du es zur Räson gebracht hast.»

Er lehnte sich auf seinem Sitz zurück, zündete sich eine neue Zigarette an und sagte dann lässig: «Der war nur ein bißchen bekloppt, nichts weiter. Viele Pferde sind so wie das da – dummer großer Kerl.»

Er setzte seinen Bericht über den vorherigen Abend fort, gluckste manchmal leise, und als ich zu ihm hinüberschaute, wie er völlig entspannt mit der Mütze im Genick dasaß und sein unbekümmertes Lächeln lächelte, sah er aus, als könnte ihn nichts aus der Ruhe bringen. Doch als ich das Auto auf der Farm, auf der wir uns das Pferd ansehen sollten, anhielt, fiel die Sorglosigkeit von ihm ab, als habe eine unsichtbare Hand sie ihm abgezogen. Den Griff der Werkzeugtasche fest umklammert, spähte er ängstlich in jeden Winkel des Hofs. Ich wartete gelassen auf seine nächsten Worte.

«Gibt's hier bissige Hunde, Mr. Herriot?»

18

«Was ist das?» – «Was zum Kuckuck ist das denn?» – «Ein Dachs? Na so was!»

Im Drovers' Arms brach ein Höllenspektakel los. Calum und ich waren von einer gemeinsamen Visite zurückgekommen, und als ich vorschlug, noch ein Bier zu trinken, stieg er aus dem Auto, schlang sich Marilyn über die Schulter und marschierte in den Pub.

Den Stammgästen fielen beinahe die Augen aus dem Kopf, sie prusteten in ihr Bier, und innerhalb weniger Sekunden waren wir der Mittelpunkt einer aufgeregten Menge. Ich hielt mich zurück und saß schweigend vor meinem Bier, während der junge Mann hofhielt und gelassen und mit leiser Befriedigung die auf ihn einhagelnden Fragen beantwortete. Es war nicht zu übersehen, daß er sein über alles geliebtes Tier jedermann vorführen wollte, der Interesse daran hatte, und bei den meisten Leuten handelte es sich nicht einfach nur um Interesse; er erregte Aufsehen, wohin er auch ging.

So war es auch, als ich ihn im Wohnzimmer von Skeldale House meiner Familie vorstellte. Meine Kinder machten gerade Musik, Rosie am Klavier und Jimmy mit seiner Mundharmonika, als die große Gestalt mit dem Walroß-Schnurrbart und dem wilden Tier auf der Schulter hereinkam. Ich war inzwischen zum stillen Genießer in die Höhe fahrender Augenbrauen und offener Münder geworden, und Helen bot den typischen Anblick, doch Jimmy und Rosie rissen vor Entzücken die Augen auf.

«Ach, wie niedlich!» – «Kann ich ihn mal streicheln?» – «Woher hast du ihn?» Ihre Fragen nahmen kein Ende, und der lachende und scherzende Calum war bei den Kindern ein mindestens ebenso großer Hit wie sein haariger Gefährte.

Seinem Bombenerfolg stand nichts mehr im Wege, als Dinah, unser zweiter Beagle und Sams Nachfolgerin, aus dem Garten hereingerannt kam.

«Das ist Dinah», sagte ich.

«Ho-ho, ho-ho, die kleine dicke Dinah», sagte Calum mit polterndem Baß. Das war keine schmeichelnde Bemerkung, denn mein kleiner Hund war zweifellos zu dick und eine Blamage für einen Tierarzt, der den Leuten ständig predigte, ihre Hunde nicht zu überfüttern, doch Dinah war offenbar nicht gekränkt. Sie wackelte mit dem gesamten Hinterteil, bis ich dachte, sie würde sich einen Knoten in den Bauch machen. Ihre Reaktion war bemerkenswert: Sie fand diese neue Stimme ganz eindeutig ungeheuer anziehend.

Calum hockte sich neben sie, und sie rollte sich voller Wonne auf dem Rücken hin und her, während er ihr den Bauch kraulte.

Helen lachte: «Herrje, sie mag Sie wirklich.»

Wir konnten das damals nicht wissen, doch sie hatte in Worte gefaßt, was mir in der Zukunft ganz geläufig werden sollte: eine faszinierende Szene. Ich sollte die Beobachtung machen, daß alle Tiere sich unweigerlich zu Calum hingezogen fühlten und daß er einen einzigartigen Sensus für sie hatte. Sie mochten schier alles an ihm: seine Stimme, seinen Anblick und seinen Geruch – ideale Umstände für einen Tierarzt.

Als die Höflichkeiten absolviert waren und Marilyn munter auf dem Boden hin und her trippelte und sich zufrieden die Streicheleien der Kinder gefallen ließ, setzte Calum sich auf den Klavierhocker und fing an zu spielen. Er war kein Rubinstein, doch er entlockte dem Klavier mühelos flotte Melodien, und die Kinder klatschten verzückt in die Hände.

Jimmy hielt ihm seine Mundharmonika hin. «Kannst du auf der auch spielen?»

Calum nahm das Instrument, legte es sich in verwegener Pose an die Lippen, und schon nach den ersten Tönen hörte man, daß er in einer anderen Liga spielte als mein Sohn, dessen Konzertstück «God Save the Queen» war. Nach ein paar Minuten Mozart gab mein neuer Assistent die Mundharmonika zurück und brüllte vor Lachen.

Die Jugend war ganz in seinem Bann. «Ich hol die Konzertina!» schrie Jimmy.

Er rannte aus dem Zimmer und kam mit einem der alten Stücke zurück, die ich von den in der Anfangszeit meiner Ehe mit Helen besuchten Haushaltsauflösungen mitgebracht hatte. Damals wurde ich häufig zu Haushaltsauflösungen entsandt mit der Order, unverzichtbare Dinge wie Tische und Stühle aufzutreiben, doch ich kehrte gewöhnlich mit verzierten Tintenfässern, Flaschenschiffen und bei einer denkwürdigen Gelegenheit sogar mit einer *Geographie der Welt in vierundzwanzig Bänden* zurück. In diesem Fall hatte ich die Konzertina erbeutet. Es war ein altes kleines Instrument, sechseckig, mit geschnitzten Holzenden und Lederriemen, die vom Alter abgenutzt und durchgescheuert waren. Sie rief die Vorstellung eines Matrosen wach, der an Deck eines alten Segelschiffs Shanties spielte, und ich hatte ihr nicht widerstehen können, doch leider war niemand imstande gewesen, einen Ton daraus hervorzuzaubern, und so hatte sie wie viele andere meiner Erwerbungen jahrelang auf dem Dachboden gelegen.

Calum nahm sie aus der Holzkiste und drehte sie zärtlich

um. «Oh, sehr, sehr hübsch.» Er steckte die Hände durch die Riemen, seine Finger tasteten sich auf den kleinen Elfenbeinknöpfen vorwärts, und einen Augenblick später erfüllte eine Melodie von alles durchdringender Süße den Raum. Es war «Shenandoah», und während wir, plötzlich zum Schweigen gebracht, dem völlig unerwarteten Reichtum lauschten, der dem Instrument entströmte, stand ich wieder an Deck des Segelschiffs, das ich mir vor langer Zeit erträumt hatte.

Ich habe viele Erinnerungen an Calum, doch auf dem Bild, das mir am deutlichsten im Gedächtnis haftengeblieben ist, sitzt er im Kreis meiner Familie, den Blick seiner oft unergründlichen Augen auf irgendeine Stelle hoch oben an der Wand gerichtet, und seine Finger entlocken unserer Quetschkommode diese schwermütige Musik.

Als er endete, brach ein spontaner Beifallssturm los, und die Kinder sprangen auf und klatschten in die Hände. Calum hatte sich als Wundertäter für ewig in ihr Gedächtnis eingeschrieben. Er hatte einen Dachs, er konnte alles spielen, er konnte alles tun.

Genau in diesem Augenblick begannen wir Marilyn zu vermissen. Sie war ruhig im ganzen Zimmer umhergewandert, doch nun war sie nirgends zu sehen. Vergeblich spähten wir unters Sofa und kippten die Sessel zur Seite, und wir schauten einander perplex an, als aus der Richtung des Kamins ein Poltern ertönte und der Dachs, in eine dichte Rußschicht gehüllt, aus der Esse gefahren kam. Er wollte sich nicht einfangen lassen und sauste ein paarmal durchs ganze Zimmer, ehe Calum ihn packte und nach draußen brachte.

Jimmy und Rosie waren beinahe hysterisch vor Vergnügen. Sie hatten schon lange nicht mehr solchen Spaß gehabt. Helen und ich aber, die wir die Spuren der Verheerung auf unserem Teppich und unseren Möbeln betrachteten, waren weniger erfreut.

Es war ein jäher Absturz aus den Höhen der Eingebung ins Chaos, und in einem Augenblick der Intuition kam mir ein Gedanke: Würde es mit Calum immer so sein...?

19

Ich habe schon oft sagen hören, alle Schneider übten ihr Handwerk mit untergeschlagenen Beinen auf einem Tisch sitzend aus, doch der einzige, den ich je in dieser Position gesehen habe, war Mr. Bendelow.

Mit einem Schritt trat man von der Straße direkt in die Küche seines kleinen Häuschens, und der sich dort bietende Anblick war mir sehr vertraut. Ein vollgestopfter kleiner Raum mit tausend auf dem Boden verstreuten Stoffschnipseln, die Nähmaschine in der Ecke. Blanco, sein riesiger weißer Hund, der neben dem Feuer lag, begrüßte mich mit einem Schwanzwedeln, und Mr. Bendelow saß mit untergeschlagenen Beinen auf dem Tisch und sprach, die Nadel über einem Tweedjackett in der Luft haltend, mit einer Kundin.

Mir fiel auf, und das nicht zum ersten Mal, daß Mr. Bendelows Nadel immer in der Luft zu schweben schien. Ich bin überzeugt davon, daß ich noch niemals gesehen habe, wie er damit tatsächlich in einen Stoff stach, denn er war immer vollauf mit Reden beschäftigt. Und so war es auch jetzt, als er die Farmersfrau mit der leicht amüsierten Miene beschwatzte:

«Kaum zu glauben, nicht wahr, was ich Ihnen da erzählt habe, Mrs. Haw.»

«Nein, klingt wenig glaubhaft, Mr. Bendelow, aber ich frage mich, ob Sie es geschafft haben, diese Weste für meinen Mann zu richten. Sie hatten doch gesagt –»

«Aber genauso ist es damals wirklich passiert, so wahr ich hier sitze. Ganz unglaublich, was alles –»

«Ich möchte die Weste gern mitnehmen, wenn Sie sie fertig haben. Er will sie zu –»

Mr. Bendelow schwatzte weiter. «Ich bin kein alter Mann, erst fünfzig, aber was es damals alles gegeben hat... Ich weiß noch ganz genau –»

«Sie haben diese Weste jetzt schon seit drei Monaten, und Sie hatten versprochen, sie bis –»

«O ja, ich weiß, ich weiß. Ich hab so viel zu tun. Ich weiß gar nicht, wo ich anfangen soll. Kommen Sie doch bitte in vierzehn Tagen wieder, meine Liebe, dann können Sie sie bekommen.»

«Aber er will sie zu –»

«Vorher schaffe ich es beim besten Willen nicht, meine Liebe. Ta-ra.»

Mrs. Haw ging mit leeren Händen und traurigem Gesicht an mir vorüber zur Tür, und ich setzte mein strahlendstes Lächeln auf, als ich ihren Platz einnahm.

«Nun zu Ihnen, junger Mann.» Der Ausdruck auf Mr. Bendelows schmalem, zigeunerhaftem Gesicht blieb völlig unverändert bis auf den von reinem Haß erfüllten Blick aus den Augenwinkeln, mit dem er die Hose bedachte, die ich über dem Arm trug.

«Was bringen Sie mir denn da?» murrte er.

«Es handelt sich um die Hosensäume, Mr. Bendelow. Sie sind ein wenig ausgefranst, und ich dachte mir...»

«Ja, ja, Sie dachten sich, ich könnte sie Ihnen so machen, daß sie aussehen wie neu. Gar kein Problem. Sie bringen mich um, wissen Sie das, Sie bringen mich um. Ich arbeite schon wie ein Verrückter, jetzt, wo Weihnachten kommt. Hab Tag und Nacht zu tun – keine freie Minute.»

«Na ja, es sind doch nur die Säume, Mr. Bendelow...»

«Und dann hab ich auch noch das schlimme Bein. Wie lange hab' ich das eigentlich schon? Oh, seit Jahren. Ich bin zu Dr. Allinson gegangen. Er hat gesagt: ‹Haben Sie die Beschwerden früher schon mal gehabt?› Ich sagte: ‹Ja.› Er sagte: ‹Jetzt haben Sie sie wieder.› Er hat mir sechzig Tabletten gegeben, und als ich die zur Hälfte weg hatte, ging es mir schon viel besser, und als ich sie alle weg hatte, war ich fast wieder gesund. Doch der Doktor hatte das geplant. ‹Mr. Bendelow›, sagte er, ‹wenn Sie die Hälfte von den Tabletten weg haben, wird es Ihnen schon viel bessergehen, und wenn Sie dann die andere Hälfte weg haben, werden Sie denken, Sie seien gesund. Aber Sie sind dann nicht gesund, wissen Sie, nein, nein. Ich weiß, wie's Ihnen dann gehen wird und daß Sie nicht wieder zu mir kommen wollen. Aber ich möchte Sie wiedersehen, wenn Sie mit den sechzig Tabletten fertig sind. Noch am gleichen Tag.›

Ich geh also noch am gleichen Tag hin zu ihm, wie er gesagt hat, und er sagt: ‹Na also, Mr. Bendelow, da sind Sie ja.› – ‹Ja, Doktor, genau an dem Tag, wie Sie gesagt haben.› – ‹Und Sie sind mit Ihren sechzig Tabletten fertig?› sagt er. Und ich sag: ‹Ja, ich hab sie alle weg.› Und er gibt mir noch mal hundert.»

«Das ist schön, Mr. Bendelow. Meine Frau sagt, wenn Sie doch bitte nur mal einen Blick auf diese ausgefransten Säume werfen wollten...»

«Und er sagt: ‹Sie müssen aufhören, ständig die Treppen hoch und runter zu laufen.› Und ich sag: ‹Kann ich nicht, Doktor, ich kann nicht aufhören. Ich muß ständig arbeiten. Ich kann mir nie Ruhe gönnen.› Aber hören Sie sich das an, Mr. Herriot. Ich werde Ihnen jetzt etwas verraten. Ich hab nie auch nur einen Penny verdient. Und ich sag Ihnen noch etwas. Wenn Sie mit vierzig kein Vermögen gemacht haben, machen Sie keins mehr.»

«Diese Säume sind nur ein bißchen ausgefranst, wie Sie sehen...»

«Ach, ja, jetzt werden Sie vielleicht sagen, beim Fußballtoto kann man doch leicht ein Vermögen machen, Mr. Herriot. Von Littlewoods kann ich Ihnen was erzählen. Hören Sie sich das bloß mal an.»

Als er sich mit durchdringendem Blick auf dem Tisch vorbeugte, ging die Ladentür auf, und ein großer Mann kam herein. Ich erkannte Jeremy Boothby, Sohn eines der großen Landbesitzer und ein Mensch, der etwas darstellte.

«Sie werden entschuldigen», dröhnte er und drängte sich an mir vorbei. «Ich komme, um meinen Anzug abzuholen, Bendelow. Ich war letzte Woche schon mal hier.»

Der Schneider würdigte ihn keines Blickes. «Wissen Sie, daß ich in Littlewoods regelmäßig gewonnen hab? Aber immer nur bei den vier Auswärtsspielen, und nie mehr als sechs Shilling. Also hab ich mir gesagt, wenn du das große Geld einsetzt, wirst du auch den großen Gewinn machen.»

«Hören Sie mich, Bendelow?» Die donnernde Stimme erfüllte das Zimmer. »Seit Oktober hab ich jede Woche nachgefragt, und –»

«Ich füll also den Systemschein für die Dreierwette aus, und ich hatte gleich auf Anhieb vierundzwanzig Punkte. Und dann hab ich auf den großen Scheck gewartet, der mir die fünfundsiebzigtausend bringen sollte, doch der ist nie gekommen. O nein. Statt dessen bekam ich einen Brief von einem der obersten Herren dort in Littlewoods.»

«Schauen Sie gefälligst her, Bendelow!» Bei Mr. Boothbys Gebrüll fingen die Fensterscheiben an zu klirren. «Sie haben diesen Anzug jetzt seit einem Jahr, und ...»

Er hielt mitten im Satz inne. Blanco war vom Kamin angetrottet gekommen und stand nun neben dem Tisch und sah zu ihm hoch. So weit mußte er dabei gar nicht hochschauen, denn er war vermutlich der größte Hund, den ich je gesehen habe. Mr. Bendelow hatte ihn mir als schwedischen Berghund vorgestellt, und ich erinnere mich an das selbstgefällige, überhebliche Lächeln, als ich zu ihm sagte, von dieser Rasse hätte ich noch nie gehört. Ich war mir ziemlich sicher, daß Blanco eine Kreuzung war, aber ganz gleich, welcher Rassen, er war prachtvoll – schneeweiß und riesig. Und als er nun neben Mr. Boothby stand, reglos und mit erhobenem Kopf, lag eine drohende Zielstrebigkeit in seinem Blick, und aus der Tiefe seines Brustkorbs rollte ein leises Knurren heran.

Während Mann und Hund einander beäugten, wurde das Knurren lauter, und für einen Augenblick zog Blanco die Lippen zurück und ließ eine Reihe krokodilartiger Zähne aufblitzen.

Boothby trat einen Schritt zurück und sprach dann mit leiserer Stimme: «Würden Sie mir bitte meinen Anzug geben...? Ich...»

Mr. Bendelow, sichtlich irritiert durch die Unterbrechung, fuchtelte mit der Nadel herum. «Noch nicht fertig – kommen Sie nächste Woche wieder.»

Mit einem letzten Blick auf Blanco drehte sich der große Mann um und ging.

«Das war vielleicht ein hübscher Entschuldigungsbrief», fuhr der Schneider fort. «Er schrieb mir, ich hätte zwar die vierundzwanzig Punkte, das ja, doch er könne mir die fünfundsiebzigtausend Pfund trotzdem nicht geben, da sei noch eine winzige Kleinigkeit. Ja, wie ich es Ihnen sage, eine winzige Kleinigkeit. Ich hatte sechzehn Tips angekreuzt und nicht acht. Es war ein ganz liebenswürdiger Brief, und er klang richtig traurig, aber da konnte er nichts machen.»

«Na ja. Wirklich bedauerlich. Könnten Sie mir diese Hose eventuell bis nächste Woche richten? Ich wäre Ihnen sehr...»

«Aber dieses viele Geld wäre gar nicht gut für mich. Ich könnte Ihnen Geschichten von Geldleuten erzählen...»

Ich ließ die Hose auf den Tisch fallen, winkte rasch zum Abschied und floh.

Während ich langsam die Straße hinabging – der Kopf drehte sich mir von dem wirren Wortschwall, den ich dank damals gemachter Notizen hier wortwörtlich wiedergeben kann –, grübelte ich über das Phänomen Mr. Bendelow nach. Irgendwann rückte er das Kleidungsstück, das man ihm gebracht hatte, ja wieder heraus, deshalb mußte er wohl hauptsächlich nachts nähen und zuschneiden. Er war sogar ein guter Schneider, und ich hatte Anzüge gesehen, die so perfekt saßen und so vorzüglich verarbeitet waren, daß ich nachvollziehen konnte, warum Menschen wie Boothby ihm auch weiterhin Aufträge gaben. Das einzige, was man bei ihm brauchte, war Glück – hin und wieder hatte er mich damit überrascht, daß er eine Ausbesserung oder eine Änderung in einem vernünftigen Zeitraum bewerkstelligt hatte.

In seine Fähigkeiten und intellektuellen Gaben hatte er ein unerschütterliches Zutrauen. Aufgrund seiner tiefen Überzeugung, daß er sich auf jedem Gebiet bestens auskannte, und insbesondere auf dem der finanziellen Seite der Haushaltsführung, hielt er es für seine Pflicht und Schuldigkeit, jeden, der ihm über den Weg lief, an seinen Kenntnissen teilhaben zu lassen, und da er nie geheiratet hatte, war die Einweihung der Kunden sein einziges Ventil. Ich hatte es nur einmal erlebt, daß er in Verlegenheit geraten war. Das ist schon einige Jahre her, als er Helen für einen Rock Maß genommen hatte, sie aber erst einige Monate später zur Anprobe kommen konnte.

Als dieser Tag endlich herangerückt war, klaffte der Rockbund gleich mehrere Zentimeter. Ungläubig starrte er auf die Lücke und zog und zerrte ein paarmal an dem Kleidungsstück, doch die Lücke wollte sich nicht schließen. Behende schlang er ein Maßband um ihre Taille, las dann in seinem Notizbuch nach und maß noch einmal. Auf dem Boden kniend, schaute er in völliger Verwirrung zu uns hoch.

Helen lächelte und linderte seine Qualen. «Ich hätte es Ihnen sagen sollen», sagte sie. «Ich bin schwanger.»

Er schaute ihr von nahem ins Gesicht, doch da er für die lange Verzögerung selbst verantwortlich war, konnte er sich nicht beklagen. Der bis dahin einmalige Gesichtsverlust hätte zu einer Belastung unserer Beziehung werden können, wäre da nicht mein langjähriger Kontakt zu Blanco gewesen, den er abgöttisch liebte.

Blanco war ungefähr fünf Jahre alt, und obwohl er meistens gesund war, hatte er ein paarmal meiner Fürsorge bedurft, die gewöhnlich darin bestand, daß ich ihm Nadeln entfernte, die er sich in die Pfoten eingezogen hatte. Er war der einzige mir bekannte Hund, der einen Schneider zum Herrn hatte, und ich hatte oft gedacht, dies sei eben sein Berufsrisiko, lag er doch täglich inmitten der Abfälle, die das Handwerk seines Meisters mit sich brachte, aber zweifellos drangen diese Nadeln oft tief ins Fleisch und konnten nur entfernt werden, wenn ich mit der Zange tief hineinfuhr. Blanco war jedesmal entzückt und dankbar; er war einer der Hunde, denen es sogar eine Freude war, in meine Praxis zu kommen. Einige Hunde wechselten auf die andere Straßenseite über, wenn sie in die Trengate einbogen, und schlichen mit hängendem Schwanz an der Praxis vorbei, doch Blanco brachte Mr. Bendelow beinahe zu Fall, wenn er ihn hinter sich durch die Tür zog und zerrte.

Vor einer Woche war er hiergewesen, weil ich ihm seine jährliche Schutzimpfung gegen Staupe geben mußte, und er war durch den Gang stolziert, hatte heftig mit dem Schwanz gewedelt und auf dem Weg ins Behandlungszimmer freundlich den Kopf ins Büro gesteckt. So ganz anders als eine große gelbe Labradorhündin, die nach ihm verarztet wurde und den ganzen Weg auf dem Hinterteil sitzend über die Fliesen gezogen werden mußte, wobei sie ein jammervolles Gesicht zog, obwohl sie nur die Pfote verbunden bekommen sollte.

Blanco war die Gutmütigkeit selbst, und einen Anflug von Zorn sah man bei ihm nur dann, wenn er der Meinung war, Mr. Bendelow werde bedroht. Diese Fürsorglichkeit war für den Schneider von unschätzbarem Wert, denn die Verhältnisse in diesem Haus waren dazu angetan, Menschen auf die Palme zu bringen. Ich war selber bereits Ohrenzeuge einiger polternder Männer und kreischender Frauen geworden, die sich von den ewigen Verzögerungen zur Verzweiflung hatten treiben lassen. Doch der große weiße Schädel und die kalten Augen, die am Rand des Tisches auftauchten, übten eine wunderbar beruhigende Wirkung aus. Manchmal waren zusätzlich ein kurzes Knurren und ein demonstratives Beschnüffeln der Knöchel des Kunden vonnöten. Ich habe nie mitansehen müssen, daß der gewünschte Effekt nicht eingetreten wäre.

Bei meinen Grübeleien war ich oft zu dem Schluß gelangt, Blanco sei ein Beweis für meine langjährige Theorie, daß große Hunde stets aus kleinen Häusern kamen und kleine Hunde stets aus großen. Er schien gewissermaßen die letzte Untermauerung dieser Theorie zu sein, weil man in den größten zinnenbewehrten, mehrere Morgen großen Herrenhäusern vom Border-Terrier und Jack-Russell-Terrier abwärts alles vorfand, wohingegen man in den winzigen Häusern, in denen man alle vier Schritte vor der nächsten Wand stand, Hunden wie Blanco begegnete.

Eine Woche später kehrte ich, optimistisch wie eh und je, in Mr. Bendelows Geschäftsraum zurück. Er war an Ort und Stelle, saß wie üblich mit untergeschlagenen Beinen zwergengleich auf dem Tisch.

Ein anderer Kunde, ein verstimmt wirkender Farmer, war gerade im Begriff zu gehen, doch nicht ohne dem Schneider zum Abschied noch ein paar Takte zu sagen.

«Ich hab allmählich die Nase voll davon, jede Woche nach Ihren Versprechungen wieder hierherzukommen.» Seine Stimme bekam einen zornigen Klang. «Das scheint Sie zwar nicht zu stören, aber das reicht nicht, wissen Sie.»

Mr. Bendelows Antwort war die bekannte Geste mit der Nadel. «Nächste Woche ... nächste Woche.»

«Ja, das sagen Sie jedesmal!» bellte der Farmer, und ich schaute über den Tisch auf Blanco, der sich neben dem Feuer ausgestreckt hatte. Dies war der Tonfall, der ihn unweigerlich auf die Beine brachte, doch er zeigte kein Interesse und rührte sich auch nicht, als sich der Farmer mit einem letzten wütenden Schnauben abwandte und beim Gehen die Tür hinter sich zuschlug.

«Guten Morgen, Mr. Bendelow», sagte ich forsch. «Ich wollte nur mal hereinschauen, um zu –»

«Sieh an, Mr. Herriot!» Der kleine Mann stach mit der Nadel nach mir. «Ich wollte Ihnen neulich gerade etwas über die Geldleute erzählen, als Sie fortgelaufen sind. Der alte Crowther, hinten in der Applegate. Hat achtzigtausend hinterlassen, aber wenn ich ihm die Hose geflickt hab, mußte er im Bett bleiben. Ohne Witz, er mußte im Bett bleiben.»

«Wo wir gerade von Hosen reden, Mr. Bendelow...»

«Er hatte eine Haushälterin – Maud Soundso hieß sie –, die hat alles für ihn gemacht. Ihn ins Bett gebracht und aus dem Bett geholt, für ihn gekocht, dreißig Jahre lang für ihn geschuftet wie eine Sklavin. Und, wissen Sie was, er hat ihr nicht einen Penny vermacht. Sie hat das Testament angefochten, aber sie hat nur fünfhundert Pfund gekriegt. Das ganze Geld ging an irgendwelche entfernte Verwandte.»

«Ist meine Hose fertig? Ich brauche sie für –»

«Und ich könnte Ihnen noch eine schlimmere Geschichte erzählen, Mr. Herriot. Als junger Mann hab ich für einen Farmer gearbeitet. Der Mann war stinkreich, aber er ging nie in einen Pub, ging nie ins Kino, ging nie irgendwohin. Hat jeden Penny gespart. Keine Ahnung, was er mit dem ganzen Geld gemacht hat. Vielleicht hat er's irgendwo im Haus versteckt. Oh, da fällt mir eine Geschichte ein.»

Ich wollte meine Bitte gerade zum zweiten Mal äußern, als eine beleibte Dame hinter mir losplatzte: «Also hören Sie, ich will Sie ja nicht unterbrechen, aber ich habe es eilig. Ich möchte jetzt mein Kleid – Sie haben es mir für heute versprochen.»

Der Schneider winkte mit der Nadel. «Hab's noch nicht fertig. Hatte zuviel zu tun. Kommen Sie nächste Woche.»

«Zuviel zu tun! Zuviel zu schwatzen trifft wohl eher zu.» Sie hatte ein hohes, durchdringendes Organ, und der Schneider bekam es mit voller Wucht ab. Ich schaute Blanco an, der noch immer reglos neben dem Feuer lag. Sein Mangel an Interesse war ungewöhnlich.

Mr. Bendelow schien die Unterstützung seines Hundes ebenfalls zu fehlen, denn er wurde ganz gegen seine Art verlegen bei dem Angriff der Dame.

«Ja, schon gut», murmelte er. «Sie bekommen es ganz bestimmt nächste Woche.» Mir warf er einen Blick aus den Augenwinkeln zu. «Sie Ihre Hose ebenfalls, Mr. Herriot.»

Als ich in der folgenden Woche vorbeikam, blieb ich bei dem erstaunlichen Anblick, der sich mir bot, wie angewurzelt in der Tür stehen. Mr. Bendelow nähte. Auf seinem Tisch sitzend, den Kopf tief über ein Jackett gebeugt, sauste seine Hand mit wunderbarer Flinkheit über einen Aufschlag. Und er redete nicht.

Das Reden besorgten ein Mann und dessen Gattin, die ein wahres Sperrfeuer von Beschimpfungen auf ihn niedergehen ließen. Der Schneider, schweigsam und unglücklich, erwiderte nichts. Und Blanco schlief neben der Feuerstelle.

Im Kampf um meine Hose ging ich während meiner Besuchsrunden ein paarmal vorbei, doch jedesmal stand eine Schlange an, und ich hatte keine Zeit zu warten. Mir entging jedoch nicht, daß Mr. Bendelow bei jeder dieser Gelegenheiten arbeitete, schweigend und niedergeschlagen auf dem Tisch saß, und daß sein Hund neben dem Feuer sich nicht regte. Der Anblick machte mich traurig. Reden war das Leben des kleinen Mannes, sein Hobby und der Trost seiner Junggesellenexistenz. Irgend etwas stimmte hier entschieden nicht.

Eines Abends ging ich hin, und Mr. Bendelow war allein und stichelte noch immer.

Ich erwähnte meine Hose nicht. «Was fehlt Blanco denn?» sagte ich.

Er schaute mich überrascht an. «Soviel ich weiß, nichts.»

«Frißt er normal?»

«Ja, wie immer.»

«Und bekommt er genug Auslauf?»

«Ja, ich mache jeden Abend und jeden Morgen einen langen Spaziergang mit ihm. Ich kümmere mich um meinen Hund, Mr. Herriot.»

«Ja, natürlich. Aber... er steht nicht auf und kommt nicht zu Ihrem Tisch, wie er das früher gemacht hat. Zeigt kein ... äh ... Interesse an den Kunden.»

Er nickte betrübt. «Ja, das ist das einzige. Aber er ist nicht krank.»

«Ich werd ihn mir mal anschauen», sagte ich. Ich ging zum Kamin und beugte mich über den Hund. «Na komm, Blanco, alter Bursche, zeig mal deine Pfoten her.»

Ich stupste ihm in den Rumpf, und er erhob sich langsam. Ich sah den Schneider an. «Er scheint ein bißchen steif zu sein.»

«Ja, vielleicht, aber wenn ich mit ihm rausgehe, gibt sich das jedesmal schnell.»

«Also lahmt er nicht, oder? Keine Nadeln?»

«Nein, nein, ich merke es immer, wenn er sich eine eingezogen hat.»

«Hmm. Ich schau mir trotzdem mal seine Pfoten an.»

Jedesmal, wenn ich einen von Blancos Läufen hochhob, hatte

ich das gleiche Gefühl wie bei der Untersuchung eines Pferdehufs und mußte mich regelrecht zusammenreißen, damit ich nicht «Brr, Junge» sagte und mir die Pfote zwischen die Knie klemmte.

Ich inspizierte sorgfältig jeden Fuß, drückte auf die Ballen, die Stellen, an denen die gefährlichen Nadeln sich gewöhnlich befanden, doch alles wirkte normal. Ich maß die Temperatur, auskultierte die Brust und tastete ihm den Bauch ab, ohne jedoch irgend etwas festzustellen. Doch als ich auf das große Tier hinabschaute, wurde ich das nagende Mißtrauen nicht los, daß ihm irgend etwas fehlte.

Blanco, der genug von meiner Zuwendung hatte, setzte sich, und er tat es behutsam. Ganz langsam ließ er sich auf dem Kaminvorleger nieder.

Das war ganz und gar nicht in Ordnung. «Steh auf, Junge», sagte ich schnell.

Er mußte irgend etwas am Hinterteil haben. Eingeklemmte Afterdrüsen vielleicht? Nein, da war alles in Ordnung. Ich fuhr mit den Händen über seine massigen Oberschenkel nach unten, und während ich mich auf der linken Seite an der Muskulatur entlangtastete, zuckte der Hund plötzlich zusammen. Dort war eine schmerzhafte Schwellung, und als ich das Fell wegschnitt, war das Rätsel gelöst. Tief ins Fleisch eingedrungen, steckte dort einer seiner alten Widersacher, eine Nadel.

Ich brauchte nur einen Augenblick, um sie mit meiner Zange herauszuziehen, und ich drehte mich zu Mr. Bendelow herum. «Also, hier haben wir's. Er muß sich auf die Nadel gesetzt haben, als sie auf den Vorleger gefallen ist. Ein Wunder, daß er nicht gehinkt hat, aber hier ist ein kleiner Abszeß, der ihn gestört hat. So ein Abszeß ist eine bedrückende Angelegenheit.»

«Ja... ja... aber was kann man da machen?» Er sah mich besorgt an.

«Ich muß ihn mit in die Praxis nehmen und den Eiter entfernen. Dann geht es ihm wieder gut.»

Blancos Besuch in Skeldale House verlief glatt. Ich entfernte den Abszeß und füllte die Höhlung, indem ich ein paar von den stets hilfreichen antibiotischen Penicillinstäbchen hineindrückte.

Eine Woche später stattete ich Mr. Bendelow wieder einen Besuch ab. So lange klammerte ich mich an die Hoffnung, daß er inzwischen meine Arbeitshose ausgebessert haben würde. Ich besaß nicht viel Garderobe und benötigte sie dringend.

Die sich mir bietende Szene war die gleiche wie immer: der Schneider auf dem Tisch, Blanco neben dem Kamin ausgestreckt. Und seltsamerweise war Mrs. Haw da, die Farmersfrau, die ich bei meinem ersten Besuch gesehen hatte.

Sie veranstaltete eine Art Tauziehen um die Weste ihres Mannes, die Mr. Bendelow anscheinend endlich geflickt hatte, von der er sich aber wohl noch nicht trennen mochte. Seine Lippen bewegten sich flink in einem verbalen Sperrfeuer. «Und genau das hat der Kerl zu mir gesagt. Für Sie klingt das vielleicht übertrieben, nicht wahr, aber das ist noch längst nicht alles...»

Mit einem raschen Ruck gelang es der Dame, der Weste habhaft zu werden. «Haben Sie vielen Dank, Mr. Bendelow. Ich muß jetzt gehen...» Sie nickte, winkte und huschte an mir vorbei; sie sah erschöpft aus, triumphierte aber über ihren Sieg.

Der Schneider wandte sich mir zu. «Ah, Sie sind's, Mr. Herriot.»

«Ja, Mr. Bendelow, ich habe mich gefragt, ob...»

«Sie wissen doch noch, ich wollte Ihnen gerade die Geschichte von diesem reichen Mann erzählen.»

«Kann ich meine Hose...»

«Er war ein alter Farmer, und er bewahrte sein vieles Geld zu Hause in Eimern auf. Und eines Tages kam seine bessere Hälfte mit so einem Eimer zu ihm, und sie sagte: ‹In dem Eimer da sind fünfzehnhundert Pfund›, und der alte Kerl sagte: ‹Da kann irgendwas nicht stimmen. In dem da müßten doch zweitausend sein.› Und, stellen Sie sich vor, dieser Mann und seine Frau haben sich sogar ihr Essen einzeln gekauft. Das ist die reine Wahrheit – sie ist losgegangen und hat sich ihrs gekauft, und er hat es genauso gemacht. Und ich sag Ihnen noch was, Mr. Herriot...»

«Ist es Ihnen unter Umständen vielleicht gelungen...»

«Hören Sie sich das an –»

«Hey, Bendy!» Ein großer Mann war soeben hereingekommen, und er brüllte über meine Schulter hinweg. «Ganz egal, was du mir heute wieder erzählst, es geht mir zu einem Ohr rein und zum anderen wieder raus. Ich will mein verdammtes Jackett haben!»

Es war Gobber Newhouse, ungeheuer fett, wie immer betrunken und angriffslustig. Der Geruch von schalem Bier umwehte ihn, als er wieder lospolterte. «Komm mir bloß nicht mit deinen verdammten Ausreden, Bendy, ich kenn dich.»

Wie ein aus dem Wasser tauchender weißer Wal erhob sich Blanco vom Kaminvorleger und strebte auf den Tisch zu. Er kannte diese Sorte Pappenheimer anscheinend ganz genau und fackelte nicht lange. Den mächtigen weißen Kopf vorstreckend, öffnete er weit den Rachen und bellte mit gewaltiger Kraft in das schwitzende rote Gesicht: «Wuff-wuff!»

Gobber wich zurück. «Verfluchte Töle... Platz... schaff ihn weg, Bendy!»

Darauf Blanco wieder: «Wuff-wuff, wuff-wuff!»

Der Angetrunkene war schon halb aus der Tür, als Mr. Bendelow das Nadelsignal gab: «Komm nächste Woche wieder.»

«Wie ich gerade gesagt habe, Mr. Herriot –», fuhr er fort.

«Ich brauche unbedingt –»

«Nächste Woche, ganz bestimmt, lassen Sie mich doch weiter –»

«Muß leider gehen.» Ich entkam auf die Straße.

Mit gemischten Gefühlen, aber insgesamt gesehen doch glücklich, stand ich draußen. Meine Hose hatte ich zwar immer noch nicht, aber Blanco war wieder auf dem Posten.

20

Fünf Uhr morgens, und das Telefon schrillte mir ins Ohr. Ein Mutterschaf lammte bei den Waltons, auf einer einsamen Farm im Hochmoor, und als ich aus dem warmen Kokon des Betts stieg und mich in der eisigen Luft des Schlafzimmers anzuziehen begann, versuchte ich, nicht an die ungemütlichen ein, zwei Stunden zu denken, die ich vor mir hatte.

Ich fuhr mit den Armen durch die Hemdsärmel und biß die Zähne zusammen, als der kalte Stoff rauh das Fleisch berührte. Im fahlen Dämmerlicht sah ich die kleinen roten Risse, die meine Hände bedeckten und bis hinauf zu den Ellbogen verliefen. In der Periode des Lammens schien ich kaum je eine Jacke anzuhaben, und durch das ständige Waschen in den offenen Pferchen oder auf windgepeitschten Feldern hatte sich meine Haut in rohes Fleisch verwandelt. Ich nahm noch den schwachen Duft von Helens Glyzerin und Rosenwasser wahr, die sie mir jeden Abend auf die Arme auftrug und dadurch erträglich machte.

Helen regte sich unter der Decke, und ich ging hinüber und küßte sie auf die Wange. «Ich muß zu den Waltons», flüsterte ich.

Mit geschlossenen Augen nickte sie das Kissen an, und ich hörte nur, wie sie schläfrig «Ja, ... ich hab's gehört» murmelte.

Beim Hinausgehen schaute ich zurück auf die ins Bett gekuschelte Gestalt meiner Frau. Wenn so etwas passierte, wurde auch sie jäh in die Welt der Arbeit und der Pflichten versetzt. Das Telefon konnte jederzeit wieder losschrillen, und sie würde mich dann benachrichtigen müssen. Darüber hinaus mußte sie noch dafür sorgen, daß Feuer angezündet, Tee gemacht und die Kinder zum Frühstück geholt wurden – die kleinen Arbeiten, bei denen ich ihr sonst zur Hand zu gehen versuchte und die nicht leicht waren in unserem großen, schönen Eisschrank von einem Haus.

Ich fuhr durch das verriegelte und verrammelte, noch schlafende Städtchen und dann auf die schmale Straße, die sich zwischen den Mauern aufwärts wand, bis die Bäume seltener wurden und schließlich ganz verschwanden und nur noch die weiten, windgepeitschten Fells kahl und abweisend dalagen.

Ich fragte mich, ob wohl eine Chance bestand, daß das Mutterschaf sich drin befand. In den frühen fünfziger Jahren schien es den meisten Farmern nicht einzufallen, ihre lammenden Mutterschafe in die Ställe zu schaffen; ich behandelte die große Mehrzahl auf dem freien Feld. Es gab auch glückliche Momente, wenn ich mir beim Anblick einer Reihe von Trennwänden in einer warmen Schafhürde vor Erleichterung beinahe die Hände rieb, und manchmal richteten die Farmer auch Pferche aus übereinandergetürmten Strohballen her, doch meine Lebensgeister sanken, als ich auf dem Gehöft einfuhr und Mr. Walton sah, der mit einem Eimer Wasser aus dem Haus kam und dem Tor zustrebte.

«Ist es draußen?» fragte ich leichthin.

«Ja, gleich da drüben.» Er zeigte über die lange, hier und da mit Büscheln von Adlerfarn bewachsene Weide auf eine bäuchlings daliegende Gestalt in der Ferne, zu der es verdammt weit zu gehen war. Als ich mich durch das gefrorene Gras schleppte, wobei mir die Medikamententasche und der Geburtenhelferoverall am Arm baumelten, zerrte ein unbarmherziger Wind an mir, der von den langen Schneewehen, die in diesem späten Yorkshire-Frühling noch hinter den Steinmauern lagen, als Zugabe eine sibirische Kälte mitbrachte.

Als ich mich auszog und hinter dem Schaf auf den Boden kniete, schaute ich mich um. Wir befanden uns auf dem Dach der Welt, und das Panorama der Hügel und Täler mit den grauen Farmhäusern und den kiesigen Flüssen war wunderschön, hätte jedoch weitaus einladender gewirkt, wenn dies ein warmer Sommernachmittag gewesen wäre und ich die Vorbereitungen zu einem Picknick mit meiner Familie getroffen hätte.

Ich streckte den Arm aus, und der Farmer legte mir ein schmales Stück Seife in die Hand. Ich habe schon immer den Verdacht gehabt, daß Farmer besondere Seifenstücke für den Tierarzt aufhoben – winzige Portionen einer rauhen Seife, die viel zu klein und hart waren, um irgend etwas zu nützen. Verzweifelt rieb ich das Stück zwischen den Händen und tauchte es immer wieder ins Wasser, doch ich brachte nur einen mickrigen Schaumfilm zustande. Nicht genug, um meinen empfindlichen Arm zu schützen, wenn ich ihn in das Muttertier einführte, und der Farmer schaute mich fragend an, als ich mich unter Oohs und Aahs zum Cervix vortastete.

Dort fand ich, was ich gerade nicht finden wollte. Ein einzelnes großes Lamm steckte fest. Zwei Lämmer sind normal, und auch drei kommen recht häufig vor, doch ein einzelnes Lamm bedeutete oft Komplikationen. Es gehörte zu den Freuden meiner Arbeit, wenn ich bei Zwillings- und Drillingsgeburten das Gewirr von Beinen den richtigen Leibern zuordnete, doch bei den Einzelgeburten ging es meist darum, daß zuwenig Platz da war und daß das große Lamm beruhigt und so vorsichtig wie möglich herausgezogen werden mußte – eine langwierige und ermüdende Prozedur. Häufig war ein einzelnes Lamm auch durch das Pressen des Schafs erstickt und mußte durch eine Embryotomie oder einen Kaiserschnitt entfernt werden.

Während ich mich mit der Tatsache abfand, daß ich lange auf

dieser windigen Hügelkuppe hocken würde, versuchte ich so tief wie möglich ins Innere des Schafs vorzudringen und stupste mit dem Finger in den Mund des Lamms. Erleichterung durchströmte mich, als die kleine Zunge an meiner Hand sich bewegte. Das Lamm war jedenfalls am Leben, und während meine eigenen Lebensgeister neuen Auftrieb bekamen, begann ich mit dem vertrauten Ritual, indem ich zuerst die Gleitcreme einführte und danach die Position der winzigen Beine erfühlte und sie mit Stricken zusammenband, und als ich mich zu guter Letzt ein wenig aufrichtete, um noch einmal tief Luft zu holen, wußte ich, daß ich nun nur noch den Kopf durch das Becken ziehen mußte. Das war der schwierigste Teil. Wenn er hindurchpaßte, hatte ich das Schlimmste überstanden, wenn nicht, war ich in der Klemme. Mr. Walton, der die Wolle von der Vulva weghielt, schaute mir schweigend zu. Trotz seiner lebenslangen Erfahrung mit Schafen war er in einem Fall wie diesem hilflos, denn wie die meisten Farmer hatte er riesige, von der Arbeit rauh gewordene Hände und Finger wie Bananen und konnte unmöglich in das Innere eines Schafs hineingelangen. Meine kleinen «Frauenhände», wie sie hier genannt wurden, waren ein Segen.

Ich hakte mich mit dem Zeigefinger in der Augenhöhle ein – mein Lieblingstrick, denn sonst konnte man das Lamm nur am Unterkiefer festhalten, der aber gefährlich zerbrechlich war – und begann mit unendlicher Vorsicht zu ziehen. Das Mutterschaf preßte und quetschte meine Hand an die Beckenknochen – das war hier zwar nicht so schlimm wie bei Kühen, aber schmerzhaft genug, und ich riß automatisch den Mund auf, während ich abwechselnd den Griff lockerte und das Lamm drehte und zog, bis der Kopf mit einem erfreulichen Ruck durch den Beckenboden glitt.

Es dauerte nicht lange, bis Füße, Beine und Nase an der Vulva zu sehen waren und ich das kleine Wesen heraus ins Gras holte. Es lag einen Augenblick still da und beschnupperte die kalte Welt, in die es da gekommen war, dann schüttelte es heftig den Kopf. Ich lächelte. Das war das allerbeste Zeichen.

Ich kämpfte noch einmal mit dem Seifenbröckchen, und dann reichte mir der Farmer wortlos ein Stück Sack, mit dem ich mir die Arme abtrocknen sollte. Dies war zu jener Zeit weit verbreitet. Handtücher gehörten auf den Farmen zu den seltenen Haushaltsgütern, und ich konnte es den Frauen der Farmer nicht übelnehmen, wenn sie einem Mann, der mit den Armen gerade im Hinterteil eines Tiers gesteckt hatte, nicht gern ein frisches Handtuch mitschickten. Ein schmutziges altes war also die Regel, und wenn nicht – ein Jutesack war immer zur Hand. Ich konnte mir die schmerzenden Arme nicht mit dem rauhen Stoff abfrottieren und begnügte mich damit, sie vorsichtig abzutupfen, ehe ich damit – sie waren noch feucht – wieder in die Ärmel meiner Jacke fuhr.

Das Mutterschaf, das einen hohen Ton von seinem Lamm hörte, antwortete mit dem weichen tiefen Bää, das ich so gut kannte, und als es aufstand und begann, das kleine Wesen ausgiebig abzulecken, stand ich daneben, achtete nicht mehr auf die Kälte und hörte, bezaubert wie eh und je vom Wunder der Geburt, ihrem Austausch zu. Als das Lamm, das offenbar das Gefühl hatte, seine Zeit zu verschwenden, sich auf die Beinchen kämpfte und mit wackligen Schritten zur Milchbar stolperte, grinste ich zufrieden und machte mich auf den Rückweg zum Auto.

Nach dem Frühstück wurde ich als nächstes zu einer «Ausräumung» gerufen, zur Entfernung der Nachgeburt bei einer Kuh, und auch hier wurde mir, nachdem ich mit einem steinharten Seifenstück gekämpft hatte, zum Abtrocknen ein Sack gereicht, nur daß dieser vor kurzem Kartoffeln enthalten hatte und ich erleben mußte, daß ich mir die aufgesprungenen Arme mit Erde puderte. Noch am gleichen Vormittag, nach einer Rektaluntersuchung, bei der festgestellt werden sollte, ob das Tier trächtig war, wurde mir ein vor Schmutz starrendes «Kuhstallhandtuch» offeriert, auf dem sich ein Bakterienherd von astronomischer Größe eingenistet haben mußte und das ich folglich zugunsten eines weiteren Stücks Jutesack ausschlug.

Meine Arme in den Hemdsärmeln waren glühend heiß, als ich zur Farm der Birrells fuhr, aber ich wußte, daß mich dort Besseres erwartete. Wunderbare Dinge, um genau zu sein.

Ich habe nie in Erfahrung bringen können, was George Birrell oder seine Frau von Handtüchern hielten; seine Mutter jedoch, die alte Großmutter Birrell, hatte in dieser Frage einen klaren Standpunkt. Nachdem ich einen Riß im Euter einer Kuh zugenäht hatte, blieb ich blutbespritzt und erwartungsvoll auf dem Pflaster stehen und wartete auf die alte Dame. Als sei dies das Stichwort, erschien sie Hand in Hand mit der vierjährigen Lucy, dem jüngsten ihrer Enkelkinder, im Stall. Sie stellte einen Melkschemel hin, breitete darüber ein zu einem perfekten Rechteck gefaltetes und frisch gemangeltes Handtuch, das weiß war wie Schnee, und legte zu guter Letzt ein Stück teure Lavendelseife darauf, noch eingepackt, jüngfräulich, unbenutzt. Ein vom Schrubben glänzender Aluminiumeimer mit dampfend heißem Wasser vervollständigte das Bild, so schön, wie ich nur je eins gesehen hatte.

Ehrfürchtig wickelte ich die Seife aus dem Papier – es war immer ein neues Stück –, und als ich sie ins Wasser tauchte und den dichten Schaum auf meinen Armen verteilte und dabei den Lavendelduft einatmete, hätte ich vor Entzücken beinahe vor mich hin gesummt. Der Farmer stand gelassen daneben, und nur ein schwaches Zucken um seine Mundwinkel verriet, daß die Szene ihn amüsierte, doch Großmutter Birrell und Lucy schauten mir mit heller Begeisterung bei meinen Waschungen zu.

So war es jedesmal bei den Birrells, und es gefiel mir sehr, doch ich verstand nie recht, warum sie das für mich taten. Vielleicht hatte Siegfried nicht ganz unrecht, wenn er meinte, daß alte Damen mich mochten; er zog mich ständig mit meinem «Harem» der über Siebzigjährigen auf, die darauf bestanden, daß ich ihre Hunde behandelte. Was immer der Grund gewesen sein mochte, ich jedenfalls genoß die Dienste meiner Gönnerin Großmutter Birrell. In ihren Augen durfte es mir an nichts fehlen. Nichts konnte gut genug sein für Mr. Herriot.

Es war an einem Sonnabend vormittag im Büro, als mir Siegfried die *Darrowby and Houlton Times* über den Tisch zuschob.

«Ich fürchte, hier ist eine schlechte Nachricht für dich, James», murmelte er und zeigte auf eine Meldung.

Sie stand bei den Todesanzeigen. «Mrs. Marjorie Birrell, die innig geliebte Frau des verstorbenen Herbert Birrell, folgte im

Alter von 78 Jahren...» Ich las mit einem immer stärker werdenden Gefühl des Verlusts, und Wehmut erfüllte mich bei dem Gedanken, daß etwas Gutes nun sein Ende gefunden hatte.

Siegfried sah mich mit einem schiefen Lächeln an. «Deine alte Freundin mit den sauberen Handtüchern, was?»

«Ja.» Die sauberen Handtücher waren ihr Ausdruck von Freundschaft, und als Freundin würde ich sie auch immer im Gedächtnis bewahren. Vor meinem geistigen Auge sah ich sie, die schlichte Frau, mit der geblümten Schürze und mit Lucy an der Hand neben dem Melkschemel stehen. Sie stammte aus der Generation jener Farmer, die die harten Jahre vor dem Krieg miterlebt hatte, und ihre hagere, leicht gebeugte Gestalt und das gefurchte Gesicht zeugten von dieser schweren Zeit. Sie hatte die Art Gesicht, die ich bei so vielen alten Leuten aus Yorkshire gesehen hatte – hart, aber freundlich. Ich wußte, daß sie mir fehlen würde.

Wie sehr sie mir jedoch fehlen würde, das wurde mir bei meiner nächsten Visite auf der Farm der Birrells schlagartig klar. Nachdem ich meine Arbeit beendet hatte und auf meine schmutzigen Hände schaute, wurde mir noch einmal schmerzhaft bewußt, daß die alte Frau nicht durch diese Tür hereinkommen würde. Mir war zwar klar, daß George Birrell mir keinen Sack anbieten würde, aber was würde jetzt geschehen?

Während ich noch überlegte, wurde die halbhohe Tür aufgestoßen, und die kleine Lucy kam herein. Sie hatte ein wenig Mühe beim Gehen, denn sie trug den mir vertrauten glänzenden Eimer mit heißem Wasser. Dann brachte sie ein Handtuch und Seife zum Vorschein, die sie sich unter den Arm geklemmt hatte, und legte beides auf den Melkschemel. Und es war das gleiche blütenreine, geometrisch gefaltete Handtuch und die gleiche unberührte Toilettenseife wie zuvor.

Das kleine Mädchen schaute hoch zu mir und errötete ein wenig. «Oma hat gesagt, ich soll mich um Sie kümmern», sagte sie atemlos. «Sie hat mir gesagt, was ich machen muß.»

Ich schluckte den dicken Kloß hinunter, den ich im Hals hatte. «Also Lucy... das ist wunderbar. Und du hast alles genau richtig gemacht.»

Sie nickte zufrieden, und ich warf ihrem Vater, der ein Stück entfernt stand und sich an eine Kuh lehnte, einen verstohlenen Blick zu. Doch Georges Miene verriet nicht, was ihn ihm vorging.

Ich wickelte die Seife aus dem Papier und fing an, mich zu waschen, und als der Lavendelduft zu mir aufstieg, fühlte ich mich in all die anderen Tage zurückversetzt.

Schweigend seifte ich mir die Hände ein, und danach begann das Mädchen wieder zu sprechen. «Mr. Herriot, es ist bloß so, ich bin jetzt fünf und komme bald in die Schule, und ich weiß nicht, wie Sie dann zurechtkommen sollen.»

Wie eine riesige Woge rollte ein Déjà-vu-Gefühl über mich hinweg. Meine eigene Tochter, Rosie, hatte sich im gleichen Alter mit der Sorge gequält, wie ich mein Leben ohne sie würde fortführen können und hatte mich mit der Zusicherung getröstet, daß sie an den Wochenenden weiterhin für mich dasein werde.

Ich wußte nicht, was ich sagen sollte, doch da mischte sich Lucys Vater ein.

«Mach dir keine Sorgen, Kleines», sagte er. «Ich werd mein Bestes tun, wenn du mir beibringst, was zu machen ist, und außerdem werde ich mir von nun an Mühe geben, Mr. Herriot nur noch sonnabends zu uns zu rufen.»

21

«Es tut mir leid, Lord Houlton», sagte ich atemlos ins Telefon. «Ich werde mir Ihr Pferd heute erst am späten Vormittag ansehen können. Mein Haus ist gestern abend eingestürzt.»

Am anderen Ende der Leitung herrschte Schweigen, und ich spürte, daß der liebenswürdige Peer gewisse Schwierigkeiten hatte, den Inhalt meiner Mitteilung zu erfassen. Ich meinte, mich deutlicher erklären zu müssen.

«Wie Sie wissen, hat es letzte Nacht einen Sturm gegeben – neunzig Meilen pro Stunde, wie ich gehört habe –, und das Haus, das ich gerade bauen lasse, stand bis zum Dachfirst. Ich bin hingefahren, wie ich es jeden Morgen tue, und wie ich bereits sagte, es ist eingestürzt. Überall Berge von Ziegelsteinen und jede Menge verbogenes Gerüst. Ich muß ein paar Dinge erledigen.»

Erneutes Schweigen, das diesmal ziemlich lange andauerte, und danach nur zwei Worte.

«Oh, Mist!»

Es war ein traumatischer Augenblick in meinem Leben, und ich habe diese kurze Riposte des exzentrischen, aber liebenswerten Marquis von Houlton niemals vergessen. In diese beiden in dem für ihn typischen, vornehm gedämpften Tonfall ausgesprochenen Wörter legte der kleine Mann die ganze Bestürzung und das ganze Mitgefühl hinein, das er zweifellos empfand.

Mit diesem Vorfall endete eine weitere Etappe in meinen Bemühungen, meine Familie in eine geeignetere Behausung zu verpflanzen, und die hatten schon bald nach meinem fehlgeschlagenen Versuch begonnen, Mrs. Drydens Haus zu erwerben.

Ich benötigte eine gewisse Zeit, bis ich mich von der Auktionsschlacht im Drovers' Arms erholt hatte. Ich hatte meine Hoffnungen so hoch hinaufgeschraubt, und das Gefühl des Versagens lastete schwer auf mir, während ich mitansehen mußte, wie meine Frau sich in dem weiträumigen Skeldale House weiterhin abrackerte. Für Helen, die zweifellos ein anpassungsfähigeres Wesen hatte als ich, war die Episode mit einem Lachen erledigt.

«Es wird sich schon mal was anderes ergeben», sagte sie, während sie munter Böden schrubbte und polierte. Das war die Sache, die mich zum Wahnsinn trieb – ihr machte das gar nichts aus. Mir hingegen schon, und meine Besessenheit blieb. Irgendwie würde ich sie aus Skeldale House rausholen.

Es war also ein Lichtblick, als ich die Anzeige in der *Darrowby and Houlton Times* entdeckte.

«Schau dir das an, Helen!» sagte ich aufgeregt und zeigte auf ein von Makleranzeigen umgebenes Foto auf der Titelseite. «Ich kenne dieses Haus. Es ist sehr schön gelegen.»

Sie äugte mir über die Schulter. «O ja, in der Dennaby Road. Ich hab es schon gesehen – sehr hübsch.» Dann schaute sie mich fragend an. «Aber das ist ein Einzelhaus, zwar nicht zu groß, ich weiß, aber doch anders als die kleine Doppelhaushälfte von Mrs. Dryden. Das wird viel Geld einbringen.»

«Ach, der alte Bootland und ich haben den Preis von

Mrs. Drydens Haus ja in die Höhe getrieben. Es war nur ungefähr zweitausend Pfund wert. Dieses hier wird zu seinem reellen Preis verkauft werden – für ungefähr dreitausend. Ich glaube, soviel leiht mir die Bausparkasse.»

An dem Tag kam ich vor Erfolg strahlend zum Mittagessen nach Hause. Der Mann bei der Bausparkasse war sehr entgegenkommend gewesen – mit der Hypothek würde alles glattgehen.

«Es geht bergauf, Helen», sagte ich. «Im nachhinein gesehen ist es sogar gut, daß wir das andere Haus nicht bekommen haben. Dieses hier ist genau richtig. Ein kleines bißchen größer, aber solide gebaut, und ein Garten von angenehmen Ausmaßen mit Obstbäumen und einem wunderschönen Blick über das Tal. Die Auktion findet kommenden Freitag statt, wir brauchen also gar nicht lange zu warten. Das ist es, Helen – ich weiß es!»

Meine Frau blickte mich nachdenklich an. «Jim, ich bin damit nur einverstanden, wenn du mir versprichst, beim Verkauf nicht die Beherrschung zu verlieren.»

«Die Beherrschung? Was soll das denn heißen?»

«Na, du weißt doch ganz genau, daß du schrecklich aufgeregt warst und bis weit über die Summe, die wir uns leisten können, mitgeboten hast. Ich bitte dich lediglich darum, nicht die Beherrschung zu verlieren und nicht in einen derartigen Zustand zu geraten wie beim letzten Mal.»

«Beherrschung... Zustand...? Ich weiß nicht, wovon du sprichst», sagte ich hochmütig.

Sie lächelte geduldig. «Das mußt du doch noch wissen. Du hast ganz weiß ausgesehen, wie ein Gespenst, und am Ende hast du am ganzen Körper gezittert. Ich hab mich gefragt, ob du in der Lage sein würdest, aufzustehen und hinauszugehen.»

«Du übertreibst», sagte ich voller Würde. «Ich stand unter einem gewissen Druck, das war alles.»

Aus Helens Lächeln wurde plötzlich ein Grinsen. «Ja, ich weiß, aber ich gehe bloß mit dir mit, wenn du mir versprichst, nur bis dreitausend Pfund mitzubieten – und keinen Penny mehr. Es ist mir Ernst damit, Jim.»

«Gut... gut... ich verspreche es, natürlich. So etwas Dummes würde ich sowieso nicht tun.»

Ich hatte diesen kleinen Zwischenfall schnell vergessen und schwelgte schon bald wieder in meiner alten Phantasie – stellte mir vor, wie Helen mühelos durch das neue Haus schwebte und wie die Kinder auf die Bäume kletterten und das Obst im Garten pflückten. Auf meinen Besuchsrunden wich ich immer wieder von der Strecke ab, so daß ich durch die Dennaby Road fahren und mich am Anblick des Hauses weiden konnte. Helen und ich hatten es uns mal rundherum angeschaut, und es war vollkommen. Und schon bald, sehr bald, würde es mein sein.

Ich schwebte auf meiner Wolke bis zu dem bewußten Freitag nachmittag, an dem wir über den Marktplatz zum Drovers' gingen. Als wir den überfüllten Raum betraten, in dem die Auktion stattfinden sollte, war mir plötzlich, als läge mir ein Stein im Magen. Die ganze Szenerie erinnerte mich fürchterlich an das letzte Mal. Der gleiche Raum, die gleichen Kopfreihen, der gleiche Auktionator auf der Bühne, der mit den Fingern auf den vor ihm stehenden Tisch trommelte und mit behäbigem Lächeln den Blick über das Gewimmel schweifen ließ. Als wir uns endlich in eine Reihe gezwängt hatten, schlug mir das Herz bis zum Hals.

Bald darauf fing der Auktionator mit seiner Vorrede an und erzählte uns all die schönen Dinge über das Haus, die mir bereits bekannt waren. Während er weitersprach, rückte Helen ganz dicht neben mich; da sie vermutlich ein leichtes Zittern meiner Beine spürte, griff sie nach meiner Hand und verschränkte ihre Finger mit meinen.

«Entspann dich, Jim», flüsterte sie.

Ich rümpfte die Nase. «Ich bin völlig entspannt, das versichere ich dir», murmelte ich und versuchte, das dumpfe Pochen in meinen Ohren zu überhören, während die Gebote anfingen. Ich war jedoch der Meinung, daß ein paar tiefe Atemzüge in einer Situation wie dieser von Nutzen sein konnten.

Ich war ungefähr beim dritten tiefen Atemzug, als ich den Auktionator «Ich habe jetzt zweitausendneunhundert vorliegen» sagen hörte. Er schien unerwartet schnell bei dieser Summe angelangt zu sein, und ich stieß die Hand in die Luft. Um mich herum gingen andere Hände hoch, und ich hörte: «Ich habe jetzt dreitausend.»

In diesem Augenblick erreichte Helens Druck auf meine Hand die Schmerzgrenze. Sie war eine große, kräftige Frau, und mir wurde zweifelsfrei klar, daß sie meine Finger zu Brei zerquetschen würde, wenn ich die Sache weiterverfolgte.

Es hätte sowieso keinen Unterschied mehr gemacht, denn die ganze Angelegenheit entglitt in rasantem Tempo meiner Kontrolle. «Dreitausendeinhundert, zweihundert, dreihundert, dreitausendvierhundert...» Und während ich stumm dasaß, war er im Handumdrehen bereits bei über viertausend Pfund angekommen, und bei dieser Zahl reckte sich ein ganzer Wald von Händen mit neuen Geboten nach oben. Gegen Ende des Viertausender-Bereichs verlangsamte sich das Tempo ein wenig, doch noch bevor ich mit meiner Übung in Tiefenatmung fertig geworden war, hörte ich schon, wie der Hammer auf dem Tisch aufschlug – verkauft an Mr. Sowieso für fünftausend Pfund. Es war alles vorbei, und ich hatte nicht die geringste Chance gehabt.

Als wir aufstanden und uns mit der Menge allmählich zum Ausgang schoben, sah ich einen grauhaarigen Mann, der dem Auktionator die Hand schüttelte und auf eine Art und Weise lachte, die mir unerträglich selbstgefällig erschien, und dann waren wir draußen und schritten über das Kopfsteinpflaster des Marktplatzes.

Das Gefühl der Niederlage war das gleiche wie zuvor. Helen hielt noch immer meine Hand, und es gelang mir zu lächeln.

«Nun ist es also wieder passiert», murmelte ich. «Aber vielleicht sehe ich diesmal nicht so weiß aus?»

Meine Frau schaute mir einen Augenblick lang prüfend ins Gesicht. «Nein... ein bißchen blaß vielleicht, aber kein Vergleich mit letztem Mal.» Dann lachte sie. «Du Armer, du hattest gar keine Gelegenheit, richtig zu erbleichen. Es war blitzschnell vorbei. Trotzdem, mach dir nichts draus – ich denke oft, so wie etwas ausgegangen ist, war es doch zum Guten.»

«Trotzdem ist es wieder eine Enttäuschung», sagte ich. «Beim letzten Mal hat uns Mrs. Dryden ein wenig getröstet, aber heute tröstet uns niemand.»

Während ich noch sprach, spürte ich, wie mich jemand am Ärmel zupfte. Ich drehte mich um und sah Bert Rawlings, dessen kleiner Landbesitz an das Haus angrenzte, das soeben verkauft worden war.

«Hallo, Bert», sagte ich. «Sind Sie auf der Auktion gewesen?»

«Ja, Mr. Herriot, und ich bin richtig froh, daß Sie das Haus nicht gekriegt haben.»

«Wie bitte?»

«Ich hab gesagt, ein Glück, daß Sie es nicht gekriegt haben, denn ich bin viele Male da drin gewesen, und ich kann nur sagen, da ist nicht alles Gold, was glänzt.»

«Wirklich?»

«Ja, das Haus sieht zwar gut aus, aber das Dach ist verdammt undicht.»

«Was Sie nicht sagen!»

«Ich meine es ernst. Ich bin oft auf dem Dachboden gewesen und hab reihenweise Eimer, Töpfe und Pfannen gesehen, mit denen sie das Wasser aufgefangen haben. Sie haben jahrelang versucht, das Dach dicht zu kriegen, aber geschafft haben sie es nicht.»

«Großer Gott!»

«Und die Dachbalken da oben sind von der Feuchtigkeit schon ganz morsch.»

«Meine Güte!»

Er klopfte mir auf den Arm und lachte. «Sehen Sie, Sie sind noch einmal glimpflich davongekommen. Dachte nur, ich sollte es Ihnen sagen.»

«Ja, vielen Dank, Bert. Das macht es uns leichter.» Ich winkte ihm nach, als er über den Marktplatz davoneilte, dann drehte ich mich zu Helen um.

«Also, ist das nicht seltsam? Nun hat uns doch jemand aufgemuntert. Vielleicht haben wir beim nächsten Mal Glück, denn aller guten Dinge sind ja drei.»

Trotz unserer neuerlichen Niederlage stand unser Entschluß weiter unerschütterlich fest, oder besser gesagt, meiner, denn wie ich bereits sagte, schien Helen sich keine größeren Sorgen zu machen. Meine Gedanken jedoch kreisten immer wieder um das Thema. Ich durchforstete die Anzeigen in den Zeitungen unserer Stadt, blieb eifrig vor jedem Holzschild mit der Aufschrift *Zu verkaufen* stehen, das ich an irgendeinem Garten in unserem Kreis entdeckte, doch es tat sich nichts, bis wir auf einer Party die Bekanntschaft von Bob und Elizabeth Mollison machten. Sie waren frischgebackene Architekten und ungefähr in unserem Alter, und sie hatten in einer Marktstadt in unserer Nähe ein Büro eröffnet.

«Wissen Sie», sagte Elizabeth, «Sie werden so viele bittere Pillen schlucken müssen, wenn Sie ein passendes Haus auftreiben wollen, dabei könnten wir Ihnen für dreitausend Pfund ein wirklich hübsches Haus bauen – von uns selbst entworfen und in allen Einzelheiten so, wie Sie es möchten –, das wäre doch für Sie viel besser und vermutlich auf lange Sicht sogar billiger.»

Helen und ich sahen uns an. Daran hatten wir noch gar nicht gedacht.

«Wenn Sie ein Stück Land auftreiben, könnten Bob und ich innerhalb weniger Monate das Haus für Sie gebaut haben», sprach Elizabeth weiter. «Denken Sie doch mal darüber nach.»

Darüber brauchte ich nun wirklich nicht nachzudenken. Der ganze Horizont schien von einem strahlenden Licht erleuchtet zu sein. «Das ist genau das Richtige», sagte ich eifrig, und Helen nickte ebenfalls. «Warum ist uns das nicht früher eingefallen? So machen wir's!»

Die Mollisons schauten uns zweifelnd an. «Sind Sie sich ganz sicher? Vielleicht sollten Sie es sich ein paar Tage durch den Kopf gehen lassen?»

Ich schüttelte entschlossen den Kopf. «Nein, nein, wir fangen gleich an. Sie zeichnen uns ein paar Pläne, und ich suche irgendwo ein Stück Land, wenn ich in der Gegend herumfahre.»

Bob lächelte. «Schön, aber warten Sie mal – wir müssen uns irgendwann ausführlich unterhalten, damit wir überhaupt wissen, was Sie sich vorstellen. Wir brauchen viele Einzelheiten.»

«Wir wollen eine Durchreiche», sagte ich.

«Eine Durchreiche? Ist das alles...? Wie steht's mit Ihnen, Helen?»

«Eine Durchreiche», wiederholte meine Frau mit fester Stimme. Uns beiden schwebte das himmlische Bild vor, daß unsere Mahlzeiten durch dieses kleine Loch in der Wand von der

Küche direkt ins Eßzimmer befördert werden konnten. Nachdem wir jahrelang durch die langen Flure von Skeldale House gelatscht waren, stand das auf unserer Wunschliste ganz obenauf.

Die Mollisons lachten ausgiebig darüber, aber sie hatten die langen Flure in Skeldale House ja auch nicht gesehen.

«Also gut», sagte Elizabeth zwischen glucksenden Lachern. «Wir entwerfen dieses Haus also um die Durchreiche herum, ja?»

«Sehr richtig.» Noch mehr Gelächter, doch für Helen und mich hatte die Fröhlichkeit einen sehr ernsten Hintergrund.

Später trafen wir uns einmal zu einem ausführlichen Gespräch und legten die weniger wichtigen Einzelheiten wie Schlafzimmer und Badezimmer fest, und es dauerte nicht lange, da hielt uns das junge Paar bereits einen sehr ansprechenden Bauplan unter die Nase.

«Das ist ein sehr schönes Haus», murmelte Helen, als sie ihn studierte. «Die Dielen und die Treppe, alles hübsch klein, und all diese nützlichen eingebauten Geschirrschränke und Kleiderschränke. Sie haben wirklich an alles gedacht.»

«Vor allem an die Durchreiche!» sagten die Mollisons unisono, und das Gelächter fing wieder an.

Mittlerweile kämmte ich die Gegend nach einem Bauplatz durch und machte die Erfahrung, daß der schwer zu finden war. Man hatte nämlich etwas, was sich Stadt- und Raumplanung nannte, ins Leben gerufen, und es war zwecklos, einen meiner Farmersfreunde zu bitten, mir ein Stück Land von einem seiner Felder mit einer schönen Aussicht zu verkaufen.

Da sie nette Burschen waren, wollten sie gern behilflich sein, konnten aber nicht.

«Ich würde das mit dem größten Vergnügen tun, Jim», sagte einer zu mir, «aber es ist nicht erlaubt. Ich darf auf meinen Feldern nicht einmal meinem eigenen Sohn ein Haus bauen!»

So war es überall, und ich mußte einsehen, daß ich auf einer der wenigen zur Bebauung freigegebenen Flächen vor den Toren von Darrowby ein Grundstück auftreiben mußte. Meine Suche wurde immer verzweifelter und endete schließlich damit, daß ich ein Stück Baugrund zwischen zwei Häusern am Stadtrand auftat. Die Lage war hübsch, aber das Grundstück war klein.

«Hier bleibt nur eine Möglichkeit», sagte Bob Mollison. «Wenn Sie dieses Stück Land kaufen, müssen wir das Haus quer darauf setzen.»

Das beunruhigte uns. «Aber das wäre doch so schade», sagte Helen. «Es ist so ein hübsches Haus – ich habe mich in diese Vorderfront schon regelrecht verliebt.»

Bob zuckte die Achseln. «Ich fürchte, es geht nur so oder gar nicht. Viele Leute versuchen Bauland zu finden. Sie müßten vielleicht ewig warten, bis sich mal wieder etwas bietet. Und wir können ein paar Veränderungen vornehmen. Wir können es auch hübsch machen, wenn es anders herum steht.»

Elizabeth kam mit einem veränderten Entwurf zu uns, und der war tatsächlich ein akzeptabler Kompromiß. Wir kauften das Land und bereiteten uns darauf vor loszulegen.

Sofort taten sich weitere unerwartete Schwierigkeiten auf. Zu Beginn der fünfziger Jahre hatte sich Großbritannien von den Entbehrungen des Krieges noch nicht erholt. Vieles gab es einfach noch nicht in genügender Menge – und dazu gehörten Bauleute. Wir taten, was wir konnten, doch wir vermochten niemanden aufzutreiben, der als Bauleiter einen Vertrag mit uns schließen wollte. Zu guter Letzt gelangten wir zu der Überzeugung, daß wir nur anfangen konnten, wenn wir die verschiedenen Handwerker – die Zimmerleute, Maurer, Klempner etc. – selbst einstellten. So geschah es dann auch, und nach kurzer Zeit waren die Fundamente errichtet.

Von da ab war es aufregend, aber auch frustrierend, weil ich, wenn ich an der Baustelle vorüberkam, ein ums andere Mal sehen mußte, daß die Maurer herumsaßen, rauchten und Tee tranken. Die Erklärung war stets die gleiche: «Wir kommen nicht weiter. Die Zimmerleute haben sich nicht blicken lassen.» Oder es waren die Zimmerleute, die den Tee tranken, weil die Maurer nicht eingetroffen waren. «Wir kommen nicht weiter» war ein Satz, den ich zu fürchten lernte.

Aus diesem Grund ging es nur langsam voran. Nach mehreren Wochen standen die Mauern erst kniehoch. Im Sommer fuhren wir für vierzehn Tage in den Urlaub, und als wir bei unserer Rückkehr an der Baustelle vorbeikamen und erwarteten, einen großen Fortschritt zu sehen, zerschlugen sich all unsere Hoffnungen, als wir feststellten, daß das Haus überhaupt nicht gewachsen war.

Allmählich lösten sich die Probleme jedoch von selbst, und es kamen mehrere hektische Wochen, in deren Verlauf das Haus mit hexenhafter Geschwindigkeit in die Höhe wuchs. Dann war der große Tag da, an dem die Maurer, aufrichtige Burschen und erpicht darauf, mir eine Freude zu machen, die Giebelseite fast bis zum Dach hochgezogen hatten.

«Morgen machen wir das Dach drauf, Mr. Herriot», sagte einer von ihnen fröhlich. «Es ist bloß so, daß die Zimmerleute hätten dasein und den Dachfirst und die letzten Balken einziehen sollen, aber wir mauern die Giebelwand einfach bis ganz hinauf, und die Zimmerleute kommen dann heute nachmittag und stützen sie ab. Und dann freuen wir uns alle – wir setzen die Fahne. Sie werden sich freuen, das zu sehen.»

Er sprach die Wahrheit. Ich wäre mehr als froh, ich würde in Verzückung geraten vor Zufriedenheit darüber, das Dach mit der traditionellen Fahne auf unserem neuen Haus zu sehen. Ich konnte es kaum erwarten, am folgenden Morgen als erstes dorthin zu fahren und es mir anzuschauen.

Es war eine sehr stürmische Nacht gewesen, mit Windgeschwindigkeiten von neunzig Meilen pro Stunde, wie es im Radio hieß, doch ich dachte gar nicht daran, bis ich mit dem Auto dort ankam und auf die Verwüstung schaute. Die Zimmerleute waren nicht zum erwarteten Zeitpunkt gekommen, und die ungestützte Giebelwand zur Straße hin lag in Form wüster Ziegelhaufen im Garten vor dem Haus. Überall hingen verbogene Gerüststreben herum. Meine Gefühle kann ich nicht beschreiben.

Ja, in dieser schicksalhaften Nacht kam der Sturm und kippte das ganze Ding um. Es war einfach Pech, keiner hatte schuld daran, und so kam es dazu, daß ich mich bei Lord Houlton für meine verspätete Visite bei seinem Pferd entschuldigen mußte.

Wie die meisten kleineren Katastrophen im Leben wurde auch diese überstanden. Der Giebel wurde wieder aufgebaut und das

Haus binnen Wochen fertiggestellt. Und es war ein hübsches Haus; ein glänzender Erfolg und mit seinen vielen neuen Errungenschaften und modernen Ideen ein dauerhafter Beweis für das Können von Bob und Elizabeth.

Die Richtigkeit unseres Plans, selbst zu bauen, hatte sich bestätigt, und zu guter Letzt besaßen wir, was wir uns gewünscht hatten – ein Zuhause, in dem unsere Familie viele Jahre lang glücklich war. Doch manchmal denke ich an jenen Morgen zurück, an dem ich durch die Brawton Road fuhr und, während der Wind noch immer heulte, aus meinem Auto auf den Haufen von Ziegelsteinen und geborstenen Balken schaute.

Das war wirklich ein schlimmer Augenblick. Oh, Mist.

22

In der Calum-Buchanan-Ära gab es eine Zeit, da war ich überzeugt davon, Halluzinationen zu haben. Ich kam durch die Vordertür von Skeldale House herein und erblickte dort im Gang einen Dachs, der gemächlich auf mich zugewatschelt kam. Marilyn hatte inzwischen das ganze Haus in Beschlag genommen, und ich mochte das liebenswerte kleine Tier gern.

«Hallo, altes Mädchen», sagte ich und tätschelte ihr den hübschen gestreiften Kopf. «Du bist ja wirklich nett. Ich begreife allmählich, warum dein Herr einen solchen Narren an dir gefressen hat.»

Ich ging ins Büro und blieb einen Augenblick wie betäubt stehen. Calum saß am Schreibtisch und hatte Marilyn um die Schulter geschlungen.

«Was ... was ...», stammelte ich.

Calum schaute hoch und wollte gerade den Mund aufmachen, als Siegfried das Zimmer betrat. Ein paar Sekunden lang starrte er den jungen Mann ungläubig an. «Was zum Henker ist das denn? Ich wäre da draußen beinahe über Ihren verdammten Dachs gestolpert, und jetzt ist er hier drin.»

Calum lächelte. «Ach ja», sagte er lässig. «Da im Gang, das ist nicht Marilyn, das ist Kelly.»

«Kelly?»

«Ja, mein anderer Dachs.»

Siegfried wurde rot. «Ihr anderer Dachs ... Ich wußte gar nicht, daß Sie noch einen haben.»

«Na ja, ich mußte ihn einfach haben. Ich sah, daß Marilyn einsam war – ich kenne die Anzeichen. Sehen Sie», sagte er ganz aufrichtig, «ich weiß zwar, sie hat mich zur Gesellschaft, aber wenn ein Tier einsam ist, hilft im Grunde nur ein zweites der gleichen Art, das kann man nicht ersetzen.»

«Tja, das klingt ja alles sehr schön», sagte Siegfried, und seine Stimme wurde lauter. «Aber ich war schon nicht scharf darauf, eins von diesen Viechern hier zu haben, und nun sind es gleich zwei. Was glauben Sie denn, was dieses Haus ist – eine Pension für einsame Dachse?»

«O nein, nein. Aber Sie müssen doch zugeben, daß es nette, freundliche kleine Wesen sind – sie machen überhaupt keine Schwierigkeiten.»

«Darum geht es nicht. Ich –» Mitten in seinem Redefluß wurde mein Partner durch das Läuten des Telefons unterbrochen. Er nahm den Hörer ab, und während er zuhörte, kam Kelly ins Zimmer geschlurft. Ein paar Augenblicke später legte Siegfried den Hörer auf und sprang hoch. «Dem guten Pferd bei Lord Houlton geht es schlechter. Ich muß hin.» Mit einem letzten ungläubigen Blick auf die beiden Dachse, die inzwischen auf dem Boden spielten, stürzte er aus dem Zimmer.

«Er ist doch nicht verärgert, oder?» wollte Calum wissen.

«Ein bißchen wohl schon, aber das vergißt er wieder. Wenn ich Sie wäre, würde ich Kelly ein paar Tage in der Wohnung lassen.»

Er nickte und zeigte dann in Richtung Fenster. «Da draußen steht Rod Milburns Wagen. Er hat ein Mutterschaf gebracht. Er meint, es sei Gebärmutterhalsverengung.»

Das Lammen war gerade voll im Gange, und dies war das Jahr, in dem die vorher bei Schafen ganz ungewöhnliche Kaiserschnittoperation sich schnell wachsender Beliebtheit erfreute. Das hatte mehrere Gründe. Farmer und Tierärzte waren sich einig darin, daß es, wenn das Lammen sich zu lange hinzog, in vielen Fällen besser war, das Mutterschaf zu operieren und «sie von der Seite rauszuholen», wie es so schön hieß. Es konnte die schlimmsten Folgen haben, wenn man ein Mutterschaf nur ein kleines bißchen hart anfaßte – wenn man etwa einen Gebärmutterhals mit Gewalt dehnte, um ein groß geratenes Lamm herauszuziehen, konnte man leicht das Gewebe zerreißen –, und aus irgendeinem Grund trat die Gebärmutterhalsverengung nun sehr häufig auf.

Man erkannte sie daran, daß man am Cervix nicht die übliche wellenförmige Muskulatur ertastete, sondern lediglich ein glattes Gewebeband, das sich auch nach den üblichen Injektionen, die gespritzt wurden, wenn sich der Gebärmutterhals nicht geweitet hatte, nicht dehnte. Bei solchen Tieren war es das beste, wenn man ohne Verzögerung operierte, um dem Schaf Schmerzen zu ersparen und lebende Lämmer zu erhalten.

Tierärzte führten den Kaiserschnitt auch in schweren Fällen von Toxämien während der Gravidität durch, denn hatte ein Schaf erst einmal seine Lämmer zur Welt gebracht, waren die Chancen, daß es sich erholte, weitaus günstiger. Das Ergebnis war, daß wir die Operation so häufig durchführten, daß die Farmer ihre Schafe sogar zu uns in die Praxis brachten, um uns den Weg zu ersparen.

Wir gingen mit Rod Milburn hinaus auf den Hof, wo Calum einen Ärmel hochkrempelte und das Innere des Schafs erforschte.

«Typische Gebärmutterhalsverengung, Rod», sagte er, «wir experimentieren also lieber gar nicht erst rum. Wir kochen aus, und inzwischen erledigst du das Schnippeln.»

Der Farmer holte seine Schere aus dem Wagen, legte das Mutterschaf auf die Seite und schnitt fachmännisch das Vlies an der Flanke ab. Ich rasierte, desinfizierte und betäubte die Stelle mit einem Lokalanästhetikum, und dann erschien Calum mit den sterilisierten Instrumenten auf einem Tablett. Ich habe noch nie einen Tierarzt erlebt, der es mit der Sterilität so peinlich genau nahm – ganz gleich, wohin er bei seinen Besuchsrunden ging, überallhin nahm er einen Metallbehälter mit frisch ausgekochten Messern, Zangen und Nadeln mit, und er war noch gar nicht lange bei uns gewesen, als seine hohe Erfolgsquote schon für jedermann sichtbar wurde. Wenn Calum operierte, überlebten die Patienten.

Ich ließ ihn nun loslegen, und es war beeindruckend, seine großen Hände mit den kräftigen Fingern bei der Arbeit zu sehen: Rasch durchtrennten sie die Haut, die Muskeln und das Bauchfell, öffneten dann den Uterus und zogen zwei zappelnde Lämmer mit schwarzen Gesichtern heraus. In Null Komma nichts nähte er bereits wieder zu und grinste die zwei winzigen Tierchen an, die zielstrebig auf das Euter zutrippelten.

Rod war entzückt. «Das ist toll! Es war richtig, daß ich gleich zu Ihnen runtergekommen bin. Wir haben lebende Zwillinge und eine gesunde Mutter.» Er hob die Lämmer auf das auf der Ladefläche seines Wagens ausgestreute Stroh, und das Schaf sprang nach ihnen hinauf, als sei gar nichts mit ihm gewesen.

Ich hatte schon viele von diesen Operationen gemacht, aber nie aufgehört, darüber zu staunen, wie wenig sie dem Mutterschaf auszumachen schienen. Einmal war ich nach einem Kaiserschnitt, den ich in einem Bretterverschlag auf einer Farm ausgeführt hatte, gerade mit dem Nähen fertig, als das Schaf mit einem Ruck seinen Kopf aus dem Griff des Farmers befreite, von dem als Operationstisch dienenden Strohballen, auf dem es lag, aufsprang, mit einem Riesensatz die halbhohe Tür überquerte und auf dem Feld davongaloppierte.

Als ich den Farmer ein paar Tage später wiedersah und mich nach dem Schaf erkundigte, sagte er: «Zum Glück ist sie zu ihren Lämmern zurückgekommen, sonst hätte ich sie erst wer weiß wann wieder zu Gesicht gekriegt!»

Nachdem Rod Milburn mit der neuen Familie weggefahren

war, begannen wir mit unserer Arbeit im Sprechzimmer. Ich machte eine Laparotomie bei einem Labrador, der seinen Lieblingsball verschluckt hatte, und Calum entfernte mit der ihm eigenen Gelassenheit einen Tumor am Gesäuge eines Springerspaniels.

Wir waren beim Aufräumen, als er auf drei Katzenkisten zeigte, die neben der Tür standen. «Was ist denn mit diesen Katzen?»

«Ach, das sind Sterilisationen. Ich bring sie rüber zu Granville Bennett.»

«Machen Sie denn diese Sachen nie selbst?»

«Nein. Wir schicken alle Sterilisationen von Katzen und Hündinnen zu Granville.»

Calum starrte mich an. «Warum um alles in der Welt tun Sie das?»

«Oh, er ist ein erstklassiger Arzt – ausgezeichnet. Macht seine Sache fabelhaft, und sie kommen alle in guter Verfassung wieder.»

«Jede Wette darauf, ja. Ich weiß alles über Granville Bennett, aber Jim, Sie sind absolut imstande, diese Sachen selbst zu machen.»

«Ja, ich weiß, aber so haben wir es immer gehalten. Wir sind eine Praxis für Großtiere. Das hier läuft nur nebenbei so mit.»

Er lachte. «Seitdem ich hier bin, sehe ich Sie Laparotomien, Enterotomien und Pyometren durchführen. Wo ist da der Unterschied?»

«Das weiß ich im Grunde auch nicht, Calum. Bei diesen Operationen handelt es sich immer um Notfälle. Vielleicht liegt es daran, daß man bei einer Sterilisation anfängt, an einem gesunden Tier herumzuschnippeln. Das ist wahrscheinlich dumm.»

«Ich weiß, was Sie meinen. Sie können die Vorstellung nicht ertragen, daß ein Klient mit seinem gesunden kleinen Tier zu Ihnen kommt und die Operation dann schiefgeht.»

«So ähnlich. Vielleicht rührt das alles nur von mangelndem Selbstvertrauen her. Ich betrachte mich nun mal als Arzt für die Tiere der Bauern, der solche Operationen nicht machen sollte.»

Calum hob einen Finger. «Also, bei allem Respekt, Jim, von diesen Vorstellungen müssen Sie sich verabschieden. Kleintierarbeit ist das Gebiet der Zukunft, und die Zeit ist vorbei, in der Tierärzte Routineoperationen wie zum Beispiel Sterilisationen nur deshalb ablehnen, weil sie meinen, dafür keine Zeit zu haben.»

«Vielleicht haben Sie recht. Wir sollten irgendwann damit anfangen.»

«Warum denn nicht sofort?»

«Wie bitte?»

«Lassen Sie es uns mit diesen drei probieren. Sterilisationen sind ganz leicht – in der Klinik am College habe ich etliche gemacht.»

Ich wollte gerade Einspruch dagegen erheben, doch Calum wuchtete schon eine Kiste auf den Tisch und hob ein hübsches, zwölf Wochen altes Kätzchen heraus. «Also los!» rief er. «Sterilisation Nummer eins – der Beginn einer neuen Ära in Skeldale House.»

Ich ließ mich von seiner Begeisterung mitreißen, und schon bald hatten wir das kleine Wesen betäubt und die Operationsstelle vorbereitet. Calum hob das Messer und machte einen kleinen Schnitt in die Flanke. «Schlüsselloch-Chirurgie ist hier das A und O. Das geht so leicht, daß man gar nicht viel Platz zum Arbeiten braucht. Man fischt einfach den Uterus heraus.» Er führte die Zange in den Schnitt ein. «Überhaupt kein Problem.»

Mit dem Zangenende fischte er einen schmalen Gewebestrang heraus. «Da ist er schon, sehen Sie, ein Kinderspiel.» Dann hielt er inne. «Nein, das ist er nicht.» Er schob das Ding wieder hinein und suchte weiter drinnen noch einmal. Doch als er die Zange hervorzog, war es immer noch nicht der Uterus, den er gepackt hatte, sondern der gleiche geheimnisvolle rosaweißliche Faden.

«Verdammt! So was ist mir doch noch nie passiert», brummte er und setzte zu einer weiteren Forschungsreise in dem kleinen Unterbauch an. Als er gerade wieder das falsche Teil herausgezogen hatte, klingelte das Telefon.

«Milchfieber, akutes Stadium. Dringend. Ich fürchte, ich muß fort, Calum, kommen Sie klar?»

«Natürlich. Aber wo zum Teufel ist dieser Uterus?»

Ich ließ ihn mit der kleinen Katze, die er verzweifelt betrachtete, allein.

Als wir uns später wiedersahen, grinste er mich mit kläglicher Miene an. «Tut mir leid, daß ich meine Vorführung so vermasselt hab, Jim. Sie waren kaum zur Tür hinaus, da hatte ich den Uterus schon gefunden, und ein paar Minuten später war die ganze Angelegenheit erledigt. Anschließend habe ich die anderen beiden Katzen auch noch verarztet – kein Problem.»

Ich glaubte ihm. Wenn es je einen von Natur aus begabten Chirurgen gegeben hat, dann Calum. Aber damit war die Geschichte noch nicht zu Ende. Ein paar Tage später wurden uns vier neue Sterilisationen gebracht, und da Calum ganz allein in der Praxis war, betäubte er sie mit Nembutal, anstatt unsere Sauerstoff-Äther-Maske zu benutzen, und machte sie allein. Als ich in den Operationsraum kam, fing er gerade mit der letzten an.

«Ich freue mich, Sie zu sehen, Jim. Ich hab gerade diese drei durchgenommen», sagte er und zeigte auf die schlafenden Katzen, «es ging doppelt so schnell. War ein Klacks. Und wo Sie nun schon mal da sind, kann ich Ihnen zeigen, was ich meine.»

Er führte die Zange in den Schnitt ein und zog nicht den Uterus heraus, sondern das gleiche fadenartige Band wie zuvor. Er starrte einen Augenblick lang darauf, und dann versuchte er es noch einmal und danach ein drittes Mal, doch immer mit dem gleichen Ergebnis.

«Das kann doch nicht wahr sein!» brach es aus ihm hervor. «Das ist ja wie Schwarze Magie.»

Ich lachte und klopfte ihm auf die Schulter. «Tut mir leid, daß ich nicht warten kann, Calum. Ich wollte nur mal zwischen zwei Fällen kurz hereinschauen und sehen, wie Sie zurechtkommen.»

«Bevor Sie da waren, ging es ganz prima!» schrie er, als ich hinausging.

Wenn ich daran zurückdenke, wird mir klar, daß dies eine der seltsamen und unerklärlichen kleinen Episoden in meinem Leben war, denn bei der dritten Gelegenheit, ungefähr eine Woche später, beugte sich mein Kollege gerade über eine schlafende Katze, als ich das Operationszimmer betrat.

Er sah hoch und lächelte mir eifrig zu. «Da sind Sie ja wieder, Jim. Ich habe ein paar Sterilisationen gemacht, und es ging wie am Schnürchen, und jetzt fange ich gerade mit einer neuen an. Schauen Sie mal zu, ich zeige Ihnen, wie ich das mache.»

Schnell und selbstsicher tauchte er seine Zange in das Innere des Tiers, und anstelle des erwarteten Uterus kam das gleiche schmale Band rätselhaften Ursprungs zum Vorschein. Er schob es wieder zurück und versuchte es immer wieder, doch ohne Erfolg.

«Himmel, Arsch und Zwirn!» schrie er. «Was ist denn nur los? Als es letztens passiert ist, dachte ich, es habe daran gelegen, daß ich so aufgetrumpft habe, aber jetzt weiß ich Bescheid. Es liegt an Ihnen!» Er schaute mich wild an. «Sie sind ein Unglücksbote. Sie verzaubern mich jedesmal mit dem bösen Blick.»

«Oh, tut mir leid, Calum», sagte ich und kämpfte gegen ein Kichern an. «Das sind einfach unglückliche Zufälle – aber ganz nebenbei, was ist das denn, das Sie da immer wieder herausziehen? Hat das einen Namen?»

«Den bekommt es jetzt», knurrte mein Kollege grimmig. «Es heißt Herriot-Röhre.»

Der Ausdruck ging ins Vokabular der Praxis ein, und noch lange nachdem die Sterilisation keine Neuerung mehr war, sondern eine regelmäßig durchgeführte unkomplizierte Routineoperation, ertönte jedesmal, wenn sich das verirrte Gewebe zeigte, der Ruf:

«Die Herriot-Röhre, da ist sie ja wieder!»

23

Als ich am ersten Morgen nach unserem Umzug nach Rowan Garth erwachte, war ich innerlich auf höchste Aktionsbereitschaft eingestellt. Wie ein Sprinter in den Startblöcken war ich darauf vorbereitet, mir meine Sachen überzuwerfen und zu meinem tagtäglichen Galopp durch die eisigen Weiten von Skeldale House aufzubrechen. So sehr war ich darauf getrimmt, daß meine Beine schon sprungbereit zu zucken begannen, als der Wecker klingelte. Ich brauchte eine Minute oder zwei, um mich daran zu erinnern, daß derlei Dinge wie die Strapaze des Feuermachens, der Kampf mit dem Steinkohleofen und das Herumrennen, um warm zu bleiben, hinter mir lagen.

Alles war zur Hand. Fast mühelos zog ich mir einen Morgenrock über und schlenderte die paar Stufen hinunter in die kleine

Diele und die Küche, in der mich die paradiesische Wärme des Aga-Herds einhüllte. Dinah, mein Beagle, kam schwanzwedelnd aus ihrem Korb, und während ich sie tätschelte und die üblichen morgendlichen Höflichkeiten mit ihr austauschte, konnte ich einen «Ist-das-nicht-wundervoll»-Ausdruck in ihren Augen entdecken.

Es war himmlisch. Wie in Trance stellte ich den Wasserkessel auf die Heizplatte und streute den Tee in die Teekanne, und ich merkte kaum, daß es aufwärts ging, als ich mit Helens Morgentasse die Treppe hinaufschwebte.

Wieder in der Küche, goß ich mir selbst eine Tasse Tee ein und stand einen Augenblick da, trank in kleinen Schlucken das duftende Getränk und kuschelte mich an den Aga, während ich auf die grünen Felder hinausschaute und mich fühlte wie ein Sultan. Schöner, dachte ich, konnte das Leben nicht sein.

Nun war alles so einfach. Meine fehlgeschlagenen Versuche, jene anderen Häuser zu kaufen, hatten damals wie eine schwarze Zerstörung all meiner Hoffnungen ausgesehen, in Wirklichkeit waren es jedoch gesegnete Glücksfälle gewesen. Ich besaß jetzt ein Haus, das viel schöner war als jene beiden anderen: modern, vernünftig klein, bequem ... und warm. Einen Augenblick betrachtete ich die lang ersehnte Durchreiche: O ja, es war die Erfüllung eines Traums.

Gewiegt von diesen Gedanken, sank ich dankbar in meinen Sessel, schoß jedoch sofort wieder hoch, als ein krächzendes Geräusch unter mir losbrach. Meine Seelenruhe war dahin, ich hob das Kissen hoch und fand darunter einen Lachsack. Schrilles Lachen ertönte oben von der Treppe, als ich die Tür aufriß und Jimmy und Rosie sah, die sich schadenfroh über das Geländer beugten.

«Ihr kleinen Luder!» schrie ich und stürmte nach oben. «Schon am allerersten Morgen! Aber ich kriege euch!» Doch bis ich oben angekommen war, hatten sie sich schon in ihren Schlafzimmern eingeschlossen, und ich hatte keine Lust, die Sache weiter zu verfolgen.

Als ich mich zum zweiten Mal niederließ, sann ich über die Tatsache nach, daß ich von nun ab besonders aufpassen mußte.

Dad ein paar hübsche Streiche zu spielen war ein Hobby meiner Kinder – nachgemachte Tintenkleckse, Brötchen, die quietschten, wenn man hineinbiß, Briefumschläge, die beim Öffnen ein grauenhaftes Summen ertönen ließen –, dem sie morgens, wenn meine Abwehrkräfte geschwächt waren, besonders gern nachgingen. Jedesmal, wenn wir meine Eltern in Glasgow besuchten, marschierten sie schnurstracks in Tam Shepherds Scherzartikelladen in der Queen Street, um ihre Vorräte aufzufrischen, und in diesem kleinen Haus war ich viel leichter verwundbar.

Ich brauchte jedoch nur einige beruhigende Schlucke Tee, um wieder in meinen vorherigen euphorischen Zustand zu versinken. Ich traute meinen Sinnen nicht: die Wärme und die Bequemlichkeit und das Gefühl, daß man die Arme ausstrecken und alles anfassen konnte. Das Leben würde für Helen nun so viel leichter sein.

Der Friede hielt nicht lange an. Kaum waren die Kinder nach unten gekommen, erbebte die Küche von einem ohrenbetäubenden Lärm. Jimmy hatte einen zweiten Lautsprecher auf einem Regal postiert, damit wir die Platten, die wir auf unserer geliebten, nun im Eßzimmer nebenan aufgestellten Murphy-Musiktruhe abspielten, auch in der Küche hören konnten, und innerhalb weniger Augenblicke brüllte Elvis Presley mir seine Botschaften in die Ohren.

Ich entkam für kurze Zeit, indem ich Helen ihre zweite Tasse nach oben brachte. In Skeldale House war dies über eine lange Zeit das einzige Zugeständnis gewesen, das ich ihr abringen konnte, als ich sie bat, die Dinge morgens lockerer anzugehen, und ich war entschlossen, an dieser Gewohnheit auch in unserem neuen Heim festzuhalten. Als ich nach unten kam, holte ich von draußen die Zeitung herein, nahm mir meine Teetasse und ließ mich wieder am Tisch nieder.

Rosie, die neben mir saß, schaukelte rückwärts und vorwärts zum Takt der Musik, und sie steigerte sich so hinein, daß sich bei einem ihrer Schwünge rückwärts der Stuhl seitwärts drehte und das Stuhlbein auf meinem im Pantoffel steckenden Zeh landete. Zu jener Zeit war sie ein kleiner Pummel und sehr schwer, und ich schrie auf vor Schmerz. Mein Tee flog durch die Luft und regnete als warme Dusche auf die Zeitung. Als ich auf die Füße sprang und in meiner Pein herumhüpfte, kreischten mein Sohn und meine Tochter vor Lachen, und Dinah stimmte zur Krönung des Spaßes ein lustiges Gebell an.

Während ich mich in Qualen wand, fiel mir ein, daß es diesen beiden binnen weniger Minuten schon zum zweiten Mal gelungen war, sich auf Dads Kosten königlich zu amüsieren. Ein denkwürdiger Tag für sie.

Die Musik sollte zu einem regelmäßigen Bestandteil unserer morgendlichen Routine vor der Schule werden, und anfangs war es eine Folter für mich, da ich als lebenslanger Anhänger klassischer Musik die Popmusik entsetzlich fand. In meinen Ohren war das lediglich lauter, unangenehmer Krach. Doch während in Rowan Garth die Monate vorüberzogen und ich jeden Tag «Blue Suede Shoes», «Don't Be Cruel», dem «Jailhouse Rock» und anderen Songs ausgesetzt wurde, entwickelte ich etwas, was einer Zuneigung zu Elvis nahekam, und jetzt, mehr als dreißig Jahre später, kann mich jeder dieser Songs, wenn er im Radio gespielt wird, in jene Morgenstunden in der Küche in Rowan Garth zurückversetzen, wo die Kinder vor ihren Cornflakes saßen und mein Hund neben mir lag und die Welt jung und sorgenfrei war.

Und trotzdem... zu jener Zeit schlugen meine Gefühle auch in die andere Richtung heftig aus. Als wir am Tag zuvor aus Skeldale wegzogen, war dies weit schmerzlicher gewesen, als ich es mir je vorgestellt hatte. Nachdem der Möbelwagen unsere letzten Sachen fortgebracht hatte, strich ich durch die leeren Räume, in denen das Lachen meiner Kinder widergehallt hatte. Das große Wohnzimmer, in dem ich die Gutenachtgeschichten vorgelesen hatte und in dem, noch weiter zurückliegend, Siegfried, Tristan und ich es uns in junggesellenhafter Unbekümmertheit hatten gutgehen lassen, schien mir in seinem alterslosen Charme und seiner Schönheit einen Vorwurf zu machen. Der hübsche Kamin mit der Glasvitrine darüber und der alte Zinnkrug, in dem wir unsere Barschaft aufbewahrten und der immer noch dort stand, die Verandatür, die auf einen langen, von hohen Mauern gesäumten Garten mit Rasen, Obstbäumen, Spargel- und Erdbeerbeeten hinausging – all diese Dinge waren Teil eines großen wogenden Ozeans von Erinnerungen.

Ich ging nach oben in das große Zimmer mit dem Alkoven, in dem Helen und ich geschlafen hatten und in dem auch unsere Kinder, solange sie noch klein gewesen waren, im Kinderbett dort in der Ecke geschlafen hatten. Mit schweren Schritten ging ich über die bloßen Dielen ins Ankleidezimmer. Jimmy und Rosie hatten sich diese Kammer geteilt, und ich hörte förmlich noch ihr Kichern und Necken, mit dem jeder neue Tag seinen Anfang nahm.

Ich stieg noch ein Stockwerk weiter hinauf zu den kleinen Kammern unter dem Dach, in denen Helen und ich unser Eheleben begonnen hatten. Hier dienten uns einst eine an die Wand gestellte Bank und ein einflammiger Gaskocher als Küchengerät. Ich ging hinüber zum Fenster, schaute über die krummen Dächer der kleinen Stadt hinüber zu den grünen Hügeln und schluckte den dicken Kloß hinunter, der mir im Hals steckte. Das liebe alte Skeldale House. Ich war so froh, daß wir es für unsere Praxis weiter behielten und ich jeden Tag durch seine Türen gehen würde, doch meine Familie ging von hier fort, und ich fragte mich, ob wir wieder so glücklich sein konnten, wie wir es hier gewesen waren.

24

«Kann ich den Doktor mit dem Dachs sprechen?»

Während ich den Hörer an unseren neuen Assistenten weiterreichte, fiel mir schlagartig auf, daß diese Bitte alltäglich wurde, und es tat mir gut, sie zu hören. Sie bedeutete, daß Calum von den Farmern akzeptiert wurde. Es machte mir überhaupt nichts aus, wenn einige von ihnen lieber ihn als mich wollten. Was ich fürchtete, war, «Schicken Sie mir bloß nicht diesen Pfuscher!» hören zu müssen, denn so war es einigen meiner Kollegen in der Nachbarschaft ergangen, als sie neue Assistenten eingestellt hatten.

Ich hatte ein solches Glück mit John Crooks gehabt, der ein außerordentlicher Gewinn für unsere Praxis gewesen war, daß es vermutlich zuviel vom Schicksal verlangt gewesen wäre, uns zum zweiten Mal einen erstklassigen Mann zu schicken. All diese neuen Hochschulabsolventen waren besser ausgebildet als ich einst, doch es gab bestimmte Gründe dafür, daß einige wenige es nicht schafften. Ein paar von ihnen konnten sich einfach nicht auf den Dauerbetrieb einer Allgemeinpraxis mit ihren unsozialen Sprechstunden einstellen, anderen fehlte die Gabe, mit ihren Klienten auszukommen, und einer oder zwei waren zwar theoretisch brillant, aber praktisch völlig unbegabt.

Calum schien sich zu meiner großen Erleichterung mühelos in die Arbeit einzufinden, doch genauso, wie John und Tristan sich voneinander unterschieden hatten, unterschied er sich von ihnen. Und zwar beträchtlich. Sein allgegenwärtiger Dachs faszinierte die Leute, seine große, von dem Walroß-Schnurrbart geprägte Erscheinung, seine beflissene Freundlichkeit und seine ungewöhnliche Lebenseinstellung weckten das Interesse aller unserer Klienten, ob nun Farmer oder Besitzer von Kleintieren, doch, und das war das wichtigste, er beherrschte sein Metier. Er war ein guter Arzt.

Phin Calvert, eines der Originale unter unseren Klienten, der mich bei meinen Visiten auf seiner Farm stets mit «Sie Glückspilz» anredete, hatte mir seine Meinung über Calum in der für ihn typischen schnörkellosen Art mitgeteilt. «Dieser Bursche», sagte er, «ist ein *Tierdoktor.*»

Mein Kollege Calum legte den Hörer auf und wandte sich mir zu. «Das war Eddie Coates. Er sagt, er hat ein Vieh, das ein bißchen schwermütig ist. Ich werd wohl Fachmann für schwermütige Viecher.»

Ich lachte. «Gut, Calum. Dann sollten Sie sich auf den Weg machen.»

Einen Augenblick schaute er mich nachdenklich an, dann: «Ich möchte Sie noch was fragen, Jim. Könnte ich meine Dienste ein bißchen verlagern?»

«In welcher Hinsicht? Wollen Sie den freien Nachmittag an einem anderen Tag?»

«Nein, ich würde morgens gern um sechs anfangen und um zwei Uhr nachmittags aufhören.»

Ich starrte ihn entgeistert an. «Wozu soll das denn gut sein?»

«Ich hätte dann mehr Gelegenheit, in der Gegend herumzukommen – mehr von der Natur und der Flora hier draußen kennenzulernen.»

«Tja, das tut mir leid, Calum. Ich weiß, daß Sie ganz scharf auf solche Sachen sind, doch diese Stundeneinteilung ist einfach unpraktisch. Das können wir nicht machen – es würde nicht funktionieren.»

Er zuckte weise die Achseln, sagte «Okay» und wendete sich zum Gehen.

«Einen Augenblick noch, Calum», sagte ich. «Wenn wir schon darüber reden, möchte ich noch etwas anderes zur Sprache bringen. Sie machen sich ein bißchen rar.»

«Wie bitte?»

«Ja. Kaum aufzutreiben, wenn ich Sie brauche. Wie Sie wissen, haben ziemlich viele der kleinen Farmen kein Telefon, und manchmal ist es mir dann nur zu den Mahlzeiten gelungen, meinen Assistenten aufzutreiben. Sie aber haben sehr unregelmäßige Essenszeiten, und oft waren Sie hier und sind schon wieder fort, ohne daß ich informiert war, und es könnte ja mal etwas Dringendes sein. Rufen Sie mich doch also bitte immer an, wenn Sie in die Praxis kommen.»

Calum salutierte spöttisch vor mir. «Sehr wohl, Sir, ich werde mich stets zurückmelden.»

Wir gingen zusammen zur Apotheke hinüber, und im Flur schlug mir ein fürchterlicher Gestank entgegen. Widerlich und entsetzlich schien er von oben zu kommen, und ich sah, daß aus Calums Wohnung kleine Dampfwölkchen drangen.

«Zum Teufel, Calum, das ist ja ein ekelhafter Gestank! Was geht denn da oben vor?»

Er schaute mich ein wenig verwundert an. «Ach, ich koche gerade ein bißchen Magen für meine Tiere.»

«Magen! Was denn für Magen?»

«Ganz gewöhnliche Kuhmägen. Reste vom Metzger. Er meint, ich kann nach Belieben Magen haben, der nicht mehr ganz frisch ist.»

Ich legte mir das Taschentuch vors Gesicht und schrie durch die Falten: «Verdorbenen Magen! Das soll wohl ein Witz sein!

Gehen Sie um Gottes willen rauf, und nehmen Sie den Topf vom Herd. Und streichen Sie die Bestellung beim Metzger.»

Ich taumelte in den Garten hinter dem Haus und holte ein paarmal tief Luft, und während ich an der Mauer lehnte, ging mir ein kleiner Gedanke im Kopf herum. Ich war mir sicher, daß ich eine gute Beziehung zu Calum entwickeln würde, doch nichts auf der Welt war je vollkommen.

Als ich später zum Mittagessen in die Praxis kam, bestätigte sich, daß er sich meine Worte vom Morgen zu Herzen genommen hatte. Das Telefon läutete, und am anderen Ende ertönte Calums Stimme: «Bitte essen gehen zu dürfen, Sir!»

«Gestattet, junger Mann!» erwiderte ich und nahm froh den von ihm angeschlagenen Ton auf. Damals wußte ich das noch nicht, doch die ganze Zeit über, die er in unserer Praxis bleiben würde, sollte ich tagtäglich diese Worte zu hören bekommen. Nicht ein einziges Mal kam er zu den Mahlzeiten her, ohne sich zu melden, und wenn ich heute auf diese Jahre zurückblicke und an ihn denke, meine ich die Worte immer noch zu hören.

«Bitte essen gehen zu dürfen, Sir!»

25

Als wir in Rowan Garth neu anfingen, spürte ich erneut die Regungen des Drangs, der mich während unserer ersten Tage in Skeldale zu jenen Haushaltsauflösungen getrieben hatte. Da ich der Ernährer der Familie war, war es meine Aufgabe, für die absoluten Lebensnotwendigkeiten zu sorgen – wie die Konzertina zum Beispiel. In Rowan Garth hatte ich eine plötzliche Eingebung ganz anderer Art. Ich mußte im Garten hinter dem Haus einen Rasen-Tennisplatz anlegen. Er war für die Kinder gedacht, aber auch für mich und Helen, denn wir waren begeisterte Spieler – wenn wir die Zeit dafür fanden.

Nachdem ich den Platz ausgemessen hatte, war mir klar, daß das größte Problem darin bestand, zu verhindern, daß der Ball aus dem Garten hinaus und weit weg flog. Offensichtlich war ein hohes, um den ganzen Platz gezogenes Netz vonnöten, und ich sah mein Problem schon gelöst, als ein Fischer an unsere Tür klopfte, der Fischernetze verkaufte. Er habe sein Gewerbe gerade aufgegeben, sagte er, und er verkaufe diese vorzüglichen Netze zu einem Preis, der fast geschenkt sei. Ich kaufte für zwölf Pfund ein riesiges Bündel Netze, die mit einem teerigen Seil fest zusammengeschnürt waren, und zeigte Helen stolz meine Neuerwerbung.

Sie war nicht beeindruckt. «Bist du sicher, Jim, daß du nicht wieder etwas Dummes gemacht hast? Du weißt doch, daß man dich leicht übers Ohr hauen kann.»

Ich war empört. «Übers Ohr hauen? Unmöglich! Man konnte doch sehen, daß der Fischer eine ehrliche Haut war. Er stammt aus Fraserburgh, und er trug einen marineblauen Pullover. Er hatte ein freundliches, rotes, offenes Gesicht, und er roch nach Teer und Salz. Er sagte, dies seien seine letzten Netze, und er verkaufe sie besonders billig, weil er sie loswerden wolle, damit er nach Hause fahren könne.»

«Hmm. Das zu hören gefällt mir auch nicht besonders», murmelte Helen. «Hast du einen Blick in seinen Lieferwagen geworfen und nachgesehen, ob er noch mehr hat?»

«Nein ... das war wirklich nicht nötig. Ich versichere dir, diesmal habe ich einen guten Kauf gemacht. Komm, ich werd's dir beweisen.»

Wir gingen hinaus auf den Rasen, und ich fing an, die riesigen Netzbündel aufzuknüpfen. Doch schon begann mein Mut zu sinken: Sie waren eine Ansammlung enormer Löcher, manche davon fast einen Meter im Durchmesser. Helen fing an zu kichern, und während ich ein löchriges Netz nach dem anderen aufrollte, stakste sie lauthals lachend herum.

«Ach, mein Lieber», sagte sie und wischte sich die Tränen ab. «Es ist doch gut, daß es wenigstens einen praktischen Menschen in dieser Familie gibt. Gott sei Dank mache ich solche Dummheiten nie.»

Tief enttäuscht schaute ich mir trübsinnig die nutzlosen Netze an. «Ich könnte die Löcher vielleicht mit Stricken flicken», sagte ich.

«Ach, hör auf», sagte Helen und wollte sich schon wieder kranklachen. «Bring mich nicht noch mal zum Lachen. Mir tut jetzt schon alles weh.»

Diese Netze waren ein wunder Punkt, und ich brachte das Thema in den folgenden Wochen nicht wieder zur Sprache, doch ich stahl mich mehrere Male, wenn keiner es sah, hinaus auf den Rasen und versuchte erfolglos, ein paar Stellen zu flicken.

Nach dieser Katastrophe war mir daran gelegen, ein wenig Glaubwürdigkeit zurückzugewinnen, indem ich mir etwas Neues zur Verschönerung des Gartens einfallen ließ. In einer Sonntagszeitung entdeckte ich eine Anzeige, die für Folienhauben zum Schutz zarter Pflanzen warb, und es leuchtete mir ein, daß dies angesichts des rauhen Klimas in Yorkshire eine ausgezeichnete Sache war. Auf den Bildern waren Folienhüte zu sehen, die hübsch und zweckmäßig in langen, niedlichen Reihen dastanden und außerdem noch außerordentlich preiswert zu sein schienen.

Ohne Helen gegenüber etwas davon zu erwähnen, bestellte ich einen beträchtlichen Vorrat. Ich nahm an, daß sie in einer gewaltigen Kiste angeliefert werden würden, und war sehr überrascht, als der Briefträger ein relativ flaches Päckchen bei uns abgab. Wie konnten das denn die Hauben sein, die ich auf dem Foto gesehen hatte?

Das Rätsel war rasch gelöst, denn es stellte sich heraus, daß das, was ich für steife Plastikhüte gehalten hatte, in Wirklichkeit ganz ordinäre weiche Polyäthylenfolien waren. Und nicht nur das, denn der Rest der Sendung bestand aus einem Gewirr dürftiger Drähte nebst der ominösen Anleitung, Stabende A durch Loch B zu ziehen und mit Schlinge C zu verbinden. Bei derartigen Dingen war ich noch nie sonderlich geschickt. Ich verbrachte nervtötende Stunden im Zweikampf mit den Drähten, wobei Helen mir neugierig zuschaute.

Ich war gezwungen, sie in meinen Plan einzuweihen, und es irritierte mich, daß sie sofort Skepsis äußerte. Sie betrachtete meine verhedderte Neuerwerbung mit zweifelnder Miene, und ihre Mundwinkel zuckten, als versuchte sie ein breites Grinsen zu unterdrücken. Ich kämpfte verbissen weiter, hatte schließlich eine Reihe Drähte geknüpft und begann die Polyäthylenfolien darüberzustülpen.

Das Ergebnis war nicht berauschend. Helen kam in den Garten, um noch einmal einen Blick darauf zu werfen, gerade als ich begutachtete, was wie eine tiefhängende und mit kurzen Stangen abgestützte Wäscheleine aussah, an der die Polyäthylenfolien halb an den Drähten angezwickt waren und kläglich im Wind flatterten.

Das war zuviel für meine Frau. Sie mußte sich an der Mauer unseres Hauses anlehnen und nach einer oder zwei Minuten unbändigen Lachens hineingehen und sich setzen. Ich blieb im Garten zurück und versuchte, einen Rest von Würde zu bewahren, doch ich konnte den Anblick der Hauben nicht mehr ertragen. Ich stopfte sie schnell in ihre Verpackung und verbannte sie in die Garage. Es war eine weitere Katastrophe, und meine Aktien rutschten noch tiefer.

Eine Woche später kam ich von meiner Besuchsrunde nach Hause und traf Helen in ungewöhnlicher Stimmung an. Sie machte große Augen und war aufgeregt, direkt ein wenig atemlos.

«Komm rein und sieh dir das an, Jim», sagte sie und führte mich ins Wohnzimmer. Die Möbel waren zurückgeschoben, um Platz für einen erstaunlichen Teppich zu machen, ein riesiges, grellbuntes Ding, dick und wulstig.

«Was zum Teufel ist das?» fragte ich.

«Ja also», sie war atemloser denn je, «ein Mann hat heute nachmittag an unserer Tür geklingelt, und der hatte diesen hübschen Teppich. Es ist ein echter Kasbah.»

«Ein was?»

«Ein Kasbah. Das ist eine sehr seltene orientalische Teppichart.»

«Orientalisch?»

«Ja, dieser Mann ist gerade aus Indien gekommen. Er hat ihn von einem Stammesangehörigen an der burmesischen Grenze gekauft.»

«Einem Stammesangehörigen? An der burmesischen Grenze?» In meinem Kopf begann sich alles zu drehen. «Wovon redest du?»

Helen nahm Haltung an. «Das ist doch ganz einfach. Wir haben die Möglichkeit, diesen wunderschönen Teppich zu kaufen. Wir brauchen einen, und es ist ein Schnäppchen.»

«Wieviel?»

«Zwanzig Pfund?»

«Was!»

«Das ist sehr billig», sagte Helen und bekam Farbe im Gesicht. «Es ist ein echter Kasbah. Der Mann sagte, er würde sonst mehrere hundert Pfund kosten, aber weil er das Glück hatte, diesen Stammesangehörigen an der Grenze –»

«Fang nicht wieder damit an», sagte ich. «Ich kann nicht glauben, was ich da höre. Wo ist denn dieser Mann?»

«Er muß jeden Augenblick wiederkommen. Ich habe ihm gesagt, daß du mit ihm sprechen willst.»

«Worauf du dich verlassen kannst.» Ich beugte mich hinunter und befühlte den Kasbah. Er schien aus einem stachligen Material gemacht zu sein, und kratzige Fäden gingen aus und pikten mir schmerzhaft in die Finger, als ich ihn untersuchte. Die grellbunten Farbtupfer wölbten sich alle paar Zentimeter zu Hügeln auf, die hoch genug waren, daß man gut und gern darüberstolpern konnte. Ich hatte noch nie etwas so Abseitiges wie diesen Teppich gesehen. Mir lagen scharfe Worte auf den Lippen, doch ich schwieg. Mein eigenes Sündenregister bei derartigem Blödsinn war auch ziemlich lang, und ich hatte keinen festen Boden unter den Füßen. Daß es ein schrecklicher Teppich war, durfte ich nicht sagen. Listig vorgehen mußte meine Devise sein.

«Helen», sagte ich sanft, «bist du wirklich sicher, daß du ihn willst? Schau mal, er ist so klumpig, daß man nicht mal die Tür schließen kann.» Ich führte es vor. «Und meinst du nicht, daß die Farben ein wenig grell sind?»

In den Augen meiner Frau begannen sich Zweifel zu spiegeln. «Nun ja... vielleicht bin ich doch ein bißchen voreilig gewesen... aber ich höre da den Mann an der Tür.»

Sie führte den Teppichspezialisten herein, einen Burschen in den Vierzigern mit einem freundlichen Gesicht, der die Ausstrahlung eines gewieften Verkäufers hatte. Herzlich lächelnd quetschte er mir die Hand und holte eine Karte hervor, um zu beweisen, daß er zu den Seefahrern gehörte. Dann, die Worte strömten nur so aus ihm heraus, die Zähne blitzten, rühmte er den Kasbah. Er schaute mir unverwandt in die Augen, und die Wirkung war hypnotisierend. Doch als er von den Stammesangehörigen an der burmesischen Grenze zu schwadronieren begann, gelang es mir, meinen Grips zusammenzunehmen, und ich unterbrach ihn.

«Vielen Dank, aber wir möchten den Teppich wirklich nicht.»

Er war erstaunt, ja, er konnte es gar nicht fassen, daß wir uns diese vom Himmel geschickte Kostbarkeit entgehen lassen wollten, doch ich hielt grimmig an meiner höflichen Ablehnung fest. Er war beredt und überzeugend, doch als er mit dem Preis immer weiter heruntergging, schlichen sich die bekannten, nichts Gutes ahnen lassenden Wendungen ein – «Nun, ich sage Ihnen, was ich Ihnen anbieten werde», «Um ganz offen zu Ihnen zu sein» und «Rundheraus gesagt» –, und schließlich gelang es mir, den Redefluß anzuhalten.

«Ich helfe Ihnen beim Hinaustragen», sagte ich.

Offensichtlich tief enttäuscht von mir, neigte er ernst den Kopf. Das Ding war unglaublich schwer, und wir taumelten hinaus und verloren unterwegs Tausende von Fäden in allen möglichen Farben.

Als er fort war, sagte ich nicht mehr viel zu dem Vorfall, und ich habe ihn auch seitdem nicht mehr zur Sprache gebracht. Bei meinem Sündenregister kann ich es mir nicht leisten aufzutrumpfen. Helen ist ohne Zweifel die Vernünftige und Praktische in unserer Partnerschaft, und das ist ihr einziger Ausrutscher gewesen, doch wenn ich im Verlauf der Jahre irgendwann mal tiefer als üblich in der Tinte steckte, war es immer ganz nett, etwas in der Hinterhand zu haben. Wenn alle Stricke reißen sollten, konnte ich dann immer noch den echten Kasbah aufs Tapet bringen.

26

Bouncer war der einzige in allen nur denkbaren Hundespielen begabte Hund, den ich je gesehen habe.

«Na komm, Junge», schrie sein Besitzer Arnold Braithwaite, «laß mal Lew Hoads großartigen Aufschlag sehen!»

Eifrig stellte sich der Hund, ein hübscher Border Collie, auf die Hinterbeine, hob die rechte Vorderpfote über den Kopf und beschrieb damit einen regelrechten Bogen.

Ich lachte entzückt. «Das ist ja köstlich, Arnie, ich wußte gar nicht, daß er auch Tennis spielen kann.»

«Aber ja doch.» Der große Mann schaute seinen Liebling mit tiefer Dankbarkeit an, beugte sich dann hinunter und kraulte den zottigen Kopf. «Es gibt nichts auf diesem Gebiet, was er nicht kann. Er ist wie sein Herrchen – ein Könner in allen Sportarten.

Und so gut, wie ich Lew Hoad kenne, da konnte ich Bouncer den Aufschlag ja auch beibringen.»

«Sie haben ihn mal kennengelernt, nicht wahr?»

«Kennengelernt? Er ist ein alter Freund. Er und ich sind dicke Kumpels. Er denkt oft an mich, der Lew.»

Ich sah Arnie an und spürte wie immer, wenn ich bei ihm war, Verwunderung in mir aufsteigen. Er war Bauunternehmer im Ruhestand oder bezeichnete sich zumindest als solchen, denn niemand konnte sich daran erinnern, daß er je viel gebaut hätte. Ein sportlich aussehender Junggeselle Ende Sechzig mit stattlicher Figur und einem fanatischen Interesse an allen möglichen Sportarten. Er besaß ein enzyklopädisches Wissen, und er kannte offenbar jeden. Wie er das schaffte, war nicht klar, denn er verließ Darrowby nur selten, doch unter den Spitzensportlern der Welt schien es nur wenige zu geben, die nicht seine Freunde waren.

«Komm, mein Junge», sagte er und meinte damit seinen Hund, «wir wollen bißchen Kricket spielen.» Wir gingen auf den kleinen Rasen hinter dem Haus. «Du bist Feldmann, fängst die Bälle auf, ja.» Er hob einen Schläger und einen weichen Ball hoch, und als Bouncer gespannt in Kauerstellung ging, schlug er den Ball schnell in seitliche Richtung. Der Hund machte einen Satz, fing den Ball in der Schnauze auf und brachte ihn zurück, bevor er wieder seine Position einnahm. Arnie wiederholte die Schläge, erst zu einer Seite, dann zur anderen, und jedesmal brachte der Hund einen sauber gefangenen Ball zurück.

«Er läßt nie einen Ball fallen», gluckste Arnie mit tiefer Befriedigung. Er hielt den Schläger hoch. «Das ist der Schläger, von dem ich Ihnen erzählt habe. Len Hutton hat ihn sich ein- oder zweimal für seine großen Innings ausgeliehen. Ich erinnere mich noch genau an seine Worte. ‹Ein schönes Stück Holz, Arnie›, hat er gesagt.»

Diese Geschichte hatte ich schon gehört. Der legendäre Len Hutton, der spätere Sir Leonard, war zu dieser Zeit Kapitän der englischen Mannschaft und hielt den Punkterekord bei den Fünf-Tage-Spielen, er war in der ganzen Welt ein Begriff und schlichtweg ein Gott im kricketbesessenen Yorkshire.

«Und diese Stiefel erst.» Er hielt ein Paar strahlendweiße Kricketstiefel hoch. «Die borgt sich Len auch. Und zwar oft. Er meint, sie bringen ihm Glück.»

«Ja, ich erinnere mich, daß Sie das mal erzählt haben, Arnie.»

«Tja, beim Kricket hab ich einiges erlebt.» Ein träumerischer Ausdruck trat in seine Augen, und ich wußte, daß er nun mit Reminiszenzen an seine sportlichen Erfolge während des Ersten Weltkriegs anfangen würde. Ich war nur zwischendurch vorbeigekommen, um Bouncer die Nägel zu schneiden, doch ich wußte, das würde nun warten müssen.

«Ja, das war, als unser Bataillon in Frankreich gegen die Artillerie auf Zeit gespielt hat. In unserem Spiel ging alles schief, und die anderen punkteten schnell. Da hat der Oberst mir den Ball zugeworfen. ‹Ich muß mich auf Sie verlassen können, Braithwaite›, hat er gesagt. ‹Es sieht schlecht für uns aus.› Tja, und dann hab ich eben gleich den Hat-Trick gemacht.»

«Tatsächlich?»

«Ja, drei Torwürfe, einfach so. Danach kam der Oberst rüber zu mir. ‹Ist wohl besser, wenn ich Sie vom Platz nehme, Braithwaite›, hat er gesagt. ‹Die Punkte stimmen zwar jetzt wieder, aber andererseits wollen wir's auch nicht übertreiben.› Tja, und dann passierte das gleiche noch mal. Der Schlagmann der anderen fing an, unseren Werfern Sechser und Vierer zu verpassen, und da kam der Oberst wieder rüber zu mir. ‹Tut mir leid, Braithwaite›, hat er gesagt, ‹ich muß Sie noch einmal reinholen.›»

Arnie machte eine Pause und sah mich ernst an. «Und dann hab ich's noch mal genauso gemacht.»

«Sie meinen … noch einen Hat-Trick?»

«Genau.»

«Unglaublich. Ganz erstaunlich.» Ich hielt die Nagelzange hoch und ließ sie ein paarmal klappern, doch Arnie schien es nicht zu bemerken.

«Los, komm, machen wir unseren Tom Finney», schrie er, hatte plötzlich einen Fußball in der Hand und rollte ihn übers Gras. Dies war einer von Bouncers Partytricks, und ich hatte ihn bereits gesehen, aber trotzdem freute ich mich für den Mann, als der Hund mit dem Ball auf dem Rasen dribbelte, ihn mit den

Pfoten dirigierte und hierhin und dorthin lief. «Jetzt ein Tor!» schrie Arnie, und Bouncer trieb den Ball schnurstracks auf zwei Miniaturpfosten am Rand des Rasens zu und schoß ihn mit der Nase ein.

Wir beide applaudierten und klatschten in die Hände, und der große Hund sprang an uns hoch und wedelte wie wild mit dem Schwanz. Es tat mir gut, Bouncer so springlebendig zu sehen, denn er war nicht mehr der Jüngste, schon über neun Jahre alt.

«Das macht ihm großen Spaß, nicht wahr, Arnie», sagte ich.

«O ja, nichts hat er lieber als ein bißchen Sport. Nie ist er glücklicher, als wenn er eins seiner Spiele spielen kann.» Nachdenklich atmete er tief aus. «Ist schon eine Weile her, daß ich Tom gesehen habe.»

Tom Finney befand sich zu der Zeit auf dem Höhepunkt seiner Laufbahn: Mitglied der englischen Nationalmannschaft, spielte auf drei verschiedenen Positionen – vermutlich der beste englische Fußballer aller Zeiten.

«Sie kennen ihn?» fragte ich.

«O ja, natürlich, wir sind eng befreundet. Muß ihn bald mal wieder treffen. He, Bouncer!» Er winkte wieder seinem Hund zu. «Wie wär's mit ein bißchen Golf. Laß mal deinen Tony Locke sehen.»

Ich hielt die Hand hoch. «Ein andermal, Arnie. Ich muß jetzt meine Arbeit machen.»

«Okay, Jim, ich will Sie nicht aufhalten.» Er lächelte grüblerisch. «Der Gedanke an Golf erinnert mich an die schönen Zeiten, die ich mit Tony hatte.»

«Auch ein Freund, was?»

«Und ob!»

Während ich an Bouncers Nägeln herumschnippelte, fragte ich mich, ob es irgendeinen weltberühmten Sportler gab, den Arnie nicht kannte. Zu der Zeit war Locke ein As im Weltgolf, aber trotzdem eben ein Kumpel.

Wie die meisten Hunde war Bouncer nicht sonderlich angetan davon, die Nägel geschnitten zu bekommen, und während ich eine Pfote nach der anderen packte, hechelte er ängstlich mit weit geöffnetem Maul und heraushängender Zunge, doch er war ein gutmütiges Tier und fügte sich in sein Schicksal, ohne zu knurren.

«Diese schwarzen Krallen sind schwierig», sagte ich. «Man sieht nicht, wo das weiche Fleisch anfängt. Bei weißen Krallen ist das anders. Ich muß sehr vorsichtig sein beim Schneiden. Du würdest es mir nie verzeihen, wenn ich dir Schmerzen zufügen würde, was, Bouncer?»

Trotz seiner Furcht wedelte der Hund beim Klang seines Namens kurz mit dem Schwanz, und nachdem ich ihm den Kopf getätschelt hatte und die kleine Operation überstanden war, sprang er mit einem Satz davon und tollte erleichtert auf dem Rasen hin und her.

«Kommen Sie mit rein, und trinken Sie eine Tasse Tee, bevor Sie gehen, Jim», sagte Arnie.

Ich zögerte. Ich hatte keine Zeit für all das, doch ich wußte, er erzählte gern, und ich bin immer der Meinung gewesen, daß er interessante Dinge zu berichten hatte. «Gut, danke, Arnie», sagte ich, «aber ich kann mich nicht lange aufhalten.»

Es war eine Junggesellenküche, zweckmäßig, aber unbehaglich, und als ich sah, wie Bouncer seinem Herrn nachlief, als er den Wasserkessel aufsetzte und Tassen aus dem Schrank holte, wurde mir klar, was für ein Segen seine Gesellschaft sein mußte. Ohne das zottelige Wesen darin hätte die Küche noch kälter und nüchterner gewirkt, und Arnie redete ständig mit ihm, während er herumwerkelte. Doch die Küche vermittelte nicht den Eindruck von Armut, denn Arnie schien immer genügend Geld zu haben.

Vorsichtig trank er einen kleinen Schluck von dem dampfenden Tee. «Es geht doch nichts über eine gute Tasse Tee, was, Jim?»

«Sehr belebend, Arnie. Aber Sie haben sich doch immer mehr aus Tee gemacht als die meisten anderen, stimmt's? Da müssen Sie ja während des Kriegs, als man keinen bekam, sehr gelitten haben.»

Er schüttelte heftig den Kopf. «Nein, ich doch nicht. Ich hatte da keine Probleme. Ein oder zwei indische Rajahs haben mir die ganze Zeit über welchen geschickt.»

«Rajahs, ja?»

«Ja. Während des Ersten Weltkriegs war ich eine Zeitlang in Indien stationiert und bin mit einer Menge von diesen Rajahs zusammengekommen. Das waren nette Burschen. Und, Teufel noch mal, als dann der Zweite Weltkrieg ausbrach, haben sie sich an mich erinnert. Ich hatte immer jede Menge Tee.»

«Das ist ja wunderbar.» Durch den Dienst in der Armee hatte Arnie eine erstaunliche Reihe von Ländern kennengelernt. Ich hatte Berichte über Frankreich, Belgien, Italien, Mesopotamien, Afrika und Ägypten gehört, und nun auch noch Indien.

Ich trank meinen Tee aus und ging, um meine Besuche fortzusetzen. Als ich mich auf den Weg machte, fing Arnie an, mit seinem Hund eine Runde Golf zu spielen.

Auch außerhalb meiner beruflichen Pflichten bekam ich Arnie recht häufig zu sehen, denn man traf ihn jeden Abend auf dem gleichen Platz am Ende der Theke im Drovers' Arms. Eines Abends kam ich von einem Gehöft zurück, auf dem eine Kuh gekalbt hatte, und da ich bei der Arbeit ziemlich ins Schwitzen gekommen war, ging ich kurz hinein, um meinen Durst zu löschen. Der füllige Mann saß an seinem gewohnten Platz, Bouncer lag wie immer unter dem Stuhl, und ich setzte mich neben ihn.

«Ich hab einen schönen Tag in Headingley verbracht», sagte er. «Und gutes Kricket gesehen.»

«Sie Glücklicher. Ich wünschte, ich hätte auch dort sein können.» Ich hatte mir das Spiel im Radio angehört, während ich zu den Farmen unterwegs war, und mit dem Gedanken geliebäugelt, daß ich am Sonnabend mit Helen zum Kricket nach Leeds fahren könnte.

«Ja, es war richtig aufregend, und wissen Sie, ich saß da in der ersten Reihe, und da kam Denis Comptom auf mich zu. ‹Arnie, wie schön, dich zu sehen›, sagte er. ‹Ich hatte gehofft, dich hier zu treffen. Einer der Jungs meinte, du bist heute eventuell da, und ich wollte dich zum Mittagessen mitnehmen. Ich hab dich schon überall gesucht.›»

«Das ist ja toll», sagte ich. «Sie haben also mit den Mannschaften zu Mittag gegessen?»

«O ja, es war prima. Bill Erdrich und Cyrill Washbrook waren da und all diese großartigen Australier. Keith Miller, Neil Harvey, Ray Lindwall und all die anderen. Sie haben sich richtig gefreut, mich zu sehen – ich kenne sie natürlich alle schon von früher.»

«Natürlich.»

Genau in diesem Augenblick ließ sich Kenny Ditchburn, ein stämmiger junger Mann mit rotem Gesicht, auf den anderen Stuhl neben Arnie plumpsen.

«Hallo, Arnie», sagt er grinsend, «bist wieder beim Kricket, was? Hast du in letzter Zeit Len Hutton mal wieder deine Stiefel geborgt?»

Arnie wandte ihm das Gesicht zu, ohne zu lächeln, und seine Augen wurden schmal. «Hallo, Kenny», grüßte er kurz angebunden und drehte sich dann wieder zu mir um.

Seine Reminiszenzen hatten ihm in der Stadt einen gewissen Ruf eingetragen, und die jüngere Generation versuchte stets und ständig, ihn auf den Arm zu nehmen, doch er reagierte inzwischen schon überempfindlich auf die plumpen Frotzeleien und verfiel sofort in tiefes Schweigen, wenn er eine witterte. Während meiner zahlreichen Begegnungen mit ihm hatte ich nicht ein einziges Mal ein Gespräch über seine Erlebnisse auf dem Gebiet des Sports angefangen, ja nicht einmal besonderes Interesse daran bekundet, und in einer solchen Atmosphäre, wenn er entspannt war und sich nicht verschanzte, strömten die faszinierendsten Geschichten aus ihm heraus.

Der arme Mann war nicht nur die Zielscheibe des Spotts, ihm wurden auch eine ganze Reihe von höchst unwahrscheinlichen Anekdoten angedichtet, die die Einheimischen immer wieder zum besten gaben. Einigen dieser Zuträger zufolge hatte Arnie erzählt, er habe sich während seiner Stationierung in Frankreich im Ersten Weltkrieg einen solchen Ruf als exzellenter Fußballtormann erworben, daß zu guter Letzt viele berühmte Torschützen in einer Reihe antraten, um Strafstöße gegen ihn auszuführen. Ewig lange kickten sie den Ball, erzielten aber nicht einen Treffer. Arnie war unschlagbar. Am Ende luden sie in ihrer Verzweiflung eine Kanone mit einem Fußball und feuerten sie auf ihn ab. Den Gerüchten nach soll Arnie diese Geschichte lakonisch so beendet haben: «Tja, gehalten hab ich den auch, bloß hatte ich hinterher ein paar gebrochene Rippen.»

Es ging auch die Mär, Arnie habe einmal erzählt, wie die Soldaten während eines Wintermanövers in Rußland einen Weitschußwettkampf veranstaltet hatten. Arnie hatte ihn gewonnen, und nicht nur das, er hatte den Ball dabei so hoch in die Luft gekickt, daß er schneebedeckt wieder heruntergekommen war. Diese und andere weit hergeholte Geschichten, Seemannsgarn alle miteinander, wurden Arnie von der einheimischen Jugend in den Mund gelegt. Ich persönlich hatte sie jedoch nie von ihm zu hören bekommen und hätte mich für ihren Wahrheitsgehalt ebensowenig verbürgt wie für den der Arnie ebenfalls zugeschriebenen Mär, er habe in einer Krisensituation während des Ägyptenfeldzugs General Allenby über den Nil getragen.

Die Geschichten haben jedoch alle Eingang in den Folkloreschatz dieser Gegend gefunden, und ich glaube, man wird sie sich immer wieder erzählen. Ich erinnere mich an eine Begebenheit während eines Wohltätigkeitskonzerts im Rathaus von Darrowby, als ein Komiker mit einer Violine auf die Bühne trat und – was mit lautem Gelächter quittiert wurde – ansagte: «Ich spiele jetzt den zweiten Satz aus einer Phantasie von Arnie Braithwaite.»

Doch egal, ich mochte den alten Burschen. Ich war ebenfalls Sportfan, und Arnie sprach, wenn er nicht gerade Reminiszenzen zum besten gab, mit viel Sachverstand über alle Gebiete des Sports. Mir machten die Gespräche mit ihm immer Spaß. Außerdem liebte er Tiere und hing sehr an seinem Hund, und das war das zweite, was wir gemeinsam hatten.

Eines sonnigen Nachmittags, ein paar Wochen nach dem Nägelschneiden, führte ich meinen Beagle auf den Feldern am Fluß aus, als ich Arnie und Bouncer sah. Wie üblich spielte er eins seiner Sportspiele, und der große Hund sprang umher und jagte unter den Weiden, die bis übers Wasser hingen, einem Ball nach.

«Er hat ein bißchen Gewicht verloren, Arnie», sagte ich und betrachtete Bouncers eingefallene Flanken und seine vorstehenden Rippen. «Geht es ihm gut?»

«O ja, er ist putzmunter und frißt wie ein Pferd. Er ist in Form, das ist alles. Voll im Training für die Fußballsaison. Los, alter Bursche, zeig deinen Stanley Matthews.»

Bouncer tollte mit dem Ball herum und dribbelte mit ihm so verwirrend schnell mal hierhin und mal dorthin, daß ich wirklich an einen großen Sportler denken mußte.

«Ich hab Stan schon eine ganze Weile nicht gesehen», sagte Arnie nachdenklich. «Er fragt sich bestimmt, wo ich mich verstecke.»

Ein Monat verging, bis ich wieder von dem alten Mann hörte. Seine Stimme am Telefon klang besorgt. «Es wäre mir lieb, wenn Sie herkommen und sich meinen Hund ansehen würden, Jim, es geht ihm ziemlich schlecht.»

«Was fehlt ihm denn, Arnie?»

«Es ist nichts mehr los mit ihm. Der ganze Schwung ist raus.»

Das unzertrennbare Paar war im Garten, als ich ankam. Ich war bestürzt über Bouncers Erscheinung. Er war abgemagert, saß reglos auf dem Rasen und machte keine Anstalten, mich wie üblich zu begrüßen.

«Mein Gott, Arnie», sagte ich, «warum haben Sie ihn in einen solchen Zustand geraten lassen. Er sieht ja gräßlich aus.»

«Ja, ich merkte auch, daß er dünner wurde, aber er hat gefressen wie ein Pferd. Ich dachte, vielleicht rennt er nur zuviel herum. Und in den letzten paar Tagen ist es dann plötzlich viel schlimmer geworden. Ich vernachlässige doch meinen Hund nicht, oder?»

«Nein, nein, natürlich nicht. Und er frißt immer noch so viel, sagen Sie?»

«Ja, soviel wie nie zuvor, das macht mich stutzig.»

«Und säuft er auch viel?»

«O ja, er ist ständig am Wasser.»

Ich begann Bouncer zu untersuchen, doch schon ehe ich richtig anfing, hatte ich eigentlich keine Zweifel mehr. Der Gewichtsverlust, der Riesenappetit, der abnorme Durst, die extreme Lethargie. Das konnte nur eines bedeuten.

«Arnie», sagte ich, «ich glaube, er hat Diabetes.»

«Ach, verdammt, ist das schlimm?»

«Ja, wenn es so weit gekommen ist, kann es tödlich sein.»

Der große Mann starrte mich fassungslos an. «Sagen Sie das nicht! Wird er sterben?»

«Ich hoffe, nein. Wir können noch eine Menge dagegen tun.»

«Können Sie gleich damit anfangen, Jim?» In seiner Verstörung raufte er sich die Haare. «Ich darf ihn nicht verlieren.»

«Ich werde es versuchen, Arnie, aber zuerst muß ich mir ganz sicher sein. Ich muß ein oder zwei andere Dinge ausschließen, zum Beispiel Nierenprobleme. Als allererstes möchte ich, daß Sie morgen früh eine Urinprobe von ihm nehmen. Sie stellen einen schönen sauberen Suppenteller unter ihn, wenn er das Bein hebt, füllen es dann in eine Flasche und kommen damit und mit Bouncer gleich in die Praxis.»

Er nickte. «Gut ... mach ich.»

Am nächsten Morgen untersuchte ich die Probe. Ich fand Glukose.

«Jetzt wissen wir es genau, Arnie. Es ist Diabetes, also machen wir folgendes. Ich gebe ihm jetzt eine Injektion mit einer kleinen Menge Insulin, und Sie müssen jeden Morgen mit Bouncer herkommen und eine neue Urinprobe mitbringen, die ich dann untersuche. Wenn sie immer noch positiv ist, erhöhe ich die Insulindosis ein wenig, bis er sich stabilisiert hat, das heißt, bis der Urin keinen Glukosebefund mehr aufweist.»

«Jawohl, ich komme jeden Tag her, egal, wie lange es dauert ... das heißt, wenn er ... wenn er am Leben bleibt.» Das Gesicht des alten Mannes war eine traurige Grimasse.

Ich nickte. «Wenn er am Leben bleibt.»

Bei Diabetes bewirkt die erste Insulinspritze manchmal eine spektakuläre Besserung, doch bei Bouncer war das nicht der Fall. Dafür war die Erkrankung schon zu weit fortgeschritten. Mehrere Tage nacheinander kam Arnie mit ihm in der Praxis vorbei, und ich suchte vergeblich nach wenigstens einer winzigen Andeutung dafür, daß sein Zustand sich besserte. Aus dem großen Hund war ein klägliches, lebloses Wesen geworden, in dem man den Allround-Athleten früherer Tage nicht wiedererkannte. Arnie erschien finster und entschlossen stets um Punkt neun Uhr, und nach zehn Tagen bekam ich Mitleid mit ihm.

«Arnie, es fällt Ihnen doch sicher nicht leicht, das jeden Tag aufs neue zu machen.»

Er streckte das Kinn vor. «Ich werde auf Händen und Knien und bis zum Jüngsten Tag herkommen, wenn ich so meinen Hund retten kann.»

Ungefähr um diese Zeit begann ich bei Bouncer eine Veränderung wahrzunehmen. Er war zwar immer noch mager und apathisch, doch in seinen Augen erschien ein Anflug von Glanz – sie sahen nicht mehr ganz so tot aus wie in den Tagen zuvor. Von da an wuchs meine Hoffnung. Allmählich zeigte der Hund wieder Anzeichen seiner alten Vitalität; nach drei Wochen Behandlung war die tägliche Urinprobe negativ, und vor mir stand ein glücklicher, schwanzwedelnder Hund, der mich ansah, als hätte er Lust auf ein Spielchen.

«Arnie», sagte ich, «zumindest hat er sich jetzt stabilisiert. Er wird wieder in Ordnung kommen. Aber es liegt nun an Ihnen. Sie werden Ihrem Hund bis an sein Lebensende jeden Morgen eine Insulinspritze geben müssen.»

«Was? Ich ihm Spritzen geben?» Er zog nicht gerade eine freudige Miene.

«Ja, das schaffen Sie doch, oder? Nach seiner Morgenmahlzeit. Es wird schon bald ein fester Bestandteil Ihres Tagesablaufs sein.»

Er warf mir einen zweifelnden Blick zu, sagte aber nichts, und ich gab ihm alles, was er benötigte.

Nachdem Bouncer über den Berg war, erholte er sich in Windeseile, und nach ein paar Tagen tat Arnie meine Zweifel an seinen Fähigkeiten als Spritzengeber schon mit einer Handbewegung ab. Es stellte sich sogar heraus, daß er während des Balkanfeldzugs für eine gewisse Zeit so etwas wie der persönliche Assistent eines Armeearztes gewesen war und sich mit subkutanen Injektionen recht gut auskannte.

Meine letzte und schönste Erinnerung an die Diabetes-Episode war der Anblick, der sich mir bot, als ich später einmal über die Hecke in Arnies Garten schaute und sah, wie er mit Bouncer auf dem Gras herumrollte.

«Was machen Sie denn da, Arnie?» rief ich.

«Ich zeige ihm, wie man dem Gegner von unten den Ball wegnimmt – ich bring ihm Rugby bei.»

Gegen Winteranfang geriet ganz Darrowby aus dem Häuschen, als bekanntgegeben wurde, daß das wichtigste Hockeyspiel zwischen den Grafschaften Yorkshire und Lancashire im hiesigen Stadion ausgetragen werden sollte. Das waren zwei der besten Mannschaften, und in beiden spielten Nationalspieler mit. Alles freute sich darauf, diese berühmten Männer in Aktion zu erleben, und am Sonnabendnachmittag kam ich, wie ich meinte rechtzeitig, am Austragungsort der Begegnung an. Die Leute standen jedoch schon in mehreren Reihen um die Seitenlinien – noch nie zuvor hatte ich in dem Stadion eine solche Menschenansammlung erlebt –, und ich überlegte gerade, ob ich noch ein freies Plätzchen finden könnte, als ich eine Stimme rufen hörte.

«Hallo, Jim, hier bei mir ist noch ein Sitzplatz frei.»

Es war Arnie, der es sich auf einem Platz vor dem Clubhaus gemütlich gemacht hatte.

«Sind Sie sicher, Arnie?»

«Ja, ich hab ihn extra für Sie freigehalten. Setzen Sie sich.»

Das war sehr nett. Das Spiel konnte jeden Augenblick anfangen, und ich hatte einen hervorragenden Überblick. Ich spürte, daß sich irgend etwas an meinem Hosenbein bewegte. Es war Bouncer, der mich mit der Nase anstupste. Er saß auf seinem üblichen Platz unter dem Sitz seines Herrn, und er schien mir mitteilen zu wollen, daß er nun wieder in Bestform war.

Ich kraulte ihm die Ohren, während ich mir das Spiel ansah. Dank der vier Nationalspieler war das Niveau sehr hoch.

Arnie kommentierte pausenlos das Geschehen. «Das ist Pip Chapman, Kapitän des Teams aus Yorkshire und Mittelstürmer der Nationalmannschaft – alter Freund von mir. Und das ist Greg Holroyd, Kapitän von Lancashire und Flügelmann der Nationalmannschaft – ein anderer guter Kumpel, und die anderen zwei Nationalspieler dort, Tim Mowbray und Johnnie Hart – ich kenne sie alle gut, schon seit Jahren.»

Als sich die Spieler zur Halbzeit in der Mitte des Spielfelds versammelten, wurde Arnie sehr mitteilsam. «Schön zu sehen, daß die Winterspiele wieder anfangen, aber ich muß doch ständig an das letzte Kricketspiel der Sommersaison beim Kricketfestival von Scarborough denken. Ich saß gerade so da und freute mich am Sonnenschein, da hatte Fred Trueman mich entdeckt. ‹Arnie›, sagte er, ‹ich hab dich schon überall gesucht.›»

Diese einer weiteren Kricketgröße in den Mund gelegte Bemerkung hatte wohl eine Gruppe hinter uns sitzender junger Männer amüsiert. Nach ein paar nur halb unterdrückten Lachsalven sprach einer von ihnen Arnie an.

«Fred Trueman, Arnie? *Der* Fred Trueman? Dich schon überall gesucht?» Arnie, der ein finsteres Gesicht machte, nickte kurz angebunden und mit aus langer Erfahrung stammender Würde, und dies löste ein zweites Gekicher und *sotto voce* gesprochene Wiederholungen von «dich schon überall gesucht» aus, eine Wendung, die sie besonders zu belustigen schien.

Mein Freund achtete nicht auf sie. Er saß unbeweglich, den Blick starr nach vorn gerichtet, auf seinem Platz, bis ein anderer der Jugendlichen noch einmal zum Angriff überging. «Wie ich höre, Arnie, sind auch ein paar alte Freunde von dir da unten auf dem Platz. Diese vier Spitzenleute – kennst sie schon seit Jahren, was?» Wieder nickte Arnie kurz, und ich hatte plötzlich eine dunkle Vorahnung. Diesmal befanden wir uns auf sehr dünnem Eis, rannten doch die greifbaren Beweise seiner Behauptungen vor uns umher. Arnie saß auf dem Außenplatz, direkt neben dem Aufgang, durch den die Mannschaften kommen würden, wenn sie zum Clubhaus gingen; die Männer würden auf Armeslänge an ihm vorübergehen. Sie konnten ihn nicht übersehen.

Als der Schlußpfiff ertönte und die Spieler sich in unsere Richtung in Bewegung setzten, schnürte es mir die Kehle zu. Ganz sicher würde etwas Schreckliches passieren, und ich wünschte mir aus tiefstem Herzen, woanders zu sein.

Holroyd, der hochgewachsene Spieler aus Lancashire mit dem schwarzen Schnurrbart, kam als erster die Stufen herauf; sein Gesicht war verschwitzt, die Knie dreckbespritzt. Er schaute Arnie flüchtig an und streifte ihn beim Hinaufgehen, und dann, mir drehte sich schon der Magen um, blieb er stehen und ging einen Schritt zurück. Eine Pause entstand, während er nach unten schaute, und dann brach es aus ihm heraus: «Das ist doch Arnie Braithwaite! Hallo! Wie geht's dir, alter Junge!» Er begann meinem Freund schwungvoll die Hand zu schütteln und rief seinen Mannschaftskameraden zu: «He, Pip, Johnnie, Tim, seht mal, wer hier ist. Unser alter Freund!» Ein Spielerstau entstand im Aufgang, als die vier Männer sich um Arnie drängten, ihm auf den Rücken klopften, lachten und schrien. Bouncer sprang unter dem Sitz hervor und begleitete den Ausbruch allgemeiner Heiterkeit nach Hundeart mit einem fröhlichen Gebell.

Pip Chapman schaute voll herzlicher Zuneigung auf Arnie herunter. «Weißt du, Arnie, wir dachten uns schon, daß du hier bist, und hatten das ganze Spiel über die Sitzplätze im Auge. Wir haben dich schon überall gesucht.»

27

Die Meinungen meiner Klienten über mich variierten stark, und obwohl es einen oder zwei Verirrte gab, in deren Augen ich ein Genie war, hielt eine große Mehrheit mich doch für einen gewissenhaften, zuverlässigen Tierarzt, während eine Minderheit in mir einen Mann mit eng begrenzten Fähigkeiten sah. Ich glaube wirklich, daß nur eine Familie die persönliche Überzeugung hegte, ich sei nicht ganz richtig im Kopf.

Das waren die Hardwicks, und es war schade, denn sie gehörten zu den Leuten, die ich am liebsten hatte.

Dieser Stand der Dinge war die Folge einiger weniger unglücklicher Mißgeschicke, und an dem bitterkalten und sonnigen Morgen im Januar hatte ich nicht die leiseste Ahnung, daß ich die Samen zur Zerstörung meines Ansehens an ebendiesem Tag säen sollte. Über Nacht hatte es gerade soviel geschneit, daß die ganze Welt weiß geworden war, und ich sah, wie sich die Straße unter einem wolkenlos blauen Himmel durch den glitzernden Frost zum Gehöft der Hardwicks schlängelte.

Es war auch eine lange, lange Straße, nicht viel mehr als ein unbefestigter Weg, der sich fast eine Meile weit immer höher hinaufwand und dabei hin und wieder hinter Felsvorsprüngen oder Felsnasen verschwand, bis er am Gehöft endete, dessen blaßrote Dächer gerade noch zu sehen waren, als ich das erste Gatter erreichte.

Diese Gehöfte mit den vielen Gattern waren an Tagen mit vielen Visiten eine Plage, denn sie fraßen kostbare Minuten, ohne daß die Anstrengung irgendein sichtbares Ergebnis gehabt hätte. Doch als ich an diesem Morgen aus dem Auto stieg, schien mir die Sonne warm aufs Gesicht, und die trockene kalte Luft zwickte mich in der Nase, und während ich Tor Nummer eins aufstieß, betrachtete ich die weite Landschaft um mich herum, die schweigend und friedvoll unter ihrem weißen Mantel dalag, und gratulierte mir zu meinem Glück. Es gab sechs von diesen Toren, und bei jedem sprang ich glücklich aus dem Wagen in den Schnee, der mir unter den Füßen knirschte.

Seb und Josh Hardwick gingen auf einen Berg Rüben los, den sie mit Forken auf einen im Hof stehenden Wagen schaufelten. Trotz der Kälte glänzte der Schweiß auf ihren Gesichtern, als sie sich lächelnd mir zuwandten.

«Hallo, Mr. Herriot, ein prächtiger Morgen heute.» Sie waren typische Farmer aus den Dales – still, höflich, ausgeglichen –, und ich war immer gut mit ihnen ausgekommen.

«Wie geht's denn den Kälbern heute?»

«Viel besser», sagte Seb. «Gott sei Dank. Wir waren schon ein bißchen beunruhigt.»

Ich war ebenfalls erleichtert. Salmonellen sind eine häßliche Sache – für Jungtiere sehr bedrohlich und auch für den Menschen eine Gefahr –, und als ich mir die Kälber vor ein paar Tagen angeschaut hatte, ließ das ganze Bild nichts Gutes ahnen.

Ich ging mit den Brüdern in den Stall und hinüber zu dem großen Pferch am hinteren Ende, in dem meine Patienten, zwanzig an der Zahl, standen, und ich empfand tiefe Befriedigung. Alles war wie verwandelt. Zwei Tage zuvor schien ein Verhängnis über diesem Stall geschwebt zu haben; die kleinen Tiere hatten teilnahmslos und deprimiert die Köpfe hängen lassen, und die Diarrhoe war ihnen an den Schwänzen heruntergetropft. Doch nun sahen sie frischer und lebendiger aus und betrachteten mich interessiert, als ich mich über das Geländer beugte.

Im Geiste klopfte ich mir selber auf die Schulter, denn ich hatte das Gefühl, gute Arbeit geleistet zu haben. Ich hätte dies leicht als ganz gewöhnlichen Fall von Ruhr behandeln können, doch das hohe Fieber und ein verräterischer leiser Husten hatten meine Alarmglocken schrillen lassen. Die Kotuntersuchung, die ich vorgenommen hatte, hatte meine Diagnose bestätigt. Ich hatte den Kälbern die gewöhnliche Kombination von Chloramphenicolinjektionen und Furazolidonpulver verabreicht, und die tat eindeutig ihre Wirkung.

«Na, das ist ja schön», sagte ich und kletterte in den Pferch. «So weit, so gut. Ich wiederhole jetzt die Injektionen, und Sie müssen das Pulver noch die nächsten fünf Tage geben, und dann wird die Sache wohl ausgestanden sein. Und vergessen Sie nicht, sich jedesmal gründlich die Hände zu waschen.»

Josh nahm seine Mütze ab und wischte sich den Schweiß vom Gesicht. «Das hören wir gern, Mr. Herriot. War doch gut, daß wir Sie gleich geholt haben, sonst hätten hier vielleicht schon ein paar tote Tiere herumgelegen.»

Nach den Injektionen winkte Seb mir zu, ich solle mit ins Haus kommen. «Wir müssen uns ja alle waschen, und außerdem ist es Zeit für unseren Zehn-Uhr-Tee.»

Dann saß ich in der Küche, trank meinen Tee und biß in ein hausgemachtes süßes Brötchen, und die beiden hübschen jungen Frauen, die eine dunkelhaarig, die andere fuchsrot, plauderten mit mir. Wie ich da so am warmen Feuer saß, während ein Baby zu meinen Füßen umherkroch und zwei etwas größere Kinder sich vergnügt auf den Steinfliesen balgten, spürte ich, daß das Leben schön war. Ich hätte den ganzen Tag dort bleiben können, doch ich hatte noch andere dringende Fälle. Auch die Brüder, die teetrinkend mit mir am Tisch saßen, wurden allmählich unruhig und dachten zweifellos an all die Rüben da draußen. Es half nichts – ich mußte fahren.

Im Hof verabschiedeten wir uns, die beiden Männer ergriffen ihre Forken, und ich legte die Hand auf den Türgriff des Autos, doch nichts geschah. Ich versuchte den Griff zu drehen – er bewegte sich nicht. Ich ging um das Auto herum und probierte es bei den anderen Türen, doch das Ergebnis war das gleiche. Ich war ausgesperrt.

Mein kleiner Beagle war der Übeltäter. Während ich die Kälber verarztete, hatte ich gehört, wie Dinah die Hofhunde ankläffte – das war eines ihrer Hobbies –, und als sie sich dabei gegen die Fenster warf, hatte sie mit den Pfoten die Türverriegelungen heruntergedrückt.

Ich rief den Brüdern zu: «Tut mir leid, aber ich komme nicht in mein Auto.»

«Wieso, was ist denn passiert?» Sie kamen herüber und schauten hinein, und Dinah schaute mit heraushängender Zunge und schwanzwedelnd vor Freude zu ihnen heraus. Hinter ihr steckte mein Schlüssel im Zündschloß, nur eine Armlänge von mir entfernt, aber unerreichbar – es war zum Verrücktwerden.

Ich erklärte die Lage, und Josh sah mich überrascht an. «Den kleinen Hund nehmen Sie wohl überallhin mit, was?»

«O ja.»

«Aber den Schlüssel nicht, wenn Sie aus dem Auto aussteigen?»

«Nein ... nein ... ich fürchte, nein.»

«Komisch, daß das dann nicht schon früher mal passiert ist.»

«Ja, so gesehen haben Sie recht. Und es ist sehr schade, daß es gerade hier draußen passiert ist.»

«Wieso das denn?»

«Na ja, ich fürchte, ich muß Sie bitten, mich nach Hause zu fahren, damit ich meinen Ersatzschlüssel holen kann.»

Seb klappte die Kinnlade herunter. «Bis nach Darrowby?»

«Ich fürchte, ja. Ich habe keine andere Wahl.» Ich versuchte, nicht an die zehn Meilen zu denken.

«Die Hardwicks schauten bestürzt erst einander, dann die Rüben und schließlich mich an. Mir war klar, was sie dachten. Es ging nicht bloß um die Rüben; auf so einer Farm waren ständig tausenderlei Dinge zu tun, und ich war im Begriff, sie daran zu hindern, wenigstens ein paar davon an diesem Vormittag zu schaffen.

Aber da sie nette Burschen waren, sagten sie mir nicht, was für ein Blödmann ich war. Seb atmete hörbar aus. «Ja, dann sollten wir uns wohl auf den Weg machen.» Er drehte sich zu seinem Bruder um. «Ich muß dich damit allein lassen, Josh. Wenn du die Rüben da aufgeladen hast, machst du am besten mit dem Ausmisten weiter. Und die Schafherde können wir dann heute nachmittag in den unteren Hof treiben.»

Josh nickte und griff wortlos wieder nach seiner Forke, während sein Bruder das Familienauto herausholte. Wie viele Fahrzeuge der Farmer oben in den Bergen war es sehr groß und sehr alt. Wir holperten den Weg hinunter, und während ich ein ums andere Gatter aufmachte, nebelte mich eine Wolke beißender Dämpfe aus dem Auspuff ein.

Die Straße nach Darrowby kam mir sehr lang vor und auf der Rückfahrt zur Farm sogar noch länger. Ich versuchte uns die Zeit zu vertreiben, indem ich nacheinander die Themen Sport, Wetter und die Verhältnisse in der Landwirtschaft anschnitt, doch während der letzten halben Stunde versiegte die Konversation allmählich. Auf der Farm öffnete Seb die Autotür, winkte mir hastig noch einmal zu und trottete davon, um seinen Bruder zu suchen.

Dinah war bei meiner Rückkehr ganz aus dem Häuschen, sprang auf mir herum und leckte mir das Gesicht ab, doch als ich wegfuhr, hatte ich das deutliche Gefühl, bei den Menschen, die ich zurückließ, nicht mehr ganz so beliebt zu sein.

Als ich mir jedoch eine Woche später die Kälber ein letztes Mal anschaute, schien alles vergessen zu sein. Ich war den Brüdern Hardwick verdammt auf die Nerven gegangen, das stand fest, doch sie begrüßten mich lächelnd. Einen schlimmen Augenblick gab es aber doch, nämlich als ich aus dem Auto stieg und beide Männer mir zuriefen: «He, ziehen Sie den Schlüssel ab! Nicht vergessen!», gerade als ich die Tür zuwerfen wollte. Ein wenig verlegen befolgte ich ihren Rat und kam mir vor wie ein

Narr, weil ich seit dem vorausgegangenen Erlebnis gerade darauf immer genau geachtet hatte.

Es ging mir bedeutend besser, als ich sah, daß die Kälber sich vollkommen erholt hatten, und nachdem ich mir die Hände gewaschen und die rituelle Tasse Tee in der Küche getrunken hatte, meinte ich, ich könnte die ganze dumme Episode nun als vergangen betrachten.

Ein paar Tage danach empfing mich Helen bei meiner Rückkehr nach Hause mit einer eigenartigen Mitteilung. «Ich hab einen komischen Anruf von einer Mrs. Hardwick bekommen.»

«Was meinst du mit komisch?»

«Sie meint, du hast die Brille ihres Mannes mitgehen lassen.»

«Was!»

«Das waren ihre Worte.»

«Wie ... was? Ich weiß nicht, wovon du redest.»

«Sie haben diese Brille jedenfalls an allen Ecken und Enden gesucht, und sie ist eindeutig nicht bei ihnen zu Hause, und du warst der einzige Besucher, den sie hatten. Sie ist überzeugt davon, daß du sie hast.»

«Einen derartigen Blödsinn habe ich mein Lebtag noch nicht gehört. Was um alles in der Welt sollte ich damit anfangen?»

Helen breitete die Arme aus. «Ich habe keine Ahnung, aber Mr. Hardwick möchte sie dringend wiederhaben. Es ist seine Lesebrille, und er kann *The Farmer and Stockbreeder* nicht lesen. Er ist ziemlich verärgert. Es ist wohl besser, wenn du mal nachschaust.»

«Das ist doch verrückt», sagte ich. Doch ich ging hinüber zu meinem Arbeitskittel und fing an, die Taschen durchzugehen. Und da, inmitten der Flaschen und Scheren und des anderen tierärztlichen Krimskrams lag die Brillenhülle. Sie steckte neben der Brieftasche, in der ich mein Thermometer transportierte und der sie zum Verwechseln ähnlich sah.

Ich schaute sie entgeistert an. «Mein Gott, ich hab sie ja wirklich. Ich muß sie aus Versehen eingesteckt haben, als ich in der Küche das Thermometer abgespült habe.»

Ich rief auf der Farm an und entschuldigte mich bei Seb. «Noch eine Dummheit, die ich gemacht habe», sagte ich lachend.

Er widersprach mir nicht, war jedoch immer noch höflich und lehnte mein Angebot, ihm die Brille zu bringen, ab.

«Nein, ist schon gut. Ich hol sie mir gleich selber.» Kein Zweifel, *The Farmer and Stockbreeder* wartete.

Ich war beschämt beim Gedanken an die lange nutzlose Fahrt, die er meinetwegen machen mußte, und dieses Gefühl hatte mich auch drei Tage darauf noch nicht verlassen, als ich ins Terminbuch schaute und feststellte, daß ich wieder zur Hardwick-Farm gerufen worden war.

Als ich dort ankam, fand ich die Brüder im Kuhstall, wo sie Heu in die Raufen schaufelten. Sie begrüßten mich nicht, wie es sonst ihre Art war. Sie waren anscheinend sogar überrascht, mich zu sehen.

«Ich komme, um mir Ihre lahme Kuh anzuschauen», verkündete ich aufgeräumt.

Sie warfen erst einander und danach mir einen ausdruckslosen Blick zu.

«Wir haben keine lahme Kuh», sagte Josh.

«Aber... Sie haben doch heute früh angerufen.»

Noch einmal dieser leere Blick zwischen ihnen.

«Tja... da muß wohl ein Irrtum vorliegen.» Ich versuchte es mit einem leisen Lachen, das nicht erwidert wurde, und dann konnte ich einen flüchtigen Blick in Richtung der Kühe nicht unterdrücken.

Seb hob die Hand. «Ehrlich, Mr. Herriot. Keine von ihnen lahmt. Sie können sie untersuchen, wenn Sie wollen.»

«Nein, nein, natürlich nicht. Ich... irgend jemand in der Praxis muß da wohl einen Anruf falsch verstanden haben. Darf ich mal Ihr Telefon benutzen?»

Seb ging mir voraus in die Küche, und meine Stimmung wurde nicht besser, als ich sah, wie er die Brillenhülle vom Tisch nahm und sie unauffällig in seine Tasche gleiten ließ, während ich die Nummer der Praxis wählte. Als ich durchkam, mußte ich mir sagen lassen, daß ich auf der Borthwicks-Farm erwartet wurde, nur eine halbe Meile entfernt. Aber was war nur los? Warum mußte ich mich hier ständig zum Narren machen?

Ich nahm den Kugelschreiber, der neben dem Telefon lag, notierte mir den Namen, damit ich keine weiteren Dummheiten machen konnte, und wandte mich den beiden jungen Frauen zu. «Es tut mir schrecklich leid, ich bereite Ihnen ständig Ungelegenheiten.» Ich wollte gerade gehen, als eine von ihnen die Hand ausstreckte. «Können wir unseren Kuli wiederhaben, Mr. Herriot?»

Mit glühendheißem Gesicht zog ich ihn aus der Tasche und floh.

Die Scham machte mir noch enorm zu schaffen, als ich binnen weniger Tage wieder auf die Farm gerufen wurde.

Als ich ankam, zeigte Seb mit düsterer Miene auf eine junge Färse, die im Kuhstall auf dem Boden lag. «Sie kann einfach nicht aufstehen», sagte er, «und das Hinterbein steht ganz komisch raus.»

Ich beugte mich über das Tier und schnipste ihm mit dem Finger ans Ohr. «Na komm, mein Mädchen, laß mal sehen, ob du aufstehen kannst.»

Sie versuchte kurz, sich hochzustemmen, ließ sich jedoch wieder auf das Pflaster sinken, und ich hatte keinen Zweifel daran, daß ihr rechtes Hinterbein die Ursache des Problems war. Sie konnte es offenbar nicht bewegen. Ich fuhr mit der Hand tastend das zottige Bein hinauf, und als ich an der Beckenregion angelangt war, war die Diagnose einfach.

«Sie hat sich die Hüfte ausgerenkt, Seb», sagte ich. «Gebrochen ist zwar nichts, aber der Kopf des Oberschenkelknochens ist aus der Gelenkpfanne gesprungen.»

«Sind Sie sicher?» Der Farmer sah mich prüfend an.

«Absolut sicher. Hier, fühlen Sie mal diese Erhebung. Man kann es im Grunde sogar sehen, wie er hier vorsteht.»

Seb machte sich nicht die Mühe, die Hände aus den Taschen zu nehmen. «Na, ich weiß nicht. Ich dachte, vielleicht hat sie sich einfach überanstrengt. Vielleicht können Sie mir was geben, womit ich sie einreiben kann – dann kommt sie bestimmt wieder auf die Beine.»

«Nein, ich versichere Ihnen, ich habe nicht den geringsten Zweifel.»

«Schon gut, und was machen wir jetzt?»

«Wir müssen versuchen, den Knochen wieder einzurenken. Das ist zwar schwierig, aber da es eben erst passiert ist, stehen unsere Chancen nicht schlecht, würde ich sagen.»

Der Farmer schniefte. «Also gut. Dann mal los.»

«Tut mir leid», sagte ich lächelnd, «aber das ist eine ziemlich schwere Arbeit, und ich kann sie nicht allein tun. Nicht mal Sie und ich können das bewältigen. Wir brauchen Hilfe.»

«Hilfe? Ich habe keine Hilfe. Josh ist ganz da drüben auf dem hintersten Feld.»

«Ja, das tut mir wirklich sehr leid, aber Sie müssen ihn herholen. Und, ich sage das wirklich gar nicht gern, aber einer Ihrer Nachbarn muß uns ebenfalls zur Hand gehen. Und das sollte schon ein kräftiger junger Mann sein.»

«Verflucht noch mal!» Seb starrte mich an. «Wozu soll das alles denn gut sein?»

«Ich weiß, Sie denken, ich mache viel Getue, doch die Färse ist zwar noch jung, aber trotzdem groß und kräftig, und wenn wir die Hüfte wieder einrenken wollen, müssen wir den Muskelwiderstand überwinden. Ich habe das schon oft gemacht und weiß, wie es ist.»

Er nickte. «Na gut, ich geh mal fragen, ob Charlie Lawson mit herkommen kann. Sie warten hier, ja?»

«Nein, ich muß zurück in die Praxis fahren und die Chloroformmaske holen.»

«Chloroform! Was denn noch!»

«Ich habe Ihnen doch von dem Muskelwiderstand erzählt. Um den zu überwinden, müssen wir sie einschläfern.»

«Also, hören Sie mal, Mr. Herriot.» Der Farmer hob drohend den Zeigefinger. «Sind Sie sicher, daß wir dieses ganze Theater veranstalten müssen? Glauben Sie nicht, daß wir nur was einzureiben brauchen? Ein bißchen Salbe vielleicht?»

«Tur mir leid, Seb, das alles ist notwendig.»

Er drehte sich um und schlurfte murmelnd aus dem Stall, während ich zu meinem Wagen eilte.

Auf der Fahrt nach Darrowby und zurück beschäftigte mich vor allem zweierlei. Hier handelte es sich um eine der kniffligeN ren Arbeiten in der tierärztlichen Praxis, aber wenn sie gelangen, dann war es jedesmal ein spektakulärer Erfolg. Ein hoffnungslos lahmendes Tier stand auf und trottete davon wie ausgewechselt. Und ich spürte, daß ich dringend etwas brauchte, um mein Ansehen auf dieser Farm aufzupolieren.

Als ich mit der Chloroformmaske zurückkehrte, warteten Josh und Charlie Lawson schon mit Seb auf dem Hof. «Hallo, Mr. Herriot», «Tag, Mr. Herriot», sagten sie, sahen mich dabei jedoch skeptisch an, und mir war klar, daß der andere Bruder aus seinen Bedenken keinen Hehl gemacht hatte.

«Nett von Ihnen, meine Herren, daß Sie alle helfen wollen», sagte ich aufmunternd. «Ich hoffe, Sie sind gut bei Kräften. Die werden bei einem solchen Fall gebraucht.»

Charlie Lawson grinste und rieb sich die Hände. «Ja, wir tun, was wir können.»

«Dann mal los.» Ich schaute runter auf die Färse. «Wir bringen sie lieber ein Stückchen weiter zur Tür. Da können Sie besser ziehen. Dann setzen wir ihr die Chloroformmaske auf und binden ein Seil ums Bein. Sie ziehen, und ich drücke das Gelenk. Zuerst aber wollen wir sie mal rüberrollen.»

Während die Farmer sich gegen die Flanke des Tiers stemmten, versuchte ich, ihr das lahme Bein unter den Körper zu schieben. Als sie zur Seite rollte, gab es einen lauten Klick, und nach einem kurzen Rundumblick kam die Färse auf die Beine und lief zur Tür hinaus.

Wir vier sahen ihr verdutzt nach, während sie über den Hof und durch ein Gatter aufs Feld schlenderte. Sie war vollkommen gesund. Nicht das geringste Anzeichen von Lahmheit.

«So etwas habe ich noch nie gesehen», japste ich. «Durch das Rollen und den Druck auf das Gelenk muß es wieder in die Pfanne gerutscht sein. Ist es zu glauben!»

Die drei Farmer schauten mich kühl an. Es war klar, daß sie mir nicht glaubten.

Als ich mich zu meinem Auto zurückzog, hörte ich, wie Seb den beiden anderen anvertraute: «Hätte ihr genausogut was draufreiben können.» Und als ich an der Färse vorbeifuhr, die zufrieden auf dem grünen Hügel graste, fielen mir Siegfrieds

Worte vom Beginn unserer Partnerschaft ein: «Dieser Beruf bietet jedem von uns ungeahnte Möglichkeiten, sich zu blamieren.»

Wie wahr diese Worte waren. Wie wahr sie immer sein würden. Doch warum, warum, *warum* mußte sich das gerade diesmal bei den Hardwicks bestätigen?

Ich konnte es nicht fassen, als ich keine Woche später den Namen Hardwick schon wieder im Buch eingetragen sah.

«Siegfried», sagte ich, «es wäre mir lieber, wenn du dorthin fahren würdest. Für mich liegt ein Fluch auf dem Hof.» Er sah mich überrascht an. «Aber das ist doch eine deiner Lieblingsfarmen. Und die Leute wollen immer dich persönlich haben.»

«Ja, ich weiß, aber im Augenblick habe ich das Gefühl, über mir schwebt ein Verhängnis.» Ich erzählte ihm von meinen jüngsten Erlebnissen.

«Unsinn, James.» Er machte eine abweisende Geste. «Du phantasierst dir da was zusammen. Das sind doch Kleinigkeiten.» Er lehnte sich auf seinem Stuhl zurück und lachte. «Zwar amüsant, das gebe ich zu, aber ohne Bedeutung. Die Hardwicks sind eine großartige Familie – sie werden keinen Gedanken daran verschwendet haben.»

«Ich bin mir da nicht so sicher. Daß das gute Leute sind, weiß ich, aber ich bin überzeugt, sie meinen, bei mir sei eine Schraube locker. Mit meinem Hang zur Kleptomanie fängt es schon an.»

Er lachte wieder. «Ach was, Blödsinn! Du fährst. Es ist doch nur ein krankes Schwein. Diesmal kann nichts schiefgehen.»

Vielleicht bildete ich mir das nur ein, doch ich hatte den Eindruck, daß die Brüder etwas ängstlich dreinschauten, als ich auf der Farm aus dem Auto stieg. Bei dem fraglichen Schwein handelte es sich um eine Sau mit einer Familie von einem Dutzend quiekenden Ferkeln. Sie lag in einer dunklen Ecke des Stalls, in der es so düster war, daß ich das Tier kaum sehen konnte. Doch derlei war ich gewöhnt, ich hatte einen Großteil meiner Arbeit immer durch Berühren und Betasten getan.

Ich kletterte in den Koben, in dem die Sau nur undeutlich als Fleischberg zu erkennen war. Ich holte das Thermometer hervor und tastete mich zum hinteren Ende vorwärts.

«Sie hat heute nicht gefressen, sagen Sie?»

«Nein, kein bißchen», erwiderte Josh. «Und sie hat sich auch nicht von der Stelle gerührt. Die Ferkel sehen hungrig aus – sie kriegen anscheinend nicht viel Milch.»

«Ja... ja... ja... ich verstehe.» Verzweifelt herumfummelnd, suchte ich nach dem Anus, um das Thermometer einzuführen, doch ich konnte ihn einfach nicht lokalisieren. Es war pechschwarz da unten, doch ich hatte schon so manchen Schweineanus im Dunkeln gefunden. Ich spürte ja, wo der Schwanz war, und wenn ich dann mit der Hand weiter nach unten fuhr, konnte das Thermometer nur in den Anus gleiten, doch hier tat es das nicht, und als ich ein klein wenig weiter unten wieder etwas fand, war es die Vagina. Die Lösung ging mir auf wie ein helles Licht.

«Dieses Schwein hat keinen Hintern!» rief ich aus. Einen Augenblick hielt ich das für eine triumphale wissenschaftliche Entdeckung, die die Welt erfahren mußte, und ich strahlte die Brüder an.

Sie schauten mit verkniffenen Mündern schweigend auf mich herunter. Seb sagte, und in seinem Ton schwang ein Hauch von Überdruß mit: «Keinen was?»

Mir ging plötzlich auf, daß es mir hier nicht zustand, derartige Entdeckungen auszuposaunen. Hör auf zu lächeln. Rede vernünftig. Aus meiner Hockstellung sagte ich: «Keinen Hintern, keinen Anus. Das kommt sehr selten vor. Ist ziemlich faszinierend. Bei kleinen Schweinen kann man das hin und wieder beobachten, aber bei einem ausgewachsenen Tier habe ich das noch nie gesehen.»

«Ach ja», sagte Josh. «Und wenn sie keinen Hintern hat, woher kommt dann der ganze Dreck? Ich muß hier jeden Morgen verdammt viel rausschaufeln.»

Mein Mitteilungsdrang brach wieder durch. «Der Kot tritt durch die Vagina aus. Das ist bei dieser Anomalie so.»

«Und das hat sie die ganzen Jahre so gemacht?»

«Ja, wirklich. Schauen Sie, bringen Sie mir eine Fackel, dann zeig ich es Ihnen.»

Die Brüder wechselten wieder einen Blick. «Schon gut, wir

glauben Ihnen.» Es war deutlich zu spüren, daß sie mir nicht glaubten.

Ich wollte gerade zu einer nochmaligen Erklärung ansetzen, da wurde mir klar, daß ich anfing zu brabbeln, und ich ließ es sein. Auf jeden Fall ertastete ich, wenn ich die Hand auf den Bauch des Schweins legte, ein entzündetes und vergrößertes Euter.

«Wie dem auch sei, ich brauche gar nicht die Temperatur zu messen, sie hat Mastitis. Ihr Euter ist sehr heiß und geschwollen. Ich gebe ihr jetzt eine Spritze mit einem Antibiotikum, dann wird sie wieder gesund, da bin ich sicher.» Ich versuchte das forsch und fachmännisch klingen zu lassen, doch ich beeindruckte niemanden.

Josh ergriff wieder das Wort. «Sie brauchen also gar nicht erst die Temperatur zu messen?»

«Ja, richtig, das ist nicht nötig.»

«Natürlich, das ist nicht nötig», sagte er, und beide nickten.

«Machen Sie sich nur keine Umstände, Mr. Herriot. Es kommt nicht darauf an.»

Ich spürte, wie sich mir die Zehen kringelten. Sie wollten mich auf den Arm nehmen. Das war das Schlimmste daran.

Mechanisch gab ich der Sau die Spritze mit dem Antibiotikum, beeilte mich beim Händewaschen und lehnte eine Tasse Tee ab.

Als ich wegfuhr, hoben Seb und Josh, die Seite an Seite auf dem gepflasterten Hof standen, ernst die Hände zu einem Abschiedsgruß, und ich sah, daß die jungen Frauen mir aus dem Fenster nachschauten. Ich konnte ihre Gedanken lesen.

Der arme alte Herriot. Im Grunde kein schlechter Kerl. Aber wie traurig, wenn man mitansehen mußte, wie er den Verstand verlor.

28

Als ich das Stethoskop an die Rippen des alten Rüden hielt, fragte ich mich, wie lange er es wohl noch machen würde.

«Bei Dons Herz hat sich gar nichts gebessert», sagte ich zu dem alten Mr. Chandler, der zusammengesunken im Sessel neben dem Küchenfeuer saß.

Ich tat mein möglichstes, nicht pessimistisch zu klingen. Mit dem Herzen stand es eindeutig schlechter, ja, ich konnte mich nicht erinnern, wann ich je ein solches Herz gehört hatte. Es waren nicht bloß die normalen murmelnden Geräusche einer Herzklappeninsuffizienz, es war eine zischende, rauschende Kakophonie, bei der es mich wunderte, wie das lebenspendende Blut überhaupt noch durch die Organe des Hundes gepumpt werden konnte.

Don war vierzehn, eine zottelige Collie-Kreuzung, und außer einem schwachen Herzen hatte er noch die unvermeidliche chronische Bronchitis, die ihrerseits mit Blubbern und Gurgeln zu der in seinem Brustkorb aufgeführten Symphonie beitrug.

«Ja, vielleicht haben Sie recht.» Mr. Chandler beugte sich in seinem Sessel vor. «Aber andererseits geht es ihm gar nicht so schlecht. Er frißt eigentlich ganz gut.»

Ich nickte. «O ja, er ist recht vergnügt, daran besteht kein Zweifel.» Ich tätschelte dem alten Hund, der auf dem Kaminvorleger lag, den Kopf, und der Schwanz wedelte heftig hin und her, als wollte er meine Worte bestätigen. «Schmerzen hat er nicht, und das Leben gefällt ihm.»

«Wenn er nur diesen verdammten Husten nicht hätte.» Sein Herr seufzte. «Er hat ihn andauernd, und heute war er so schlimm wie noch nie. Deswegen hab ich Sie hergerufen.»

«Tja, den wird er wohl nun auch nicht mehr loswerden, aber ich kann ihm schon helfen, wenn es wirklich schlimm wird. Ich gebe ihm jetzt eine Spritze und lasse ein paar Tabletten für ihn da.»

Nach der Injektion zählte ich einen Vorrat der zuverlässigen Oxytet-Tabletten ab.

«Danke, Mr. Herriot.» Der alte Mann nahm das Päckchen und legte es auf den Kaminsims. «Aber ganz ehrlich, wie beurteilen Sie denn seine Chancen?»

«Schwer zu sagen, Mr. Chandler.» Ich zögerte. «Ich habe schon Hunde mit sehr schwachem Herzen gesehen, die noch jahrelang gelebt haben, andererseits aber – das kann man nie voraussagen. Jederzeit kann alles mögliche passieren.»

«Ja ... ja ... ich verstehe. Ich hoffe das Beste. Aber es ist schon ein wenig deprimierend, wenn man so ein alter Witwer ist wie ich.» Er kratzte sich am Kopf und lächelte traurig. «Ich hab einen ganz verpfuschten Abend gehabt. Der Fernseher leistet mir sonst gute Gesellschaft, aber nicht mal der funktioniert.» Er zeigte auf den schwarzen Bildschirm in der Ecke des Zimmers. «Um die Teezeit herum fing er an, verrückt zu spielen. Ich hab an all diesen verflixten Knöpfen rumgedreht, aber es hat nichts genützt. Verstehen Sie was von diesen Dingern?»

«Leider nein, Mr. Chandler, ich habe mir selber gerade erst einen gekauft.» Das Fernsehen war Anfang der fünfziger Jahre ein neues Wunder und für einen technisch unbegabten Kopf wie den meinen ein undurchdringliches Geheimnis. Trotzdem ging ich hinüber und schaltete das Gerät an. Ich fing an, mit den verschiedenen Skalen und Knöpfen zu spielen, steckte Drähte hinein, schaltete Tasten an und aus.

Plötzlich hörte ich einen Aufschrei des alten Mannes. «He, er geht wieder. Das Bild ist wieder da!»

Ich schaute ungläubig auf den Bildschirm. Tatsächlich, da galoppierten Reiter durch eine texanische Ebene. Irgendwie hatte ich das Gerät überlistet.

«Ach, das ist ja prima, Mr. Herriot!» Das Gesicht des alten Mannes war wie verwandelt. «Das muntert mich ein bißchen auf.»

Ich befand mich in einem ganz ungewohnten Siegestaumel. «Nun, es freut mich, daß ich Ihnen behilflich sein konnte.» Doch wenn ich mir den auf dem Kaminvorleger ausgestreckten Hund ansah, war mir gar nicht so fröhlich ums Herz.

«Sie sagen mir Bescheid, wenn es schlimmer mit ihm wird», sagte ich, und als ich das kleine Häuschen verließ, hatte ich das häßliche Gefühl, daß ich bald schlechte Neuigkeiten von Mr. Chandler hören würde. Damit wäre dann etwas zu Ende, denn ich hatte den alten Don gern; er war einer meiner gutmütigsten Patienten und ein freundlicher Schwanzwedler, den ich jahrelang behandelt hatte.

Ich brauchte nicht lange zu warten. Es war sieben Uhr abends, drei Tage danach, als das Telefon klingelte.

«Hier spricht Chandler, Mr. Herriot.»

Die Stimme klang angestrengt und ängstlich, und ich wappnete mich gegen das, was als nächstes kommen mußte.

«Ich möchte Sie ja nicht stören, Mr. Herriot, aber ich frage mich, ob Sie mal bei mir vorbeikommen könnten?»

«Ja, natürlich, Mr. Chandler, ich mache mich gleich auf den Weg. Ich höre schon, wie beunruhigt Sie sind.»

«Ja, es ist schlimm, aber ich weiß, Sie kriegen das wieder hin.»

Ich hatte noch die Geräusche im Ohr, die durch das Stethoskop gekommen waren, und ich meinte, ich müßte aufrichtig sein. «Mr. Chandler, vierzehn Jahre ist eine lange Zeit. Die alten Herzklappen wollen dann nicht mehr mitmachen, wissen Sie.»

«Vierzehn? Das verfluchte Ding ist nicht älter als zwei!»

«*Zwei?*» Fing der alte Mann an zu spinnen? «Don? Zwei?»

«Don? Ich hab doch nicht von Don gesprochen. Dem Hund geht es seit den Tabletten richtig gut. Dieser verflixte Fernseher will wieder nicht. Meinen Sie, Sie könnten herkommen und ihn für mich richten?»

29

Farmer Whitehead rieb sich nachdenklich das Kinn.

«Ich weiß nicht, was ich von diesem Burschen halten soll», sagte er. «Er macht nicht den Eindruck, als sei er Farmer, und er sagt ja selber, er sei Lehrer in einer Schule gewesen, aber man sieht, daß er trotzdem was von Viehzucht versteht. Ich werd's jedenfalls mit ihm versuchen. Es ist ein verdammt schweres Geschäft, Männer zu finden, die hier oben in dieser abgelegenen Gegend arbeiten wollen, und allzu wählerisch kann ich nicht sein. Sagen Sie mir, was Sie von ihm halten.»

Ich nickte. «Gut, mach ich. Ist er verheiratet?»

«Und ob!» Der Farmer lachte. «Er hat sieben Kinder.»

«Sieben! Das ist ja eine Großfamilie.»

«Ja, stimmt. Und vermutlich war das auch einer der Gründe,

weshalb ich ihn genommen habe. Er hat offenbar verzweifelt eine Unterkunft gesucht, und wir haben hier ja ein richtig großes Haus. Der Mann tat mir ein bißchen leid.» Er hielt inne und schaute nachdenklich über den Hof. «Wie ich schon sagte, er ist kein gewöhnlicher Mensch.»

Ich war schon am Gehen, als er mir nachrief. «Übrigens, er heißt Basil Courtenay. Klingt auch ein bißchen anders, nicht?»

Im Kuhstall beobachtete ich Basil mit Interesse. Irgendwo in der Mitte der Dreißiger, dachte ich. Sehr schlank, dunkelhaarig, sah beinahe aus wie ein Spanier. Er begrüßte mich mit einem breiten Grinsen. «Hallo, Doktor, ist ja mächtig kalt heute. Könnten einem glatt die Lungen abfrieren da draußen auf den Feldern.»

«Ja, Sie haben recht», erwiderte ich. «Es ist wirklich frisch.» Ich musterte ihn von neuem. Er hörte sich nicht so an wie ein Lehrer. Aber er hatte etwas Keckes, Fröhliches an sich, Freundlichkeit lag in seinen dunklen Augen. Ich mochte ihn.

Die Kuh lahmte auf dem Hinterbein, und als ich mich niederbeugte und mit dem Finger den Klauenspalt abtastete, setzte sie zu einem Tritt an, der mich warnen sollte.

«Halten Sie sie doch bitte mal am Kopf fest», sagte ich.

Basil nickte anmutig, verbeugte sich leicht und trat in die Box. Doch er packte die Kuh nicht an einem Horn und steckte ihr auch nicht die Finger in die Nase, wie es üblich war. Statt dessen schlang er die Arme um ihren Hals und zog ihren Kopf dicht an seine Brust. Ich hatte diese Methode noch nie gesehen, doch sie schien die gewünschte Wirkung zu haben, denn die Kuh stand ruhig da, als ich den Fuß hochhob.

Als ich die Sohle mit dem Griff meines Hufmessers abklopfte, entdeckte ich eine weiche Stelle.

«Sie hat hier drin einen kleinen Abszeß», sagte ich. «Den muß ich ausschälen. Am besten ginge das, wenn man ihr Bein über den Balken legen könnte. Würden Sie mir bitte ein Stück Seil holen?»

Wieder das leichte Nicken des Kopfes und die Verbeugung, und er ging mit langen, eleganten Schritten im Kuhstall nach hinten.

Als er zurückkam, reichte er mir das Seil mit einer anmutigen Handbewegung und verbeugte sich von der Hüfte aus, beinahe wie ein exklusiver Schneider, der seine Ware vorführt.

Ich schlang das Seil um den Fuß, warf das andere Ende über den Balken, und während Basil munter am Kopf zog, begann ich die Sohle auszuschälen.

«Wie ich höre, haben Sie ein bißchen unterrichtet», sagte ich, während ich das harte Gewebe wegschnitt.

«O ja, hab ich. Zu meiner Zeit hab ich das eine ganze Weile gemacht, kann ich Ihnen sagen.»

«Tatsächlich. Welche Fächer denn?»

«Ja nun, ein bißchen dies und ein bißchen das. Ich mache jede Arbeit, wie's gerade kommt, wissen Sie.»

«Ich verstehe. Und wo haben Sie unterrichtet? An welchen Schulen?»

«Ach, da und dort, da und dort. Bin ziemlich viel rumgekommen.» Basil schüttelte den Kopf und lächelte, als riefen die Worte glückliche Erinnerungen wach.

Während ich den Fuß bearbeitete, plauderte er weiter, und ohne allzusehr in Details zu gehen, deutete er an, daß er auch an Universitäten unterrichtet hatte.

«Sie haben wirklich Vorlesungen gehalten?»

«O ja, hab ich, hab ich.»

Ein unwirkliches Gefühl begann sich auf mich zu senken, und trotzdem mußte ich fragen.

«An welchen Universitäten?»

«Ach ... da und dort, da und dort.»

Ein eitriges Rinnsal, das unter meinem Messer sichtbar wurde, erfreuliches Ergebnis meines Schneidens, bereitete der Konversation ein Ende.

«Da ist es», sagte ich. «Nun wird es mit ihr aufwärtsgehen. Ich gebe ihr noch eine Spritze, und in ein oder zwei Tagen müßte sie wieder gesund sein. Aber ich möchte etwas heißes Wasser zum Händewaschen.»

Basil machte eine verbindliche Geste. «Sie können ins Haus kommen und sich richtig waschen.»

Ich folgte ihm in das Häuschen neben den Farmgebäuden, und

er riß die Tür auf und komplimentierte mich dann feierlich hinein.

Ein langer Tisch erstreckte sich über eine ganze Seitenwand der Küche, und dort saß die gesamte Familie beim Sonnabendmittagessen. Mrs. Courtenay, sehr fett, blond und lächelnd, saß einer ganzen Riege gesund aussehender Kinder vor, die sich mit großem Appetit über die voll gefüllten Teller hermachten. Mitten auf dem Fußboden saß ein dickes kleines Kind auf einem Topf, aus dessen Innerem als Begleitmusik zu den Anstrengungen des drückenden Kindes eine Serie von knallenden und zischenden Geräuschen erschallte.

Basil machte eine weitausholende Handbewegung vor der häuslichen Szene. «Das sind meine Frau und meine Familie, Mr. Herriot, und wir freuen uns alle sehr, Sie kennenzulernen.»

Er hatte nicht übertrieben. Die Kinder nickten und lächelten eifrig, während ihr Vater stolz den Blick über sie schweifen ließ. Wirklich eine glückliche Familie.

Basil führte mich zur Spüle, die bis zum Überlaufen mit dem unabgewaschenen Geschirr von mehreren Mahlzeiten vollgestellt war. Es war sogar schwierig, die Hände unter den Wasserhahn zu halten, doch dann machte Basil eine kleine Ecke für mich frei, räumte schmierige Pfannen und Teller zur Seite und klaubte mit anmutigen Bewegungen angetrocknete Speck- und Würstchenstücke vom Rand der Seifenschale.

Während ich mich wusch, beschloß das Kleinkind auf dem Boden, den Platz auf dem Töpfchen frei zu machen. Basil ging hinüber, hob das Gefäß hoch und betrachtete zufrieden den Inhalt. Dann schlenderte er zu dem an der Wand stehenden Koksofen, hob eine Herdplatte und schleuderte den Inhalt des Töpfchens in die Tiefen. Und sogar diese Bewegung wurde mit einer anmutigen Bewegung des Arms vollführt.

Mrs. Courtenay stand halb von ihrem Stuhl auf. «Trinken Sie eine Tasse Tee, Mr. Herriot?»

«Nein ... äh ... nein, vielen Dank. Es warten noch einige Visiten auf mich, und ich muß los. Aber nochmals vielen Dank, es hat mich gefreut, Sie kennenzulernen.»

Im Verlauf der nächsten Monate mußte ich die Farm mehrere

Male aufsuchen, und Basil schien sich in seiner neuen Anstellung ganz gut eingearbeitet zu haben. Doch ich hatte stets das Gefühl, daß er die Dinge anders machte als andere Farmarbeiter, die ich kannte; wie er mit den Tieren umging, war ungewöhnlich, ja an seinem ganzen Verhalten war irgend etwas seltsam. Einmal hängte er sich mit den Kniekehlen kopfunter an einen Balken, um einer Färse, die sich losgerissen hatte, ein Halfter anzulegen – es war, als habe er zwar gewisse landwirtschaftliche Kenntnisse, aber nicht viel Erfahrung.

Während meiner Visiten plauderte Basil stets munter drauflos, und seine Reden waren gespickt mit vagen Hinweisen auf eine erstaunlich bewegte Vergangenheit. Scheibchenweise trat zutage, daß er sich in der Welt der Schauspielerei, der Architektur und auf vielen anderen Gebieten umgetan hatte. Anscheinend hatte er irgendwann einmal sogar Gesellschaftstanz unterrichtet. Doch alle Versuche, ihn auf einen Zeitpunkt oder Ort festzunageln, scheiterten an der Hürde des «da und dort», was seine gewöhnliche Auskunft war.

Ich sah Basil auch einige wenige Male in Darrowby. Er war kein großer Trinker, doch samstagabends besuchte er gern den einen oder anderen Pub in der Stadt, und als ich ihn das erste Mal dort sah, verblüffte mich sein formvollendetes Benehmen einmal mehr. Basil saß an einem großen Tisch, umringt von grinsenden Farmarbeitern, die große Halblitergläser vor sich stehen hatten. Er jedoch trank kein Bier. Er lag mit ausgestrecktem Bein halb auf seinem Stuhl, und vor ihm auf dem Tisch stand ein Glas Wein, das er mit der Hand umschlossen hielt und dessen Stiel zwischen seinen Fingern hindurchragte. In Filmen hatte ich schon Leute gesehen – ausländische Adelige und dergleichen –, die Weingläser auf diese Art hielten, doch noch nie jemanden in einem Pub von Yorkshire.

Wie immer bot er ein Bild der Eleganz und Anmut. Er räkelte sich auf dem Stuhl und gab vor seinem Publikum Geschichten zum besten, unterstrich besonders wichtige Stellen mit ausholenden Handbewegungen und trank gelegentlich einen kleinen Schluck Wein. Es war klar, daß die Männer von den Farmen ihm an den Lippen hingen. Das einbrechende Gelächter, das begeisterte Nicken, die Ausdrücke des Erstaunens, all das zeugte davon, daß sie von seinem Vortrag entzückt waren.

Schon bald wurde er bei diesen Männern zu einer Berühmtheit, und obwohl er ihnen geheimnisumwittert erschien, waren seine vagen Anspielungen auf seine Universitätserfahrungen – so jedenfalls sah ich die Dinge – die Facette seiner Persönlichkeit, die ihre Neugier am meisten angestachelt hatte. Sie tauften ihn «Professor Bas», und unter diesem Namen war er in der gesamten Landarbeitergemeinde bekannt. Das übliche «da und dort» war das einzige, was man ihm entlocken konnte, und obwohl sich verschiedene Theorien über ihn im Umlauf befanden, war eins Allgemeingut: Alle schienen ihn zu mögen.

Im März bekam ich Basil ziemlich oft zu sehen. Das ist die Zeit des Jahres, in der es mit der gesundheitlichen Verfassung des Viehs am weitesten bergab geht. Die Tiere sind den ganzen Winter über in den Stallungen eingesperrt gewesen, und ihre Widerstandsfähigkeit gegen Erkrankungen ist stark geschwächt. Insbesondere Kälber sind zu dieser Zeit sehr anfällig, und die Basil anvertrauten Tiere hatte die gefürchtete Ruhr erwischt – jene hochgradig lebensbedrohliche Diarrhoe, die seit Generationen wie ein Fluch über der Kälberzucht lastet, immer gefährlich nahe, immer bereit, zuzuschlagen. Versäumnisse bei der Fütterung oder Haltung ziehen unweigerlich Schwierigkeiten nach sich.

Zum Glück hat der Fortschritt der Wissenschaft den Tierärzten deutlich verbesserte Waffen an die Hand gegeben, und zu dieser Zeit erzielte ich gerade gute Erfolge mit einem Mischgranulat aus Antibiotika und Sulfonamiden, doch bei diesen Kälbern kam ich gar nicht gut voran.

Sechzehn von ihnen standen in einer langen Reihe von Boxen, und ich schaute sie mir mit wachsender Unruhe an. Sie sahen elend und deprimiert aus, bei manchen tröpfelte ein weißlicher flüssiger Kot an den Schwänzen herunter, andere lagen ausgestreckt im Stroh.

«Basil», sagte ich, «sind Sie sicher, daß Sie den Tieren die richtige Dosis geben?»

«O ja, Mr. Herriot. Genau so, wie Sie es gesagt haben.»

«Und Sie geben sie ihnen als allerletztes am Abend und als allererstes am Morgen? Das ist sehr wichtig.»

«Ganz bestimmt. Da brauchen Sie sich keine Sorgen zu machen.»

Ich vergrub die Hände tiefer in den Taschen. «Also, das verstehe ich nicht. Das Medikament schlägt offenbar gar nicht an. Und als nächstes kommt doch noch Lungenentzündung dazu. Wie sie alle miteinander aussehen, das gefällt mir gar nicht.»

Ich verabreichte Vitamininjektionen als unterstützende Maßnahme und ging, doch hatte ich das gräßliche Gefühl, daß etwas sehr Unangenehmes bevorstand.

Den ganzen Tag über war es bitter kalt gewesen, und ein so schneidender Wind ist gewöhnlich der Vorbote von Schnee. Daher war ich nicht überrascht, als gegen acht Uhr die dicken weißen Flocken vom Himmel fielen und das ganze Land binnen einer Stunde unter einer Schneedecke lag. Danach hörte es auf zu schneien, und dafür war ich dankbar, denn bei tiefem Schnee war es nahezu unmöglich, einige der hochgelegenen Farmen zu erreichen. Eine Schaufel war unverzichtbar.

Ich war erleichtert, daß es nicht noch mehr geschneit hatte, als ich am folgenden Morgen um sieben einen Anruf bekam, der mich zu einem kleinen Gehöft hoch oben im Dale rief, wo eine Kuh kalbte. Um neun war ich mit der Arbeit fertig, und als ich nach Hause fuhr, gewärmt von der Befriedigung, die mir ein auf die Welt gebrachtes lebendes Kalb stets vermittelte, bestaunte ich die neue Welt um mich herum. Dort oben war es zu jeder Jahreszeit schön, doch der Schnee hatte eine Verwandlung bewirkt, hatte eine weiße Stille, einen weißen Frieden herbeigezaubert.

Ich betrachtete die feinen Schneewehen neben der Straße, die der Wind in der Nacht so hübsch geformt hatte, als ich das Tor vor Mr. Whiteheads Farm sah. Es war eine gute Gelegenheit, nach seinen Kälbern zu sehen, und ich bog mit meinem Wagen in die Straße ein.

Alles war still, als ich vor dem Gebäude hielt, und als erstes fiel mir auf, daß zwischen Basils Häuschen und dem Kuhstall ein langer Streifen frischen Schnees lag.

Ich klopfte an der Tür, und Basil machte auf, so fröhlich und schwungvoll wie immer.

«Kommen Sie rein, Mr. Herriot! Wie geht's Ihnen heute morgen? Meine Frau ist oben und macht die Betten. Ich ruf sie runter, sie macht Ihnen eine Tasse Tee.»

«Nein, danke», erwiderte ich. «Ich bin nur vorbeigekommen, um nach den Kälbern zu sehen. Wie sieht es denn heute morgen mit ihnen aus?»

«Ach, unverändert, schätze ich.»

«Und Sie haben ihnen das Granulat gegeben?»

«O ja, hab ich. Vor dem Frühstück.»

Ich winkte ihn zum Küchenfenster. «Kommen Sie doch mal her, Basil.»

Gemeinsam schauten wir hinaus, und er war sehr still, als er den Teppich aus jungfräulichem Schnee betrachtete.

«Sie sind überhaupt nicht draußen gewesen, nicht wahr?» sagte ich. «Und gestern abend auch nicht. Um neun Uhr hat es aufgehört zu schneien, und Sie sollten ihnen die Dosis unmittelbar vor der Schlafenszeit geben.»

Er sagte kein Wort, doch er drehte mir langsam den Kopf zu, und es war, als sei ihm eine Maske vom Gesicht gerissen worden. Das kecke Lächeln war verschwunden und einer schrecklichen Hilflosigkeit gewichen. Er schaute mich mit einem gehetzten Blick an.

Die Veränderung war so dramatisch, daß mein anfänglicher Zorn sich legte. Wir starrten einander einige Augenblicke schweigend an, dann sagte ich langsam:

«Schauen Sie, Basil, ich werde Ihrem Boss nichts davon sagen, aber Sie haben mich ganz schön im Stich gelassen. Wollen Sie mir versprechen, daß Sie Ihre Aufgabe in Zukunft gewissenhaft erfüllen?»

Er nickte stumm.

«Gut», sagte ich. «Dann wollen wir jetzt mal zu den Kälbern rübergehen.»

Er setzte sich und zog sich seine Gummistiefel an, dann schaute er mich mit einem niedergeschlagenen Ausdruck an.

«Ich sage Ihnen, Mr. Herriot, ich hab es nicht böse gemeint.

Ich will diese Kälber nicht vernachlässigen, aber ich bin wohl mit dem Herzen nicht bei der Sache. Ich bin kein richtiger Farmarbeiter – ich werde nie einer sein.»

Ich sagte nichts, und er sprach weiter.

«Ich hab schon mit dem Boss darüber gesprochen, und ich gehe bald fort.»

«Haben Sie eine andere Arbeit gefunden?»

«Ich hab da was im Auge. Aber bis ich gehe, brauchen Sie sich keine Sorgen zu machen. Ich kümmere mich um die Kälber.»

Und das tat er auch. Von diesem Tag an ging es mit den kleinen Wesen aufwärts, und bei meiner letzten Visite dort wurde mir richtig warm ums Herz, als ich sah, wie alle sechzehn in ihren Boxen standen und verspielt die Köpfe in den Durchgang steckten, während sie auf ihr Futter warteten.

Kurz darauf verließ Basil die Gegend, doch der Ruf des «Professor Bas» haftete ihm weiter an, und die Farmergemeinde beklagte seinen Weggang. Ein Rinderzüchter drückte mir gegenüber aus, was alle bewegte.

«Bei Gott, er war schon ein komischer Kauz», sagte er, «aber wir hatten viel Spaß mit ihm. Man mußte ihn einfach gern haben.»

Ich nickte. «Ja, ich empfinde es ebenso. Ich frage mich nur, wohin er gegangen sein mag.»

Der Mann lachte. «Das weiß keiner, aber ich denke, es wird wohl ‹da und dort› sein.»

Ich dachte, nun würde ich Basil wohl nie wiedersehen, doch da hatte ich mich getäuscht. Eines Abends fuhren Helen und ich nach Brawton, um ihren Geburtstag zu feiern. Wir hatten uns in einem der feinen Hotels der Stadt einen Tisch zum Abendessen bestellt und waren in ausgesprochen festlicher Stimmung, als wir in dem prächtigen säulengeschmückten Speisesaal Platz nahmen und die viktorianische Üppigkeit, die eine der ewigen Reize von Brawton ist, uns umwogte.

Es war für uns ein besonders feierlicher Anlaß, und wir genossen jeden Bissen des Mahls, doch als wir beim Kaffee saßen, fiel mir auf, daß Helen unverwandt durch den großen Raum schaute.

«Der Kellner, Jim, der ganz hinten am anderen Ende arbeitet. Du hast ihm den Rücken zugedreht, aber...»

Ich drehte mich um und sah hin. «Mein Gott!» sagte ich. «Das ist Basil.»

Ich drehte mich mit dem Stuhl seitwärts, so daß ich ihn richtig beobachten konnte, und es bestand kein Zweifel. Es war Basil. Er wirkte unglaublich elegant mit der weißen Fliege und dem weißen Frack, und als er sich vorbeugte, um ein älteres Paar zu bedienen, ging mir mit einem Schlag auf, daß er mit seinem guten Aussehen, dem dunklen Haar, dem höflichen Benehmen und der natürlichen Anmut all das verkörperte, was einen guten Kellner ausmachte.

Ich sah fasziniert zu. Er wandte sich jetzt der Dame zu, hielt ihr mit der Neigung des Kopfs, die ich so gut kannte, eine Gemüseplatte hin, lächelte und verbeugte sich, während sie ihre Wahl traf. Er sprach auch mit den Gästen, und ich konnte mir den unbeschwerten Redefluß vorstellen, der mich im Kuhstall so oft unterhalten hatte. Das ältere Paar nickte und lachte, war unverkennbar von ihm bezaubert. Ich fragte mich, was er ihnen wohl erzählte. War es etwas aus seiner bunten Vergangenheit?

Der Kaffee in meiner Tasse wurde kalt, während ich dasaß. Je länger ich ihm zusah, desto mehr war ich davon überzeugt, daß Basil zu guter Letzt doch seine Nische gefunden hatte. Die anmutigen Bewegungen, mit denen er zwischen den Tischen hindurchglitt und dabei Teller auf dem Arm balancierte, als habe er sein ganzes Leben lang nichts anderes getan, seine wohltuende Ruhe, die offenkundige Freude, die ihm das Bedienen seiner Gäste bereitete, das war er wirklich. Mir wurde klar, daß ich hoffte, und zwar mit einiger Leidenschaft, es möge im Lebensweg des Professors Bas keine weiteren Verwicklungen mehr geben.

«Willst du mit ihm sprechen?» fragte Helen.

Ich zögerte. «Nein ... nein ... lieber nicht.»

Als wir aufbrachen, gingen wir nur einige Schritte entfernt an dem Tisch vorüber, an dem er wieder das weißhaarige Paar bediente. Sie alle lachten, und der alte Herr hob die Hand.

«Übrigens», fragte er, «wo haben Sie das denn gemacht?»

«Ach, da und dort», erwiderte Basil, «da und dort.»

30

Calum gab mir einen freundschaftlichen Rippenstoß. «Ich würde mich freuen, Jim, wenn Sie eines Morgens mal mit mir die Rehe beobachten kämen. Ich frage Sie ständig danach, aber Sie wollen sich ja nie auf einen Tag festlegen.»

Wir saßen bei ein paar Gläsern Bier in einer gemütlichen Ecke im Drovers', und seitdem sich die Stammgäste an den Dachs gewöhnt hatten, ging es dort nun vergleichsweise friedlich zu. Anfangs hätte man beinahe einen Tumult ausgelöst, wenn man mit Calum auf ein Bier ging, weil er stets darauf bestand, sich Marilyn um die Schulter zu schlingen, doch die Aufregung hatte sich gelegt und war amüsierten Blicken und munteren Zurufen gewichen. Der «Doktor mit dem Dachs», wie die Farmer ihn nannten, war inzwischen Teil der hiesigen Szenerie.

Ich trank einen großen Schluck aus meinem Glas. «Ach, das wird schon noch, Calum. Ich verspreche es Ihnen.»

«Das sagen Sie jedesmal. Warum nicht morgen?» Er richtete seinen dunkeläugigen festen Blick auf mich, und ich saß in der Falle.

«Tja, ich weiß nicht. Morgen ist viel zu tun.»

«Nein, im Grunde nicht. Doug Heseltine hat den Tuberkulintest abgesagt. Dadurch ist am Vormittag eine große Lücke entstanden. Es ist die ideale Gelegenheit.»

Ich wußte nicht, was ich sagen sollte. Ein Teil von mir hätte gern mal einen Blick in Calums Welt geworfen – er verbrachte seine ganze Freizeit damit, in der Gegend umherzustreifen, die Pflanzen und Blumen zu studieren und die Gewohnheiten der Tiere in der freien Wildbahn zu beobachten –, doch im Vergleich zu ihm wußte ich bestürzend wenig von diesen Dingen. Ich war in der Großstadt Glasgow aufgewachsen, und obwohl ich mich in die Landschaft von Yorkshire verliebt hatte, war mir klar, daß man eine genaue Kenntnis der Flora und Fauna im Grunde nur in der Kindheit erwerben konnte. Siegfried besaß sie, meine beiden Kinder besaßen sie ebenfalls und versuchten ständig, mir etwas davon beizubringen, doch ich wußte, daß ich nie ein Fachmann werden würde. Ganz bestimmt nicht so einer wie Calum. Er war in der Natur zu Hause. Sie war seine verzehrende Leidenschaft.

«Morgen, ja?» Mit abnehmendem Bierpegel in meinem Glas begannen meine Zweifel sich zu verflüchtigen. «Vielleicht kann ich es doch einrichten.»

«Wunderbar, wunderbar.» Mein Kollege bestellte noch zwei Halbe. «Wir fahren in den Steadforther Wald. Ich habe dort einen Unterstand gebaut.»

«Den Steadforther Wald? Dort gibt es nun aber bestimmt keine Hirsche.»

Calum warf mir ein verschwörerisches Lächeln zu. «O doch – und zwar viele.»

«Das ist ja komisch. Ich bin tausendmal durch diesen Wald gegangen. Ich habe meine Hunde dort ausgeführt, aber ich habe nie eine Spur von einem Hirsch gesehen.»

«Morgen werden Sie welche zu sehen kriegen. Warten Sie's nur ab.»

«Gut. Wann fahren wir los?»

Er rieb sich die Hände. «Ich hole Sie um drei Uhr ab.»

«Um drei! So früh?»

«Ja, klar, wir müssen doch vor Tagesanbruch dort sein.»

Als ich mein zweites Halbes ausgetrunken hatte, erschien mir die ganze Sache im rosigsten Licht. Auf und davon vor Tagesanbruch, um in die Geheimnisse des Waldes einzudringen. Warum ich früher Bedenken gehabt hatte, war mir nun ganz schleierhaft.

Am nächsten Morgen dachte ich anders darüber, als mir der Wecker um 2 Uhr 45 ins Ohr schrillte. Daß ich jahrelang in aller Herrgottsfrühe aus dem Schlaf gerissen worden war, hatte mir eine heiße Liebe zu meinem Bett eingepflanzt, und hier verließ ich nun aus freien Stücken das warme Nest, um in die kalte Dunkelheit zu fahren und mich zum Spaß in einen Wald zu setzen. Ich mußte verrückt sein.

Als ich Calum sah, war mir klar, daß er meine Gefühle nicht teilte. Er schäumte fast über vor Begeisterung, und er lachte, als er mir auf die Schulter schlug. «Es wird Ihnen sehr gefallen, Jim. Und ich habe mich wirklich darauf gefreut, das mit Ihnen zu machen.»

Ich fröstelte, als ich in sein Auto stieg. Es war bitter kalt, und die Straße vor uns sah aus wie ein pechschwarzer Schacht. Ich kuschelte mich in den Beifahrersitz, und Calum fuhr pfeifend los.

Den ganzen Weg über schwatzte er fröhlich daher, und es war unschwer zu sehen, daß er sich hier in seinem Element befand, durch die Gegend kurvend, während die Welt noch schlief. Doch nachdem wir ein paar Meilen zurückgelegt hatten, wußte ich, daß irgend etwas nicht stimmte.

«He», sagte ich. «Das ist nicht der Weg zum Steadforther Wald; wir hätten irgendwo dahinten links abbiegen müssen.»

Lächelnd wandte er mir das Gesicht zu. «Wir fahren eine andere Strecke. Mein Unterstand ist am hinteren Ende des Waldes, weit von der Hauptstraße entfernt. Wir kommen von Fred Welburns Farm aus hin.»

«Fred Welburn! Mein Gott, da müssen wir ja zwei Meilen weit laufen.»

«Keine Sorge. Ich habe eine Transportmöglichkeit organisiert.»

«Transport...? Wovon reden Sie?»

Calum kicherte. «Sie werden schon sehen.»

Wir ließen das Auto in der Nähe der Farm stehen, die auf einer Anhöhe lag und von der aus das freie Feld über einen steilen Abhang abfiel bis hinunter zu einem Fluß, hinter dem es dann bis zum Rande des in der Ferne sichtbaren Waldes wieder anstieg. Es war immer noch dunkel, und ich wußte das nur aus dem Gedächtnis. Beunruhigt dachte ich an die erwähnte Transportmöglichkeit.

Calum langte auf die hintere Sitzbank des Autos und holte einen Eimer Hafer hervor.

Ich starrte ihn an. «Wofür ist das denn?»

«Für die Pferde.»

«Pferde?»

«Ja. Ich locke die beiden Pferde da zu uns rüber, damit wir in den Wald reiten können.»

«Was! Davon haben Sie aber kein Wort gesagt!» brach es aus mir hervor.

Er lächelte beschwichtigend. «Ach, das geht schon in Ordnung. Dadurch wird alles viel leichter.» Er rasselte mit dem Eimer, und mir klappte die Kinnlade herunter, als zwei riesige Shires mit durch das Gras gedämpften Hufschlägen aus dem Düster auf uns zugetrottet kamen.

«Das ist Wahnsinn!» Ich schaute die Tiere ungläubig an. Ich war kein Reitkünstler, insbesondere dann nicht, wenn es sich um ungesattelte Wagenpferde handelte. «Wir können doch nicht auf diesen verflixten Biestern reiten! Und was ist mit Fred Welburn? Was wird er denn dazu sagen?»

«Ist alles geregelt. Fred hat mir erlaubt, sie zu benutzen, wann immer ich will. Kommen Sie schon, ich helfe Ihnen beim Aufsitzen.»

Ich protestierte immer noch, als er mich auf das direkt vor uns stehende Tier hievte und sich auf das andere schwang. Er drückte dem Pferd die Fersen in die Flanke und stieß einen Freudenschrei aus, und bevor ich wußte, wie mir geschah, donnerten wir schon den grasbewachsenen Abhang hinunter.

«Halten Sie sich fest», schrie Calum. «Da unten am Ende des Hügels ist ein kleiner Wildbach.»

Das mußte er mir nicht erst sagen. Ich hielt mich fest wie noch nie zuvor, hatte mich in die Mähne gekrallt, die Augen traten mir aus dem Kopf, und ich war mir absolut sicher, daß ich binnen Sekunden von dem breiten glatten Rücken in die Dunkelheit geschleudert werden würde. Doch irgendwie gelang es mir, mich zu halten, als unsere Rösser wie beim Hindernisrennen über das Wasser sprangen, und dann ging es wieder los, wir galoppierten auf der anderen Seite den Berg hinauf.

Wir jagten in einem furchterregenden Tempo voran, doch das schien Calum noch nicht schnell genug zu sein, denn er feuerte seine Stute mit gellenden Schreien immer mehr an. Im Halbdunkel vor mir sah ich ihn durch ein enges Gatter preschen und durchlitt einen Augenblick der Panik bei dem Gedanken, daß mein fettes Tier niemals durch diese Öffnung kommen würde. Ich hatte nicht ganz unrecht, denn der Torpfosten verpaßte meinem Knie einen so furchtbaren Schlag, daß ich meinte, mir sei das Bein abgerissen worden.

Wir ritten hektisch über ein weiteres Feld, und dann ließ mein Kollege das Pferd auslaufen und stieg ab.

«Meine Güte, das war toll!» keuchte er, als ich mich stöhnend ins Gras sinken ließ. «Sie hinken ja – was ist denn?»

«Hab mir an dem Tor da hinten das Knie aufgeschlagen», knurrte ich und rieb mir humpelnd das schmerzende Gelenk.

«Ach, das tut mir leid, aber wir haben uns auf die Art einen langen Fußmarsch erspart. Wir sind jetzt gleich unterhalb des Waldes.»

Wir kletterten über einen Zaun, und er führte mich zwischen den dunklen Stämmen hindurch zu seinem Unterstand, den er in der Nähe einer Lichtung gebaut hatte. Im ersten Morgendämmer sah ich, daß die Stelle ein gutes Versteck war, sorgfältig gebaut aus Lärchen- und Fichtenzweigen und Grasbüscheln.

«Setzen Sie sich hierher», flüsterte mein Kollege. Er war unverkennbar sehr erregt, hatte die Augen weit aufgerissen, und auf seinem Gesicht lag ein angedeutetes Lächeln.

Wir brauchten nicht lange zu warten. Als das Licht der Dämmerung durch die Zweige zu sickern begann, raschelte es zwischen den Bäumen, wir hörten Geräusche, und dann erschienen einer nach dem anderen die Hirsche auf der Lichtung. In all den Jahren hatte ich nie einen Hirsch in diesen Wäldern gesehen, und hier waren sie nun in großer Zahl; sanfte Hirschkühe und Hirsche mit majestätischen Geweihen gingen umher und fraßen das Gras. Es war ein Anblick von unbeschreiblicher, friedlicher Schönheit, und ich saß dort und schaute gebannt zu, erfüllt von dem Gefühl, ein privilegierter Beobachter zu sein. All meine Beschwerden waren vergessen. Ganz in der Nähe befand sich ein Dachsbau, und Calum machte mich entzückt darauf aufmerksam, als seine Lieblingstiere herauskamen, um mit ihren Jungen zu spielen.

Anschließend gingen wir durch die würzige Stille des Waldes, spürten die weichen Nadeln unter unseren Füßen, und er sprach, nicht nur von den Hirschen, sondern auch von den anderen wilden Waldbewohnern und von den Pflanzen und Blumen, die an diesen verborgenen Orten gediehen. Er schien sie alle zu kennen, und ich bekam eine Vorstellung von der Tiefe des Interesses, das sein ganzes Leben prägte. Er besaß den Schlüssel zu einer Zauberwelt.

Als wir das Feld erreichten, kam die Sonne heraus, und als ich mich zurückwandte, sah ich die langen Bänder der Glockenblumen zwischen den dunklen Baumstämmen, und in den Lichtungen, wo die ersten Sonnenstrahlen zwischen den Zweigen hindurchgebrochen waren, erstrahlten Schlüsselblumen und Anemonen wie auf dem Boden verstreute Diamanten.

Als wir wieder zum Berg zurückgeritten – auf meine Bitte hin diesmal langsam und gemächlich – und zum Auto gehumpelt waren, war mein Knie völlig steif, und ich stöhnte, als ich das Bein ins Auto zog.

«Ach, mit Ihrem Knie, das ist aber ein Pech.» Calum lächelte mitfühlend, doch dann wandelte sich sein Ausdruck. «Aber machen Sie sich nichts daraus, ich habe eine Überraschung für Sie.»

Ich merkte, wie meine Augen sich zu Schlitzen verengten, als ich ihn ansah. «Was für eine Überraschung denn?»

Er grinste breit. «Ich möchte Sie zum Abendessen zu mir einladen.»

«Abendessen? Wo?»

«In meiner Wohnung. Sie wissen doch, daß Helen heute abend zu einer Versammlung geht, und sie wollte etwas für Sie zurechtmachen. Tja, und da hab ich mich mit ihr abgesprochen. Ich mache Ihnen etwas zu essen. Es gibt Entenbraten.»

«Entenbraten! Wer bereitet den denn zu?»

«Na ich! Eigenhändig gerupft und gebraten.»

Mir drehte sich ein wenig der Kopf. Ich wußte, daß er hinten im Garten Enten hielt – Tiere, die Siegfried zynisch als Teil der «Menagerie» bezeichnete –, doch all das, und noch dazu von einem Mann, für den Essen eine belanglose Angelegenheit war, der er sich allem Anschein nach nur selten widmete, war schwer zu verdauen. Doch ich war mir sicher, daß er es gut meinte.

«Nun, Calum ... das ist sehr nett von Ihnen ... wann soll ich dasein?»

«Punkt acht Uhr.»

Zur vereinbarten Zeit stieg ich die Treppe zur Wohnung hinauf und wurde überschwenglich willkommen geheißen. Calum bot mir einen Platz und etwas zu trinken an, und während er in die Küche zurückging, schaute ich mich in dem kleinen Wohnzimmer um. Es sah noch genauso aus wie an dem Tag, an dem er es zum ersten Male betreten hatte. Andere Bewohner hatten ihrem Geschmack entsprechend etwas hinzugefügt oder verändert, doch Calum hatte nicht das geringste Interesse an Teppichen, Vorhängen oder Möbeln. Der Tisch war bis auf zwei Gedecke, Messer und Gabel sowie Salz und Pfeffer, völlig kahl.

Er war bald wieder zurück und stellte scheppernd für jeden einen Teller hin, und dann zog aus der Küche ein köstlicher Duft herüber, als er die Ofentür aufmachte.

«Los geht's, Jim!» rief er triumphierend und trug eine Bratpfanne herein, die zwei Enten enthielt. Er spießte einen Vogel mit einer Gabel auf, ließ ihn auf meinen Teller plumpsen und lud dann den zweiten bei sich ab.

Ich wartete auf das Gemüse und etwaige andere Beilagen, doch Calum ließ sich auf seinen Stuhl fallen und schwenkte die Gabel.

«Hauen Sie rein, Jim, ich hoffe, es schmeckt Ihnen.»

Ich schaute auf meinen Teller. Ja, das war Abendessen mit Calum. Eine Ente pro Nase, ohne weitere Schnörkel. Er war ganz in sein Essen vertieft, und ich machte mich über meinen Vogel her, wurde aber dadurch gebremst, daß mein Kollege ziemlich viele Federn drangelassen hatte und ich mich mit spitzen Fingern an den Kielen und dem verkohlten Flaum vorbeiarbeiten mußte.

Calum jedoch ließ sich durch nichts beirren, er aß hastig und setzte sich dann mit einem Seufzer tiefer Zufriedenheit zurück. Seine Geschwindigkeit überraschte mich, aber dann fiel mir ein, daß er vielleicht in den letzten vierundzwanzig Stunden keine Nahrung zu sich genommen hatte.

Es gab kein Dessert und keinen Kaffee oder etwas in der Art, und es dauerte nicht lange, da komplimentierte er mich hinaus.

Ungefähr um zehn kam Helen von ihrer Versammlung zurück. «Na, wie war dein Tag mit Calum?» wollte sie wissen, als sie den Mantel auszog.

Ich rieb mir das Knie. In gewisser Weise war diese Frage nicht leicht zu beantworten. «Es hat mir Spaß gemacht. Es war lustig... aufregend... ziemlich faszinierend...» Ich suchte nach den richtigen Worten... «Es war anders!»

Sie lachte. «Damit hast du Calum ziemlich genau beschrieben.»

«Stimmt», sagte ich und lachte ebenfalls. «Es war ein Calum-Tag.»

31

«Das war der alte William Hawley», sagte Siegfried, als er den Hörer auflegte. «Klang ein bißchen aufgeregt. Eins seiner Kälber liegt bewußtlos auf dem Boden, und er hat Angst, daß es stirbt, denn er hat nicht viele davon, der arme alte Bursche. Wir müssen schnell hinfahren.»

Ich sah vom Terminbuch hoch. «Aber wir müssen doch heute vormittag um zehn bei Colonel Foulters Pferd diese Tumore entfernen.»

«Ja, ich weiß, aber auf dem Weg dorthin können wir bei Hawley vorbeifahren. Es ist die gleiche Richtung.»

Es kam häufig vor, daß wir so wegfuhren: Siegfried, der schon gespannt auf eine seiner Pferdeoperationen wartete, ich, sein Anästhesist, neben ihm und unser Emailletablett mit all den frisch sterilisierten Instrumenten hinter uns klappernd auf der Rückbank. Es war ein schöner Morgen, und das war gut, denn unser Operationstisch war das freie Feld.

Nach drei Meilen bogen wir in eine enge, abwärts führende Seitenstraße ein, und schon bald sahen wir das Haus des Farmers Hawley, das nicht viel größer war als die grauen Steinhütten, mit denen die weiten grünen Hänge des Fells über uns gesprenkelt waren. Für mich waren diese niedrigen, hingeduckten Steinhäuschen und die Linien, mit denen die endlosen Steinwälle die hochgelegenen Weiden zerschnitten, der Inbegriff der Dales. Als ich aus dem Auto hinausschaute, dachte ich, wie ich es jedesmal tat, daß es auf der ganzen Welt keine vergleichbare Landschaft gab.

Der Farmer, dem Strähnen weißen Haars unter der zerschlissenen Mütze hervorfielen, schaute ängstlich zu, als Siegfried sich über das Kalb beugte, das in einer Box in einem Winkel des Kuhstalls ausgestreckt auf dem Boden lag.

«Was halten Sie davon, Mr. Farnon?» fragte er. «Ich hab so was noch nie gesehen.»

In den bittenden Ausdruck seiner Augen mischte sich tiefes Vertrauen. Siegfried war sein Held, ein Wundertäter, ein Mann, der seit Jahren, schon lange vor meiner Ankunft in Darrowby, Wunderheilungen zustande gebracht hatte. William Hawley war von dem Schlag der schlichten, altmodischen Farmer, die in den fünfziger Jahren noch überleben konnten, im grellen Licht von Wissenschaft und Bildung jedoch seit langem von der Bildfläche verschwunden sind.

Siegfried sprach mit ernstem Tonfall. «Das ist wirklich sehr seltsam. Keine Ruhr, keine Lungenentzündung, und trotzdem liegt der kleine Kerl hier flach.»

Sorgfältig und methodisch suchte er den kleinen Körper mit seinem Stethoskop ab, auskultierte Herz, Lunge und Bauch. Er maß die Temperatur, öffnete das Maul und schaute sich Zunge und Rachen an, untersuchte die Augen und fuhr mit der Hand über das rötlichgraue Fell. Dann richtete er sich langsam auf. Seine Miene verriet nicht, was in ihm vorging, als er auf die reglose Gestalt hinuntersah.

Plötzlich drehte er sich zu dem alten Mann um.

«William», sagte er. «Würden Sie so nett sein und mir ein Stück Strick bringen?»

«Was?»

«Ein Stück Strick, bitte.»

«Strick?»

«Ja, ungefähr so lang.» Siegfried breitete die Arme weit aus. «Und schnell, bitte.»

«Ja, ja ... ich hol Ihnen was. Wo treibe ich bloß ein Stück von dieser Länge auf?» Aufgeregt wandte er sich mir zu. «Können Sie mitkommen und mir zur Hand gehen, Mr. Herriot?»

«Natürlich.» Ich lief hinter ihm her, als er mit schnellen Schritten den Kuhstall verließ. Draußen faßte er mich am Arm. Es war klar, daß er mich nur gebeten hatte, ihn zu begleiten, weil ich ihm die Sache erklären sollte.

«Wofür braucht er denn ein Stück Strick?» fragte er verdutzt.

Ich zuckte die Achseln. «Ich habe keine Ahnung, Mr. Hawley.»

Er nickte schadenfroh, als hätte ich nur bestätigt, was er erwartet hatte. Ein gewöhnlicher Tierarzt konnte unmöglich wissen, was Mr. Farnon sich in den Kopf gesetzt hatte, ein Mann von legendären Fähigkeiten, der bekannt dafür war, daß er bei der Ausübung seiner Kunst auch ungewöhnliche Methoden zum Einsatz brachte – Wölkchen von violettem Rauch, mit denen er lahme Pferde kuriert hatte, Löcher in Drosselvenen, aus denen er eimerweise Blut abgezapft und dadurch Hufrehe geheilt hatte. Der alte Williams hatte all diese Geschichten gehört, und für ihn bestand kein Zweifel daran: Wenn überhaupt jemand sein Tier mittels eines Stücks Strick wieder gesund machen konnte, dann war dieser Jemand Mr. Farnon.

Doch das Verrückte war, daß er, als wir durch die Gebäude strichen, nichts Derartiges finden konnte.

«Verflucht!» sagte er. «Sonst hängt doch immer eine Rolle Bindfaden hier, aber jetzt ist sie nicht da! Und sonst stolpere ich überall über Reste von Strick, aber heute nicht. Was wird er denn zu einem Farmer sagen, der keinen Strick hat?»

In zunehmender Panik sauste er hin und her und war nahe

daran, in Tränen auszubrechen, als er ein Stück entdeckte, das auf einem Stapel Säcke lag. «Wie wär's mit dem, Mr. Herriot? Ob das die richtige Länge hat?»

«Das dürfte ziemlich genau hinkommen, würde ich sagen.»

Er schnappte es und lief, so schnell ihn seine alten Beine tragen konnten, zu Siegfried zurück.

«Hier, bitte, Mr. Farnon», keuchte er. «Ich komme doch nicht zu spät, oder? Lebt es noch?»

«O ja, ja.» Siegfried nahm den Strick und ließ ihn einen Augenblick lang in seiner Hand baumeln, während er die Länge abschätzte. Dann band er ihn sich schnell um die Taille, während wir ihm mit aufgerissenen Augen zuschauten.

«Haben Sie vielen Dank, William», murmelte er. «So ist es schon viel besser. Ich konnte ja gar nicht richtig arbeiten mit diesem dummen Mantel, ständig ging er beim Vorbeugen auf. Ich hab gestern ein paar Knöpfe eingebüßt. Da ist mir eine Kuh mit dem Horn druntergefahren und hat sie abgerissen – so was passiert mir immer.»

«Aber... aber...» Das Gesicht des alten Mannes war ein Bild des Jammers. «Der Strick... ich dachte, Sie würden... Können Sie denn nichts für mein Kalb tun?»

«Natürlich kann ich. Wie kommen Sie denn auf die Idee?»

«Na... wissen Sie denn, was ihm fehlt?»

«Ja. Es hat die Sternguckerkrankheit.»

«Was ist das?»

«Der medizinische Name ist Hirnrindennekrose. Das ist eine Erkrankung des Gehirns.»

«Das ist ja ein schrecklich schwieriger Name. Und sein Gehirn? Dann ist es wohl ein hoffnungsloser Fall?»

«Kein bißchen. Ich gebe ihm jetzt eine intravenöse Vitamin-B-Injektion. Die wirkt normalerweise ausgezeichnet. Halten Sie doch bitte mal einen Moment den Kopf. Sehen Sie, wie es den Kopf krampfhaft nach hinten streckt? Das nennt man Opisthotonus – das ist typisch für diese Krankheit.»

Siegfried injizierte schnell das Vitamin B und stand auf. «Einer von uns beiden kommt morgen hier in die Gegend, dann schauen wir rein. Ich möchte wetten, es geht ihm dann schon viel besser.»

Ich war derjenige, der am folgenden Tag vorbeikam, und tatsächlich war das Kalb aufgestanden und fraß. William Hawley war hocherfreut.

«Muß ja ein wunderbares Zeug gewesen sein, das Mr. Farnon ihm da gegeben hat», sagte er.

Für ihn war das ein weiteres Wunder, und doch spürte ich an seiner ganzen Art noch einmal etwas von der Ernüchterung, die ich schon am Tage zuvor gesehen hatte, als Siegfried seinen Kittel gürtete. Sein Lieblingstierarzt hatte es zwar wieder einmal geschafft, aber ich wußte, insgeheim bedauerte er wehmütig, daß er den Strick nicht dazu gebraucht hatte.

32

Siegfried, der sich neben dem Kamin räkelte, war außerordentlich mitteilsam. «Nett von dir, James, daß du vorbeischaust. Tut immer gut, dich zu sehen – tagsüber haben wir ja kaum Gelegenheit, miteinander zu sprechen, was?»

Ich war, als ich abends von einer Visite auf einer in der Nähe gelegenen Farm zurückgekommen war, bei ihm zu Hause vorbeigegangen. Er hatte mir etwas zu trinken aufgedrängt und ließ sich in seinen Sessel plumpsen. Er strahlte Jovialität aus.

«Irgendwelche Probleme?»

«Nein, nein. Ich war nur bei einem Milchfieber auf der Farm von John Lancaster. Die Kuh war schon wieder auf, als ich ging.»

«Ach, großartig, großartig. Ist ein netter Bursche, dieser John.»

«Ja, ein guter Kerl. Es hat ihn wirklich gefreut, als ich dem Viech einen Klaps aufs Hinterteil gegeben habe und es sich aufgerappelt hat.»

«Ausgezeichnet. Die kleinen Triumphe der tierärztlichen Arbeit. Ich hatte heute ebenfalls einen solchen Tag – alles lief wie am Schnürchen, und unter uns, ist es nicht wunderbar, wenn man es sich an einem kalten Abend am Feuer gemütlich machen und sich ruhigen Gewissens ausruhen kann? Wie spät ist es eigentlich?» Er schaute auf die auf dem Kaminsims stehende Uhr. «Halb acht. Schönes Gefühl, wenn man frei hat und sich auf ein paar friedliche Stunden freuen kann.»

«Das stimmt, Siegfried. Ich habe Dienst. Du hast bis morgen frei.» Ich nippte an meinem Glas und betrachtete ihn voller Zuneigung.

Er streckte ein langes Bein zum Feuer aus und schob mit den Zehen, die in einem Pantoffel steckten, einen Holzscheit näher an die Flammen. «Und da ist noch etwas – es gibt doch nichts Schöneres, als auch noch einen Fernseher zu haben.» Er zeigte auf den neuen Fernsehapparat, der auf der anderen Seite des Kamins mit leise gestelltem Ton flackerte. «Da hat sich zwar ziemlich viel Snobismus breitgemacht – die Leute reden von der Glotze und der Nachtwächterlaterne –, aber mir gefallen viele Sendungen. Ich weiß, für die Dales ist das neumodischer Krimskrams, aber ich sage dir, ich habe gerade hier gesessen und eine interessante Sendung gesehen, und ich finde das sehr erholsam.»

Er ließ sich noch tiefer in seinen Sessel sinken und streckte die Beine zum Feuer hin. «Heute nachmittag war ich auf der Farm von Derek Mattock. Sie hatten ein Schwein geschlachtet, und sie haben mir ein großes Fleischpaket mitgegeben – Rippchen, Leber, Filet. Es sind sehr großzügige Menschen.»

«Ja, das trifft wohl ganz allgemein für die Farmer in den Dales zu. Ich bekomme ständig etwas geschenkt. Butter, Eier, Gemüse aus ihren Gärten.»

Siegfried nickte. «Wie wahr. Ich habe mich lange mit Derek unterhalten, und er hat etwas erwähnt, was ich dir wohl sagen sollte. Du hast ihm vor ungefähr vierzehn Tagen versprochen, bei ein paar Tieren die Hörner zu entfernen, und er hat nicht wieder von dir gehört.» Siegfried warf mir einen fragenden Blick zu.

«Ach verdammt, ja. Ich gehe gleich morgen hin. Aber es schadet den Tieren ja nicht.»

Aus seinen Kissen lächelte er wieder auf mich herab. «Ja, mein Junge. Aber du hast es vergessen, stimmt's?»

«Ja, vermutlich schon. Aber ich bringe es in Ordnung.»

«Da bin ich mir ganz sicher, James.» Er nickte würdevoll und war eine Weile still. «Seltsamerweise war da aber noch etwas in der gleichen Richtung. Bob Hardy hat mir erzählt, daß bei ihm der Tuberkulintest überfällig sei. Du hast gesagt, du würdest ihn letzten Monat machen.»

Ich zuckte die Achseln. «Himmel, das stimmt. Aber er ist nur ein oder zwei Wochen überfällig. Nichts Ernstes. Ich kümmere mich darum.»

Siegfried bedachte mich wieder mit diesem Lächeln und wakkelte mit dem Zeigefinger. «Aber du hast es vergessen, gib's zu.»

«Okay, okay, aber wie ich schon sagte –»

«Entschuldigung, James, ich bin noch nicht ganz fertig.» Er hielt die Hand hoch. «Es passiert dir ziemlich häufig, daß du etwas vergißt. Das ist ein winziger Makel bei einem ansonsten ausgezeichneten Charakter. Es gibt keinen gewissenhafteren und tüchtigeren Tierarzt als dich, aber trotzdem, wenn du so vergeßlich bist, wirft das ein anderes Licht auf dich. Die Leute könnten denken, daß dir nichts an ihren Tieren liegt, daß sie dir gleichgültig sind.»

«Moment mal...»

«Laß mich ausreden, James. Ich meine es nur gut mit dir.» Er legte die Fingerspitzen aneinander. «Vergeßlichkeit ist ein Charakterzug, den man leicht heilen kann, wenn man weiß, wie man das anpackt. Solche mißlichen Vorfälle kannst du verhindern, wenn du dir gleich von Anfang an einprägst, was du nicht vergessen willst.»

«Meine Güte, das ist ja ein dicker Hund... wovon redest du überhaupt?»

«Einen Augenblick noch, mein lieber Junge. Wie ich schon sagte, wenn du einen Termin vereinbarst, solltest du dich ganz bewußt darum bemühen, dir dieses Versprechen genau einzuprägen. Das geht ganz leicht – ich arbeite selber ständig nach dieser Methode. Auf diese Art und Weise wirst du nie etwas vergessen.»

Ich wollte mich gerade lauthals dagegen verwahren, daß mir der vergeßlichste Mann von ganz Yorkshire eine Predigt über Vergeßlichkeit hielt, als das Telefon klingelte.

Siegfried streckte lässig den Arm aus und nahm den Hörer ab. «Ah, wie geht es Ihnen, Wilf, alter Freund?» Mit halbgeschlossenen Augen ließ er sich tiefer in die Kissen sinken.

«Mir geht's gut, Mr. Farnon», kam aus voller Kehle die Antwort. Es war Wilf Bramley, der Präsident des Gesprächskreises der Farmer von Darrowby. Er gehörte zur alten Schule, die dem Glauben anhing, daß es der Stimme half, die Meilen zurückzulegen, wenn man schrie, und so hörte auch ich ihn an meinem Platz ganz deutlich. «Ich hoffe nur, Ihnen geht's auch gut.»

«Mir geht es absolut prima, Wilf», murmelte Siegfried und hielt den Hörer ein Stück weit von seinem Ohr entfernt.

«Na, das ist ja schön. Wir dachten nur, Ihnen wäre vielleicht etwas passiert.»

«Passiert...? Warum das denn?»

«Tja, der Saal ist voll – die Leute stehen dichtgedrängt bis an die Türen, und wir warten seit einer halben Stunde auf Sie.»

Siegfried schoß plötzlich kerzengerade in die Höhe, und die Kinnlade klappte ihm herunter. «Saal...?»

«Ja, sind bestimmt zweihundert Leute hier. Und wo Sie doch letztes Jahr eine so großartige Rede bei uns gehalten haben, war mir klar, daß viele Sie noch einmal hören wollten, und die warten nun alle ganz geduldig. Ohne den Redner können wir nämlich nicht anfangen, wissen Sie. Hä-hä-hä!»

Siegfried sah ganz mitgenommen aus. Es schien, als sei er im Verlaufe dieser wenigen Minuten um mehrere Jahre gealtert. «Es tut mir wirklich schrecklich leid, Wilf, ich...»

«Nein, nein, Mr. Farnon, Sie brauchen sich doch nicht zu entschuldigen. Ein so beschäftigter Mann wie Sie. Sie wissen doch nie, was im nächsten Augenblick auf Sie zukommen kann. Und sind ständig auf den Beinen. Da kann es schon vorkommen, daß

Sie sich hin und wieder mal verspäten.» Wilfs Stimme schwoll zu noch größerer Lautstärke an. «Wir wissen ja, daß Sie nicht vor dem Fernseher sitzen. Hä-hä-hä!»

Siegfried bekam Stielaugen. «Ja, Wilf, ja, das stimmt... natürlich. Ha-ha-ha. Was für eine Vorstellung. Ha-ha-ha!» Ich sah seinem verzweifelten Gesicht an, daß ihm das Lachen fast im Hals steckenblieb. «Ich bin schon fast fertig – ich bin in ein paar Minuten bei Ihnen.»

Mein Partner knallte den Hörer auf die Gabel und sprang aus seinem Sessel auf. «Ich muß gehen, James. Bis morgen früh.»

Als er zur Tür stürzte, regte sich in mir eine gemeine Ader.

«Siegfried!» rief ich.

Er blieb an der Tür stehen und starrte mich mit gehetztem Blick an.

Ich drohte ihm mit dem Finger und spürte, wie sich ein anzügliches Grinsen auf meinem Gesicht breitmachte: «Du hast es vergessen, stimmt's?»

33

Siegfried hielt mich am Arm fest, als ich, aus der Apotheke kommend, an ihm vorüberging. Er sah mitgenommen aus.

«James», stieß er hervor. «Calum will jetzt noch einen Hund! Hat er dir was davon gesagt?»

«Er hat irgend etwas erwähnt. Daß er mit dir darüber sprechen wolle. Offenbar ist das ein Hund, den er schon einige Zeit hat. Er ist bei Calums Mutter, und er will ihn wohl bloß nach Darrowby mitbringen. Dagegen ist doch nichts einzuwenden, oder?»

Mein Kollege reckte das Kinn vor. «Der Meinung bin ich nicht. Er hat mit einem Dachs und einem Hund angefangen, und jetzt hat er zwei Dachse und einen Hund, und als ob das nicht genug wäre, will er nun in dieser kleinen Wohnung zwei Dachse und zwei Hunde halten. Ich hab's ihm jedenfalls verboten.»

«Ach, ich glaube, du bist da ein bißchen zu streng, Siegfried. Wenn er ganz allein lebt, ist er vermutlich einsam. Die Tiere sollen ihm bloß Gesellschaft leisten.»

Siegfried holte geräuschvoll Luft. «Das gleiche sagt er natürlich auch, aber meiner Meinung nach wäre das der Anfang vom Ende. Das spüre ich in den Knochen – wenn wir jetzt nachgeben, richtet der da oben eine verdammte Menagerie ein!»

«Ach, komm», sagte ich lachend. «Jetzt übertreibst du aber. Für eine solche Befürchtung besteht kein Anlaß. Er ist ein guter Kerl, das weißt du, und er ist eine Bereicherung für die Praxis. Ich meine, wir sollten ihm helfen, sich zu Hause zu fühlen und glücklich zu sein, und es ist doch nur natürlich, daß er seinen Hund bei sich haben möchte.»

Mein Partner atmete noch ein paarmal rasch durch und sah mich an. «Ich dachte mir schon, daß du das sagen würdest. Du läßt dich zu leicht um den Finger wickeln. Aber ich weiß, daß ich recht habe – ich werde es nicht dulden, und das ist mein letztes Wort.» Er stopfte sich ein paar Flaschen Kalzium in die Taschen und marschierte davon.

Im Verlauf der folgenden Tage sprach Calum mich in dieser Sache mehrmals an, und seine Bitte erschien mir durchaus vernünftig, doch Siegfried hatte sich quergelegt. Er weigerte sich nachzugeben.

Als ich das Thema bei einem Bier im Drovers' trotzdem noch einmal zur Sprache brachte, errötete er, hörte mich aber an.

«Ich wünschte, du würdest deine Meinung ändern», sagte ich. «Ich kann nicht sehen, was es schaden sollte, wenn er seinen Hund mitbringt. Und wie ich schon sagte, er macht seine Sache gut, und ich meine, man sollte ihn ermutigen. Ich bin sicher, du hast, was ihn angeht, ein Vorurteil – du machst dir grundlos Sorgen.»

«Grundlos, ja?» Mitten im Schlucken räusperte er sich und stellte dann sein Glas hin. «Das glaube ich nicht. Ich habe dieses Gefühl nun mal, und es läßt sich nicht vertreiben.» Er hielt inne und schaute sich ein Weilchen im Lokal um. «Aber du fängst an, mich mürbe zu machen, und ich bin heute abend müde. Ich sehe schon, du willst absolut nicht lockerlassen, also gib ihm halt grünes Licht, sag ihm, er soll machen, was er will.»

Ich schlug ihm auf die Schulter und lachte. «Oh, vielen Dank, Siegfried. Ich weiß, das ist das Richtige. Du wirst es nicht bereuen.»

Er lächelte mich matt an. «Du wirst lachen, aber ich sage dir, wir machen einen großen Fehler.» Er fuchtelte mir mit dem Zeigefinger vor dem Gesicht herum. «Ich werde es irgendwann bereuen, ganz bestimmt. Denk an meine Worte.»

Calum war entzückt, als ich ihm am nächsten Morgen die frohe Botschaft verkündete, und mit tiefer Befriedigung hörte ich ein paar Tage später ein neuartiges Bellen in der Wohnung.

Siegfried öffnete im Büro ein paar Briefe, und ich drehte mich lächelnd zu ihm um. «Schön, das zu hören», sagte ich. «Calum wird glücklich sein.»

Siegfried seinerseits warf mir einen kalten Blick zu, und just in diesem Augenblick kam unser Assistent ins Büro spaziert. Ihm zur Seite zwei riesige Dobermannpinscher.

«Was zum Teufel ist das?» wollte Siegfried wissen und erhob sich.

«Ach, nur meine anderen Hunde», antwortete Calum mit einem leisen Lachen. «Das sind Maggie und Anna.»

«Hunde!» explodierte Siegfried. «Vorher haben Sie *Hund* gesagt!»

«Ja, ich weiß. So hatte ich es auch vor. Ich wollte nur Maggie mitbringen, aber die arme Anna hat so traurig ausgesehen, daß ich es nicht übers Herz brachte, sie dort zu lassen. Die beiden sind so gute Freunde, und sie sind wirklich lammfromm.»

«Mir kommen sie aber gar nicht so verdammt fromm vor!» Die Stimme meines Partners wurde lauter. «Sie kriegen mich rum und dürfen noch einen Hund mehr mitbringen, und dann kommen Sie mit diesen beiden Killern an!»

Er hatte nicht ganz unrecht mit dem, was er da sagte. Von den Dobermännern ging eine leise Bedrohung aus. Irgend etwas war ungemütlich an der Art und Weise, wie sie reglos, groß und mager dort standen und nachdenklich erst den einen und dann den anderen fremden Mann anschauten. Sie vermittelten mir den Eindruck, daß sie jeden Augenblick ganz unerfreulich in Aktion treten könnten.

«Das darf doch wohl nicht wahr sein!» Siegfried steigerte sich in lautes Geschrei hinein und wedelte mit der Hand Calum vor dem Gesicht herum, worauf die Hunde, denen diese Aggressivität mißfiel, zwar leise, aber durchdringend zu knurren begannen und mit zitternden Lippen, hinter denen eine Menge weißer Zähne sichtbar wurden, den Blick auf meinen Partner hefteten.

«Still!» herrschte Calum sie an. «Sitz!» Beide Hunde ließen sich sofort auf die Hinterbeine fallen und sahen ihn verzückt an. Wie alle Tiere waren sie unverkennbar in seinem Bann.

«Also, bei Jack Skinner geht es einer Kuh nicht gut.» Der junge Mann warf einen Blick auf seine Liste. «Ich fahr wohl besser mal hin.» Er drehte sich um und ging, und die beiden großen Biester folgten ihm auf den Fersen.

Siegfried schaute mich entkräftet an. «Weißt du noch, was ich gesagt habe? Es hat schon angefangen.»

In der folgenden Woche ging ich durch den Garten aus dem Hof zum Hintereingang des Hauses, als ich Geräusche hörte – ein lautes Bellen und Knurren, in das sich die Hilfeschreie eines Mannes mischten. Sie schienen aus dem kleineren Hof zu kommen, der sich direkt vor dem Operationszimmer befand. Wir kamen nur selten auf diesen Hof – dort standen die Mülltonnen, ein Seitengebäude und eine altertümliche Außentoilette, die sich seit den Anfangstagen des Hauses dort befand.

Eine Seitentür führte vom Operationsraum in den Garten, und ich schaute hinaus. Es war Siegfried, der da verzweifelt um Hilfe schrie, und seine Stimme kam aus der alten Toilette, deren Tür verrückterweise nur an einer Angel hing. Zu meiner Bestürzung sah ich, daß die beiden Dobermänner sich wiederholt gegen diese schwache Bastion warfen und nach Blut zu lechzen schienen. Mir gefror das Blut in den Adern. Mein Partner befand sich dort drin, und wenn diese alte Tür nachgab, würde etwas Schreckliches geschehen. Ich konnte nichts tun. Ich habe sonst keine Angst vor Hunden, doch ich war fest davon überzeugt, daß bald nichts mehr von mir übrig wäre, wenn ich mich diesen beiden entgegenstellte.

Ich rannte zum hinteren Ende des Gartens und ins Haus. «Calum! Calum!» schrie ich.

Er kam die Treppe heruntergelaufen, und als er den Aufruhr hörte, stürmte er mit mir zur Rückseite des Hauses. «Maggie! Anna! Ihr bösen Hunde! Kommt sofort hierher!»

Der Lärm legte sich von einer Sekunde zur nächsten, und die Dobermänner strichen Calum um die Füße und schauten ihn, die Gesichter zu einem schmeichlerischen Grinsen erstarrt, verstohlen an. «Hinauf mit euch!» rief er, und die Hunde sausten ins Haus.

Klugerweise beschloß Calum, ihnen zu folgen und Siegfried mir zu überlassen.

Ich zog die zerbrochene Tür auf, um einen sehr böse dreinblickenden Tierarzt zu befreien. «Bei Gott, James», sagte er mit wildem Blick, «das wäre beinahe in die Hose gegangen. Ich hab gestern abend Pflaumen gepflückt und wohl ein paar zuviel gegessen. Und dann hatte ich es eilig und mußte das nächstgelegene Örtchen aufsuchen. Ich hatte mich gerade niedergelassen, als diese beiden Menschenfresser grollend in den Hof gerannt kamen, und ich habe es gerade noch geschafft, die Tür mit einem Fuß zuzustemmen. Hätte ich den Fuß nur einen Zentimeter bewegt, dann hätten sie mich gehabt, da bin ich verdammt sicher. Ich habe ewig da drin festgesessen!»

«Mann, Siegfried, das tut mir leid», sagte ich. Es tat mir nicht nur leid. Tiefe Schuldgefühle plagten mich. Es war mein Fehler. Ich war derjenige gewesen, der meinen Partner wider dessen besseres Wissen überredet hatte, und er hatte so recht gehabt. Die Menagerie begann zu wachsen.

34

Acht Uhr an einem Samstagabend, und ich machte mich gerade fertig und wollte zu einem kranken Kalb gehen, als das Telefon läutete.

«Hier spricht Mr. Birse, Ivy Street Nummer zehn. Ich habe einen kranken Hund, können Sie kommen?»

«Was fehlt ihm denn, Mr. Birse?»

«Keine Ahnung. Er will nicht fressen. Kommen Sie?» Die Stimme war mißmutig und ungeduldig. Es klang so, als habe der Mann andere, dringendere Dinge zu erledigen.

«In Ordnung. Ich bin gleich da.»

Am anderen Ende wurde der Hörer auf die Gabel geknallt, und ich dachte, und das nicht zum ersten Mal, darüber nach, daß Tierärzte häufig nicht als Menschen angesehen wurden. Ihnen lag nichts daran, so wie andere einen Samstagabend zu Hause bei ihrer Familie zu verbringen.

Nummer zehn war eines in einer langen Reihe von gewöhnlichen Backsteinhäusern, und ich läutete an der Tür und wartete. Nichts geschah, und ich versuchte es noch einmal, doch wieder ohne Erfolg. An dem erleuchteten Fenster sah ich jedoch, daß jemand zu Hause war. Ich hatte wohl geschlagene fünf Minuten geläutet und an die Tür gepocht, als ein Mann in den Fünfzigern mit Hosenträgern über dem Hemd die Tür öffnete. Er war offenbar in großer Eile, denn er winkte mir hastig, drehte sich dann um und rannte fast durch den Flur und in das zur Straße gehende Zimmer. Er wies mit dem Finger auf einen Hundekorb in der Ecke, ehe er zu seiner Familie zurückkehrte, die vor einem plärrenden Fernsehapparat saß, und sich in einen Sessel fallen ließ.

Keines der wie gebannt auf den Bildschirm schauenden Gesichter nahm die geringste Notiz von mir, und mir war klar, daß ich hier von keinem eine Fallgeschichte hören würde, deshalb ging ich zu dem Korb, um meinen Patienten in Augenschein zu nehmen. Es war ein großer Labrador, dessen Kinn auf dem Korbrand lag und der mich aus den für seine Rasse typischen freundlichen Augen anschaute. Als ich mich hinkniete, fuhr er mit dem Schwanz auf dem Bettzeug hin und her und leckte mir die Hand, doch dann drehte er sich plötzlich weg und begann verzweifelt an seinem Fell zu kratzen und sich zu scharren. Da merkte ich, daß er über den ganzen Körper verteilt kahle und wunde Stellen hatte. Ich hob zuerst sein Vorderbein und dann sein Hinterbein hoch und sah, daß die Hautentzündung am Ellbogen und am Oberschenkel am schlimmsten war. Typische Sarkoptes-Räude, doch in diesem Fall vernachlässigt, bis die Qualen der Reizung dem Hund schier den Appetit verdorben hatten.

Ich war mir ziemlich sicher, daß meine Diagnose stimmte, beschloß aber, routinemäßig ein wenig Haut abzuschaben. Niemand achtete auf mich, als ich nach draußen ging und das Skalpell und ein Glasplättchen holte und die Tür dabei weit offen ließ. Wieder drin, schabte ich ein wenig von dem entzündeten

Gewebe auf das Glasplättchen und steckte es in einen Umschlag, während der Hund mich geduldig anschaute und der Fernseher dröhnte.

Als ich fertig war, ging ich in die Küche und wusch mir die Hände an einer Spüle, in der sich schmutziges Geschirr stapelte, an dem noch angetrocknetes Gemüse und Yorkshire-Pudding klebte. Dann ging ich ins Wohnzimmer zurück und sah mir reihum die Gruppe von Menschen an, die sich durch mich nicht stören ließ. Vater, Mutter und ein Sohn und eine Tochter, die beide in den Zwanzigern waren; sie alle pafften Zigaretten und schauten mit großen Augen auf das plärrende Gerät. Ich mußte mich irgendwie bemerkbar machen und suchte mir dafür den Vater aus.

«Ihr Hund hat Räude», schrie ich ihm ins Ohr. Einen Augenblick sah er mich mit flackerndem Blick an, doch als vom Fernsehschirm her das Geräusch quietschender Bremsen und eine Salve von Schüssen ertönte, wich dieser wieder dem hypnotischen Starren.

Ich hielt ihm zwei Päckchen meines hochwirksamen Schwefelshampoos gegen Räude hin. Es kamen zwar modernere Medikamente zur Behandlung von äußerlich auftretenden Parasiten auf den Markt, doch ich hatte mit meinem geliebten Shampoo Nummer drei, wie wir es nannten, immer großartige Erfolge erzielt und hielt ihm die Treue.

«Befolgen Sie die Anweisungen auf der Verpackung», bellte ich. «Baden Sie ihn gründlich, und achten Sie darauf, daß Sie auch wirklich jedes Eckchen und jeden Winkel seines Körpers abseifen. Diese Behandlung wiederholen Sie eine Woche später mit dem anderen Päckchen, und danach schaue ich ihn mir noch einmal an.»

Vater nickte mit glasigem Blick. Es hatte nicht den Anschein, als könnte ich noch mehr ausrichten, also stellte ich die Päckchen auf die Kredenz und fand allein hinaus.

Auf der dunklen Straße blieb ich einen Augenblick an mein Auto gelehnt stehen. In der tierärztlichen Praxis passierten seltsame Dinge, aber das hier war nun wirklich sehr eigenartig. Die ganze Zeit über, die ich in diesem Haus verbracht hatte, war kein

Wort gefallen, und warum hatten sie sich ausgerechnet an einem Samstagabend entschlossen, um Hilfe zu bitten, wo sie doch diesen hübschen Hund in einen solchen Zustand hatten kommen lassen, was doch gewiß mehrere Wochen gedauert hatte? Tja, das war eben eine Farbe des bunten Bildes. Ich stieg ins Auto und fuhr weg.

Das kranke Kalb befand sich auf der Farm von Mr. Farrow, zwei Meilen außerhalb von Darrowby. Ich ging ins Stallgebäude hinüber, wo der Farmer mit einer Forke Stroh ausstreute, das ein Bett für junge Färsen werden sollte. Als er mich sah, stellte er die Forke hin und breitete vor Freude die Arme aus. «Hallo, Mr. Herriot, schön, daß Sie da sind.»

Er sprach die Worte langsam, beinahe ehrerbietig aus, und ein freudiges Lächeln verklärte sein Gesicht. «Tut mir leid, daß ich Sie an einem Samstagabend stören muß, aber es tut gut, Sie wiederzusehen. Es ist schon so lange her!» Sein hochgewachsener Sohn ging mit einem Sack Mehl auf der Schulter an uns vorbei, und auch er lachte breit und winkte.

Ich wollte gerade in den Kälberstall gehen, als Mr. Farrow die Hand hob. «Nein, nein, erst müssen Sie der Frau mal guten Tag sagen.» Er eilte mit mir zur Farmküche.

«Edith, Edith!» rief er eifrig. «Mr. Herriot ist wieder mal zu Besuch gekommen.»

Mrs. Farrow war eine schüchterne Frau, doch sie stand von ihrem Stuhl auf und lächelte mich sanft an, als habe sie schon lange auf mich gewartet. «Ja, Mr. Herriot, ist schon eine Weile her, seit Sie das letzte Mal hier waren. Ihr Anblick ist ja wie Medizin für kranke Augen. Ich setz den Wasserkessel auf, und wenn Sie fertig sind, kommen Sie rein und trinken eine Tasse Tee, nicht wahr?»

«Ja, mach ich, haben Sie vielen Dank.» Ich ging in den Hof hinaus und spürte die kalte Luft auf dem Gesicht, doch innerlich war mir nach dieser Begrüßung ganz warm. Die Farrows waren immer so, doch nach meinem Besuch bei den Birses tat es mir besonders wohl.

Ein gewaltiger Unterschied bestand auch darin, wie sie an ihren Tieren hingen. Das Kalb litt an einem Lungenödem, aus dem leicht eine Lungenentzündung hätte werden können, und nachdem ich ihm eine Injektion gegeben hatte, begannen Vater und Sohn, ohne daß ich sie dazu aufgefordert hätte, an den Ecken eines dicken Sacks Bindfäden durch den Stoff zu ziehen, und als ich fertig war und gehen wollte, war die Brust des kleinen Tiers schon warm eingewickelt.

«Tut gut, das zu sehen», sagte ich. «Bei all diesen neuen Sulfa-Medikamenten und Antibiotika vergißt man leicht, daß die Tiere auch Pflege brauchen, und gerade die ist so wichtig.»

Zurück in der Praxis, legte ich das Präparat mit dem Hautgeschabsel unter das Mikroskop, und die häßlichen kleinen *Sarcoptes scabei* schauten zu mir hoch. Die unangenehme Milbe mit den borstigen Beinen hatte sich unbarmherzig in die Haut dieses hübschen Hundes gebohrt und machte ihm das Leben zur Qual. Trotzdem war dies noch besser als der andere Schrecken, die zigarrenförmige *Demodex canis,* die für so manchen Hund die Totenglocke läutete.

Die Demodikose genannte Form der Räude war oft unheilbar, doch mit diesem Fall würde mein bewährtes Shampoo Nummer drei fertig werden, so schlimm er auch war. Und doch dachte ich im Verlauf des Wochenendes mehrmals: Ob die Birses sich richtig darum kümmerten? Hatten Sie den Hund gründlich gebadet? Die Gewissenhaftigkeit, mit der die Farrows ihr Kalb versorgt hatten, machte die Ungewißheit beinahe unerträglich.

Am Montagmorgen konnte ich es nicht mehr aushalten und läutete in der Ivy Street Nummer zehn an der Tür. «Guten Morgen, Mrs. Birse», sagte ich leichthin. «Ich kam gerade vorbei und dachte, ich seh mir Ihren Hund noch mal an.»

«Ja, also ...» Die Dame wirkte ein wenig verblüfft, doch während sie noch zögerte, schlüpfte ich schon an ihr vorbei ins Wohnzimmer.

Der große Hund saß immer noch in seinem Korb, und meine zwei weißen Päckchen standen genauso auf der Kredenz, wie ich sie hingestellt hatte.

«Wir hatten ein bißchen wenig Zeit», murmelte sie. «Wir machen es heute abend.»

Ich sah mir den Hund an. Ich habe immer gedacht, das schimmernde Fell eines schwarzen Labradors sei etwas besonders Schönes, aber das hier war schändlich. Die mitgenommene Haut sah bei Tageslicht noch schlimmer aus, und der Hund zuckte infolge des ständigen Juckreizes ständig mit den Hinterbeinen.

«Wie heißt der Hund?» fragte ich.

«Jet.»

Ich beugte mich hinunter und streichelte dem Hund den Kopf. «Armer alter Jet», sagte ich. «Du siehst ja schlimm aus.» Und als der Schwanz hüpfte und die Zunge meine Hand berühren wollte, faßte ich einen Entschluß.

«Geben Sie mir doch bitte einen Eimer warmes Wasser, Mrs. Birse. Ich mache die erste Behandlung selbst. Es dauert nur ein, zwei Minuten.»

«Komm, mein Junge», sagte ich, und Jet trottete mir gehorsam in den Garten hinter dem Haus nach, in dem schlaff aussehender Rosenkohl inmitten eines Unkrautdschungels stand. Ich schüttete den Inhalt des Päckchens ins Wasser und rührte die Mixtur schnell um, denn ich spürte einen irrationalen Drang, diesen Räudemilben zu Leibe zu rücken. Zugleich kam ich mir ein bißchen dumm vor, weil ich so etwas noch nie auf dem Grundstück eines Klienten gemacht hatte, doch es war mir egal, und ich klatschte Jet die dicke Flüssigkeit mit einer Art wilder Freude aufs Fell.

Während ich das Shampoo in die Haut des Hundes einmassierte und es tief in die Spalten von Oberschenkel und Ellbogen rieb, schaute er glücklich zu mir hoch und wedelte mit dem Schwanz. Meiner Erfahrung nach hassen es Hunde, gebadet zu werden, doch es sah aus, als freue sich das große Tier nur zu sehr über jede Form von Zuwendung. Die Sache machte ihm richtig Spaß.

Während ich mit dem Hund beschäftigt war, merkte ich, daß mir an der Gartenhecke ein Kopf zuschaute. Ich sah hoch, und ein älterer Mann nickte fröhlich. «Morgen. Sie sind bestimmt der Tierarzt.»

«Richtig.»

Er atmete prustend aus. «Bei Gott, Sie müssen ein vielbeschäftigter Mann sein, wenn Sie andauernd rumlaufen und all diese Hunde waschen.»

Ich mußte lächeln über seine Vorstellung vom Leben eines Tierarztes. «O ja, es ist ganz schön anstrengend.»

Ich hatte seinen aufmerksamen Blick im Nacken, als ich mit dem Shampoonieren fertig war und nun anfing, den Hund flink abzufrottieren, froh bei dem Gedanken, daß ich den ersten Schlag gegen die bösartigen kleinen Biester in der Haut geführt hatte.

«Großartiger Hund», sagte der alte Mann.

«Das ist er wirklich.»

Der Mann dämpfte die Stimme zu einem konspirativen Flüstern. «Die Leute da kümmern sich gar nicht um ihn, wissen Sie. Er ist in einem fürchterlichen Zustand.»

Ich sagte nichts, doch der Anblick von Jet, der ungepflegt und halb kahl wie ein gerupftes Huhn dastand, bestätigte seine Worte.

«Können Sie ihn gesund machen?»

«Ich glaube schon, aber das wird eine Weile dauern, weil er regelmäßig in diesem Zeug da gebadet werden muß. Jede Woche, bis er wieder in Ordnung ist.»

«Und nächste Woche soll's losgehen, was?»

«Genau. Ich werde Mrs. Birse bitten, daß sie es kommenden Montag macht.»

«Na dann viel Glück», brummte der alte Mann, und der Kopf verschwand von der Hecke.

In der Küche erteilte ich Mrs. Birse meine Anweisungen, und sie rümpfte die Nase.

«Ich hab gesehen, daß Sie mit dem alten Howell geredet haben. Ein neugieriger alter Mistkerl ist das. Beobachtet uns immer über die Hecke.»

Neugierig oder nicht, dachte ich, er machte sich jedenfalls mehr Gedanken um ihren Hund als sie selber. Und als ich mich zum Gehen wandte und dabei einen letzten Blick auf Jet warf, der trotz seiner Misere fröhlich wedelte, wußte ich, daß ich am kommenden Montag wieder in Nummer zehn aufkreuzen würde.

Und so war es auch. Ein bißchen dumm kam ich mir zwar vor, läutete aber an dem Tag entschlossen an der Tür. Mrs. Birse ließ wie gewöhnlich wenig Begeisterung erkennen und bedeutete mir ohne ein Lächeln, hereinzukommen. Sie führte mich in den Garten hinter dem Haus und nickte mit dem Kopf in Richtung Hecke.

«Die von nebenan machen es.» Sie drehte sich um und ging ins Haus zurück.

Ich schaute über die Hecke. In der Mitte eines gepflegten kleinen Gartens stand Jet neben einem dampfenden Eimer, während Mr. Howell und seine Frau ihm eifrig das Räudemittel ins Fell rieben.

Der alte Mann schaute hoch zu mir und lächelte breit. «Hallo, Doktor, wir machen Ihre Arbeit. Diese Birses hätten ihn doch nie jede Woche gebadet, so wie Sie es gesagt haben, und darum haben wir gefragt, ob wir es versuchen dürfen. Wir mögen diesen Hund nämlich.»

«Tja ... das ist ja prima. Und Sie machen Ihre Sache auch sehr gut.»

Jet sah zu mir hoch, und obwohl sein ganzer Kopf dick mit meinem Wundermittel eingeschmiert war, tanzten seine Augen vor Vergnügen, und sein Schwanz schlug hin und her. Das, erzählte er mir, ist herrlich. Und während die beiden alten Leute ihn abrieben, sprachen sie die ganze Zeit auf ihn ein. «Na komm, hier noch bißchen, Jet, Guter.» – «Gib mal das andere Bein her, alter Junge.» Das freundliche Gemurmel fand kein Ende, und der Hund genoß die ungewohnten Liebesbezeigungen.

Ich sah zu, bis sie fertig waren, und als sie meinen Patienten abtrockneten, sagte ich wieder etwas. «Das ist wirklich großartig. Sie haben ihn sehr gründlich abgeseift und keinen Zentimeter ausgelassen.»

Die alte Dame lächelte. «Ja, wir haben gehört, was Sie neulich gesagt haben. Wir wollen, daß es ihm bessergeht.»

«Gut ... gut ... Sie machen das genau richtig.» Ich betrachtete Jet, der so kahl und verwahrlost aussah wie eh und je. «Ihnen ist doch klar, daß es lange dauern wird, bis sein Fell wieder normal aussieht, wenn es überhaupt soweit kommt, aber das wichtigste ist – kratzt er sich nun weniger?»

«O ja», erwiderte Mr. Howell. «Immer noch ein bißchen, aber

kein Vergleich zu früher. Es juckt ihn schon viel seltener, und er frißt auch wieder richtig.»

«Schön, schön. So weit, so gut, aber es bleibt immer noch eine Menge Arbeit zu tun. Sind Sie bereit, das mehrere Wochen lang zu machen? Schließlich ist es ja nicht Ihr Hund.»

«Ach, wir kümmern uns schon um ihn», sagte die alte Dame eifrig. «Wir halten zu ihm – da brauchen Sie sich keine Sorgen zu machen.»

Ich schaute die beiden Howells verwundert an. «Sie haben Hunde richtig gern, nicht? Und trotzdem haben Sie keinen eigenen?»

Es trat Stille ein. «Ach, wir hatten mal einen», sagte der alte Mann. «Zwölf Jahre lang, aber Sie haben ihn nie zu Gesicht gekriegt, Mr. Herriot, weil er nie krank war.» Er hielt inne und schluckte. «Aber er wurde vor einem Monat überfahren und getötet.»

Ich schaute ein paar Sekunden in die bestürzten Gesichter. «Es tut mir leid, ich weiß, wie das ist. Schrecklich. Aber... haben Sie denn nicht daran gedacht, sich wieder einen anzuschaffen? Das ist in einem solchen Fall das beste, wissen Sie.»

Mrs. Howell zuckte die Achseln. «Das wissen wir, und wir haben auch darüber nachgedacht, aber wir sind beide schon über siebzig, und wenn wir uns jetzt einen jungen Hund anschaffen würden und uns mal irgend etwas passieren sollte, wäre er allein, und wir würden nicht wissen, ob er gut versorgt wird.»

Ich nickte und schaute die beiden Alten mit neuer Hochachtung an. Das war die Einstellung liebevoller Menschen.

«Jedenfalls», sagte ich, «haben Sie vorläufig in Jet einen Freund. Ich sehe doch, daß er zu würdigen weiß, was Sie für ihn tun. Ich lasse noch ein paar Päckchen von dem Shampoo da, ich weiß, bei Ihnen ist er in guten Händen.»

Ich war so zuversichtlich, daß ich nicht wieder in dem Haus vorbeischaute, und so sah ich Jet erst nach drei Wochen wieder. Die Howells waren auf dem Marktplatz beim Einkaufen, und Jet lief neben ihnen her. Er war munter, doch seine Haut sah immer noch runzlig und kahl aus, viele Stellen waren noch nicht richtig abgeheilt.

«Sie führen ihn aus», sagte ich.

«Ja.» Die alte Dame faßte mich am Arm. «Er gehört jetzt uns.»

«Ihnen?»

«Ja. Mrs. Birse hat gesagt, er sei ja immer noch kahl und räudig, es würde ihm wohl nie bessergehen, und sie will auch keine dicke Rechnung vom Tierarzt bei den vielen Visiten und Päckchen mit Zeug. Sie hat gesagt, sie und ihr Mann wollten Jet einschläfern lassen.»

«Ach ... und was war dann?»

«Na ja, ich hab gesagt, wir würden ihn nehmen, und wir würden auch die Rechnung bezahlen.»

«Wirklich?»

«Ja. Sie wollte anfangs nicht recht, aber ich habe gesagt, das würde eine riesige Rechnung werden, und Sie würden für diesen Samstagabend, an dem Sie gekommen sind, das Doppelte berechnen.»

Ich schaute sie einen Augenblick lang an und entdeckte die Andeutung eines Zwinkerns in ihrem Blick.

«Das tun wir nicht. Wir sollten es vielleicht, aber wir tun es nicht. Vielleicht wollten Sie ihr das nur ... einreden, hm?»

«Tja ...» Es war unbestreitbar ein Zwinkern.

Ich lächelte. «Jedenfalls ist Jet nun nach nebenan umgezogen, und ich bin sicher, das ist für alle Beteiligten das beste. Sogar für die Birses – sie hatten offenbar gar kein Interesse an ihm.»

«Ja, das stimmt, und dabei ist er so lieb. Sie haben ihn nie ausgeführt – haben ihn immer nur allein da draußen rumstreichen lassen. Ich weiß auch nicht, warum manche Leute sich überhaupt einen Hund anschaffen.»

«Und wie steht es damit, was Sie neulich zu mir gesagt haben? Daß Sie fürchten, zu alt zu sein?»

Sie straffte die Schultern. «Ja, das, darüber haben wir gesprochen, und schließlich haben wir uns gedacht, Jet ist ja kein kleiner Hund mehr – er ist jetzt sechs, und ... wir machen einfach zu dritt weiter.»

«Das ist großartig. ‹Werde alt mit mir! Das Beste kommt erst noch.›»

Beide lachten, und Mr. Howell streckte den Zeigefinger in die

Luft. «Ja, genau das ist es. Das Gedicht drückt es ganz richtig aus. Es ist so schön, Jet bei uns zu haben – es war schrecklich ohne Hund. Wir hatten doch immer einen, und jetzt sind wir wieder glücklich.»

Sie machten wirklich einen glücklichen Eindruck, und das traf auch auf Jet zu, der mich anlachte und heftig mit dem Schwanz wedelte.

Es vergingen viele Wochen, bis ich sie wieder einmal sah. Ich spazierte auf einem der Reitwege entlang, die sich zwischen den Feldern um Darrowby schlängeln. Die Sonne brannte von einem wolkenlosen Himmel, und schon aus der Ferne konnte man eindeutig erkennen, daß Jets Fell tiefschwarz glänzte. Als ich ihnen gegenüberstand, beugte ich mich hinunter und streichelte dem großen Hund den Kopf.

«Du bist aber ein hübscher Hund», sagte ich und fuhr mit der Hand über das dichte, glänzende Fell an Hals und Rippen. Ich wandte mich dem alten Paar zu. «Nirgendwo mehr eine kahle Stelle – ich kann mich ja fast spiegeln in seinem Fell. Sie haben ihn wunderbar gepflegt.»

Die Howells lächelten bescheiden, und Jet, der ganz genau wußte, daß wir über ihn sprachen, wackelte mit dem Hinterteil und sprang japsend vor Entzücken herum.

«Ja, und es hat sich auch gelohnt», sagte die alte Dame. «Wir haben so viel Freude an ihm – wir können unser Glück gar nicht fassen, so einen Hund zu haben.»

Ich schaute ihnen nach, als sie auf dem grünen Weg und unter den überhängenden Zweigen einer alten Eiche weitergingen. Jet rannte einem Stock nach, und ich hörte die fröhlichen Stimmen der Howells, die ihn anfeuerten.

Mir fielen wieder die Zeilen von Browning ein, und während ich dem Trio nachsah, bis sie hinter einem Streifen Heide meinem Blick entschwanden, war ich fest davon überzeugt, daß das Beste für diese drei erst noch kommen würde.

35

«Gut, Mr. Busby», sagte ich und spürte, wie ich mich beim Drängen der Stimme am anderen Ende der Leitung zunehmend verspannte. «Es dauert nicht lange, dann bin ich draußen bei Ihnen.»

«Ja, das will ich auch hoffen. Wie diese Kuh aussieht, das gefällt mir ganz und gar nicht. Die Augen sind eingefallen, sie stöhnt und schaut nicht mal ihr Heu an. Sie könnte sterben. Lassen Sie sich nicht zuviel Zeit!»

Während ich mir diesen aggressiven Sermon anhörte, sah ich den rothaarigen Mann förmlich mit hervorquellenden Augen in den Hörer schreien. Er hatte mir alle Symptome mehrmals geschildert, weil er sicherstellen wollte, daß sie mir in den Dickschädel gingen. Mr. Busby war kein schlechter Kerl, doch er hatte das seiner Haarfarbe entsprechende Temperament und schien sich stets am Rande einer Panik zu befinden. Es war wohl besser, wenn ich mich beeilte.

Ich schaute auf meine Liste, dann auf die Uhr. Es war neun Uhr morgens, und wirklich dringende Visiten lagen nicht vor. Ich konnte Mr. Busby zuerst bedienen und ihn so bei Laune halten.

Ich griff nach meiner Tasche und schlenderte zur Tür. Auf der Treppe stand die junge Mrs. Gardiner und hatte ihren Terrier unter dem Arm. Sie sah verängstigt aus.

«Oh, Mr. Herriot, ich wollte gerade bei Ihnen läuten. William muß sich irgendwie verletzt haben. Er ist heute morgen rausgelaufen und über das Gartentor gesprungen, und jetzt kann er das Vorderbein nicht mehr bewegen.»

Ich rang mir ein angestrengtes Lächeln ab. «In Ordnung, bringen Sie ihn rein.»

Wir gingen durch den Gang ins Behandlungszimmer, und ich hob den kleinen Hund auf den Tisch. Ich brauchte nur kurz das Bein abzutasten, um zu wissen, daß es sich um eine Fraktur der Speiche und der Elle handelte.

«Ich fürchte, er hat sich das Bein gebrochen.»

«Ach, du meine Güte», jammerte die Frau. «Wie schrecklich!»

Ich versuchte, einen aufmunternden Ton anzuschlagen. «Machen Sie sich keine Sorgen. Es ist ein glatter Bruch, und bei einem Vorderbein heilt es viel besser. Wir kriegen ihn schon wieder hin.»

William, der ängstlich zitterte, weil sein Bein herumbaumelte, schaute mit stummem Flehen zu mir hoch. Er hoffte, jemand würde irgend etwas für ihn tun, und zwar bald.

«Hat er zum Frühstück etwas gefressen?» fragte ich, als ich die Gipsverbände aus dem Schrank holte.

«Nein, heute nicht.»

«Gut. Dann kann ich ihn ja gleich betäuben.» Als ich die Spritze aufzog, stellte sich das vertraute Gefühl ein, daß das genau die Zwischenfälle waren, von denen ein Tierarzt Magengeschwüre bekam. Mr. Busby mußte warten, und ich konnte mir lebhaft vorstellen, wie er auf seinem Hof umherstapfte und mich verfluchte.

Ein paar Kubikzentimeter Nembutal bescherten William einen friedlichen Schlaf, und ich begann die Binden in lauwarmem Wasser einzuweichen. Mrs. Gardiner hielt das zottige Bein gerade, während ich es sorgfältig verband. Normalerweise machte mir diese Arbeit Freude: zu sehen, wie der Gipsverband immer härter wurde, bis er eine feste stützende Verschalung bildete, und zu wissen, daß das kleine Tier beim Aufwachen feststellen würde, daß seine Schmerzen verschwunden waren und es sein Bein wieder benutzen konnte. In diesem Augenblick nahm ich jedoch vor allem wahr, wie die Zeit verging.

Ich klopfte an den Gips. Er war fest wie Stein.

«Geschafft», sagte ich und hob den schlafenden Hund vom Tisch. «Er muß den Verband mindestens einen Monat dranbehalten, und danach müssen Sie mit ihm wiederkommen. Sollte Sie vorher irgend etwas beunruhigen, rufen Sie mich einfach an, aber ich bin mir sicher, es wird ihm gutgehen.»

Ich legte William auf den Rücksitz des Autos der Frau und schaute auf die Uhr. 9 Uhr 45! Ich nahm meine Sachen und verließ zum zweiten Mal die Praxis.

Es kostete mich eine halbe Stunde zügige Fahrt auf den engen, von Steinmauern gesäumten Straßen, bis ich auf der Farm der Busbys angekommen war, und schon beim Näherkommen sah ich den Farmer, der, die Hände in die Hüften gestemmt, mit gespreizten Beinen auf dem gepflasterten Hof stand, ein furchteinflößender Anblick vor dem Hintergrund der hingeduckten Gebäude und der mit Adlerfarn bewachsenen Berge. Als ich aus dem Auto stieg, schaute der Farmer genauso drein, wie ich es mir vorgestellt hatte. Seine Augen funkelten, und die kupferroten Haare, die unter seiner Mütze hervorblitzten, schienen sich vor Zorn zu sträuben.

«Wo zum Kuckuck sind Sie denn gewesen?» schrie er. «Sie haben gesagt, Sie würden gleich rauskommen.»

«Ja, ich weiß, aber gerade als ich gehen wollte, mußte ich einen Hund verarzten.»

Ich fürchtete, Mr. Busby würde in die Luft gehen. «Einen Hund! Einen verdammten Hund! Meine gute Kuh ist viel wichtiger als irgend so ein blöder Hund!»

«Ja, mag sein, aber ich mußte ihn behandeln. Er hatte ein gebrochenes Bein.»

«Es ist mir scheißegal, was er hatte. Diese Kuh ist mein Lebensunterhalt. Wenn sie stirbt, ist das ein schwerer Verlust für mich. Das andere Viech ist doch bloß ein verflixtes Spielzeug, ein Schoßhund.»

«Kein Schoßhund, Mr. Busby, sondern ein kräftiger kleiner Terrier, und er hatte Schmerzen. Seine Besitzerin hat ihn sehr gern.»

«Gern, gern! Was heißt das schon! Das tut doch ihrem Geldbeutel nicht weh! Das kostet sie keinen Penny.»

Ich wollte etwas in dem Sinne sagen, daß es ihrem Herzen weh tat und daß Haustiere im Leben der Menschen auch wichtig waren, doch Mr. Busbys Füße begannen zu zucken und dann auf dem Pflaster hin und her zu hüpfen. Ich hatte noch nie einen Mann gesehen, der buchstäblich vor Wut tanzte, und wollte auch jetzt keinen sehen. Ich steuerte auf den Kuhstall zu.

Mit großer Erleichterung stellte ich fest, daß die Kuh nur eine leichte Pansentympanie hatte, und ließ mir berichten, daß sie am Morgen im Stall gestanden und sich ein paar Rüben extra genehmigt hatte. Während ich sie untersuchte und ihr eine Spritze gab, setzte der Farmer, der ihr den Schwanz hielt, seinen gebrummelten Monolog fort.

«Ich muß auf einem kleinen Stück Erde wie dem hier leben, und für Sie zählt nicht mal eine Kuh. Wo nehme ich denn Ihrer Meinung nach das Geld her, um mir eine neue zu kaufen? Ich sag Ihnen, das ist schon ein schweres Brot, wenn man sich auf einer kleinen Bergfarm seinen Lebensunterhalt verdienen will, aber davon haben Sie ja keine Ahnung. Köter... verdammter Köter... verflixte Spielzeuge... so sieht mein Leben aus... aber das ist Ihnen ja egal.»

Ich war zuerst und vor allem ein Kuhdoktor und verdiente den größten Teil meines Geldes durch die Bergbauern, die in meinen Augen das Salz der Erde waren, doch ich hielt den Mund.

Als ich am nächsten Tag wieder zur Visite kam, hatte sich die Kuh vollständig erholt, doch Mr. Busby war immer noch mißmutig. Er hatte mir nicht verziehen.

Einige Wochen später hielt Helen mich eines Morgens auf, als ich mich gerade zu meiner Besuchsrunde auf den Weg machen wollte. «Jim, warte mal. Ich habe gerade einen Anruf entgegengenommen. Jemand kommt mit einem Hund vorbei, der vor Schmerzen schreit. Ich habe den Namen nicht verstanden – der Mann hat den Hörer zu schnell aufgelegt.»

Ich rieb mir das Kinn. Damals waren wir noch zu neunzig Prozent eine Großtierpraxis und hatten keine regelmäßigen Sprechstunden, schon gar nicht vormittags.

«Wer immer es ist, er muß warten», sagte ich. «Rod Thwaite hat einen Ochsen, der schlimm blutet – hat sich ein Horn abgeschlagen. Ich muß zuerst dorthin fahren.»

Zur gleichen Zeit an zwei Orten sein zu wollen, war ein ständiges Problem bei unserer Arbeit. Ich gab mir alle Mühe, nicht an den Hund zu denken, und brauste im Eiltempo in die Berge.

Es war ein typischer Hornbruch mit einer ganz hübsch anzusehenden Blutfontäne, die etliche Zentimeter hoch in die Luft spritzte und auf alles, was in der Nähe war, niederregnete. Mr. Thwaite und ich waren schon bald blutüberströmt, während wir versuchten, das Tier festzuhalten, und dann klebte ich den Stumpf mit Sulfonamid an, polsterte die Bruchstelle dick mit Watte und legte einen Verband an, der in Form einer Acht um das zweite Horn herumführte. Das alles dauerte ziemlich lange, und hinterher kam noch die langwierige Reinigungsprozedur, und so war mehr als eine Stunde vergangen, als ich Mrs. Thwaites Angebot, eine Tasse Tee zu trinken, ausschlug und nach Darrowby zurückraste.

In Skeldale House hetzte ich durch den Flur und stieß die Tür zum Wartezimmer auf. Dort blieb ich überrascht stehen. Es war Mr. Busby. Er saß auf der anderen Seite des Raumes und hatte seinen kleinen Corgi auf den Knien, und auf seinem Gesicht lag genau derselbe Ausdruck, den ich schon während der Visite bei seiner Kuh kennengelernt hatte.

«Wo zum Kuckuck sind Sie denn gewesen?» brüllte er. Und mit genau denselben Worten. «Ich sitze schon seit einer verdammten Stunde hier. Und habe einen Termin vereinbart!»

«Es tut mir leid, Mr. Busby. Ich hatte einen blutenden Ochsen zu verarzten. Ich mußte einfach hin.»

«Einen verflixten Ochsen! Und was ist mit meinem armen

Hund, der hier warten muß und sich quält? Auf den kommt es wohl nicht an?»

«Doch, natürlich, aber Sie wissen so gut wie ich, dieses Tier hätte verbluten können. Das wäre für den Farmer ein großer Verlust gewesen.»

«Ein großer Verlust? Ja, ein großer finanzieller Verlust, meinen Sie wohl. Aber was, wenn mein guter Hund stirbt? Er ist mehr wert als alles Geld. Mit Geld können Sie den nicht bezahlen.»

«Ja, das ist mir klar, Mr. Busby. Er ist ein prächtiger kleiner Bursche, wenn Sie meine Meinung hören wollen.» Ich zögerte. «Ich wußte gar nicht, daß sie neben Ihren Hofhunden auch noch ein Haustier haben.»

«Natürlich hab ich das. Das ist Dandy. Für meine Frau und mich ist er das Liebste auf der Welt. Wenn ihm irgendwas passieren würde, würde es uns das Herz brechen. Und Sie vernachlässigen ihn wegen eines verflixten Ochsen!»

«Augenblick mal, von ‹Vernachlässigen› kann ja wohl nicht die Rede sein. Sie müssen doch zugeben, daß ich nicht zulassen konnte, daß der Ochse verblutet – für den Farmer ist er doch der Lebensunterhalt.»

«Da haben wir's schon wieder! Das Geld! Was anderes haben Sie wohl nicht im Kopf.»

Ich beugte mich hinunter, um den kleinen Hund hochzuheben, und hatte ihn kaum berührt, als er schon aufschrie.

Mr. Busbys Stielaugen traten noch weiter hervor. «Hören Sie das! Ich hab Ihnen doch gesagt, er ist in einem schrecklichen Zustand, oder etwa nicht?»

Ich trug den Corgi durch den Gang und spürte, daß seine Muskeln bretthart und steif waren. Ich meinte bereits sicher zu wissen, was ihm fehlte. Auf dem Tisch drückte ich ihm sanft auf den Hals, und der Hund jaulte wieder auf, worauf Mr. Busby seinerseits zu stöhnen begann.

Die Temperatur war normal. Im Grunde war, abgesehen von der Starre und den Schmerzen, alles normal.

«Wird er sterben?» Der Farmer starrte mir ins Gesicht.

«Nein, nein, er hat Rheuma. Das ist sehr schmerzhaft bei

Hunden, läßt sich aber gut behandeln. Ich bin sicher, daß es ihm bald wieder gutgeht.»

«Ich hoffe nur, Sie haben recht damit», brummte der Farmer. «Mir wäre es lieber gewesen, Sie hätten ihn sich schon früher angesehen und ihn nicht so lange leiden lassen, während Sie zu einem Ochsen rennen. Wenn Sie ständig nur ans Geld denken, ist das Ihre Sache, aber Liebe und Kameradschaftlichkeit sind viel mehr wert, wissen Sie.»

Ich zog die Spritze auf. «Ich bin ganz Ihrer Meinung, Mr. Busby. Halten Sie ihm doch bitte mal den Kopf, ja?»

«Es gibt noch andere Dinge im Leben als nur Geld, junger Mann. Das werden Sie auch noch merken, wenn Sie mal älter werden.»

«Ich bin sicher, daß Sie recht haben. Geben Sie ihm heute abend und morgen früh je eine von diesen Tabletten, und wenn es ihm morgen nicht viel bessergeht, kommen Sie noch mal mit ihm her.»

«Gut, ich hoffe bloß, Sie sind auch da, wenn ich komme.» Mr. Busbys Wut hatte sich gelegt, und nun kam seine frömmlerische Seite zum Vorschein. «Ich hätte gedacht, ein Bursche wie Sie müßte doch wissen, was es heißt, ein Tier zu Hause zu haben. Materielle Dinge sind nicht alles.»

Er klemmte sich den Corgi unter den Arm und strebte der Tür zu. Die Hand schon auf dem Türknauf, drehte er sich noch einmal um. «Und ich sage Ihnen noch was.»

Ich seufzte. Die Predigt war noch nicht vorüber.

Er wackelte mit dem Zeigefinger. «Der Mensch lebt nicht vom Brot allein.»

Als er durch den Flur davonging, drehte Dandy den Kopf und schaute zu mir zurück. Es schien ihm bereits besserzugehen. Zum Glück ist bei Rheumatismus, auch wenn die Krankheit einen bei Ausbruch in Angst und Schrecken versetzt, eine drastische Heilung ebenso leicht möglich.

Ja, Dandy würde schon bald wieder der alte sein, doch mir war klar, sein Herr würde sich später nur an meine Geldgier und meine Herzlosigkeit erinnern.

36

Aus dem Telefon ertönte die Stimme des Polizeisergeants von Darrowby.

«Meiner Meinung nach haben wir hier einen Kriminellen, Mr. Herriot. Wir haben ihn aufgegriffen, als er maskiert im Dunkeln in der Docker's Alley rumgeschlichen ist. Wir haben ihn gefragt, was er um zehn Uhr abends dort zu suchen hat, und er meint, er sei gerade zum Fish-and-Chips-Laden unterwegs gewesen. Das klang mir ein bißchen dünn – wir hatten in letzter Zeit viele kleinere Einbrüche und Diebstähle –, und deshalb haben wir ihn auf die Wache mitgenommen.»

«Ich verstehe. Und welche Rolle spiele ich dabei?»

«Tja, er beteuert immer wieder seine Unschuld und sagt, Sie könnten für ihn bürgen. Er sagt, er hieße Bernard Wain und habe eine kleine Farm draußen bei den Mooren in der Nähe von Hollerton.»

Alles wurde plötzlich klar, und ich lachte. «Und die Maske vor dem Gesicht ist ein rot-weiß getupftes Taschentuch?»

«Ja! Woher zum Kuckuck wissen Sie das?»

«Weil es Cisco Kid ist, den Sie da auf der Wache haben.»

«Was?!»

Es hätte sehr lange gedauert, dem Sergeant das zu erklären, doch es paßte alles zusammen.

Bernard war in den Vierzigern, und er teilte sich mit seiner gestrengen älteren Schwester einen kleinen Hof. Es wäre falsch zu sagen, daß er die Farm bewirtschaftete, weil er einfach nur tat, was ihm geheißen wurde, und trotzdem ließ sich Miss Wains Meinung über ihn mit den Worten zusammenfassen: «Zu nichts nütze.»

Seit einigen Jahren war ich nun an das Lied gewöhnt, das meine Visiten ständig begleitete: «Ach ja, Sie müssen selber sehen, wie Sie am besten zurechtkommen, Mr. Herriot. Bernard wird Ihnen keine große Hilfe sein. Er ist zu nichts nütze.»

Ich schilderte dem Sergeant die Atmosphäre, in der meine Visite bei den Wains in den frühen Abendstunden stattgefunden hatte. Ein Schaf war beim Lammen. Miss Wain hatte vom Dorfkiosk aus angerufen. «Es plagt sich schon den ganzen Nachmittag ab. Bernard hat mal die Hand reingesteckt, und er sagt, ganz hinten, da stimmt irgendwas nicht, aber ich denke, für Sie ist das kein Problem. Bernard läßt sich leicht ins Bockshorn jagen. Er ist eben zu nichts nütze.»

Auf der holprigen Straße zur Farm waren drei Gatter, und als ich auf dem Hof einfuhr, stand Bernard dort im Lichtkegel der Scheinwerfer. Klein, dunkelhaarig, pausenlos lächelnd, so wie ich ihn seit jeher kannte.

Er rieb sich die Hände und, stets darauf bedacht, alles richtig zu machen, verbeugte sich leicht, als ich aus dem Auto stieg. «Wie geht's, Mr. Herriot?» Doch er rührte sich nicht vom Fleck, bis seine Schwester aus dem Haus geeilt kam; die O-Beine trugen die pummelige kleine Gestalt rasch über das Pflaster.

Sie war mindestens zehn Jahre älter als ihr Bruder, und sie biß die Zähne aufeinander, als sie ihn ansah. «Na los, steh hier nicht so rum, nimm den Eimer und zeig Mr. Herriot, wo das Schaf ist. Ach, ich weiß nicht.« Sie wandte sich mir zu. «Wir haben es im Stall stehen, aber das hat er wohl vergessen.»

Während ich mir in der improvisierten Hürde die Jacke auszog, die Ärmel aufrollte und die Arme einseifte, schaute ich mir das Schaf an. Es stand bis zu den Knien im Stroh und preßte ab und zu, aber es sah nicht so aus, als ob es übermäßige Schmerzen hätte. Ja, als Bernard ungeschickt nach der Wolle am Hals griff, sprang es sogar zur Seite.

«Kannst du Mr. Herriot denn nicht mal das Vieh halten?» jammerte seine Schwester. «Na los, leg ihr die Arme richtig um den Hals und schieb sie in die Ecke. Ach, bist du langsam! Ja, genau so, endlich hast du sie erwischt! Wunderbar! Und wo ist das Handtuch, das ich dir gegeben habe? Du solltest es doch mitbringen. Das hast du wohl auch vergessen!»

Als ich mit der Hand in die Vagina des Schafs fuhr, verschränkte Miss Wain die Arme und atmete prustend aus. «Schätze, Sie werden keine Probleme haben, Mr. Herriot. Bernard schafft das nicht, er hat nicht die leiseste Ahnung davon, wie man einem Schaf beim Lammen hilft. Im Grunde hat er von nichts eine Ahnung. Er ist einfach zu nichts nütze.»

Bernard, der neben dem Kopf des Tieres stand, nickte, und sein Lächeln wurde noch breiter, als habe er ein Lob erhalten. Er war im Grunde nicht dumm, er war nur ein in höchstem Maße ineffektiver, unentschlossener Mensch, eine zarte Seele, völlig ungeeignet für das rauhe Farmleben.

Auf dem Stroh kniend steckte ich den Arm tiefer in das Schaf hinein, und Miss Wain fing wieder an zu sprechen. «Ich wette, da drin ist alles in Ordnung.»

Sie hatte recht. Alles war in Ordnung. Manchmal stellte sich bei der ersten Untersuchung heraus, daß da nur ein einziges, übergroßes Lamm war, vielleicht sogar ein totes, und so wenig Platz, daß man die Hand nicht bewegen konnte, und daß alles trocken und wie angeklebt war; kein Wunder, daß der Farmer nichts erreichte, ganz gleich, wie lange er selber versucht hatte, das Lamm zur Welt zu bringen. Doch in diesem Fall war Platz, soviel man wollte, und es lagen mindestens zwei winzige Lämmer sauber und rein und feucht in dem großen Uterus und wurden wunderbar von Plazentaflüssigkeit umspült. Was sie vom Herausplumpsen abhielt, war einzig und allein der Umstand, daß zwei kleine Köpfe und ein Gewirr von Beinen gleichzeitig versuchten, in den Gebärmutterhals vorzudringen. Es ging schlicht darum, den einen Kopf zurückzuschieben und die richtigen Beine dem richtigen Lamm zuzuordnen, dann hätte ich sie in genau einer Minute draußen, und sie würden auf dem Stroh herumzappeln. Während ich noch darüber nachdachte, hatte ich die Beine schon mit einem Finger sortiert, doch dann fiel mir ein, daß Bernard große Schwierigkeiten bekommen würde, wenn ich eine Blitzaktion hinlegte.

Er hätte die ganze Sache natürlich leicht selber hinkriegen können, aber etwas so Irdisches wie mit der Hand in einem Schaf herumzufischen war undenkbar für ihn. Ich konnte mir richtig vorstellen, wie er einmal zaghaft die Hand hineingesteckt und dann kapituliert hatte.

Ich sah hoch und nahm einen ängstlichen Zug in dem lächelnden Gesicht wahr. Es bestand kein Zweifel; ich mußte diese Lämmer noch eine Weile da drin festhalten.

Ich keuchte und brummte, während ich den Arm kreisen ließ, und das erste Lamm leckte mir die Hand ab.

«Ehrlich, Miss Wain, das ist ein richtiges Durcheinander. Könnten gut Drillinge sein, und alle kreuz und quer. Eine verzwickte Sache, das kann ich Ihnen sagen. Wollen mal sehen ... zu welchem Lamm gehört denn dieses Bein ... nein ... nein ... verflixt, das ist gar nicht so einfach.»

Ich biß die Zähne aufeinander und stöhnte, während ich diesen Schaukampf ausfocht. «Das kann ich Ihnen sagen, so was kann nur ein Tierarzt machen.»

Während ich redete, kniff Miss Wain die Augen zusammen. Vielleicht trug ich zu dick auf. Jedenfalls war Bernard nun außer Gefahr. Ich umfaßte die winzigen Beine, die an erster Stelle in der Schlange lagen, mit dem Finger und zog Lamm Nummer eins heraus. Ich legte es auf das Stroh, und es hob den Kopf und schüttelte ihn heftig; das war immer ein gutes Zeichen, aber vielleicht war das Tier auch nur verblüfft über die Verzögerung.

«Mal sehen, was wir hier außerdem noch haben», sagte ich in besorgtem Tonfall, als ich die Hand wieder in das Schaf steckte. Die Sache war jetzt so gut wie erledigt, aber ich zog die Vorstellung um Bernards willen noch ein bißchen in die Länge und keuchte und brummte weiter vor mich hin, ehe ich ein zweites und danach ein drittes Lamm hervorholte. Es war ein hübscher Anblick, als sie da strampelnd und schnaufend im Stroh lagen. Das erste machte bereits Anstalten, sich auf die wackeligen Beinchen zu stellen.

Ich lächelte zu Miss Wain hoch. «Bitte sehr, fertig. Drei großartige Lämmer. Ich leg noch ein paar Pessare rein, und damit wäre alles erledigt. Trotzdem war es eine komplizierte Sache mit all den ineinander verknäulten Beinen. Es war richtig von Ihnen, mich anzurufen, sonst hätten Sie diese drei hier vielleicht verloren.»

Der Kopf sank ihr über den noch immer verschränkten Armen auf die Brust, und sie schaute mich ohne zu lächeln an. Ich hatte den Eindruck, daß sie richtig betrübt war, weil ich sie um eine Gelegenheit gebracht hatte, ihren Bruder zu schelten. Sie fuhr jedoch ein anderes Geschütz auf.

«Wissen Sie was», sagte sie unvermittelt. «Ich hab da eine Kuh, bei der schon seit fünf Tagen die Nachgeburt raushängt. Wo Sie schon mal da sind, können Sie die auch gleich noch rausnehmen.»

Das war die Art von Routinejob, die man normalerweise nicht um neun Uhr abends machte, doch ich erhob keinen Einspruch. Es würde mir eine weitere Visite ersparen.

«Okay», sagte ich. «Würden Sie mir dann bitte frisches Wasser bringen?»

Genau in diesem Augenblick bemerkte ich das Flackern in Bernards Augen. Ich wußte, daß er Gerüche nicht ausstehen konnte, und bei dem duftenden Gewerbe des Landtierarztes war die Entfernung der Nachgeburt bei Rindern die Arbeit mit dem strengsten Geruch. Und er würde den Schwanz halten müssen, während ich sie erledigte.

Er kam mit einem dampfenden Eimer zurück, stellte ihn ab und zog ein großes rot-weiß kariertes Taschentuch aus der Hosentasche. Das legte er sich sorgfältig vors Gesicht, knotete es hinten am Hals fest zu und nahm dann seinen Platz neben der Kuh ein.

Als ich den Arm in das Tier steckte und Bernards Augen sah, die sich über der Maske verdrehten, dachte ich noch einmal, wie gut der Spitzname doch zu ihm paßte. Tristan hatte ihn Cisco Kid getauft, weil er dem berühmten Banditen geradezu unheimlich ähnlich sah. Bei allen unangenehmen Prozeduren, die Bernard in die Nase fuhren – der Gestank beim Kalben, bei Autopsien oder bei tympanitischen Kühen, die von ihren Gasen befreit wurden –, kam das Taschentuch zum Einsatz, und wirklich, in jeder Situation, die mir im Gedächtnis haftengeblieben ist, trug er diese Maske.

Sie vermittelte ihm offenbar ein Gefühl der Sicherheit, denn er war imstande, sich mit fröhlichen, wenn auch genuschelten Antworten an meinen Bemühungen um eine Konversation zu beteiligen, obwohl er gelegentlich mit schmerzverzerrtem Gesicht die Augen schloß, als sei ein befremdlicher Dufthauch zu ihm durchgedrungen.

Glücklicherweise ließ sich die Nachgeburt leicht entfernen, und es dauerte nicht lange, da winkte mir Bernard schon zum Abschied zu, und ich fuhr weg. Auf dem dunklen Hof hatte er noch immer das Taschentuch vors Gesicht gebunden – Cisco Kid, wie er leibte und lebte.

Ich hatte das Gefühl, daß es mir gelungen war, den Sergeant ins Bild zu setzen. Trotzdem war er noch nicht restlos überzeugt.

«Aber er hätte doch diese Maske nicht mehr auf, wenn er nach Darrowby kommt.»

«Bernard schon.»

«Sie meinen, er hat bloß vergessen, sie abzunehmen?»

«Absolut.»

«Tja, ist wohl ein komischer Kauz.»

Ich konnte nachvollziehen, daß er verwundert war. Mir jedoch kam Bernards Benehmen ganz typisch vor. Er hatte beim

Lammen und beim Entfernen der Nachgeburt einen traumatischen Abend erlebt, und es war nur allzu verständlich, daß er sich auf sein Rad schwang und in die Stadt radelte, um bei einem Happen Fisch and Chips Trost zu suchen. Ich wußte ganz genau, daß das sein Lieblingsessen war. Da konnte es ihm leicht passieren, daß er eine solche Kleinigkeit wie das Abnehmen des Taschentuchs vergaß.

«Na gut», sagte der Wachtmeister. «Auf Ihr Wort kann ich mich ja wohl verlassen.»

«Sergeant», sagte ich, «der Mann, den Sie hierhaben, ist der harmloseste Mensch in ganz Nord-Yorkshire.»

Jetzt folgte eine Pause. «Okay, dann wollen wir ihm die Handschellen mal abnehmen.»

«Was?! Sie haben ihm doch nicht...»

«Nein, nein, ha-ha-ha! Jetzt hab ich Sie reingelegt, Mr. Herriot. So wie Sie vorhin mich mit dem verflixten Cisco Kid. Ich spiele bloß den Ball zurück.»

«In Ordnung, das ist nur gerecht.» Ich lachte. «Ist Bernard sehr verärgert?»

«Verärgert? Der doch nicht. Den bringt nichts aus der Ruhe. Das einzige, was ihn beunruhigt, ist, daß der Fish-and-Chips-Laden inzwischen zugemacht haben könnte.»

«Ach, herrje. Hat er denn?»

«Nein, da kann ich ihn beruhigen. Der hat bis elf Uhr abends offen.»

«Na schön, damit geht es ja für Bernard noch gut aus.»

«Ich denke schon.» Der Sergeant lachte, als er den Hörer auflegte.

Doch es hätte auch ganz anders kommen können. Wenn die kleine Farm am Apparat gewesen wäre, hätte Miss Wain den Anruf entgegengenommen. Mir wurde schwindlig beim Gedanken an ihre Reaktion, wenn sie erfahren hätte, daß Bernard nicht mal Fish and Chips essen gehen konnte, ohne in den Fängen der Polizei zu landen.

Ich konnte mir ihren verzweifelten Aufschrei gut vorstellen: «Er ist eben zu nichts nütze! Zu gar nichts!»

37

Es gibt wenige Dinge, deren Anblick deprimierender ist als ein Wurf Ferkel, die im Begriff sind zu sterben.

«Sieht ziemlich hoffnungslos aus, Mr. Bush», sagte ich, als ich mich über die Bretterwand des Kobens lehnte. «Und bei einem so großen Wurf ist das besonders schade. Es sind zwölf, nicht wahr?»

Der Farmer brummte. «Ja, so geht das immer.» Ein lustiges Haus war er auch sonst nie, doch nun überzog Düsternis sein langes Gesicht mit den eingefallenen Wangen.

Ich schaute auf die kleinen rosafarbenen Wesen hinunter, die sich in einem wirren Knäuel zusammendrängten und denen flüssiger gelber Kot von den Schwänzen tröpfelte. Jungferkelruhr. Eine akute Diarrhoe, an der neugeborene Ferkel erkranken und die fast immer tödlich verläuft, es sei denn, sie wird rasch behandelt.

«Wann hat das bei ihnen denn angefangen?» fragte ich.

«Fast gleich nach der Geburt. Vor drei Tagen.»

«Tja, es wäre mir lieber, ich hätte sie ein bißchen früher zu sehen bekommen. Dann hätte ich vielleicht etwas für sie tun können.»

Mr. Bush zuckte die Achseln. «Ich dachte, es sei nichts Schlimmes – vielleicht war nur die Milch ein bißchen zu fett.»

Ich öffnete die Tür und trat in die Box. Als ich die kleinen Ferkel untersuchte, grunzte die Mutter, als wollte sie sie zum Trinken einladen. Sie lag seitlich ausgestreckt auf dem Boden, und man sah die lange Doppelreihe der Zitzen, doch ihre Kinder zeigten kein Interesse. Als ich die schlaffen kleinen Körper hochhob, war ich mir sicher, daß sie nie wieder saugen würden.

Trotzdem konnte ich nicht einfach gar nichts tun. «Wir versuchen es», sagte ich. «Man kann nie wissen, vielleicht können wir eins oder zwei retten.»

Der Farmer blieb stumm, als ich hinaus zum Auto ging. Ich konnte mich nicht erinnern, ihn jemals lächeln gesehen zu haben, und seine hochgezogenen Schultern und die düstere Miene verstärkten die allgemeine Untergangsstimmung noch.

Ich war meinerseits enttäuscht darüber, daß man mich nicht früher gerufen hatte, weil ich ein neues Medikament dabeihatte, das vielleicht geholfen hätte. Es war eine Neomycinlösung in einer Plastikflasche, aus der das Antibiotikum direkt in den Mund gespritzt werden konnte. Ich hatte damit bereits einige gute Erfolge bei Kälbern erzielt, jedoch noch keine Gelegenheit gehabt, es bei Schweinen auszuprobieren. Als ich jetzt die kleinen Wesen, die keinen Widerstand leisteten, in die Hand nahm, jedem ein paar Tropfen auf die Zunge spritzte und die offensichtlich schon ganz leblosen Ferkel wieder hinlegte, hatte ich das Gefühl, meine Zeit zu verschwenden.

Ich unterstützte diese Behandlung mit einer kleinen Injektion eines Sulfonamids, und nun, da ich mein Gewissen durch den Gedanken, alles getan zu haben, beruhigt hatte, wandte ich mich zum Gehen.

Ich gab dem Farmer die Neomycinflasche. «Hier, wenn morgen noch eins lebt, geben Sie ihm einen Spritzer. Sagen Sie mir Bescheid, wenn Sie welche retten können – es lohnt nicht, daß ich noch mal zur Visite herkomme.»

Mr. Bush nickte wortlos und ging davon.

Drei Tage später hatte ich nichts gehört und ging davon aus, daß meine schlechte Prognose sich bestätigt hatte, doch dann fiel mir ein, daß ich dem Farmer für die Zukunft ein paar Ratschläge hätte geben sollen. Es gab da ein paar *E. coli*-Vaccine, mit denen man eine Sau vor dem Ferkeln vorbeugend impfen konnte, und Mr. Bush hatte noch etliche andere Sauen, die geschützt werden mußten.

Da ich auf dem Heimweg von einer anderen Visite direkt an Bushs Farm vorbeikam, bog ich an seinem Tor ein. Als ich aus dem Auto stieg, war der Farmer in einer Ecke des Hofs beim Kehren. Er schaute nicht hoch, und mein Mut sank. Gleichzeitig war ich aber auch ein wenig verärgert. Es war nicht meine Schuld, daß er den Wurf verloren hatte. Er brauchte mich nicht zu übersehen – ich hatte mein Bestes getan.

Da er mir noch immer keine Beachtung schenkte, ging ich in den Schweinestall und schaute in den Koben.

Zuerst dachte ich, ich hätte vielleicht die falsche Box erwischt, aber nein, ich erkannte die Sau wieder – sie hatte auf der einen Seite einen kleinen Riß am Ohr. Was mir kaum in den Kopf wollte, war der Anblick eines rosafarbenen Getümmels von kleinen Ferkeln, die sich um die beste Zitze drängelten. In dem Gewühl war es schwierig, sie zu zählen, doch schließlich ließen sie sich nieder und saugten verzückt, jedes zufrieden mit seinem Los. Es waren zwölf.

Ich schaute zur Tür hinaus. «Hey, Mr. Bush, sie sind ja am Leben! Alle miteinander!»

Der Farmer kam, den Besen hinter sich herschleifend, langsam über den Hof, und gemeinsam schauten wir in die Box.

Ich konnte es immer noch nicht glauben. «Das ist ja wunderbar. Ich dachte, sie würden sterben – aber da sind sie!»

Auf Mr. Bushs Gesicht lag keine Freude. «Ja», murmelte er, «aber ein bißchen zurück sind sie schon.»

Mr. Bushs unbeeindruckter Satz klang mir noch in den Ohren, als ich zur Farm von Lord Gresham weiterfuhr.

Erst als ich bei der Royal Air Force war und der Zugführer mich anbrüllte: «He, Sie da, kommen Sie her!» merkte ich, wie sehr ich mich bereits an die Achtung gewöhnt hatte, die mir als Tierarzt auf den Farmen in Yorkshire gewöhnlich stillschweigend entgegengebracht wurde und die doch etwas Besonderes in meinem Leben war. Das hatte nichts mit Erfolg oder Mißerfolg meiner Arbeit zu tun – manchmal ging etwas schief, und ab und zu raunzten mich meine Kunden auch an –, doch hinter alledem stand die Überzeugung, daß ich ein Fachmann war und mein Möglichstes für die Tiere tat, und das wurde entsprechend gewürdigt.

Lord Greshams Männer jedoch schenkten mir nie mehr Aufmerksamkeit als Mr. Bush. Danny, Bert, Hughie und Joe betrachteten mich aus einer totalen Distanz, die ich immer beunruhigend fand. Das lag nicht etwa daran, daß sie mich nicht mochten oder grob behandelten, es lag daran, daß sie, ganz gleich, was ich auch tat, völlig unbeeindruckt blieben, ja nicht einmal interessiert schienen.

Das war seltsam, weil es, wie jeder Tierarzt weiß, Höfe gibt, auf denen alles prima läuft, und andere, auf denen nichts gelingt, und die Farm von Lord Gresham gehörte zur ersten Kategorie. Ich hatte stets das Gefühl, daß mein Schutzengel dort über mir wachte, weil jeder einzelne Fall wie am Schnürchen gegangen war und ich zahlreiche Heilungen bewirkt hatte, die mir das Herz erwärmten.

Heute, als ich aus meinem Auto kletterte und ins Stallgebäude marschierte, war ich fast davon überzeugt, daß ich an diese Erfolgsserie anknüpfen würde. Ich betrachtete die Kuh, die allein und apathisch im hohen Stroh stand. Sie bot einen traurigen Anblick, hing doch, wie es aussah, die Hälfte der Eingeweide aus ihr heraus. Uterusvorfall. Das war ein Bild, bei dem dem Tierarzt das Lächeln im Gesicht erstarb, versprach es doch harte Arbeit, bei der das Leben des Tiers auf dem Spiel stand. Doch im Verlauf der Jahre hatte diese Erkrankung ein wenig von ihrem Schrecken verloren, und obwohl ich natürlich besorgt war, glaubte ich, daß ich mit meinen neuen Kenntnissen und meinen Instrumenten die Kuh wieder gesundmachen konnte. Doch gleichzeitig wußte ich, daß mir das keine Anerkennung, keinen Respekt einbringen würde. Zumindest nicht auf dieser Farm.

Mit Hilfe eines Traktors und der kurz zuvor erfundenen Bagshaw-Winde, in die ich die Kuh am Becken einspannte, hob ich ihr das Hinterteil an, so daß ich sozusagen hangabwärts arbeitete, während ich die Lumbalanästhesie ausführte und den Uterus ohne die Anstrengung der früheren Jahre wieder an den richtigen Platz brachte.

Die Kuh lief fort, so gut wie neu, doch während ich über die wunderbare Wiederherstellung ihrer Gesundheit entzückt war, blieben die Männer völlig ungerührt und schlenderten wortlos davon. So war es auf dieser Farm immer.

Kurze Zeit später mußte ich ein paar Schafe verarzten, die Listeriose hatten und ständig im Kreis herumliefen. Ich gab ihnen eine Injektion Penicillin, und nach ein paar Tagen ging es ihnen wieder gut – eine recht spektakuläre Heilung. Die Männer reagierten wie eh und je. Kein Interesse. Nicht ein Fünkchen Respekt.

Eine Woche später wurde ich zu einer Kuh mit verdrehtem Uterus gerufen. Sie konnte nicht kalben, lag bekümmert da und mühte sich ab bis zur Erschöpfung. Ohne meine Hilfe hätte man sie schlachten müssen, doch indem ich sie mehrere Male hin und her rollte, rückte ich den Uterus wieder gerade und brachte ein schönes lebendes Kalb zur Welt. Während ich staunend und hochbefriedigt das Ergebnis meiner Arbeit betrachtete, kam kein Wort von den Männern, die sich phlegmatisch daranmachten, nach der Prozedur aufzuräumen. Zum x-ten Male fragte ich mich, was ich nur tun mußte, um an sie heranzukommen.

Ich zog mir die Jacke an, und da fiel mir ein Umschlag aus der Tasche. Er war aus Liverpool, von der Fußballtoto-Gesellschaft, und nur um das Schweigen zu brechen, sagte ich: «Ach, mein Gewinn von dieser Woche.»

Die Wirkung war elektrisierend, und anstelle der vorherigen Apathie begegnete mir nun heftiges Interesse. Völlig vertieft studierten sie die beigelegte Postanweisung, die sich nur auf zwei

Pfund belief. «Herrgott, guck dir das an!» – «Wir haben bei so was nie Glück.» – «Das erste Mal, daß ich einen seh, der gewonnen hat.» Die Sätze flogen nur so hin und her. Dann sagte Danny, der Vorarbeiter: «Gewinnen Sie oft?»

Von der Aufregung und dem noch nie dagewesenen Interesse mitgerissen, erwiderte ich lässig: «O ja, regelmäßig», was eine Übertreibung war, denn ich gewann nur selten etwas, doch meine Antwort wurde mit fasziniert aufgerissenen Mündern zur Kenntnis genommen. Zum allerersten Mal stand ich im Mittelpunkt gespannter Aufmerksamkeit.

Nach einem Weilchen räusperte Danny sich. «Mr. Herriot, die Jungs hier und ich, wir spielen jede Woche bei der Systemwette mit – wir setzen jeder einen Shilling ein –, aber wir haben noch nie richtig getippt. Würden Sie für uns den Schein ausfüllen?»

Mit dem wehmütigen Gedanken, daß es mit meiner jähen Popularität bald wieder vorbei sein würde, nahm ich den Schein und tat, das Hinterteil der Kuh als Schreibunterlage benutzend, worum sie mich gebeten hatten.

Das Los gewann, und in der folgenden Woche erschien Danny in meiner Praxis. «Wir haben jeder dreißig Shilling gewonnen, Mr. Herriot. Das ist noch nie passiert. Die Jungs sind ganz aus dem Häuschen. Würden Sie noch mal für uns ausfüllen?»

«Na klar», sagte ich leichthin und kreuzte die kleinen Kästchen an. Das Los gewann wieder, und diesmal tauchten alle vier Männer lachend und triumphierend in der Praxis auf. «Noch mal dreißig pro Nase, Mr. Herriot! Das ist riesig! Diese Woche setzen wir ein bißchen mehr ein.»

Ich hatte das Gefühl, daß die Sache aus dem Ruder lief. «Hören Sie mal, es wäre mir lieber, wenn ich das nicht mehr machen müßte. Ich möchte nicht, daß Sie meinetwegen eine Menge Geld verlieren, und das werden Sie, wenn Sie höhere Beträge setzen. Ich kenne mich dabei nämlich gar nicht aus – es war nur Spaß, als ich Sie glauben machte, daß ich jede Woche gewinne.»

Stille senkte sich über den Raum, und vier Augenpaare verengten sich zu Schlitzen. Sie glaubten mir kein Wort.

Hilflos schaute ich von einem zum anderen, doch sie standen

wie in Stein gemeißelt da und warteten darauf, daß ich den nächsten Zug machte.

«Ich mache Ihnen einen Vorschlag», sagte ich langsam. «Ich fülle Ihren Schein diese Woche noch mal aus, aber das ist das letzte Mal. In Ordnung?»

Ringsum Kopfnicken. «Ja, ist uns recht», sagte Danny.

«Nur noch diese Woche, und dann nie wieder.»

Einmal mehr trug ich die Kreuze in die Kästchen ein und machte einen letzten Versuch, als ich den Schein hinüberreichte. «Und Sie werden mich nie wieder bitten, das für Sie zu tun?»

Danny hob die Hand. «Nein, nie mehr, Mr. Herriot. Ist versprochen.»

Zum dritten Mal nacheinander gewann ihr Los. Noch während ich dies schreibe, geht mir durch den Kopf, daß ich wohl kaum jemanden bitten kann, das zu glauben, aber es ist eine wahre Geschichte. Und mein zunehmendes Staunen über das unerforschliche Walten des Schicksals wurde noch bestärkt, als ich selbst in der Dreierwette meinen bisher größten Gewinn einfuhr: siebenundsiebzig Pfund, vier Shilling und elf Pence. Die Summe ist bis zum Ende aller Zeiten in mein Gedächtnis eingeschrieben.

Zitternd zeigte ich an jenem Abend meinem Partner die Postanweisung. «Sieh dir das an, Siegfried. Das viele Geld! Und wenn ich bloß einen Tip mehr gemacht hätte, hätte ich den ersten Preis gewonnen – sechzehntausend Pfund!»

Siegfried pfiff durch die Zähne, als er die Postanweisung studierte. «James, das muß gefeiert werden. Komm, wir gehen ins Drovers'.»

Im Pub eilte Siegfried schnurstracks zur Theke. «Zwei große Whisky, Betty», rief er. «Mr. Herriot hat gerade sechzehntausend Pfund beim Fußballtoto gewonnen.»

«Nein, nein ...», widersprach ich und versuchte meinen überschwenglichen Kollegen zurückzuhalten. «Soviel war es doch nicht ...»

Doch es war zu spät. Die Bardame bekam Stielaugen, die anderen Gäste hätten sich beinahe an ihrem Bier verschluckt, und ich hatte den Schlamassel. Die Neuigkeit verbreitete sich wie ein

Lauffeuer durch Darrowby. Sechzehntausend Pfund war damals ein Vermögen, und wohin ich während der folgenden Wochen auch kam, überall wurde ich mit geheimnisvollem Lächeln und wissendem Zwinkern begrüßt. Dies hat sich vor fast vierzig Jahren ereignet, doch es gibt viele Leute in unserer kleinen Stadt, die bis zum heutigen Tag felsenfest davon überzeugt sind, daß Herriot beim Fußballtoto reich geworden ist.

Meine nächste Visite auf Lord Greshams Farm lag an, weil Tuberkulintests beim Vieh fällig waren. Ich mußte gar nichts Besonderes mit den Tieren veranstalten – nur an der Halspartie ein paar Zentimeter breit das Fell abscheren und einen Einstich in die Haut machen –, doch verglichen mit früheren Malen, wo ich wundersame Heilungen bewirkt und mit meiner tierärztlichen Kunst Leben gerettet hatte, war die Atmosphäre wie verwandelt. Die vier Männer hingen mir förmlich an den Lippen und befolgten meine Anweisungen mit der größten Ehrerbietung. «Ja, Mr. Herriot.» – «Da haben Sie ganz recht, Mr. Herriot.» Und während sie sich früher immer benommen hatten, als sei ich gar nicht da, beobachteten sie heute noch meine kleinste Bewegung mit der höchsten Konzentration. Mir wurde klar, daß sie mich auf ewig als den Mann im Gedächtnis bewahren würden, für den die Geheimnisse der Fußballwette ein offenes Buch waren, in das er eingreifen konnte, wie es ihm beliebte, und als ich reihum die vier Männer ansah, las ich in ihren Augen etwas, was ich noch nie gesehen hatte.

Es war Respekt – tiefer, unerschütterlicher Respekt.

38

Ich befand mich in einer Lage, die ich nur zu gut kannte: mit dem Bauch auf einem harten Kopfsteinboden liegend und mit dem Arm bis zur Schulter im Innern einer pressenden Färse. So ging das nun schon seit mehr als einer Stunde, und ich verzweifelte allmählich. Da drin lag ein riesiges lebendes Kalb, und das einzige, was die Geburt verzögerte, war ein zurückgebogenes Bein – normalerweise eine einfache anomale Fötuslage und leicht korrigierbar. Das war der Grund für meine Frustration: Ich konnte einfach nicht glauben, daß ein solches Vorkommnis mich so aufhielt, doch die Schwierigkeit dabei war, daß es sich hier um eine sehr kleine Färse handelte und daß ich keinen Platz hatte, um etwas zu bewegen. Wieder und wieder hatte ich den Fuß des Kalbes zu fassen bekommen, doch ich konnte nur ein paar Finger darum schließen, und sobald ich anfing zu ziehen, entglitt er mir wieder. Obendrein tat mir die Färse, die das Kalb ausstoßen wollte, durch ihr Pressen höllisch weh; sie klemmte meine Hand schmerzhaft zwischen dem Kopf des Kalbs und dem Beckenknochen ein.

Aus tiefstem Herzen wünschte ich mir, mein Arm wäre ein paar Zentimeter länger. Wenn ich die Finger um die glatte Wand des Hufs legen könnte und das haarige Bein zu fassen bekäme, wäre die Sache in Minuten vorbei, doch genau das versuchte ich nun schon seit einer langen Stunde, und mein Arm starb allmählich ab und wurde unbrauchbar.

In derartigen Situationen wies ich oft einen großen Farmarbeiter an, sich die Ärmel aufzukrempeln und an meiner Stelle zu versuchen, in unerreichbare Tiefen zu greifen, doch Mr. Kilding und sein Sohn waren untersetzte Männer und hatten kurze Arme – sie konnten nicht einmal so tief greifen wie ich.

Plötzlich fiel mir etwas ein. Calum machte auf einer weniger als eine Meile entfernten Farm einen Tuberkulintest. Wenn ich ihn erwischen könnte, wäre ich meiner Sorgen ledig, denn zusätzlich zu seinen vielen anderen Eigenschaften hatte Calum sehr lange Arme.

«Mr. Kilding», sagte ich, «würden Sie bitte bei den Ellertons anrufen und Mr. Buchanan bitten, rüberzukommen und mir zur Hand zu gehen? Ich fürchte, ich brauche Hilfe.»

«Buchanan? Den Doktor mit dem Dachs?»

Ich lächelte. Unter diesem Namen war Calum nicht nur in unserer Praxis, sondern auch viele Meilen im Umkreis bekannt. «Ja, das ist er.»

Der Farmer eilte davon und kam schnell zurück. «Ja, er hat den Test gerade fertig. Sagt, er ist in ein oder zwei Minuten da.» Er war ein netter Mensch und beklagte sich nicht darüber, daß ich mich nun schon so lange erfolglos auf dem Boden seines Kuhstalls herumwälzte, doch seine Angst konnte er nicht verbergen. «Ich hoffe, Sie können irgend etwas tun, Mr. Herriot, ich hab mich wirklich darauf gefreut, dieses Kalb zu kriegen.»

Während er noch sprach, kam Calum in den Stall spaziert. Er schaute auf das auf dem Boden ausgestreckte Tier hinunter und grinste: «Na, gibt's Probleme, Jim?» Wie immer war er forsch-fröhlich.

Ich erklärte ihm die Situation, und er riß sich schnell das Hemd vom Leib. Wir legten uns nebeneinander auf die Pflastersteine, die immer härter geworden zu sein schienen. Ich streckte den linken Arm hinein, bis ich das Maul des Kalbs an meiner Handfläche spürte, und Calum zwängte seinen rechten Arm neben meinem hinein.

«Gut», sagte ich, «ich drücke den Kopf zurück, und Sie schauen mal, ob Sie diesen Fuß zu fassen kriegen.»

«Okay», erwiderte er. «Dann los.»

Ich drückte, und gerade als der Kopf sich rückwärts bewegte und der entscheidende Manövrierraum frei wurde, preßte die Färse mit aller Kraft und drückte ihn wieder gegen meine Hand. Calum jaulte auf, weil seine Finger eingeklemmt waren. «Autsch, das tat aber weh! Sie müssen sich schon bißchen mehr Mühe geben.»

Ich biß die Zähne zusammen und versuchte es noch einmal, stemmte mich mit dem Arm den pressenden Stößen der Färse entgegen.

«Ich hab's gleich geschafft», brummte Calum. «Gleich... gleich... drücken Sie, Sie drücken ja gar nicht!»

«Ich drücke doch, verdammich!» japste ich. «Sie ist bloß stärker als ich, und nur zu Ihrer Information, ich mache das schon eine Stunde lang. Mein Arm fühlt sich an wie Spaghetti.»

Wir versuchten es noch einmal, mehrere Male, stöhnten und keuchten, dann ließ Calum den Kopf auf die Schulter sinken. «Ich weiß was. Ruhen wir uns erst einmal einen Moment aus.»

Dagegen hatte ich nichts einzuwenden. Ich entspannte mich und spürte, wie mir das Kalb mit der rauhen Zunge die Hand leckte. Es war jedenfalls noch am Leben.

Während wir so dalagen, praktisch Wange an Wange, die Arme immer noch in der Färse, setzte mein Kollege ein strahlendes Lächeln auf. «Tja, worüber wollen wir uns denn unterhalten, während wir uns ausruhen?»

Mir war nicht nach einer leichten Konversation zumute, doch ich versuchte in den von ihm angeschlagenen Ton einzustimmen.

«Ach, ich weiß nicht. Haben Sie denn was Interessantes auf Lager?»

«Ja, doch. Zufällig schon. Ich werde nämlich heiraten.»

«Wie bitte?!»

«Ich sagte, ich werde heiraten.»

«Sie machen Witze.»

«Nein, ich versichere Ihnen, es stimmt.»

«Wann?»

«Nächste Woche.»

«Also ... also ... Ist es jemand, den ich kenne?»

«Nein, nein. Ein Mädchen, das in der Chirurgie am London College arbeitet. Ich hab sie dort kennengelernt, als ich diesen Kurs absolviert habe.»

Wie vom Donner gerührt lag ich da. Ich hatte Mühe, diese Mitteilung zu verarbeiten. Daß ein Bursche wie Calum Träume vom häuslichen Glück hegte, hatte ich mir nicht vorstellen können. Ich war noch damit beschäftigt, meine Gedanken zu ordnen, als er mich in die Wirklichkeit zurückholte. «Los, probieren wir's noch mal.»

Und es schien, als hätte der Schock mir einen Adrenalinstoß verpaßt, denn diesmal kam ich, während mir die Augen aus den Höhlen traten, ein großes Stück voran und konnte den Kopf zurückdrängen, bis ich Calums Triumphschrei «Ich hab's!» hörte.

Und nachdem er das Bein erwischt hatte, ließ er es nicht mehr los. Mit geschlossenen Augen und gebleckten Zähnen zog er, bis der widerspenstige Fuß an der Vulva erschien. Ein freudiges Grinsen überzog sein schweißnasses Gesicht. «Das ist mal ein hübscher Anblick.»

Das war es in der Tat. Wir hatten nun zwei Beine und einen Kopf, obwohl fast alles andere sich noch im Innern der Kuh befand. Ich gab der Färse einen Klaps auf den Rumpf. «Komm, altes Mädchen. Jetzt brauchen wir dich. Jetzt kannst du drücken, soviel du willst.»

Als habe sie mich verstanden, kam die Färse uns begeistert zur Hilfe, während wir an den Beinen zogen, und bald erschienen das Maul, die zuckenden Nasenlöcher, die große, breite Stirn und die Augen – in denen, wie ich meinte, ein Funken Enttäuschung über die Verzögerung glomm – und danach der Rest des Kopfes und des Körpers, bis ein hübsches Kalb wacklig vor uns auf dem Stroh stand.

Ich freute mich. Das tat ich immer, doch in diesem Fall ging mir noch etwas anderes im Kopf herum: Calums Bombe über seine bevorstehende Verheiratung.

Ich konnte es kaum erwarten zu sehen, was für ein Mädchen Calum uns ins Haus bringen würde. Er war ein so ungewöhnlicher Mensch, und seine Ideenwelt war so weit von der normaler Sterblicher entfernt, daß diese neue Frau alles sein konnte – nichtssagend, exzentrisch, fett, mager. Unermüdlich spielte ich diese Möglichkeiten im Geiste durch.

Ich wurde schon bald von meinen Qualen erlöst. Eines Nachmittags machte ich die Wohnzimmertür auf, und drin saß mein Kollege und hatte ein Mädchen bei sich. «Das ist Deirdre», sagte er.

Sie war ziemlich groß, und die ersten Wörter, die mir einfielen, waren «freundlich» und «mütterlich». Doch möchte ich gleich jeden Verdacht, freundlich und mütterlich bedeute etwa, daß sie nicht attraktiv gewesen wäre, zurückweisen. Deirdre war sogar sehr attraktiv, und wenn ich jetzt, vierzig Jahre später, an ihre wunderbare Familie mit sechs jungen Buchanans denke, bin ich schon der Meinung, daß mir für meine Intuition die Höchstnote gebührt.

Als wir uns die Hände schüttelten, lächelte sie breit und warm und sprach mit sanfter Stimme, und ich dachte plötzlich, daß Calum es wieder einmal geschafft hatte – bei all seinen komischen Eigenheiten schienen ihm die grundlegenden Dinge zu gelingen, und nun, als es um die Wahl seiner Frau ging, hatte er ein Mädchen gefunden, das morgens als erstes zu sehen jeden jungen Mann freuen würde.

Hoffnungen auf eine aufregende Hochzeitsfeier, die wir vielleicht gehegt hatten, wurden bald zunichte gemacht, und zwar auf die wohl für sie typische Art. Sie stahlen sich heimlich zur Keeler-Kirche davon, und dort fand ohne großes Tamtam die Trauung statt.

Bei meinen Reisen durch Großbritannien habe ich nie etwas gesehen, was auch nur annähernd vergleichbar mit der Keeler-Kirche gewesen wäre. Es ist eine alte Kirche von großer Schönheit, die um 1100 von den Normannen errichtet wurde und als Einzelgebäude inmitten von Feldern steht. In der Nähe liegt zwar eine Farm, doch das nächste Dorf ist zwei Meilen entfernt. Sie steht an der Grenze des von unserer Praxis betreuten Einzugsgebiets, doch von der Hauptstraße aus kann man sie deutlich sehen, und jedesmal, wenn ich vorüberfahre, drossele ich das Tempo, um einmal mehr einen Blick auf das zauberhafte Bauwerk zu werfen, das da so einsam mitten in den Feldern vor den im Hintergrund aufragenden Bergen steht. Für mich ist das ein romantischer, erregender Anblick.

All die Jahrhunderte hindurch fanden dort regelmäßig Gottesdienste statt, zu denen sich eine kleine Gemeinde von Menschen aus den umliegenden Gehöften und nahe gelegenen Dörfern einfand, so daß die Kirche in all ihrer Pracht erhalten geblieben ist. Ihre Schönheit ist die schlichte Schönheit massiver Steine und hat nichts mit den filigranen Zinnen und Pfeilern der prächtigen Kirche von Darrowby gemein, die so berühmt ist, daß sie häufig als kleine Kathedrale bezeichnet wird. Helen und ich haben dort geheiratet, und ihre Pracht und Herrlichkeit zieht uns wie eh und je in ihren Bann.

Calum und Deirdre jedoch gingen zur Keeler-Kirche in die Wildnis und Einsamkeit, und ich konnte nachvollziehen, daß sie für ihren Reiz empfänglich waren. Es folgte eine kurze Hochzeitsreise, und das war alles.

Jedesmal, wenn ich an der alten Kirche vorüberkomme, die dort in ihrer einsamen Würde steht und auf die leeren Felder und die langgestreckten Hügel hinausschaut wie schon seit neun Jahrhunderten, dann denke ich, wie passend es doch war, daß die jungen Buchanans einander innerhalb dieser Mauern ihre Zukunft verpfändeten.

Ich war guter Hoffnung, daß Deirdre Calums Wohnung eine weibliche Note geben würde – daß mit ihren eigenen Möbeln und ein wenig Zierat auch ein wenig mehr Bequemlichkeit einziehen würde –, doch das sollte nicht geschehen. Deirdre kümmerte sich um diese Seite des Lebens kein bißchen mehr als Calum – ihr Interesse galt allein den Dingen der Außenwelt. So wie seins auch: den Tieren, den Pflanzen und den Blumen von Nord-Yorkshire.

Die Wohnung blieb spartanisch – keine Chintzdecken auf den Möbeln oder irgend etwas in dieser Art –, doch sie wirkte ganz glücklich, wenn sie dort oben herumlief, sehr oft in Hosen und barfuß, die Gedanken vollkommen eins mit denen ihres Mannes.

Wenn sie zur gleichen Zeit frei hatten, verbrachten sie die Zeit damit, durch die Wälder und über die Berge zu streifen und die Natur zu beobachten, und wenn die Arbeit Calum davon abhielt, seine Naturforschung voranzutreiben, sprang Deirdre gern für ihn ein. Ein Beispiel dafür erlebte ich eines milden Sommerabends bei Anbruch der Dämmerung mit, als ich den jungen Mann auf eine Visite schicken mußte.

«Calum», sagte ich, «bei Steve Holdsworth gibt es eine Kolik – fahren Sie bitte hin, sobald Sie können.»

«Klar», erwiderte er. «Geben Sie mir nur noch ein paar Minuten, damit ich Deirdre auf einen Baum setzen kann, dann mache ich mich gleich auf den Weg.»

39

Ungefähr zu der Zeit, als Calums dritter Dachs ankam, wurde ich von einem unheimlichen Gefühl des Unausweichlichen erfaßt.

Der neue Dachs hieß Bill, und Calum machte sich nicht die Mühe, ihn umständlich anzukündigen. Er erwähnte ihn mir gegenüber zwar beiläufig, zog Siegfried jedoch wohlweislich nicht ins Vertrauen. Ich glaube, er war sich darüber im klaren, daß es wenig Sinn hatte, meinen Partner weiter zu verärgern – es schien nur vernünftig zu sein, davon auszugehen, daß Siegfried bei dem Sortiment von Tieren, das hier herumlief, allmählich die Übersicht verlor und ihn nicht einmal bemerken würde.

Ich sprach mit meinen Kollegen im Gang zur Apotheke über die an dem Tag anstehenden Fälle, als Siegfried plötzlich den

Kopf einzog. «Was zum Teufel war das denn?» rief er aus, als ein gefiederter Körper vorbeischwirrte und unsere Köpfe nur knapp verfehlte.

«Ach, das ist Calums Eule», sagte ich.

Siegfried starrte mich an. «Calums Eule? Ich dachte, von der hieß es, sie sei krank.» Er drehte sich zu unserem Assistenten um. «Calum, was macht diese Eule hier? Sie haben sie vor Tagen hergebracht, und sie sieht jetzt wieder fit aus, also bringen Sie sie dahin zurück, wo sie hergekommen ist. Ich mag Vögel, das wissen Sie, aber nicht, wenn sie wie verdammte Adler in unserer Praxis herumschießen – sie könnten unsere Klienten zu Tode erschrecken.»

Der junge Mann nickte. «Ja... ja... sie ist schon fast wieder gesund. Ich nehme an, daß ich sie bald in den Wald zurückbringen kann.» Er steckte sich die Liste seiner Visiten in die Tasche und ging.

Ich sagte nichts, doch es schien mir sicher zu sein, daß Calum, wenn er schon einmal eine Eule ergattert hatte, die ihm ganz allein gehörte, sich nicht überstürzt wieder von ihr trennen würde. Ich sah ein paar ungemütliche Dinge auf uns zukommen.

«Und hören Sie sich bloß diese jungen Füchse an!» sprach Siegfried weiter. «Was die für einen Lärm machen!» Das von der Rückseite des Hauses herdringende Kläffen, Knurren und Bellen schallte durch den Flur. Man konnte nicht leugnen, daß es geräuschvolle Tierchen waren. «Was will Calum denn mit denen hier bei uns?»

«Ich weiß nicht genau... er hat zwar irgend etwas gesagt, aber ich kann mich nicht recht erinnern, was...»

«Na», brummte Siegfried, «ich hoffe bloß, daß er sie wegbringt, sobald das Problem vorüber ist. Es ist ja, als wohnte man in einem verdammten Zoo.»

Später verarzteten Siegfried und ich einen Hund, der sich die Speiche gebrochen hatte, als Calum ins Operationszimmer kam. Marilyn lag wie gewöhnlich auf seiner Schulter, aber heute hatte sie einen Gefährten: In die Armbeuge des jungen Mannes kuschelte sich bequem ein kleiner Affe.

Siegfried schaute von seinem Patienten hoch. Seine Hand, die einen Gipsverband wickelte, verharrte in der Luft, und die Kinnlade klappte ihm herunter. «O mein Gott, nein! Das ist zuviel! Nicht noch einen verdammten Affen!»

«Doch», erwiderte Calum mit einem freundlichen Lächeln. «Er heißt Mortimer.»

«Sein Name ist mir vollkommen Wurst! Was zum Teufel macht er hier?»

«Ach, kein Grund zur Sorge, er ist kein Hausgenosse – in gewisser Weise ist er ein Patient.»

Siegfried kniff die Augen zusammen. «Was meinen Sie damit – in gewisser Weise? Ist er krank?»

«Nun ja, nicht direkt... Diana Thurston hat mich gebeten, mich um ihn zu kümmern, während sie Urlaub macht.»

«Und Sie haben natürlich ja gesagt! Ohne Hemmungen! Genau das brauchen wir hier noch – verdammte Affen, die zur Krönung des Ganzen durchs Haus jagen!»

Calum schaute ihn mit ernster Miene an. «Nun ja, wissen Sie, ich war in der Zwickmühle. Colonel Thurston ist ein sehr netter Mann und einer unserer wichtigsten Klienten – die große Farm, Jagdpferde und jede Menge Hunde. Ich konnte nicht gut ablehnen.»

Mein Partner widmete sich wieder dem Verband. Der Gips wurde hart, und ich sah, daß er Zeit zum Nachdenken gewinnen wollte. «Ja, ich verstehe, was Sie meinen», sagte er kurze Zeit später. «Das hätte wohl keinen so guten Eindruck gemacht.» Er warf Calum einen Blick zu. «Aber es ist bestimmt nur für die Zeit, die Diana im Urlaub ist?»

«Oh, absolut, ich verspreche es Ihnen.» Der junge Mann nickte heftig. «Sie hängt so sehr an dem kleinen Kerl; sie holt ihn bestimmt ab, sobald sie wieder da ist.»

«Na ja, ich denke, dann dürfte es wohl gehen.» Siegfried warf dem Affen, der mit offenem Mund und gebleckten Zähnen kekkerte und ihn offensichtlich auslachte, einen gehetzten Blick zu.

Wir hoben den schlafenden Hund vom Tisch und brachten ihn in einen der Krankenzwinger, damit er sich erholen konnte. Mein Partner schien nicht geneigt zu sein, etwas zu sagen, und auch ich brach das Schweigen nicht. Ich verspürte nicht den

Wunsch, mich zu Calums neuester Erwerbung zu äußern, weil ich zufällig wußte, daß Diana Thurston nicht bloß für vierzehn Tage nach Scarborough wollte – sie war für sechs Monate nach Australien abgereist.

An dem Abend bekam ich einen Anruf und ging in die Praxis, um mir einige Medikamente zu holen. Als ich durch den Flur ging, hörte ich vom Ende des Hauses her ein babylonisches Gewirr tierischer Laute, und als ich die Tür zum Hinterzimmer öffnete, sah ich Calum im Kreise seiner Lieben. Die drei Dachse jagten lärmend um die Freßnäpfe herum, die Eule schlug auf einem hohen Regal faul mit den Flügeln. Storm, riesig und liebenswert, wedelte zur Begrüßung mit dem Schwanz, wohingegen die beiden Dobermänner mich nachdenklich musterten. Mortimer, der Affe, der unverkennbar bereits in Calums Bann stand, machte einen Satz vom Tisch in die Arme des jungen Mannes und grinste mich an. In der Ecke brachten die jungen Füchse weiter ihr seltsames Kläffen und Grummeln zu Gehör, und ich entdeckte zwei Käfige, die ein paar Kaninchen und einen Hasen erhielten – offensichtlich Neuankömmlinge.

Während ich so den Blick durchs Zimmer schweifen ließ, wurde mir bewußt, daß Siegfried von Anfang an recht gehabt hatte. Die Menagerie war nun fest installiert. Als ich die Tür aufmachte und ging, fragte ich mich nur, wie groß sie noch werden würde.

Ich stand schon im Flur, als Calum sich vom Tisch, wo er irgendein Allerweltsfutter in eine große Schüssel rührte, zu mir umwandte.

«Bevor Sie gehen, Jim, ich hab gute Neuigkeiten», rief er.

«Ach ja, was ist denn?»

Er zeigte auf einen der Dobermänner. «Anna bekommt nächsten Monat Junge.»

40

Als ich aus dem Auto stieg, um das Tor zur Farm zu öffnen, betrachtete ich neugierig den merkwürdig aussehenden Bau auf dem Grasstreifen, der im Windschatten der Bruchsteinmauer stand und von dem aus man einen Blick über das ganze Tal haben mußte. Es hatte den Anschein, als habe man bahnenweise Persenning über Metallstäbe gebreitet, um daraus eine Art Behausung zu machen. Es sah aus wie ein großes schwarzes Iglu, aber wofür?

Während ich noch darüber nachsann, teilte sich der sackartige Vorhang am vorderen Teil, und ein großer, weißhaariger Mann erschien. Er reckte sich, schaute sich um, klopfte sich den Staub aus dem alten Gehrock und setzte die Art Melone mit hoher Krempe auf, die zu viktorianischen Zeiten in Mode gewesen war. Er schien mich nicht zu bemerken, während er dastand, tief einatmete und das Heidemoor betrachtete, das von der Straße bis zu dem weit unten liegenden Wildbach abfiel; ein Weilchen später drehte er sich zu mir um und lüftete würdevoll den Hut.

«Ich wünsche Ihnen einen guten Morgen», murmelte er mit einer Stimme, die einem Erzbischof gehört haben könnte.

«Morgen», grüßte ich zurück und kämpfte mit meiner Überraschung. «Ein herrlicher Tag.»

Seine feinen Gesichtszüge entspannten sich, und er lächelte. «Ja, das ist wahr.» Dann beugte er sich nieder und zog den Vorhang auf. «Komm, Emily.»

Während ich ungläubig zuschaute, kam mit zierlichen Schritten eine kleine Katze herausgetrippelt, und als sie sich genüßlich streckte, befestigte der Mann eine Leine an ihrem Halsband. Er drehte sich noch einmal zu mir um und lüftete wiederum den Hut. «Ich wünsche Ihnen noch einen schönen Tag.» Dann schlugen Mann und Katze in gemächlichem Tempo den Weg in Richtung des Dorfes ein, dessen Kirchturmspitze einige Meilen weiter hinten an der Straße gerade noch zu sehen war.

Ich ließ mir Zeit beim Öffnen des Gatters und sah den kleiner werdenden Gestalten nach. Mir war fast so zumute, als hätte ich eine Erscheinung gesehen. Ich befand mich außerhalb meines gewöhnlichen Territoriums, weil ein treuer Kunde, Eddy Carless, diese Farm, die fast zwanzig Meilen von Darrowby entfernt lag, übernommen und uns die Ehre erwiesen hatte, unsere Praxis zu bitten, ihn auch weiterhin zu betreuen. Wir hatten ja gesagt, obwohl es unbequem sein würde, so weit zu fahren, ganz besonders mitten in der Nacht.

Die Farm lag zwei Felder von der Straße zurück, und als ich auf den Hof fuhr, sah ich Eddy die Treppe vom Kornspeicher herunterkommen.

«Eddy», sagte ich, «ich habe gerade etwas sehr Seltsames gesehen.»

Er lachte. «Sie brauchen es mir gar nicht erst zu sagen. Sie haben Eugene gesehen.»

«Eugene?»

«Ja, richtig. Eugene Ireson. Er wohnt hier.»

«Was!?»

«Es ist wahr – das ist sein Haus. Er hat es vor zwei Jahren selbst gebaut, und dann ist er eingezogen. Früher war das die Farm meines Dads, wie Sie ja wissen, und er hat mir oft von ihm erzählt. Er ist aus dem Nirgendwo hierhergekommen und hat sich mit seiner Katze in dieser lustigen Behausung eingerichtet.»

«Ich hätte nicht gedacht, daß man ihm erlaubt, sich auf dem Grasstreifen häuslich niederzulassen.»

«Nein, ich auch nicht, aber offenbar hat sich niemand daran gestört. Und ich sag Ihnen noch was Komisches. Er ist ein gebildeter Mensch und der Bruder von Cornelius Ireson.»

«Von Cornelius Ireson, dem Industriellen?»

«Genau dem. Dem Multimillionär. Er lebt auf dem Grundbesitz, den man auf der Straße nach Brawton nach ungefähr fünf Meilen passiert. Sie haben bestimmt das große Wächterhaus am Tor gesehen.»

«Ja... ich kenne es... aber wie...?»

«Keiner kennt die Geschichte ganz genau, aber es sieht so aus, als habe Cornelius alles geerbt und sein Bruder nichts bekommen. Es heißt, Eugene sei in der ganzen Welt herumgefahren, habe in wilden Ländern im Freien gelebt und alle möglichen Abenteuer bestanden, aber ganz gleich, wo er auch gewesen sein mag, er ist nach Nord-Yorkshire zurückgekommen.»

«Aber warum lebt er in dieser seltsamen Behausung?»

«Das ist ein Rätsel. Ich weiß, daß er nichts mit seinem Bruder zu schaffen hat. Umgekehrt ist es ebenso. Jedenfalls scheint er da unten glücklich und zufrieden zu sein. Mein Dad hat ihn sehr gern gehabt, und der alte Junge ist ab und zu auf die Farm gekommen und hat hier gegessen und ein Bad genommen. Das macht er immer noch, aber er ist sehr unabhängig. Liegt niemandem auf der Tasche. Geht regelmäßig runter ins Dorf zum Einkaufen und wegen seiner Rente.»

«Und immer mit seiner Katze?»

«Ja.» Eddy lachte noch einmal. «Immer mit seiner Katze.»

Wir gingen in die Ställe, um mit dem Tuberkulintest anzufangen, doch während ich ein ums andere Mal schnitt und maß und Injektionen gab, ging mir die Erinnerung an dieses komische Pärchen nicht aus dem Kopf.

Als ich drei Tage später am Tor zur Farm ankam, um die Tuberkulintests abzulesen, saß Mr. Ireson auf einem Korbstuhl in der Sonne und las, die Katze auf dem Schoß.

Als ich ausstieg, lüftete er wie zuvor den Hut. «Guten Tag. Ein sehr schöner Tag heute.»

«Ja, da haben Sie recht.» Während ich sprach, sprang Emily herunter und stolzierte durchs Gras, um mich zu begrüßen, und als ich sie unter dem Kinn kraulte, machte sie einen Buckel und strich mir schnurrend um die Beine.

«Was für ein hübsches kleines Tier», sagte ich.

Der Ausdruck des alten Mannes veränderte sich, wurde mehr als Höflichkeit. «Sie mögen Katzen?»

«Ja. Ich hab sie schon immer gemocht.» Während ich mit dem Streicheln fortfuhr und dann spielerisch an ihrem Schwanz zog, schaute das hübsche getigerte Gesicht zu mir hoch, und das Schnurren steigerte sich zu einem Crescendo.

«Emily scheint Sie ja sehr sympathisch zu finden. Ich habe sie noch nie so überschwenglich gesehen.»

Ich lachte. «Sie weiß, was ich empfinde. Katzen wissen das immer – es sind sehr kluge Tiere.»

Mr. Ireson strahlte zustimmend. «Ich habe Sie doch neulich schon gesehen, nicht wahr? Sie haben geschäftlich mit Mr. Carless zu tun?»

«Ja, ich bin sein Tierarzt.»

«Oh ... ich verstehe. Sie sind also Tierarzt, und meine Emily findet Ihren Gefallen.»

«Anders könnte es ja auch gar nicht sein. Sie ist schön.»

Der alte Mann schien vor Dankbarkeit förmlich aufzublühen. «Das ist sehr freundlich von Ihnen.» Er zögerte. «Ich frage mich, Mr. ... äh ...»

«Mr. Herriot.»

«Ah ja, ich frage mich, Mr. Herriot, ob Sie wohl die Güte haben würden, eine Tasse Tee mit mir zu trinken, wenn Sie mit Ihren Angelegenheiten bei Mr. Carless fertig sind?»

«Das tue ich gern. Es dauert keine Stunde, dann bin ich fertig.»

«Prächtig, prächtig. Ich freue mich also darauf, Sie dann zu sehen.»

Das Testergebnis bei Eddy war einwandfrei. Kein einziger positiver Befund, nicht einmal ein Verdacht. Ich notierte die Einzelheiten in meinem Testbuch und lief eilig wieder auf dem Farmweg zurück.

Mr. Ireson wartete am Tor. «Es ist ein bißchen kühl geworden», sagte er. «Ich denke, wir sollten lieber hineingehen.» Er führte mich hinüber zu dem Iglu, zog die Säcke beiseite und hieß mich mit altehrwürdiger Grazie eintreten.

«Nehmen Sie doch bitte Platz», murmelte er und wies mir mit einer Handbewegung einen Platz an, der wie ein ehemaliger Autositz aus zerrissenem Leder aussah, während er sich auf den Korbstuhl sinken ließ, den ich draußen schon gesehen hatte.

Während er zwei Becher zurechtstellte, dann den Kessel von einem Primuskocher nahm und aufzugießen begann, betrachtete ich das Interieur. Da waren eine Campingliege, ein dickbauchiger Rucksack, eine Reihe Bücher, eine Grubenlampe, ein niedriger Schrank und ein Korb, in dem Emily sich häuslich niedergelassen hatte.

«Milch und Zucker, Mr. Herriot?» Der alte Mann neigte würdevoll den Kopf. «Aha, ohne Zucker. Ich habe ein paar Rosinenbrötchen, nehmen Sie sich doch eines. Unten im Dorf gibt es eine ausgezeichnete kleine Bäckerei, da bin ich Stammkunde.»

Ich biß in das Rosinenbrötchen, nippte am Tee und betrachtete verstohlen die Reihe Bücher. Ausschließlich Gedichtbände. Blake, Swinburne, Longfellow, Whitman, alle ramponiert und zerlesen.

«Sie mögen Gedichte?» sagte ich.

Er lächelte. «Ja. Ich lese auch andere Sachen – der Wagen der Öffentlichen Bibliothek kommt jede Woche hier herauf –, doch ich greife immer wieder auf meine alten Freunde zurück, insbesondere diesen hier.» Er hielt den eselsohrigen Band hoch, in dem er zuvor gelesen hatte. *The Poems of Robert W. Service.*

«Der gefällt Ihnen, was?»

«Ja. Service ist wohl mein Lieblingsdichter. Vielleicht nicht gerade klassische Dichtung, aber seine Verse rühren tief in meinem Innern etwas an.» Er betrachtete das Buch, und dann schauten seine Augen über mich hinweg an einen Ort, den nur er kannte. In dem Augenblick fragte ich mich, ob vielleicht Alaska oder das wilde Yukon Territory der Schauplatz seiner Wanderungen gewesen waren, und einen Moment lang hoffte ich, er würde mir vielleicht etwas aus seiner Vergangenheit erzählen, doch darüber schien er nicht sprechen zu wollen. Er wollte über seine Katze reden.

«Es ist etwas ganz Außergewöhnliches, Mr. Herriot. Ich habe mein ganzes Leben lang allein gelebt und mich nie einsam gefühlt, doch jetzt weiß ich, daß ich ohne Emily schrecklich allein wäre. Klingt das für Sie töricht?»

«Ganz und gar nicht. Möglicherweise liegt es daran, daß Sie früher kein Haustier gehabt haben. Oder hatten Sie eins?»

«Nein, nicht. Anscheinend habe ich es nie lange genug an einem Ort ausgehalten. Ich habe Tiere sehr gern, und es hat Zeiten gegeben, da meinte ich, ich besäße vielleicht gern einen Hund, aber nie eine Katze. Ich habe so oft gehört, daß Katzen keine Zuneigung schenken, daß sie an sich selbst genug haben und nie wirklich jemanden mögen. Stimmen Sie dem zu?»

«Natürlich nicht. Das ist absoluter Unsinn. Katzen haben zwar einen ganz eigenen Charakter, aber ich habe Hunderte von freundlichen, zärtlichen Katzen behandelt, die ihren Besitzern treue Freunde sind.»

«Ich bin so froh, Sie das sagen zu hören, weil ich mir ein wenig schmeichle, daß dieses kleine Wesen so an mir hängt.» Er schaute auf Emily hinunter, die ihm auf den Schoß gesprungen war, und streichelte ihr zärtlich den Kopf.

«Das ist nicht zu übersehen», sagte ich, und der alte Mann lächelte vor Freude.

«Wissen Sie, Mr. Herriot», sprach er weiter, «als ich mich hier niedergelassen habe –» er wies mit der Hand rundum auf seine Behausung, als sei dies das Ankleidezimmer in einem von großen Ländereien umgebenen Herrenhaus –, «hatte ich keinen Grund zu der Annahme, daß ich nicht auch weiterhin für mich allein leben würde, so wie ich es gewohnt war, aber eines Tages kam dieses kleine Tier von irgendwoher hereingelaufen, als sei es eingeladen worden, und damit hat sich mein ganzes Leben verändert.»

Ich lachte. «Sie hat Sie adoptiert. Das tun Katzen. Und für Sie war das ein Glückstag.»

«Ja... wie wahr... wie wahr. Sie scheinen viel von diesen Dingen zu verstehen, Mr. Herriot. Erlauben Sie, daß ich Ihnen noch einmal nachschenke.»

Es war der erste von vielen Besuchen in Mr. Iresons seltsamem Iglu. Wenn ich zur Carless-Farm ging, versäumte ich es nie, die Säcke beiseite zu schieben und einen Blick in das Iglu zu werfen, und wenn Eugene zu Hause war, tranken wir eine Tasse Tee und unterhielten uns eine Weile. Wir sprachen über vielerlei – Bücher, die politische Lage, Naturkunde – ein Gebiet, auf dem er sehr bewandert war –, doch schließlich kamen wir jedesmal auf Katzen zu sprechen. Er wollte alles über deren Pflege und Fütterung, Gewohnheiten und Krankheiten wissen. Während ich danach gierte, etwas von seinen Weltreisen zu hören, von denen er jedoch nur in vagen Andeutungen sprach, hörte er mit weit aufgerissenen Kinderaugen interessiert zu, wenn ich von meiner Arbeit als Tierarzt erzählte.

Es war während einer dieser Sitzungen, daß ich Emily direkt zur Sprache brachte.

«Mir fällt auf, daß sie entweder hier ist oder bei Ihnen an der Leine, aber streift sie denn nie allein draußen herum?»

«Nun ja... jetzt, wo Sie es erwähnen. Erst kürzlich hat sie es getan. Sie geht nur zur Farm hinauf – ich vergewissere mich, daß sie nicht auf der Straße herumwandert, wo sie überfahren werden könnte.»

«Das habe ich nicht gemeint, Mr. Ireson. Mir ging es vielmehr darum, daß da oben auf der Farm mehrere Kater sind. Sie könnte leicht trächtig werden.»

Er setzte sich plötzlich im Stuhl auf. «Himmel, ja! Daran habe ich noch gar nicht gedacht – wie dumm von mir. Ich behalte sie wohl lieber hier drin.»

«Das ist sehr schwierig», sagte ich. «Es wäre viel besser, wenn Sie sie sterilisieren ließen.»

«Was?»

«Wenn Sie mich eine Hysterektomie machen ließen. Den Uterus und die Eierstöcke entfernen. Dann wäre sie sicher – und Sie können doch hier drin nicht jede Menge Kätzchen gebrauchen, oder?»

«Nein ... nein ... natürlich nicht. Aber eine Operation ...» Er starrte mich ängstlich an. «Das wäre doch nicht ganz ungefährlich ...»

«Nein, nein», sagte ich so forsch ich konnte. «Das ist eine recht einfache Prozedur. Wir machen sie häufig.»

Seine normale Umgänglichkeit war von ihm abgefallen. Von Anfang an war er mir als ein Mann erschienen, der so vieles im Leben gesehen hatte, daß nichts seine Gelassenheit erschüttern konnte, doch nun schien er innerlich zu schrumpfen. Mit langsamen Bewegungen streichelte er die kleine Katze, die wie gewöhnlich auf seinem Schoß saß, dann langte er hinunter nach einem in schwarzes Leder gebundenen Band mit verblichener goldener Aufschrift, den *Werken von Shakespeare*, in denen er gelesen hatte, als ich kam. Er legte ein Lesezeichen in das Buch und klappte es zu, bevor er es vorsichtig auf den Tisch legte.

«Ich weiß wirklich nicht, was ich dazu sagen soll, Mr. Herriot.»

Ich lächelte ihm ermutigend zu. «Es besteht kein Grund zur Sorge. Ich rate Ihnen dringend zu. Wenn ich die Operation kurz beschreiben darf? Das wird Sie beruhigen, da bin ich mir sicher. Es ist im Grunde Schlüsselloch-Chirurgie – wir machen nur einen kleinen Einschnitt, holen die Eierstöcke und den Uterus dort heraus und binden den Stumpf ab ...»

Ich hielt sofort den Mund, denn der alte Mann schloß die Augen und sank so stark zur Seite, daß ich glaubte, er würde jeden Augenblick vom Stuhl fallen. Nicht zum ersten Mal hatten meine kurzen Skizzen aus dem chirurgischen Alltag eine unerfreuliche Wirkung, und ich änderte die Taktik.

Ich lachte laut und klopfte ihm aufs Knie. «Na, Sie sehen also, es ist nichts – gar nichts.»

Er öffnete die Augen und holte lange und zitternd Luft. «Ja ... ja ... Sie haben sicherlich recht. Aber lassen Sie mir ein wenig Zeit zum Nachdenken. Das alles kommt so plötzlich für mich.»

«In Ordnung, Eddy Carless wird sicher für Sie bei mir anrufen. Aber warten Sie nicht zu lange.»

Ich war nicht überrascht, als ich nichts von dem alten Mann hörte. Die bloße Vorstellung jagte ihm offenbar einen großen Schrecken ein, und es verging mehr als ein Monat, bis ich ihn wiedersah.

Ich steckte den Kopf durch die Säcke. Er saß wie gewöhnlich auf seinem Stuhl und schälte Kartoffeln, und er sah mich ernst an.

«Ah, Mr. Herriot. Kommen Sie, setzen Sie sich. Ich wollte schon Kontakt zu Ihnen aufnehmen – ich bin so froh, daß sie vorbeigekommen sind.» Mit entschlossener Miene warf er den Kopf zurück. «Ich habe beschlossen, Ihren Rat bezüglich Emilys zu befolgen. Sie können die Operation durchführen, wenn Sie es für angebracht halten.» Doch seine Stimme zitterte, als er sprach.

«Das ist ja großartig», sagte ich munter. «Ich habe einen Korb im Auto, ich kann sie also gleich mitnehmen.»

Ich bemühte mich, nicht auf sein bestürztes Gesicht zu achten, als mir die Katze auf den Schoß sprang. «Also, Emily, du kommst mit mir.» Als ich dann das kleine Tier anschaute, zögerte ich. Bildete ich mir das nur ein, oder war ihr Unterbauch deutlich dicker?

«Einen Augenblick noch», flüsterte ich, als ich den kleinen Körper abtastete, dann sah ich zu dem alten Mann hoch. «Es tut mir leid, Mr. Ireson, aber es ist schon zu spät. Sie ist trächtig.»

Der Mund ging ihm auf, aber es kamen keine Worte heraus, und dann schluckte er und sprach in rauhem Flüsterton: «Aber... aber, was sollen wir da bloß machen?»

«Nichts, nichts, keine Sorge. Sie wird die Kätzchen bekommen, das ist alles, und ich finde für sie ein Zuhause. Alles wird gut.» Ich spielte so gut es ging den Forsch-Fröhlichen, aber es schien nicht zu helfen.

«Aber Mr. Herriot, ich verstehe nichts von derlei Dingen. Ich mache mir schreckliche Sorgen. Sie könnte sterben, wenn sie die Jungen zur Welt bringt – sie ist doch so winzig.»

«Nein, nein, ganz und gar nicht. Katzen haben damit so gut wie keine Probleme. Wissen Sie was – wenn es losgeht, wenn sie die Kätzchen bekommt, wahrscheinlich ungefähr in einem Monat, dann sagen Sie Eddy, er soll mich anrufen. Ich komme her und passe auf, daß alles gutgeht. Wie wäre das?»

«Ach, Sie sind so freundlich. Ich komme mir bei alledem so unbeholfen vor. Das Problem ist... sie bedeutet mir so viel.»

«Ich weiß. Hören Sie auf, sich zu beunruhigen. Alles wird gut ausgehen.»

Wir tranken zusammen eine Tasse Tee, und als ich ging, hatte er sich wieder gefaßt.

Als ich ihn das nächste Mal sah, geschah dies unter unvorhergesehenen Umständen.

Es war ungefähr zwei Wochen später, und ich nahm am alljährlichen Abendessen des Bauernverbands unseres Bezirks teil. Es war ein offizieller Anlaß, und die Gesellschaft bestand aus einer bunten Mischung von Farmern, Großgrundbesitzern und Beamten des Landwirtschaftsministeriums. Ich verdankte das Dabeisein meiner Beförderung in den Milch-Unterausschuß.

Ich trank gerade mit einem meiner Klienten einen Aperitif, als ich mich beinahe verschluckt hätte. «Guter Gott! Mr. Ireson!» rief ich aus und zeigte auf die große Gestalt mit dem weißen Bart, die, untadelig gekleidet, mit weißem Schlips und im Frack am anderen Ende des Raums inmitten einer Gruppe von Menschen stand. Der gewöhnlich strubbelige silberne Haarschopf war glatt zurückgekämmt und glänzte oberhalb der Ohren, und Ireson, ein Glas in der Hand und eine imponierende Gestalt, redete auf die Gruppe ein, die bei seinen Worten ehrerbietig nickte.

«Ich kann es nicht glauben!» brach es wieder aus mir hervor.

«Ja, das ist er, wie er leibt und lebt», brummte mein Freund. «Der elende Mistkerl!»

«Was!?»

«Ja, er ist ein richtiges altes Ekel. Er würde seiner eigenen Großmutter das Fell über die Ohren ziehen.»

«Also, das ist ja komisch. Ich kenne ihn noch nicht lange, aber ich mag ihn. Ich mag ihn sogar sehr.»

Der Farmer zog die Augenbrauen hoch. «Da sind Sie aber sicher der einzige, dem das so geht», murrte er griesgrämig. «Er ist der schlimmste Mistkerl, den ich je kennengelernt habe.»

Ich schüttelte verwirrt den Kopf. «Ich verstehe das nicht. Und diese Sachen – wo zum Teufel hat er die nur her? Ich habe ihn nur in seiner Hütte an der Straße gesehen, und er scheint nicht mehr als das Allernötigste zu besitzen.»

«He, Moment mal!» Der Farmer lachte und boxte mir an die Brust. «Jetzt komme ich dahinter. Sie sprechen von seinem Bruder, dem alten Eugene. Das da drüben ist Cornelius.»

«Mein Gott, wie erstaunlich. Die Ähnlichkeit ist verblüffend. Sind sie Zwillinge?»

«Nein, sie sind zwei Jahre auseinander, aber wie Sie schon sagten, man kann sie kaum auseinanderhalten.»

Als wüßte er, daß wir über ihn sprachen, drehte sich der Mann zu uns um. Das Gesicht glich dem von Eugene, aber wo bei jenem Sanftmut war, war hier Angriffslust, wo bei jenem Milde und Gelassenheit waren, war hier eine finstere Arroganz. Ich konnte nur einen schaudernden Blick auf dieses Gesicht werfen, dann drehte er sich weg und begann seine Begleiter von neuem zu belehren. Es war ein unheimliches Erlebnis, und ich starrte weiter zu der Gruppe hinüber, bis mein Freund mich in meinen Überlegungen störte.

«Ja, dieser Irrtum ist schon vielen Leuten unterlaufen, aber die beiden ähneln sich wirklich nur äußerlich. Man findet keine zwei Menschen, die sich im Charakter mehr unterscheiden würden. Eugene ist ein prächtiger alter Bursche, aber was diesen Mistkerl hier angeht – den hab ich noch nie lächeln sehen.»

«Kennen Sie Eugene?»

«So gut wie die meisten anderen wohl auch. Ich bin fast so alt wie er, und meine Farm liegt auf dem Land von Ireson. Cornelius hat alles geerbt, als der Vater starb, aber ich glaube nicht, daß Eugene Interesse daran gehabt hätte, das Textilimperium und den Grundbesitz zu verwalten. Er war ein Träumer und ein Zugvogel – nett und freundlich, aber irgendwie nicht von dieser Welt. Geld bedeutet ihm nichts. Ist nach Oxford gegangen, wissen Sie, aber bald danach ist er verschwunden, und jahrelang wußte niemand, ob er noch lebt oder schon tot ist.»

«Und jetzt ist er wieder da, in dem kleinen Häuschen an der Straße.»

»Ja, ist doch komisch, nicht?»

Es war in der Tat komisch – eine der seltsamsten Geschichten, die ich je gehört habe, und sie war in den folgenden Wochen stets in einem Winkel meines Bewußtseins präsent. Ich fragte mich, wie der alte Mann und seine Katze in dem Iglu wohl zurechtkamen und ob die Kätzchen schon geboren waren. Doch das konnte nicht sein – ich war mir sicher, er hätte mich benachrichtigt.

An einem stürmischen Abend hörte ich endlich von ihm.

«Mr. Herriot, ich rufe von der Farm aus an. Emily hat diese Kätzchen zwar noch nicht zur Welt gebracht, aber sie ist... sehr dick und hat den ganzen Tag zitternd dagelegen und wollte nichts fressen. Ich muß Sie leider an diesem schrecklichen Abend stören, denn ich verstehe nichts von diesen Dingen, und sie sieht... ganz unglücklich aus.»

Es gefiel mir gar nicht, das zu hören, doch ich bemühte mich, den Gelassenen zu spielen. «Ich denke, ich komme gleich mal zu Ihnen raus und schau sie mir an, Mr. Ireson.»

«Wirklich – sind Sie sicher?»

«Absolut. Keine Ursache. Ich bin gleich da.»

Es war eine seltsame, beinahe unwirkliche Szene, als ich vierzig Minuten später durch die Dunkelheit stolperte und die Säcke beiseite schob. Der Wind und der Regen rüttelten an den Planenwänden, und im flackernden Licht der Grubenlampe sah ich Eugene auf seinem Stuhl sitzen und Emily streicheln, die neben ihm in ihrem Körbchen lag.

Die kleine Katze war stark angeschwollen, so sehr, daß sie beinahe nicht wiederzuerkennen war, und als ich mich hinkniete und mit der Hand über den aufgeblähten Unterleib fuhr, spürte ich, daß die Haut straff gespannt war. Sie war bis zum Platzen voll mit jungen Kätzchen, sah jedoch matt und erschöpft aus. Sie preßte auch und leckte sich die Vulva.

Ich schaute zu dem alten Mann hoch. «Haben Sie heißes Wasser, Mr. Ireson?»

«Ja, der Kessel hat gerade gekocht.»

Ich seifte mir den kleinen Finger ein. Er würde gerade so in die kleine Vagina passen. Innen spürte ich den weit geöffneten Muttermund und dahinter eine Masse, die ich ungefähr ertasten konnte. Der Himmel allein wußte, wie viele Kätzchen da eingezwängt waren, eines jedoch war sicher – es war ausgeschlossen, daß sie jemals da herauskommen konnten. Dort drin war nicht der geringste Spielraum. Ich konnte nichts tun. Emily wandte mir das Gesicht zu und gab ein leises, verstörtes Miauen von sich. Schlagartig wurde mir klar, daß diese Katze sterben konnte.

«Mr. Ireson», sagte ich. «Ich muß sie sofort mitnehmen.»

«Sie mitnehmen?» sagte er bestürzt flüsternd.

«Ja. Ich muß einen Kaiserschnitt machen. Die Kätzchen können auf normalem Wege nicht heraus.»

Er saß kerzengerade auf seinem Stuhl und nickte schockiert zu dieser Mitteilung, die er nur zur Hälfte verstand. Ich schnappte mir den Korb samt Emily und stürzte hinaus in die Dunkelheit. Als mir dann der alte Mann wieder einfiel, der mir mit leerem Blick nachgesehen hatte, wurde mir klar, daß ich schon zartfühlender mit Leuten umgegangen war. Ich steckte den Kopf noch einmal zwischen den Sackvorhängen durch.

«Machen Sie sich keine Sorgen, Mr. Ireson», sagte ich, «alles wird gut.»

Machen Sie sich keine Sorgen. Mutige Worte. Als ich Emily auf dem Rücksitz abstellte und davonfuhr, war ich verdammt besorgt, und ich verfluchte das Schicksal, das wie zum Hohn beschlossen hatte, daß ich nach all meinen leichtfertigen Bemerkungen über Katzen, die ohne Schwierigkeiten Junge zur Welt bringen, nun vielleicht in die Katastrophe fuhr. Wie lange hatte Emily schon so dagelegen? Uterusruptur? Septikämie? Die schrecklichen Möglichkeiten schossen mir durch den Kopf. Und warum mußte das unter allen Menschen ausgerechnet diesem einsamen Mann passieren?

Ich hielt am Dorfkiosk und rief Siegfried an.

«Ich bin gerade beim alten Eugene Ireson weggefahren. Würdest du in die Praxis kommen und mir behilflich sein? Kaiserschnitt bei einer Katze, und es eilt. Tut mir leid, wenn ich dich an deinem freien Abend stören muß.»

«Ist vollkommen in Ordnung, James, ich habe rein gar nichts vor. Bis gleich, ja?»

Als ich in der Praxis ankam, hatte Siegfried den Sterilisator schon zum Dampfen gebracht und alles zurechtgelegt. «Das ist deine Sache, James», murmelte er. «Ich bin der Anästhesist.» Ich hatte die Operationsstelle rasiert und hielt das Skalpell schon über dem enorm angeschwollenen Abdomen bereit, da pfiff er leise durch die Zähne. «Meine Güte», sagte er. «Das ist ja, als würde man einen Abszeß aufschneiden.»

Und ganz genauso war es auch. Schon beim ersten Schnitt, so fürchtete ich, würde mir die Masse der Kätzchen entgegenquellen, und wirklich, als ich mit ganz schwachem Druck die Haut und den Muskel durchtrennte, wölbte sich der voll beladene Uterus alarmierend.

«Verdammt!» keuchte ich. «Wie viele sind denn da bloß drin?»

«Jede Menge!» sagte mein Partner. «Dabei ist sie doch so klein.»

Ganz behutsam öffnete ich das Peritoneum, das, wie ich erleichtert feststellte, sauber und gesund aussah, und als ich weitermachte, wartete ich darauf, daß nun ein Knäuel kleiner Köpfchen und Tatzen erschiene. Doch mit wachsender Verblüffung sah ich, wie ich an einem gewaltigen, kohlschwarzen Rücken entlangschnitt, und als ich schließlich den Finger um einen Hals schloß, ein Kätzchen hervorzog und es auf den Tisch legte, war der Uterus leer.

«Da ist nur eins!» keuchte ich. «Ist es zu glauben!»

Siegfried lachte. «Ja, aber was für ein Brocken. Und es lebt.» Er hob das Kätzchen hoch und betrachtete es genauer. «Ein mordsmäßiger Kater – der ist ja fast so groß wie seine Mutter!»

Während ich zunähte und der schlafenden Emily eine Penicillinspritze verpaßte, spürte ich, wie meine innere Spannung sich in Wellen des Glücks auflöste. Die kleine Katze war in guter Verfassung. Meine Befürchtungen waren grundlos gewesen. Das beste wäre, den kleinen Kater einige Wochen bei ihr zu lassen, und danach könnte ich ein Zuhause für ihn suchen.

«Vielen Dank, daß du gekommen bist, Siegfried», sagte ich. «Es sah anfangs nach einem verzwickten Fall aus.»

Ich konnte es kaum erwarten, wieder zu dem alten Mann zu

kommen, der, wie mir klar war, den Schlag, daß ich seine geliebte Katze mitgenommen hatte, gewiß noch nicht überwunden haben würde. Und wirklich, als ich durch den Sackvorhang eintrat, sah es so aus, als habe er sich nicht von der Stelle gerührt, seitdem ich ihn zuletzt gesehen hatte. Er las nicht, er tat gar nichts, er saß nur auf seinem Stuhl und starrte vor sich hin.

Als ich den Korb neben ihm abstellte, drehte er sich ein wenig zur Seite und schaute verwundert auf Emily, die aus der Narkose zu erwachen und ganz langsam den Kopf zu heben begann, und auf den schwarzen Neuankömmling, der bereits ein gewisses Interesse an seinem Privateigentum an Zitzen entwickelte.

«Sie wird sich wieder erholen, Mr. Ireson», sagte ich, und er nickte bedächtig.

«Wunderbar. Einfach wunderbar», flüsterte er.

Als ich zehn Tage später hinfuhr, um die Fäden zu ziehen, herrschte in dem Iglu Karnevalsstimmung. Der alte Eugene war außer sich vor Freude, und Emily, die auf dem Rücken ausgestreckt lag, während ihr riesiger Sprößling eifrig saugte, schaute mit einem Stolz zu mir hoch, der an Eitelkeit grenzte.

«Zur Feier des Tages sollten wir eine Tasse Tee trinken und eins von meinen geliebten Rosinenbrötchen essen», sagte der alte Mann.

Während der Kessel heiß wurde, fuhr er mit dem Finger über den Körper des Kätzchens. «Ein hübscher Kerl, nicht wahr?»

«O ja, keine Frage. Er wird zu einem schönen Kater heranwachsen.»

Eugene lächelte. «Ja, das glaube ich auch, und es wird schön sein, ihn hier mit Emily bei mir zu haben.»

Ich hielt inne, als er mir ein Brötchen reichte. «Einen Moment, Mr. Ireson. Zwei Katzen hier drin sind wirklich zuviel für Sie.»

»Wirklich? Warum denn?»

«Sie gehen doch fast alle Tage mit Emily an der Leine ins Dorf. Und mit zwei Katzen wird das auf der Straße schwierig für Sie. Außerdem haben Sie doch hier gar keinen Platz.»

Da er nichts erwiderte, redete ich weiter auf ihn ein. «Jedenfalls hat mich erst neulich eine Dame gefragt, ob ich nicht ein schwarzes Kätzchen für sie auftreiben könnte. So viele Leute bitten uns, ein ganz bestimmtes Tier für sie zu suchen. Oft soll es ein älteres ersetzen, das gerade gestorben ist, und wir haben es manchmal gar nicht leicht, ihnen den Wunsch zu erfüllen, aber diesmal konnte ich sagen, ich wüßte da etwas, und es sei genau das, was sie suche.»

Er nickte bedächtig und sagte dann nach einem Augenblick des Nachdenkens: «Ich bin sicher, daß Sie recht haben, Mr. Herriot. Ich hatte es mir nicht richtig überlegt.»

«Jedenfalls», sagte ich, «ist sie eine sehr nette Dame und eine wirkliche Katzenfreundin. Er wird dort ein schönes Zuhause haben. Wie ein kleiner Sultan wird er bei ihr leben.»

Er lachte. «Gut... gut... und vielleicht höre ich ja ab und zu, wie es ihm geht?»

«Unbedingt. Ich halte Sie regelmäßig auf dem laufenden.» Ich sah, daß ich die Hürde elegant überwunden hatte, und hielt es für besser, das Thema zu wechseln. «Übrigens habe ich zum ersten Mal Ihren Bruder gesehen.»

«Cornelius?» Er schaute mich ausdruckslos an. Wir hatten das Thema noch nie zuvor berührt. «Und was halten Sie von ihm?»

«Nun ja... er sah nicht sehr glücklich aus.»

«Ja, das glaube ich gern. Er ist kein glücklicher Mensch.»

«Das ist der Eindruck, den ich gewonnen habe. Und das, obwohl er so viel besitzt.»

Der alte Mann lächelte sanft. «Ja, aber es gibt auch vieles, was er nicht besitzt.»

Ich trank einen kleinen Schluck von meinem Tee. «Das stimmt. Zum Beispiel Emily.»

«Wie wahr! Das wollte ich selber gerade sagen, doch ich dachte, Sie würden mich vielleicht für einen Dummkopf halten.» Er warf den Kopf in den Nacken und lachte. Ein fröhliches, jungenhaftes Lachen. «Ja, ich habe Emily, und darauf kommt es an. Ich bin so froh, daß wir da einer Meinung sind. Kommen Sie, nehmen Sie noch ein Brötchen.»

41

«Au! Autsch! Au! Herriot, Sie Mistkerl! Was zum Teufel haben Sie gemacht?» Nat Briggs stolperte im Kälberstall herum, hielt sich die linke Hinterbacke und funkelte mich wütend an.

«Tut mir leid, Nat», sagte ich und hielt die mit der Lebendvaccine Strain 19 gefüllte Spritze hoch. «Ich fürchte, Sie sind mir direkt in die Nadel gestolpert.»

«Gestolpert? Sie wollen wohl sagen, Sie haben mir das verdammte Ding direkt in den Arsch gestochen!» Er war ein großer, fülliger Mann, der immer eine finstere Miene zog, doch in diesem Moment lag zweifelsfrei Mordlust in seinen Augen. Er hatte den Kopf des Kalbs festgehalten, als ich die Injektion vornehmen wollte, und das Tier hatte sich im falschen Augenblick ruckartig umgedreht.

Ich versuchte es mit einem beschwichtigenden Lächeln. «Na, kommen Sie, Nat. Es war doch nur ein kleiner Pikser.»

«Kommen Sie mir bloß nicht so!» Der Mann krümmte den Rücken, knetete sich das Hinterteil und stöhnte. «Ich hab doch gemerkt, wie sie reingefahren ist.»

Das Gelächter seiner Kameraden Ray und Phil trug nicht gerade dazu bei, seinen Zorn zu besänftigen. Die drei arbeiteten schon lange auf Sir Eustace Lamburns Farm, und wir kannten uns gut, aber Nat war immer ein Außenseiter gewesen. Die anderen beiden waren stets fröhlich und zu Scherzen aufgelegt, Nat jedoch war mürrisch und schien sich ständig angegriffen zu fühlen.

Ein Großteil meiner Arbeit bestand aus Schutzimpfungen, und bei den vielen Ringkämpfen mit Tieren, die in Ställen oder in Gängen eingezwängt waren, passierte es gelegentlich schon, daß meine Nadeln nicht in tierischem, sondern in Menschenfleisch ins Schwarze trafen. Das häufigste Opfer war ich selber, weil meine Patienten selten stillstanden, und wenn ich mit einer Hand ein Stücken Haut zusammenschob und mit der Spritze in der anderen im Abstand von wenigen Zentimetern zielte, war es die leichteste Sache von der Welt, mir dabei selber in die Hand zu stechen. Ein Tierarzt, der durch die eigene Spritze oder ein Tier, das ihm auf die Zehen trat, zu Schaden kam, war unweigerlich ein lustiger Anblick, und ich erntete jedesmal tosendes Gelächter, wenn ich aufheulte und herumhopste. Doch daß es nun dem übellaunigen Nat passierte, war fast genausogut, zumal ich sein Hinterteil erwischt hatte.

«Ja, ihr habt gut lachen», knurrte er, «aber was wird denn jetzt. Ich hab eine Dosis von diesem Impfstoff abgekriegt, und was richtet der jetzt bei mir an?»

«Du kriegst aber doch wohl kein Kalb, Nat, alter Junge, oder?» kicherte Phil. «Es heißt doch, daß dieses Abtreibungsmittel nur bei tragenden Kühen gefährlich ist. Ich kann aber nicht sehen, daß du dein Kalb ausstößt.» Darauf folgte eine neue Lachsalve der beiden.

Briggs reckte das Kinn vor. «Ist ja schön, was ihr da redet, aber das ist doch Dreckszeug. Könnte ganz schön was anrichten.»

«Schauen Sie, Nat», sagte ich. «Die ganze Dosis ist noch drin.» Ich hielt die Spritze hoch, die bis zur Fünf-Kubikzentimeter-Markierung gefüllt war. «Sie haben bloß einen Pikser mit der Nadel abgekriegt. Es tut ja vielleicht ein bißchen weh, und ich entschuldige mich auch, aber einen Schaden können Sie nicht davontragen.»

«Das sagen Sie, Herriot, aber wir werden ja sehen, ob das stimmt. Ich verschwinde jedenfalls jetzt aus der Schußlinie. Die übrigen Mistviecher kann halten, wer will.»

Ray klopfte ihm auf die Schulter. «Mach dir nichts draus, Nat. Du hast ja gerade geheiratet, also wirst du auch gut gepflegt. Wenn du dich wo setzen willst, bringt dir deine neue Frau bestimmt ein Kissen.»

Der kleine Zwischenfall war für Phil und Ray zweifelsohne ein gefundenes Fressen; ich aber mußte mir noch lange danach jedesmal, wenn ich eine Visite auf der Lamburn-Farm machte, die Tiraden ihres mürrischen Kollegen anhören. Es sickerte durch, daß die Hinterbacke angeschwollen gewesen sei und die Schmerzen lange Zeit nicht nachlassen wollten, was zu einigem Verdruß geführt habe, doch ich war mir sicher, daß das nur übertriebenes Geschwätz war, und schenkte dem keine Beachtung, bis eines Tages eine viel schwerwiegendere Anschuldigung gegen mich erhoben wurde.

Nat Briggs schob das jähzornige Gesicht ganz nah an meines heran. «Ich sage Ihnen was, Herriot. Es ist Ihre Schuld, wenn ich nie eine Familie haben werde.»

«Was!?»

«Ja, ich meine es ernst. Meine Frau und ich haben es lange versucht, aber es sieht nicht danach aus, daß was passiert. Der Doktor weiß nicht warum, aber ich weiß es! Es liegt an Ihrer verdammten Spritze!»

«Also hören Sie, Nat, das ist doch lächerlich. Wie kann denn dieser kleine Unfall eine solche Wirkung haben?»

«Wie? Ich verrat's Ihnen. Das verdammte Zeug, das Sie da in mich reingejagt haben, hat mit tragenden Kühen und Viehzucht und all so was zu tun. Da ist es doch logisch, daß Sie daran schuld sind, wenn ich nun keine Kinder mehr kriegen kann.»

Ich konnte nicht glauben, was ich da zu hören bekam. Ich redete mit Engelszungen, ich protestierte, doch der Mann meinte es todernst. Ich hatte sein Leben ruiniert, und das würde er mir nie verzeihen.

Seine Kameraden waren keine Hilfe.

«Hören Sie nicht auf ihn, Mr. Herriot», rief Ray. «Er kann es einfach nicht richtig – das sind doch nur Ausreden.» Gefolgt von noch mehr Gelächter.

Trotz der Komik fand ich die Sache lästig, denn ich hatte den Ärger ja nicht nur auf der Farm. Ich konnte nie wissen, wann ich dem Mann zufällig begegnete. Briggs bedachte mich auf dem Marktplatz von Darrowby mit bösen Blicken, und wenn ich abends in einem der Pubs in der Gegend zur Entspannung ein Bier trank, wurde mein Frieden ebenfalls gestört, wenn ich spürte, wie mich dieser mißbilligende Blick durchbohrte.

Viele Monate lang verliefen meine Visiten auf der Lamburn-Farm unerfreulich. Das Sticheln hatte zwar aufgehört, doch ich nahm bei allen Gelegenheiten die Feindseligkeit von Briggs wahr. Er erwähnte die Sache kaum noch, doch zwischen uns war es ausgemacht: Ich war verantwortlich für seine Sterilität, und damit hatte es sich.

Lange Zeit nach dem Vorfall mit der Schutzimpfung war ich wieder auf der Farm und behandelte einen ganzen Schwung Tiere, die Lungenentzündung hatten. Es war das übliche Rodeo mit ungefähr zwanzig kräftigen jungen Rindern, die in einem der Ecke des Stalls abgeteilten Verschlag standen. Ich hielt die mit einem Antibiotikum geladene Spritze schußbereit, während die Männer sich durch das Gewühl schoben. Briggs hielt ein besonders wildes einjähriges Rind in Schach, hatte mir den Rücken zugekehrt, und ich werde nie genau wissen, ob er nach hinten fiel oder einer der anderen Männer mich schubste – jedenfalls stieß er im nächsten Moment einen gellenden Schrei aus.

«Sie verdammter Scheißkerl, Herriot, Sie haben mich schon wieder verletzt!» Er stolperte herum, hielt sich das Hinterteil und starrte mich mit aufgerissenen Augen an.

Ich konnte es nicht glauben. Ganz gewiß wiederholte sich eine solche Geschichte doch nicht ein zweites Mal. Aber ein Zweifel war ausgeschlossen, es bot sich das gleiche Bild wie zuvor: Briggs brüllte und hielt sich die Backe, die anderen beiden Männer bogen sich vor Lachen, und ich war schreckensstarr.

Briggs, der sich noch immer den Hintern hielt, fuhr zu mir herum. Mit seinen ganzen fünfundneunzig Kilo ragte er drohend vor mir auf. «Was richtet dieses Zeug nun wieder bei mir an, hä?» bellte er. «Sie haben mir mit der ersten Ladung doch schon genug geschadet, Sie Mistkerl, und was für Schmerzen werde ich nun haben?»

«Nat, es tut mir aufrichtig leid, aber ich kann Ihnen nur erneut versichern, daß es Ihnen unmöglich schaden kann. In der Spritze ist nur ein Antibiotikum – wie Penicillin, bloß stärker.»

«Mir scheißegal, was es ist – es soll in die verdammten Biester rein, nicht in mich. Ich hab die Schnauze gestrichen voll von Ihnen, Herriot – tut der mir das noch mal an!»

«Es ist nicht das gleiche, Nat», rief Phil. «Diesmal ging's in die rechte Backe. Mr. Herriot stellt nur das Gleichgewicht wiederher. Ich hab doch schon immer gesagt, daß er die Sache auch zu Ende bringen will.» Er und Ray schüttelten sich regelrecht vor Lachen.

Nach diesem Vorfall war ich dankbar dafür, daß das Vieh von Sir Eustace sich eine Zeitlang bester Gesundheit erfreute, und die wenigen Visiten, die doch notwendig waren, konnte ich jedesmal Siegfried überlassen. So war fast ein Jahr vergangen, als ich wieder mit den drei Männern zusammentraf. Während wir unsere Arbeit erledigten, spürte ich erleichtert, daß Briggs nicht ausgesprochen unfreundlich war. Beim letzten Mal hatte ich geglaubt, er würde mich schlagen, doch jetzt packte und hielt er kommentarlos die sich sträubenden Tiere.

Während einer kurzen Unterbrechung – ich zog gerade die Spritze wieder auf – machte Ray den Mund auf. «Wir haben eine Neuigkeit für Sie, Mr. Herriot.»

«Was denn?»

«Sogar eine brandneue. Nat ist Vater geworden!»

«Wirklich? Das ist ja großartig! Ich gratuliere, Nat! Was ist es denn – Junge oder Mädchen?»

Die Vaterschaft schien den Mann doch etwas zur Räson gebracht zu haben, denn ein verlegenes Lächeln überzog sein Gesicht. «Zwillinge», sagte er stolz. «Junge und Mädchen.»

«Das ist ja toll. Besser konnten Sie es gar nicht treffen.»

Phil fiel mir ins Wort. «Wir haben es ihm schon gesagt, Mr. Herriot. Er hat doch Ihnen die Schuld gegeben, weil es nach der ersten Spritze nicht klappen wollte. Die zweite kann dann ja nur das Gegenmittel gewesen sein!»

42

«Da ist etwas, das solltest du dir mal durch den Kopf gehen lassen, James», sagte Siegfried, als er den Terminkalender zuklappte und vom Schreibtisch aufstand.

Er war ungewöhnlich ernst, und ich schaute ihn überrascht an. «Und das wäre?»

«Ich weiß ja, daß du in Rowan Garth glückliche Jahre verbracht hast, aber du hattest doch immer auch die Ambition, direkt auf dem Land in einem Dorf zu leben.»

«Das stimmt – zumindest irgendwann in der Zukunft.»

«Tja, es gibt da ein wunderbares kleines Haus in Hannerly – High Field House –, das zum Verkauf steht, es ist etwas ganz Besonderes. Ich bin sicher, daß es sich bald jemand schnappt. Vielleicht willst du es dir ja mal ansehen.»

Das versetzte mir einen Schock. Mit der Idee trug ich mich zwar schon lange, aber als jemand, der jede Veränderung haßte, war ich übers Träumen von etwas, das in weiter Ferne lag, nie hinausgekommen. Und nun wurde ich plötzlich hautnah damit konfrontiert.

Ich rieb mir das Kinn. «Ich weiß nicht recht – ich hab schon eine ganze Weile nicht mehr daran gedacht. Vielleicht ein andermal...»

«James, was muß denn noch geschehen, damit du dich zum Handeln aufraffst?» Mein Partner drohte mir mit dem Finger. «Aber ich sage dir, irgendwann kommt der Tag, und wenn er dann kommt, wirst du dich abstrampeln, aber etwas Besseres als dieses Haus, von dem ich rede, wirst du nicht finden. Ein schöneres Dorf als Hannerly gibt es nicht, und das Haus ist ideal für dich.»

Ich fühlte mich in die Enge getrieben. Siegfried kannte mich so gut. Doch während die Stunden verstrichen und ich mich wie gewöhnlich langsam an den neuen Gedanken gewöhnte, rang ich mich schließlich wenigstens so weit durch, Helen gegenüber diesen Vorschlag zu erwähnen.

Meine Frau war viel weniger zaghaft als ich. «Schauen wir es uns doch mal an», sagte sie.

Wir schauten es uns an, und zwar gleich, angespornt durch Helens besser entwickelten Sinn für Dinge, die keinen Aufschub duldeten. Ich kannte Hannerly gut, lag der Ort doch mitten in dem von unserer Praxis versorgten Gebiet. Er war sehr klein; ein friedliches Nest mit einem Dutzend Häusern, mehrere davon Farmen, die sich an den schützenden Berghang schmiegten und neben einer stillen kleinen Straße aufgereiht waren, die zu nichts Besonderem führte – zu einem ein paar Meilen entfernten Nachbardorf oder in mehreren Abzweigungen den Berghang hinauf zu dem mehrere hundert Meter höher gelegenen Hochland. Es war ein schöner Ort, der aber nichts von der Postkartenschönheit der Touristendörfer an sich hatte. Kein Laden, kein Pub, keine Straßenlaternen. Für mich war er ein stilles Fleckchen in Yorkshire, ein kleines steinernes Tableau inmitten dieses kargen, schönen Landstrichs.

Der Arzt, der von dort wegzog, führte uns herum. Das Haus war bescheiden, aber entzückend. Es stand auf dem vorderen Stück des zum Anwesen gehörenden Feldes, einer steil abfallenden Weide, auf der Schafe grasten. Ein großes Rasenstück erstreckte sich bis zu einem rasch fließenden Wildbach, der sich zu einem Teich erweiterte, auf dem gleichmütig mehr als ein Dutzend Wildenten schwammen und an dessen Ufer große Weiden ihre Zweige über das Wasser hängen ließen.

In der Maisonne stiegen Helen und ich anschließend mit unserem Hund hinter dem Haus den Hang hinauf, über die grasbewachsene Böschung an Bäumen vorbei, die in voller Blüte standen, und dann über eine Steige auf ein luftiges grünes Plateau, von dem aus man die ganze Welt zu überblicken meinte.

Wir ließen uns ins Gras sinken und schauten von unserem Horst über die gemächlich grasenden Schafe hinweg und zu dem unter uns liegenden Haus, hinter dem sich wie ein großer Halbmond der baumbewachsene Berghang erstreckte, an dessen Rand über den Baumwipfeln das Hochmoor blitzte. Dieser majestätische Bogen ging mit einer Wölbung in eine Landspitze über, auf der ein hoher Fels die Szene bestimmte, ein riesiger, freundlich aussehender Gesteinsbrocken, der in der Sonne glänzte. Und in der anderen Richtung sah man hinter den Dächern des Dörfchens die große weite Ebene von York und die fernen Hügel dahinter, ein Anblick, bei dem einem das Herz aufging.

Nach dem kalten Frühjahr wirkte die Landschaft sanfter, und die Luft war mild und warm und erfüllt von den Düften der Maiblüte und der Wildblumen, die das Gras tüpfelten. In einem kleinen Wäldchen zu unserer Rechten wogte ein duftender See von Glockenblumen unter den schattigen Zweigen der Bäume.

Während wir dort saßen, kamen nacheinander drei Eichhörnchen von einem großen Bergahorn gehüpft und huschten, von der dicken Dinah optimistisch verfolgt, schnell und leicht über das Grün, bis sie Dinah hinter einer Erhebung mühelos abschüttelten.

Helen sprach aus, was ich dachte: «Es wäre himmlisch, hier zu leben.»

Wir rannten beinahe den Hügel hinab zum Haus und machten den Handel mit dem Arzt perfekt. Hier ging alles ohne die schlimmen Erfahrungen ab, die wir bei unseren früheren Versuchen, ein Haus zu kaufen, gemacht hatten: ein Händedruck, und die Sache war geregelt.

Helens Worte waren eine Prophezeiung. Es war zwar ein trauriger Augenblick, als wir Rowan Garth hinter uns lassen mußten, aber als wir uns dann in High Field einrichteten, merkten wir, daß es wirklich himmlisch war, in Hannerly zu leben. Zuweilen konnte ich unser Glück gar nicht fassen. Daß wir vor dem Haus an der Tür sitzen, im Sonnenschein Tee trinken und den im Teich herumplanschenden Enten zuschauen konnten, während auf dem Hügel vor uns der Stechginster glühte und ein Stückchen weiter oben der unverrückbare Felsen auf uns herablächelte. Und daß wir fortan in einer ruhigen Welt leben würden, in der die nächtliche Stille fast mit Händen zu greifen war.

Wenn ich mir während der nächtlichen Ausflüge mit Dinah mit einer Fackel leuchtete, hörte ich nur das leise Rauschen des Bachs, der in seinem ewigen Bett unter der Steinbrücke murmelte. Manchmal kreuzte während dieser nächtlichen Spaziergänge trippelnd ein Dachs meinen Weg, und unter den Sternen sah ich vielleicht einen Fuchs, der verstohlen unsere Wiese erforschte. Nach einem Anruf, den ich sehr früh, gleich nach Anbruch der Dämmerung bekam, überraschte ich eines Morgens draußen zwei Rehe und schaute verzückt zu, als sie mit unglaublicher Geschwindigkeit über die Felder galoppierten und, nachdem sie wie beim Hindernisrennen über die Zäune gesetzt waren, in den Wäldern verschwanden.

Hier in Hannerly, nur wenige Meilen von Darrowby entfernt, spürten Helen und ich stets mit freudiger Erregung, daß wir am Rande der Wildnis lebten.

43

«Bei Gott, ist mir heiß!» japste Albert Budd, als er seine hundert Kilo Lebendgewicht auf einen Stuhl plumpsen ließ und sich das Gesicht abwischte. Dann warf er mir einen gequälten Blick zu. «Und ich muß bestimmt gleich furzen.»

«Was?» Ich starrte ihn entsetzt an. Wir haben gerade in dem von Calum neu ins Lebens gerufenen Highland-Tanzclub ein paar Quadrillen hinter uns gebracht, und ich schnaufte ebenfalls, als ich mich neben dem jungen Farmer niederließ. «Wirklich?»

«Ja, das ist so sicher wie das Amen in der Kirche. Als Calum mich zu diesem Getanze überredet hat, wußte ich doch nicht, daß das ein derartiges Rütteln und Schütteln wird, und ich habe gerade verdammt gut gefuttert, drei Yorkshire-Puddings zum Nachtisch. Das ist ja Mord!»

Ich wußte nicht, was ich sagen sollte, versuchte jedoch, ihn zu beruhigen. «Bleiben Sie einfach eine Weile still sitzen – dann geht es Ihnen bestimmt gleich wieder gut.»

Albert schüttelte den Kopf. «Völlig aussichtslos. Ich merke schon den Druck. So ein Mistkerl, dieser Calum. Er ist reingekommen und hat mich gleich nach dem Essen fortgezerrt. Meine Mutter setzt mir am Mittwochabend, wenn ich aus Houlton vom Markt zurückkomme, immer was ganz Besonderes vor – ein paar saftige Scheiben Rindfleisch, Rosenkohl und Kartoffeln und, wie ich schon sagte, drei Yorkshire-Puddings und einen erstklassigen Rosinenpudding mit Vanillesoße. Und dann hab ich noch im Golden Lion ein paar Bier getrunken und wollte gerade für ein halbes Stündchen die Beine hochlegen, als er bei uns reinmarschiert kam und sagte, ich müsse mitkommen.»

Von dem Dilemma des armen Burschen zu hören gab mir einen Stich ins Herz, und der schmerzte um so stärker, als alle anderen hier im Saal sich prächtig amüsierten. Calum hatte mit seinen Überredungskünsten offensichtlich Erfolg gehabt, und es gab einen beträchtlichen Zulauf von Einheimischen, die nun, als aus dem Grammophon Jimmy Shands in die Beine fahrende Rhythmen erklangen, zu einem schottischen Reel für acht Tänzer Aufstellung nahmen.

Helen und ich hatten die Idee mit dem schottischen Volkstanz begeistert unterstützt, und dies war unser dritter Abend. Dank meiner Glasgower Erziehung hatte ich das alles schon früher, in der Schule und auf Parties, mitgemacht, doch ich war eingerostet und hatte einige Schritte vergessen. Für die Mehrzahl der hier Versammelten – Farmer, Lehrer, Ärzte und ein Querschnitt der einheimischen Bevölkerung – war die ganze Angelegenheit jedoch etwas Neues. Unverkennbar aber etwas, das zu lernen Spaß machte, so daß immer wieder lautes Gelächter die Musik übertönte.

Ich konnte nachvollziehen, daß Albert die Sache gar nicht komisch fand. Es war ungefähr fünfundzwanzig und lebte mit seiner Mutter zusammen, die ihn abgöttisch verehrte und verhätschelte. Auch er war einer der vielen jungen Farmer, die mit dem vor Einfällen sprudelnden neuen Tierarzt Freundschaft geschlossen hatten und sich eifrig an all seinen Unternehmungen beteiligten. Doch dies war eindeutig nicht seine Welt.

Mir war schon oft aufgefallen, daß es unter den Farmern kaum dicke Burschen gab. Albert jedoch war eine auffällige Ausnahme. Fast einen Meter neunzig groß, ein knallrotes Gesicht und ein gewaltiger Bauch, den er beim Melken, Heumachen und allen anderen Arbeiten auf der Farm vor sich her trug. Für seinen Appetit war er in der Gegend berühmt, und er stellte eine ständige Bedrohung für jene Restaurants dar, in denen man für eine Pauschalsumme essen konnte, soviel man wollte.

Nun jedoch machte er eine äußerst besorgniserregende Miene, hielt sich den Bauch mit beiden Händen und schaute mich beunruhigt an.

Ich konnte es ihm nachfühlen. Ich hatte ihn bei den Quadrillen mit schweißüberströmtem Gesicht und ziellosem Gehüpfe über die anderen Tänzer aufragen sehen. Es bestand kein Zweifel daran, daß er ernsthaft litt.

«Ich sage Ihnen was, Jim», sprach er weiter. «Wenn ich noch weiter hier rumhopsen muß, bin ich fertig. Ich fange an zu furzen, und wenn ich erst mal damit anfange, kann ich nicht mehr aufhören.»

«Du meine Güte, das tut mir aber leid, Albert. Es ist Ihnen sicher ein bißchen peinlich in Gegenwart all der Damen hier.»

Ich hatte nicht grob sein wollen, doch er starrte mich entsetzt an. «Zum Teufel», stöhnte er, «bei Gott, es geht los. Ich muß raus hier – ich muß nach Hause.»

Er wollte sich gerade erheben, als die junge Frau des Vikars herüberkam. «Wirklich, Mr. Budd», sagte sie mit gespielter Entrüstung, «wir können es nicht gestatten, daß Sie hier sitzen und ausruhen, wo wir für diesen Reel noch einen Tänzer brauchen.»

Albert lächelte sie verkniffen an. «Nein… nein… vielen Dank. Ich wollte gerade…»

«Ach, kommen Sie, seien Sie doch nicht so schüchtern. Die meisten von uns lernen noch.» Sie streckte die Hand aus, und Albert warf mir einen letzten verzweifelten Blick zu, ehe er zum Tanzboden geführt wurde.

In seinem Blick lag äußerste Besorgnis, als er zwischen der Frau des Vikars und einer hübschen jungen Lehrerin aus der Grundschule von Darrowby postiert wurde, doch es gab kein Entrinnen. Das Grammophon spielte den ersten Akkord, sie verbeugten sich, und dann legten sie los, hüpften an den Händen gefaßt erst in der einen Richtung herum, dann in der anderen. Mit gequälter Faszination sah ich zu, wie er stehenblieb und seiner Partnerin das Gesicht zuwandte. O mein Gott, jetzt fingen sie mit dem *pas de bas* an. Das war tödlich! Eine Weile sah ich noch zu, wie das gequälte Gesicht auf und nieder hopste und der riesige Bauch zu der dröhnenden Musik wackelte wie Pudding, doch dann mußte ich einfach den Blick abwenden.

Während meine Augen irgendwo in der Schar der Tänzer Ablenkung suchten, fiel mir ein, daß dieses Gemeinschaftsvergnügen ein weiteres Beispiel für die Neuerungen war, die Calum in Darrowby eingeführt hatte. Die Menschen hier bildeten nur einen kleinen Ausschnitt der vielen, in deren Leben er eingegriffen hatte. Ich schaute der hochgewachsenen Gestalt mit dem schwarzen Schnurrbart zu, die in dem Kilt so prächtig aussah wie ein Clanältester aus dem Hochland und die nun hoch in die Luft sprang, die Füße nach vorn warf und dabei die Zehen in klassischer Manier streckte, während Deirdre mit einer Schärpe im Schottenkaro graziös zwischen den umherstolpernden Grünschnäbeln hindurchschwebte.

Mir wurde zum wiederholten Male bewußt, daß Calum auf viele Menschen eine unwiderstehliche Anziehungskraft ausübte und daß er ihnen frische, sinnvolle Seiten des Lebens erschloß, und doch schien für all jene, die ihm betört folgten, immer auch ein Element der Gefahr in der Luft zu liegen: bei mir war es der Ritt auf dem ungesattelten Zugpferd, bei Siegfried waren es die Dobermänner und bei dem glücklosen Albert in seiner Pein war es nun das Tanzparkett.

44

«Sieh mal da, Jim. Das ist bestimmt eine streunende Katze. Ich hab sie noch nie zuvor gesehen.» Helen stand in der Küche an der Spüle und wusch Geschirr, und sie zeigte nach draußen.

Direkt vor dem Fenster unseres Hauses in Hannerly befand sich eine niedrige Stützmauer, etwa brusthoch, und vom oberen Rand der Mauer führte der grasbewachsene Abhang bis zu einigen Büschen und einem offenen, etwa zwanzig Meter entfernten Holzschuppen hinauf. Eine dünne kleine Katze spähte argwöhnisch unter den Büschen hervor. Neben ihr duckten sich zwei kleine Kätzchen.

«Ich glaube, du hast recht», sagte ich. «Das ist eine Streunerin mit ihrer Familie. Sie sucht bestimmt etwas zu fressen.»

Helen stellte eine Schüssel mit Fleischresten und etwas Milch auf das ebene Kopfende der Mauer und zog sich wieder in die Küche zurück. Die Katzenmutter rührte sich noch eine ganze Weile nicht, doch dann schlich sie mit äußerster Vorsicht hin, nahm etwas von dem Fleisch ins Maul und trug es zu ihren Kätzchen zurück.

Mehrere Male schlich sie den Abhang hinunter, doch wenn die Kätzchen ihr nachlaufen wollten, versetzte sie ihnen einen Hieb mit der Tatze, der «Hiergeblieben!» bedeutete.

Wir schauten fasziniert zu, wie das dürre, halbverhungerte Tier dafür sorgte, daß seine Jungen satt wurden, bevor es selber etwas Futter nahm, und als die Schüssel dann leer war, öffneten wir leise die Küchentür. Doch sobald die Katze uns sah, sauste sie mit ihren Kleinen aufs Feld davon.

«Ich möchte wissen, wo die herkommen», sagte Helen.

Ich zuckte die Achseln. «Weiß der Himmel. Hier in der Gegend ist viel offenes Land. Möglicherweise sind sie von meilenweit weg gekommen. Und diese Katzenmutter sieht nicht wie eine gewöhnliche Streunerin aus. Sie hat etwas richtig Wildes an sich.»

Helen nickte. «Ja, sie sieht aus, als sei sie nie in einem Haus gewesen, als habe sie nie mit Menschen zu tun gehabt. Ich habe schon von solchen wilden Katzen gehört, die im Freien leben. Vielleicht war sie wegen ihrer Kätzchen auf Futtersuche.»

«Ich glaube, du hast recht», sagte ich, als wir in die Küche zurückgingen. «Jedenfalls haben die armen kleinen Dinger mal ordentlich zu fressen bekommen. Wir werden sie wohl so bald nicht wiedersehen.»

Doch ich hatte mich geirrt. Zwei Tage später tauchte das Trio wieder auf. An der gleichen Stelle, unter den Büschen hervorspähend und hungrig zum Küchenfenster lugend. Helen fütterte sie auch diesmal, wieder verbot die Katzenmutter ihren Kleinen streng, sich aus dem Gebüsch hervorzuwagen, und einmal mehr sprangen sie davon, als wir uns ihnen zu nähern versuchten. Als sie am folgenden Morgen wiederkamen, drehte Helen sich zu mir um und lächelte.

«Ich glaube, sie haben uns adoptiert», sagte sie.

Sie hatte recht. Die drei zogen in den Holzschuppen ein, und ein paar Tage darauf erlaubte die Mutter den Kätzchen, zu den Freßnäpfen herunterzukommen, wobei sie ihnen auf dem ganzen Weg vorsichtig voranging. Sie waren noch sehr klein, erst wenige Wochen alt. Eins war schwarz und weiß, das andere schildpattfarben.

Helen fütterte sie vierzehn Tage lang, doch sie blieben unnahbar, und dann rief sie mich eines Morgens, als ich gerade zu meiner Besuchsrunde aufbrechen wollte, in die Küche.

Sie zeigte nach draußen. «Was hältst du denn davon?»

Ich schaute und sah die beiden Kätzchen an ihrem gewohnten Platz unter den Büschen, aber keine Katzenmutter.

«Das ist seltsam», sagte ich. «Sie hat sie doch vorher nicht aus den Augen gelassen.»

Die Kätzchen bekamen ihr Futter, und ich versuchte ihnen zu folgen, als sie fortrannten, verlor sie aber in dem hohen Gras aus den Augen, und obwohl ich das ganze Feld absuchte, war weder von ihnen noch von ihrer Mutter eine Spur zu finden.

Wir sahen die Katzenmutter nie wieder, und Helen war beunruhigt.

«Was um alles in der Welt kann ihr denn passiert sein?» flüsterte sie ein paar Tage später, als die Kätzchen ihr Frühstück fraßen.

«Da ist alles möglich», erwiderte ich. «Ich fürchte, bei drei herumlaufenden Katzen ist die Sterblichkeitsrate sehr hoch. Sie kann von einem Auto überfahren worden sein oder irgendeinen anderen Unfall gehabt haben. Das werden wir wohl leider nie erfahren.»

Helen schaute wieder auf die kleinen Wesen, die mit dem Kopf in der Schüssel nebeneinanderhockten. «Glaubst du, sie hat sie einfach im Stich gelassen?»

«Kann sein. Sie war ein mütterliches und fürsorgliches kleines Ding, und ich habe das Gefühl, sie hat sich so lange umgesehen, bis sie ein gutes Zuhause für sie gefunden hatte. Sie ist erst fortgegangen, als sie sah, daß sie sich allein durchschlagen konnten, und vielleicht ist sie nun zu ihrem Leben im Freien zurückgekehrt. Sie war ja eine ganz Wilde.»

Es blieb ein Geheimnis, aber eines war sicher: Die Kätzchen

hatten ein Plätzchen gefunden. Und noch etwas war sicher: Sie würden sich nie zähmen lassen. Sosehr wir uns auch bemühten, wir konnten sie nie anfassen, und all unsere Versuche, sie ins Haus zu locken, waren umsonst.

Eines feuchten Morgens sahen Helen und ich aus dem Küchenfenster auf die beiden, die auf der Mauer saßen und auf ihr Frühstück warteten, das Fell durchnäßt, die Augen vor dem strömenden Regen fast geschlossen.

«Die armen Kleinen», sagte Helen. «Ich ertrage es nicht, sie bei der Nässe und Kälte da draußen zu sehen; wir müssen sie hereinholen.»

«Bloß wie? Wir haben es ja oft genug probiert.»

«Ja, ich weiß, aber laß es uns noch einmal versuchen. Vielleicht sind sie bei dem Regen doch froh, wenn sie hereinkommen können.»

Wir bereiteten ihnen eine Mahlzeit aus frischem, in kleine Bröckchen geschnittenem Fisch zu, eine Delikatesse, der Katzen nicht widerstehen können. Ich ließ sie daran schnuppern, und dann stellte ich die Mahlzeit in der Küche direkt hinter die Tür und zog mich aus ihrem Sichtkreis zurück. Doch während wir durch das Fenster zusahen, verharrten die beiden reglos im Platzregen, den Blick fest auf den Fisch geheftet, aber entschlossen, nicht durch diese Tür zu gehen. Das kam eindeutig nicht in Frage.

«In Ordnung, ihr habt gewonnen», sagte ich und stellte das Fressen auf die Mauer, wo es sofort verschlungen wurde.

Ich schaute ihnen mit dem Gefühl zu, eine Niederlage erlitten zu haben, als Herbert Platt, einer der Männer von der Müllabfuhr, um die Ecke kam. Bei seinem Anblick sausten die Kätzchen davon, und Herbert lachte.

«Ah, ich sehe, Sie haben sich dieser Katzen angenommen. Einen leckeren Bissen kriegen die da zu fressen.»

«Ja, aber sie wollen nicht reinkommen, um ihn sich zu holen.»

Er lachte wieder. «Tja, das werden sie auch nie tun. Ich kenne diese Katzenfamilie seit Jahren, und all ihre Vorfahren auch. Ich hab die Katzenmutter gesehen, als sie zum ersten Mal hier aufgetaucht ist. Davor hat sie bei der alten Mrs. Caley hinter dem Hügel gewohnt. Ich erinnere mich auch an die Mutter von dieser Katze, die lebte unten auf der Farm von Billy Tate. Diese Katzen sind, soviel ich weiß, schon ewig und drei Tage hier.»

«Du meine Güte, wirklich?»

«Ja, und ich hab nie gesehen, daß eine von ihnen in ein Haus gegangen wäre. Die sind wild, richtig wild.»

«Ja, danke, Herbert, dadurch wird uns vieles klarer.»

Er lächelte und hievte eine Mülltonne hoch. «Dann werd ich mal verschwinden, damit sie zu Ende frühstücken können.»

«Also, der Fall ist klar, Helen», sagte ich. «Jetzt wissen wir Bescheid. Sie werden immer draußen sein, aber wir können sie wenigstens etwas besser unterbringen.»

Das Ding, das wir Holzschuppen nannten und wo ich für sie Stroh zum Schlafen ausgelegt hatte, war eigentlich überhaupt kein Schuppen. Es hatte ein Dach, war aber auf einer Seite völlig offen, und auf den anderen drei Seiten waren breite Ritzen zwischen den Latten. Der Wind konnte ständig durchblasen, weshalb der Schuppen zwar zum Trocknen von Holz sehr geeignet, aber eine schrecklich zugige Behausung war.

Ich ging den grasbewachsenen Abhang hinauf und stellte eine Sperrholzplatte als Windfang auf. Dann baute ich aus Holzscheiten einen Schutzwall rings um das Strohlager und trat leicht schnaufend zurück.

«Gut», sagte ich. «Jetzt werden sie es hier drin schön gemütlich haben.»

Helen nickte zustimmend, setzte jedoch noch eins drauf. Hinter meinen Windfang stellte sie eine offene Kiste, in der Kissen lagen. «So, nun brauchen sie nicht mehr auf dem Stroh zu schlafen; in dieser schönen Kiste werden sie es warm und bequem haben.»

Ich rieb mir die Hände. «Prima. Jetzt brauchen wir uns keine Sorgen mehr um sie zu machen. Es wird ihnen richtig Spaß machen, hier hereinzukommen.»

Von diesem Augenblick an boykottierten die Kätzchen den Schuppen. Sie kamen immer noch täglich zu den Mahlzeiten, aber wir sahen sie nie mehr in der Nähe ihrer alten Wohnung.

«Sie sind einfach nicht daran gewöhnt», sagte Helen.

«Hmm.» Ich schaute mir noch einmal die mit Kissen ausgelegte Kiste an, die in der Mitte der kreisförmig angeordneten Holzstöße stand. «Entweder das, oder es gefällt ihnen nicht.»

Wir hielten ein paar Tage durch, doch als wir uns zu fragen begannen, wo um alles in der Welt die Kätzchen wohl schliefen, geriet unsere Entschlossenheit ins Wanken. Ich ging den Abhang hinauf und riß den Holzwall ab. Sofort waren die beiden Tiere wieder da. Sie beschnupperten und inspizierten die Kiste und liefen wieder fort.

«Ich fürchte, auf deine Kiste sind sie auch nicht scharf», seufzte ich, als wir von unserem Aussichtspunkt aus zusahen.

Helen machte eine betroffene Miene. «Die dummen Kleinen. Die ist doch wie geschaffen für sie.»

Doch nachdem der Schuppen zwei weitere Tage lang verwaist geblieben war, ging sie hinaus, und ich sah sie traurig den Abhang herunterkommen, die Kiste in der Hand, die Kissen unter dem Arm.

Innerhalb weniger Stunden waren die Kätzchen wieder drin und schauten sich merklich erleichtert überall um. Gegen den Windfang hatten sie anscheinend nichts einzuwenden, denn sie ließen sich zufrieden im Stroh nieder. Unser Versuch, ein Hilton für Katzen einzurichten, hatte sich als kompletter Fehlschlag erwiesen.

Mir dämmerte, daß sie es nicht mochten, wenn man sie einschloß, ihnen die Fluchtwege abschnitt. Wenn sie in dem offenen Strohbett lagen, konnten sie ringsherum alles sehen und beim geringsten Anzeichen von Gefahr durch die Latten davonflitzen.

«Okay, Freunde», sagte ich. «Wenn ihr es so haben wollt, aber ich kriege schon noch ein bißchen mehr über euch heraus.»

Helen gab ihnen etwas zu fressen, und als sie sich auf das Futter konzentrierten, kroch ich hin und warf ein Fischernetz über sie. Nach einem Handgemenge meinte ich festgestellt zu haben, daß die Schildpattkatze ein Weibchen und die schwarzweiße ein Männchen war.

«Gut», sagte Helen. «Ich werde sie Olly und Ginny nennen.»

«Warum Olly?»

«Ich weiß nicht recht. Er sieht aus wie ein Olly. Mir gefällt der Name.»

«Aha, und was ist zu Ginny zu sagen?»

«Kurzform für Ingwergelb.»

«Sie ist nicht richtig ingwergelb, die Farbe ist Schildpatt.»

«Sie ist aber auch ein bißchen ingwergelb.»

Ich beließ es dabei.

Im Verlauf der nächsten Monate wurden sie rasch größer, und in meinem Tierarztkopf nahm ein weiterer Entschluß Gestalt an. Ich mußte sie sterilisieren. Und genau in diesem Augenblick sah ich mich zum ersten Male einem Problem gegenüber, das mir jahrelang Kopfschmerzen bereiten sollte – wie konnte ich Tiere tierärztlich betreuen, die ich nicht einmal anzufassen vermochte.

Beim ersten Mal, als sie erst halb erwachsen waren, war es noch gar nicht so schlimm. Ich pirschte mich noch einmal mit meinem Netz an sie heran, als sie fraßen, und es gelang mir, sie in einen Katzenkäfig zu stopfen, aus dem sich mich dann mit furchtsamen und, wie ich meinte, anklagenden Blicken ansahen.

In der Praxis, wo Siegfried und ich eine nach der anderen aus dem Käfig hoben und intravenös das Antibiotikum verabreichten, war ich verblüfft angesichts der Tatsache, daß sie sich, obwohl in Panik, weil sie sich zum ersten Mal in ihrem Leben in einem geschlossenen Raum befanden und von Menschen gepackt und festgehalten wurden, beispiellos leicht verarzten ließen. Viele unserer domestizierten Katzenpatienten wehrten sich wie wild, bis wir sie schlafen geschickt hatten, und Katzen, die Pfoten und Zähne als Waffen einsetzen, können ziemlich viel Schaden anrichten. Olly und Ginny jedoch zappelten zwar verzweifelt, machten aber keinerlei Anstalten zu beißen und fuhren nicht einmal die Krallen aus.

Siegfried stellte kurz und bündig fest: «Diese kleinen Dinger sind zwar starr vor Angst, aber sie verhalten sich absolut friedlich. Ob viele Katzen so sind wie diese hier?»

Mir war ein wenig eigenartig zumute, als ich die Operationen ausführte und auf die kleinen schlafenden Gestalten hinuntersah. Dies waren meine Katzen, aber erst jetzt konnte ich sie zum ersten Mal anfassen, sie, wie ich es mir gewünscht hatte, gründlich untersuchen und die Schönheit ihres Fells und ihrer Zeichnung bewundern.

Nachdem sie aus der Narkose aufgewacht waren, brachte ich sie nach Hause, und als ich die beiden aus dem Käfig herausließ, huschten sie sofort zu ihrem Bett im Holzschuppen. Wie nach solchen kleineren Operationen üblich, merkte man ihnen keinerlei Nachwirkungen an, doch sie hatten unverkennbar unangenehme Erinnerungen an mich. In den nächsten Wochen ließen sie Helen bei der Fütterung ganz nahe an sich heran, flohen jedoch bei meinem Anblick sofort. All meine Bemühungen, Ginny einzufangen, um den einen kleinen Faden am Sterilisationsschnitt zu ziehen, waren fruchtlos. Der Faden blieb dran, und ich sah ein, Herriot war für immer auf die Rolle des Übeltäters festgelegt, jenes Finsterlings, der einen packte und in einen Drahtkäfig stopfte, sobald man ihm nur halbwegs die Gelegenheit dazu gab.

Es stellte sich bald heraus, daß es so auch bleiben würde, denn im Verlauf der Monate, in denen Helen sie mit allen möglichen Leckerbissen versorgte und sie zu wirklich schönen, geschmeidigen Katzen heranwuchsen, kamen sie stets, einen Buckel machend, auf der Mauer anspaziert, wenn sie an der Hintertür auftauchte, doch ich brauchte nur den Kopf aus der Tür zu stecken, dann flitzten sie davon und waren nicht mehr zu sehen. Ich war der Bursche, vor dem man auf der Hut sein mußte, und das wurmte mich, weil ich Katzen immer gerngehabt hatte und an diesen beiden ganz besonders hing. Schließlich kam der Tag, an dem Helen sie sanft streicheln konnte, während sie fraßen, und dieser Anblick verdroß mich noch mehr.

Gewöhnlich schliefen sie im Holzschuppen, doch ab und zu verschwanden sie auch irgendwohin und blieben ein paar Tage weg, und dann fragten wir uns jedesmal, ob sie uns verlassen hatten oder ob ihnen etwas passiert war. Wenn sie wieder auftauchten, rief Helen mir mit großer Erleichterung zu: «Sie sind wieder da, Jim, sie sind wieder da!» Sie waren zu einem Teil unseres Lebens geworden.

Der Sommer ging in den Herbst über, und als der bitterkalte Yorkshire-Winter anfing, staunten wir über ihre Zähigkeit. Uns war schrecklich zumute, wenn wir von der Küche aus zusahen, wie sie in Frost und Schnee draußen saßen, doch wie rauh das Wetter auch sein mochte, nichts konnte sie dazu bewegen, einen Fuß ins Haus zu setzen. Wärme und Behaglichkeit ließen sie völlig kalt.

Bei schönem Wetter hatten wir viel Spaß dabei, ihnen zuzuschauen. Wir konnten von unserer Küche den Schuppen einsehen, und es war faszinierend zu sehen, wie glücklich sie miteinander waren. Richtig gute Freunde. Unzertrennlich, wie sie waren, brachten sie Stunden damit zu, einander zu lecken und im zärtlichen Spiel verknäult umherzutollen, und nie schubste eine die andere beiseite, wenn sie ihr Futter bekamen. Abends sahen wir die beiden kuscheligen Gestalten eng aneinandergeschmiegt im Stroh liegen.

Dann kam eine Zeit, in der wir glaubten, alles habe sich für immer verändert. Wieder einmal verschwanden die Katzen, und uns wurde Tag für Tag banger zumute. Jeden Morgen rief Helen: «Olly, Ginny!», worauf die beiden früher unweigerlich aus ihrer Behausung getrottet gekommen waren, doch jetzt tauchten sie nicht auf, und nachdem eine Woche vergangen war und danach die zweite, hatten wir fast jede Hoffnung aufgegeben.

Als wir von unserem freien Nachmittag in Brawton zurückkamen, rannte Helen in die Küche und schaute hinaus. Die Katzen kannten unsere Gewohnheiten. Sonst saßen sie immer da und warteten auf sie, doch jetzt stand da nur die lange leere Mauer, und der Holzschuppen war verlassen. «Glaubst du, daß sie für immer fort sind, Jim?» sagte Helen.

Ich zuckte die Achseln. «Es sieht allmählich so aus. Du weißt doch noch, was der alte Herbert über die Katzenfamilie gesagt hat. Vielleicht sind sie in ihrem Innersten Nomaden – haben sich neue Jagdgründe gesucht.»

Helen machte eine betrübte Miene. «Ich kann es nicht glauben. Sie waren doch hier so glücklich. Ach, ich hoffe bloß, daß ihnen nichts Schlimmes passiert ist.» Traurig begann sie ihre Einkäufe wegzuräumen, und den ganzen Abend war sie schweigsam. Meine halbherzigen Bemühungen, sie aufzuheitern, fruchteten nichts, weil ich selbst die Flügel hängenließ.

Am nächsten Morgen hörte ich Helens üblichen Ruf, aber diesmal klang er nicht wie ein Freudenschrei.

Sie kam ins Wohnzimmer gelaufen. «Sie sind wieder da, Jim», sagte sie atemlos, «aber ich fürchte, sie sterben.»

«Was? Was meinst du damit?»

«Sie sehen gräßlich aus. Sie sind schrecklich krank – sie werden bestimmt sterben.»

Eilig lief ich mit ihr in die Küche und sah aus dem Fenster. Die Katzen saßen kaum einen Meter entfernt nebeneinander auf der Mauer. Ein wäßriger Ausfluß lief ihnen aus den fast geschlossenen Augen, Flüssigkeit tropfte auch aus den Nasenlöchern, und Speichel rann ihnen aus den Mündern. Ein fortwährendes Niesen und Husten erschütterte ihre Körper.

Sie waren dünn und abgemagert, hatten nichts mehr mit den geschmeidigen Wesen gemein, die wir so gut kannten, und der jämmerliche Anblick, den sie boten, rührte uns um so mehr, als sie dort draußen einem schneidenden Ostwind trotzten, der an ihrem Fell zerrte und ihnen beim Versuch, die Augen zu öffnen, noch mehr Schmerzen zufügte.

Helen öffnete die Hintertür: «Olly, Ginny, was ist denn nur mit euch passiert?» rief sie.

Nun geschah etwas Bemerkenswertes. Beim Klang ihrer Stimme sprangen die Katzen vorsichtig von der Mauer und kamen ohne zu zögern durch die Tür in die Küche gelaufen. Es war das erste Mal, daß sie unter unserem Dach weilten.

«Sieh dir das an», rief Helen aus. «Ich kann es nicht glauben. Sie müssen wirklich krank sein. Aber was fehlt ihnen nur, Jim? Ob sie eine Vergiftung haben?»

Ich schüttelte den Kopf. «Nein, sie haben Katzenschnupfen.»

«Siehst du das?»

«Ja, das sind die klassischen Symptome.»

«Und werden sie sterben?»

Ich rieb mir das Kinn. «Ich glaube nicht.» Ich wollte einen beruhigenden Ton anschlagen, doch ich hatte Zweifel. Der Virus Rhinotracheitis führte bei Katzen nur selten zum Tode, doch in schlimmen Fällen konnten die Tiere schon sterben, und diese Katzen waren wirklich übel dran. «Mach auf alle Fälle mal die Tür zu, Helen. Mal sehen, ob sie mich heranlassen, wenn ich sie untersuchen will.»

Doch beim Anblick der sich schließenden Tür schossen beide Katzen wieder ins Freie.

«Mach wieder auf», rief ich, und nach einem Augenblick des Zögerns kamen die Katzen wieder in die Küche spaziert.

Ich sah sie erstaunt an. «Ist es zu glauben? Sie sind gekommen, weil sie Schutz suchen, weil sie Hilfe brauchen.»

Und daran bestand kein Zweifel. Die beiden saßen nebeneinander auf dem Boden und warteten darauf, daß wir etwas für sie taten.

«Die Frage ist», sagte ich, «werden sie es ihrem heimtückischen Antipoden erlauben, sich ihnen zu nähern? Es ist wohl besser, wir lassen die Hintertür offen, damit sie sich nicht bedroht fühlen.»

Ich rückte zentimeterweise näher, bis ich sie mit der Hand berühren konnte, und sie regten sich nicht. Wie im Traum hob ich eine nach der anderen hoch und untersuchte sie. Sie leisteten keinen Widerstand.

Helen streichelte sie, während ich nach draußen zum Auto rannte, in dem sich mein Medikamentenvorrat befand, und holte, was ich benötigte. Ich maß ihre Temperatur. Beide hatten mehr als 40° Fieber, was ganz typisch war. Deshalb gab ich ihnen eine Injektion mit Oxytetracyclin, dem Antibiotikum, das ich bei der Behandlung der bakteriellen Superinfektion, die sich auf den auslösenden Virusangriff draufsetzte, immer am wirksamsten gefunden hatte. Ich gab ihnen auch Vitaminspritzen, säuberte mit Watte die Augen und Nasen von Eiter und Schleim und trug eine antibiotische Salbe auf. Und es kam mir wie ein Wunder vor, daß ich nun diese fügsamen kleinen Körper verarztete, die ich, abgesehen von dem einen Mal, als sie während der Sterilisation in Narkose lagen, nicht einmal hatte berühren können.

Als ich fertig war, konnte ich den Gedanken nicht ertragen, sie wieder in diesen rauhen Wind hinauszuschicken. Ich hob sie noch einmal hoch und steckte mir eine unter jeden Arm.

«Helen», sagte ich. «Wir wollen es noch einmal versuchen. Würdest du bitte ganz sacht die Tür zumachen.»

Sie ergriff den Türknauf und begann ganz langsam zu schieben, doch sofort sprangen beide Katzen wie zurückschnellende Sprungfedern von meinen Armen und schossen in den Garten hinaus. Wir sahen ihnen hinterher, bis sie unseren Blicken entschwanden.

«Das ist wirklich außergewöhnlich», sagte ich. «So krank wie sie sind, können sie es trotzdem nicht ertragen, eingeschlossen zu sein.»

Helen war den Tränen nahe. «Aber wie werden sie es da draußen aushalten? Sie sollten doch im Warmen sein.»

«Das kann ich auch nicht sagen.» Ich schaute in den leeren Garten. «Aber wir müssen einsehen, daß das ihre natürliche Umwelt ist. Sie sind zähe kleine Burschen. Ich glaube, sie kommen wieder.»

Ich behielt recht. Am nächsten Morgen saßen sie vor dem Fenster, die Augen vor dem Wind geschlossen, das Fell auf ihren Gesichtern von dem starken Ausfluß verschmiert und verklebt.

Wieder machte Helen die Tür auf, und wieder kamen sie ruhig herein und leisteten keinen Widerstand, als ich die Behandlung wiederholte, ihnen Spritzen gab, Augen und Nase auswischte, in den Mündern nach Zungengeschwüren suchte, und sie herumtrug wie langjährige Hausgenossen.

Dies wiederholte sich eine Woche lang jeden Tag. Der Ausfluß wurde eitriger, und das markerschütternde Niesen schien sich gar nicht zu bessern, doch dann, als ich schon die Hoffnung verlor, fingen sie an, ein wenig zu fressen und – ein deutliches Zeichen – waren nicht mehr so erpicht darauf, ins Haus zu kommen.

Wenn ich sie doch hereinlockte, waren sie verkrampft und unglücklich, während ich sie verarztete, und schließlich konnte ich sie gar nicht mehr anfassen. Sie waren längst nicht gesund, deshalb mischte ich lösliches Oxytetpulver in ihre Mahlzeiten und behandelte sie damit weiter.

Das Wetter war noch schlechter geworden. Feine Schneeflokken wirbelten im Wind, doch es kam der Tag, an dem sie sich weigerten, hereinzukommen, und wir sahen ihnen wieder durchs Fenster beim Fressen zu. Doch zumindest hatte ich die Genugtuung zu wissen, daß sie mit jedem Bissen weiter ihr Antibiotikum bekamen.

Während ich diese Langzeittherapie durchführte und sie tagtäglich aus der Küche beobachtete, stellte ich erfreut fest, daß das Niesen nachließ, der Ausfluß trocknete und die Katzen allmählich wieder Fleisch ansetzten.

An einem frischen sonnigen Märzmorgen schaute ich, wie Helen ihnen ihr Frühstück auf die Mauer stellte. Olly und Ginny, geschmeidig wie Seehunde, die Gesichter sauber und trocken, die Augen klar, kamen mit runden Buckeln über die Mauer spaziert und schnurrten wie Außenbordmotoren. Sie hatten es mit dem Fressen nicht eilig; sie freuten sich unverkennbar, Helen zu sehen.

Während sie vor und zurück trippelten, fuhr Helen ihnen sanft mit der Hand über Kopf und Rücken. Diese Art Streicheln gefiel ihnen – es war nicht übertrieben, und sie waren dabei ständig in Bewegung.

Ich hatte das Gefühl, mich an dem Treiben beteiligen zu sollen, und trat aus offenen Tür.

«Ginny», sagte ich und streckte eine Hand aus. «Komm her, Ginny.» Das kleine Wesen unterbrach seine Promenade auf der Mauer und schaute mich aus sicherer Entfernung zwar nicht feindselig, aber mit dem alten Mißtrauen an. Als ich versuchte, mich ihr noch weiter zu nähern, sprang sie fort.

«Okay», sagte ich, «es hat wohl auch keinen Zweck, es bei dir zu versuchen, Olly.» Der schwarzweiße Kater wich vor meiner ausgestreckten Hand zurück und bedachte mich mit einem unverbindlichen Blick. Es war deutlich, daß er meine Meinung teilte.

Beschämt rief ich den beiden zu: «He, erinnert ihr euch denn nicht mehr an mich?» Aus ihrem Blick war zweifelsfrei abzulesen, daß sie sich sehr wohl an mich erinnerten – nur nicht so, wie ich es mir erhofft hatte. Die Enttäuschung traf mich wie ein schmerzhafter Stich. Trotz all meiner Bemühungen war ich wieder da gelandet, wo ich angefangen hatte.

Helen lachte. «Sie sind doch ein kurioses Pärchen, aber sehen sie nicht prächtig aus! Sie machen einen absolut gesunden Eindruck. Das sagt doch einiges über die Vorteile einer Freilufttherapie.»

«Ja, in der Tat», sagte ich und lächelte ironisch. «Es sagt aber auch ein bißchen was über den Vorteil, einen Tierarzt im Haus zu haben.»

45

«Geh wieder nach Hause, und leg dich ins Bett!» Siegfried mimte den Gestrengen: mit vorgerecktem Kinn und ausgestrecktem Arm wies er zur Tür.

«Nein, mir geht's prima», sagte ich. «Ehrlich.»

«Na, in meinen Augen siehst du nicht so verdammt prima aus. Eher wie ein Kandidat für Mallocks Hof, wenn du mich fragst. Du bist gar nicht in der Verfassung rauszugehen.»

Seine Anspielung auf den örtlichen Abdecker war nicht unangebracht. Ich hatte mich am Tag nach einer meiner Bruzelloseattacken in der Hoffnung in die Praxis geschleppt, daß es mir mit ein wenig Arbeit bessergehen würde, doch ich wußte, daß das schwache, fröstelnde Subjekt, das ich im Spiegel gesehen hatte, nicht so aussah, als sei es zu irgend etwas zu gebrauchen.

Ich vergrub die Hände in den Taschen und bemühte mich, mit dem Zittern aufzuhören. «Ich erhole mich schnell von diesen Dingen, Siegfried, meine Temperatur ist normal, und wenn ich im Bett liege, kriege ich Zustände. Ich komme wieder auf die Beine, das versichere ich dir.»

«James, vielleicht bist du ja morgen wieder auf den Beinen, aber wenn du heute rausfährst und anfängst, dich auszuziehen, könntest du tot umfallen. Ich muß mich jetzt selber auf den Weg machen und habe keine Zeit, mit dir zu debattieren, aber ich verbiete dir zu arbeiten. Verstanden? Ich sag dir was. Wenn du partout nicht nach Hause gehen willst, kannst du Calum auf seiner Runde begleiten. Setz dich einfach mit ihm ins Auto – aber tu nichts!» Er nahm seine Arzttasche und verließ halb im Laufschritt den Raum.

Das war vielleicht keine schlechte Idee. Besser als im Bett zu liegen, den durch die Tür dringenden Haushaltsgeräuschen zuzuhören und dabei das deprimierende Gefühl zu haben, vom Alltagsleben ausgeschlossen zu sein. Das hatte ich schon immer gehaßt. Ich wandte mich unserem Assistenten zu. «Ist das für Sie in Ordnung, Calum?»

«Klar, Jim. Ich freue mich über Ihre Gesellschaft.»

Ich war kein so munterer Gesellschafter, so stumm, wie ich dasaß und zusah, wie Steinmauern und schneebedeckte Hügel hinter den Autofenstern vorüberzogen. Als wir an der ersten Farm ankamen, war das Tor geschlossen.

«Wir müssen zu Fuß über ein paar Felder gehen, Jim», sagte Calum. «Sie können aber auch hier im Auto bleiben.»

«Nein, ich komme mit.» Ich hievte mich hinaus, und wir setzten uns über eine glatte, jungfräuliche weiße Decke in Bewegung.

Sogar auf diesem kurzen Fußweg gab es für meinen Kollegen etwas zu entdecken. «Schauen Sie, Jim, hier ist ein Fuchs entlanggegangen. Sehen Sie, die Abdrücke seiner Pfoten und die lange geschlängelte Furche, die er mit der Lunte gezogen hat. Und diese kleinen Löcher – da unten sind Mäuse. Durch die Wärme ihrer Körper schmilzt der über ihnen liegende Schnee.» Er identifizierte die Spuren der verschiedenen Vögel. Für mich waren das nur Abdrücke im Schnee, für ihn jedoch ein ganzes faszinierendes Buch der Natur.

Der Farmer, Edgar Stott, erwartete uns auf dem Hof. Calum war noch nie auf seiner Farm gewesen, und ich stellte ihn vor. «Ich bin heute nicht in bester Form, deshalb wird sich Mr. Buchanan um Ihre Kuh kümmern.»

Mr. Stott stand bei den einheimischen Farmern im Ruf, ein «schlauer Fuchs» zu sein. Dies hieß aber nicht, daß er für sie ein Mensch mit überlegener Intelligenz war; sie hielten ihn vielmehr für einen angriffslustigen Besserwisser. Seiner eigenen Meinung nach allerdings war er ein kluges Köpfchen, und er machte sich bei seinen Nachbarn durch seine Neigung, anderen gern einen Dämpfer zu versetzen, nicht gerade beliebt.

Es war ein großer, fülliger Mann, und die glänzenden kleinen Augen in dem feisten Gesicht zwinkerten Calum arglistig zu. «Aha, also der Reservemann. Der Doktor mit dem Dachs, was? Ich hab schon von Ihnen gehört. Da werden wir ja gleich sehen, was Sie können.»

Im Kuhstall ließ ich mich auf einem Strohballen nieder und genoß die süße Kuhwärme. Mr. Stott führte Calum an der Reihe der Kühe entlang und zeigte auf ein rötlichgraues Tier. «Tja, das ist sie. Nun, was sagen Sie dazu?»

Calum kratzte an ihrer Schwanzwurzel und schaute sich die zottelige Flanke an. «Was fehlt ihr denn, Mr. Stott?»

«Na, Sie sind doch der Tierarzt. Ich möchte, daß *Sie* es *mir* sagen.»

Mein Kollege lächelte höflich über diesen alten Witz. «Fangen wir anders an. Was sind ihre Symptome? Wie steht's mit dem Fressen?»

«Schlecht.»

«Hat sie gar nichts aufgenommen?»

«Nur ein bißchen.»

«Wann hat sie gekalbt?»

«Das ist ungefähr einen Monat her.»

Calum maß die Temperatur. Auskultierte Magen und Lunge. Zog den Kopf zu sich herum und roch den Atem. Molk sich etwas Milch auf die Hand und roch auch daran, doch er stand unverkennbar vor einem Rätsel. Seine Fragen nach der Krankheitsgeschichte des Tiers wurden von Mr. Stott lediglich mit Grunzern beantwortet, und mehrere Male zuckten die Mundwinkel des Farmers höhnisch, als Calum zurücktrat und mit leerem Ausdruck die Kuh betrachtete.

«Würden Sie mir bitte einen Eimer heißes Wasser, Seife und ein Handtuch bringen?» sagte der junge Mann.

Er zog das Hemd aus und führte den Arm erst in die Vagina und danach tief in das Rektum ein, wo er, wie ich wußte, die Unterleibsorgane abtastete. Dann drehte er sich zu dem Farmer um, der mit den Händen in den Taschen dastand und ihm mit sardonischer Neugier zusah.

«Wissen Sie, das ist sehr seltsam. Alles scheint normal zu sein. Gibt es da noch etwas, was Sie mir nicht gesagt haben, Mr. Stott?»

Der füllige Mann zog die Schultern hoch und lachte vor sich hin. «Ja, da ist was, was ich Ihnen noch nicht gesagt habe. Dem Vieh fehlt nichts.»

«Wie bitte?»

«Ich sagte, ihr fehlt nichts. Sie ist so gesund wie Sie und ich. Ich wollte nur mal sehen, ob Sie Ihr Handwerk verstehen.» Dann brach er in schallendes Gelächter aus und schlug sich schadenfroh auf die Knie.

Als Calum, bis zur Taille nackt, den Arm mit Fäzes beschmiert, nun ihn ausdruckslos ansah, klopfte der Farmer ihm auf die Schulter.

«Schon gut, ich weiß, Sie können einen Scherz vertragen, junger Mann, ha-ha-ha! Es geht doch nichts über einen guten Witz!»

Mehrere Sekunden lang starrte Calum ihn an, dann entspannte sich sein Gesicht zu einem Lächeln, und als er sich im Eimer den Arm abseifte und sich das Hemd anzog, fing er an, leise zu kichern. Schließlich warf er den Kopf in den Nacken und ließ ein donnerndes Gelächter ertönen.

«Ja, Sie haben recht, Mr. Stott. Ha-ha-ha! Es geht doch nichts über einen guten Witz. Sie haben ja so recht!»

Der Farmer führte ihn weiter nach hinten. «Das ist die Kuh, die Sie sich ansehen müssen.»

Wie zu erwarten war, hatte er die Krankheit bereits diagnostiziert. «Sie hat bloß ein bißchen schleichendes Fieber.» Das war der in der Gegend gebräuchliche Name für Acetonämie, eine Stoffwechselkrankheit, die leicht zu heilen war. «Sie riecht auch ein bißchen süßlich, und sie fällt vom Fleisch.»

«Ah ja, Mr. Stott, klingt ganz danach. Ich schau sie mir mal an.»

Noch immer kichernd zog Calum ein paar Strahle aus dem Euter, roch am Atem, maß die Temperatur. Die ganze Zeit murmelte er vor sich hin: «Wirklich komisch, was für ein guter Witz», dann begann er fröhlich zu pfeifen. Das Pfeifen wurde langsamer und hörte auf, als er das Stethoskop an den Bauch der Kuh hielt. Er begann angestrengt und mit ernster Miene zu horchen, wechselte von der linken Seite der Kuh zur rechten hinüber und dann wieder zurück.

Schließlich richtete er sich auf. «Können Sie mir bitte aus dem Haus einen Löffel holen?»

Das Grinsen auf dem Gesicht des Farmers erstarb. «Einen Löffel? Wofür zum Teufel brauchen Sie denn den? Stimmt was nicht?»

«Oh, vielleicht ist ja gar nichts. Ich möchte Sie nicht beunruhigen. Holen Sie mir bloß den Löffel.»

Als der Farmer zurückkam, nahm Calum das Abhorchen auf der linken Seite der Kuh wieder auf, nur daß er diesmal die unteren Rippen mit dem Löffel abklopfte.

«Mein Gott, da ist es!» rief er aus.

«Was ist?» japste der Farmer. «Wovon reden Sie?»

«Das Klirren.»

«Das Klirren?»

«Ja, Mr. Stott, da klirrende Geräusch, das man bei einer Dislokation des Abomasums hört.»

«Dislokation ... was zum Teufel ist das denn?»

«Das ist die Erkrankung, bei der der vierte Magen oder Labmagen von der rechten Seite auf die linke Seite verrutscht. Tut mir sehr leid, aber das ist eine äußerst ernste Erkrankung.»

«Aber was ist mit dem süßlichen Geruch?»

«Ja, schon, dieser Acetonämie-Geruch tritt auch bei Dislokationen auf. Man kann diese zwei Dinge leicht verwechseln.»

«Und was passiert jetzt?»

Calum seufzte. «Sie muß operiert werden, und das wird eine große Sache. Das müssen zwei Ärzte machen – einer macht die Kuh auf der linken Seite auf, der andere auf der rechten. Ich fürchte, es wird eine schwere Operation.»

«Und kostet jede Menge Geld, was?»

«Leider ja.»

Der Farmer nahm seine Mütze ab und begann sich die Haare zu raufen. Dann schwang er sich herum zu mir, ließ sich auf meinen Strohballen plumpsen. «Stimmt das, was ich da höre? Dieses Klirren?»

«Tut mir leid, Ihnen das sagen zu müssen, Mr. Stott, aber es stimmt», erwiderte ich. «Dieses klirrende Geräusch ist geradezu klassisch. Wir haben neuerdings ziemlich viele solcher Fälle.»

Er drehte sich wieder zu Calum um. «Verdammte Scheiße! Und kommt sie nach der Operation wieder auf die Beine?»

Der junge Mann zuckte die Achseln. «Garantieren kann man für nichts, das muß ich leider sagen. Aber die meisten überstehen es ganz gut.»

«Die meisten ... Und was ist, wenn sie nicht operiert wird?»

«Dann geht sie ein und stirbt. Sie sehen ja, daß sie jetzt schon vom Fleisch gefallen ist. Es tut mir wirklich sehr leid.»

Der Farmer starrte den jungen Mann mit offenem Mund an.

«Ich weiß, wie Ihnen zumute ist, Mr. Stott», sagte Calum. «Viele Farmer hassen den Gedanken an eine große Operation. Es ist eine blutige, unersprießliche Angelegenheit. Sie können sie ja schlachten lassen, wenn Sie wollen.»

«Schlachten lassen ...? Das ist eine verdammt gute Kuh!»

«Na, dann wollen wir die Sache anpacken. Mr. Herriot ist ziemlich krank und nicht in der Lage, etwas zu machen, aber ich rufe Dr. Farnon an, damit er mit den nötigen Instrumenten herkommt.»

Der am Boden zerstörte Farmer ließ den Kopf auf die Brust sinken. Während er so dasaß und zu Boden starrte, machte sich auf Calums Gesicht ein Grinsen breit, das fast bis zu den Ohren reichte.

«Ist schon gut, Mr. Stott. Es war nur Spaß.»

«Was?» Der Farmer schaute ihn verständnislos an.

«Nur ein Spaß. Ein kleiner Scherz. Ha-ha! Sie hat bloß Acetonämie. Ich hol jetzt das Steroid aus dem Auto. Ein paar Spritzen, dann geht es ihr gleich wieder gut.»

Als Mr. Stott sich langsam von dem Strohballen erhob, drohte Calum ihm mit dem Zeigefinger.

«Ich weiß doch, Sie wissen einen kleinen Scherz zu würdigen. Ha-ha-ha-ha! Wie Sie schon sagten, es geht eben nichts über einen guten Witz!»

46

Als großen Katzenfreund ärgerte es mich nach wie vor, daß meine eigenen Katzen meinen Anblick nicht ertragen konnten. Ginny und Olly gehörten inzwischen zur Familie. Wir hingen sehr an ihnen, und jedesmal, wenn wir einen freien Tag hatten, öffnete Helen nach unserer Rückkehr als erstes die Hintertür und fütterte sie. Die Katzen wußten das ganz genau und saßen entweder bereits auf der Mauerbrüstung und erwarteten sie oder kamen gleich vom Holzschuppen angelaufen.

Wir waren an unserem freien Nachmittag in Brawton gewesen, und sie warteten wie gewöhnlich schon, als Helen ihnen eine Abendmahlzeit und eine Schüssel Milch auf die Mauer stellte.

«Olly, Ginny», zirpte sie, als sie die weichen Felle streichelte. Die Zeiten, in denen die beiden ihr nicht erlaubt hatten, sie anzurühren, waren längst vorbei. Nun rieben sie sich entzückt an ihrer Hand, machten einen Buckel und schnurrten, und wenn sie fraßen, strich Helen ihnen mit der Hand immer wieder über den Rücken. Es waren so sanfte Tiere. Ihre Wildheit spürte man nur, wenn sie sich fürchteten. Und nun, in Helens Gegenwart, war diese Furcht verschwunden. Meine Kinder und ein paar Leute aus dem Dorf hatten ebenfalls ihr Vertrauen erworben und durften ihnen behutsame Zärtlichkeiten erweisen, doch bei Herriot zogen sie stets den Schlußstrich.

So wie zum Beispiel jetzt. Leise ging ich Helen nach draußen nach und bewegte mich auf die Mauer zu, und sofort ließen sie ihr Futter stehen und verkrümelten sich in sicherer Entfernung, wo sie buckelnd stehenblieben. Sie schauten mich ohne Feindseligkeit an, doch als ich die Hand ausstreckte, zogen sie sich noch weiter zurück.

«Schau dir die kleinen Kerlchen an!» sagte ich. «Sie wollen immer noch nichts mit mir zu tun haben.»

Es war frustrierend, denn ich meinte, daß ich besser mit ihnen umgehen konnte als die meisten Menschen, weil ich Katzen mochte und sie das spürten. Ich rühmte mich sogar ein wenig meiner speziellen Katzentechnik, einer Art geschickter Krankenpflege, und für mich bestand kein Zweifel daran, daß ich mit der ganzen Spezies auf vertrautem Fuße stand. Nur nicht – ironischerweise – mit diesen beiden, die mir so ans Herz gewachsen waren.

Das war schon hart, dachte ich, weil ich sie ja verarztet und ihnen vermutlich das Leben gerettet hatte, als sie den Katzenschnupfen gehabt hatten. Erinnerten sie sich daran? fragte ich mich, aber falls ja, gab mir das trotzdem nicht das Recht, sie auch nur mit dem Finger zu berühren. Und wirklich, woran sie sich mit Sicherheit erinnerten, war, daß ich sie mit dem Netz eingefangen und in den Käfig gesteckt hatte, als ich sie hatte sterilisieren wollen. Ich wurde das Gefühl nicht los, daß sie, wann immer sie mich sahen, zuerst an dieses Netz und diesen Käfig dachten.

Ich konnte nur darauf hoffen, daß mit der Zeit eine Verständigung zwischen uns möglich würde, aber wie es sich herausstellte, sollte das Schicksal noch lange gegen mich arbeiten. Vor allem war da diese Sache mit Ollys Fell. Im Unterschied zu seiner Schwester war er eine Langhaarkatze und als solche ständig der Unbill ausgesetzt, daß sein Haar sich verfilzte und verknotete. Wäre er eine gewöhnliche Hauskatze gewesen, hätte ich ihn ausgekämmt, sobald das Problem auftauchte, doch da er mich nicht einmal in seine Nähe ließ, war ich machtlos. Wir hatten ihn inzwischen seit zwei Jahren, als Helen mich eines Tages in die Küche rief.

«Schau ihn dir mal an», sagte sie. «Er sieht schrecklich aus.»

Ich spähte durchs Fenster. Olly sah tatsächlich ein bißchen aus wie eine Vogelscheuche mit dem verfilzten Haar und den davon herunterbaumelnden Knoten – ein deutlicher Gegensatz zu seiner geschmeidigen, hübschen kleinen Schwester.

«Ich weiß, ich weiß. Aber was soll ich machen? Moment mal, dort am Hals hängen ihm ja ein paar gräßliche Klumpen herunter. Nimm doch die Schere hier und versuch's mal damit – ein paar schnelle Schnipser, und ab sind sie.»

Helen warf mir einen gequälten Blick zu. «Ach, das haben wir doch schon versucht. Ich bin kein Tierarzt, und er läßt mich sowieso nicht ran. Ihn streicheln, das darf ich, aber das ist etwas anderes.»

«Ich weiß, aber versuch es trotzdem. Da ist wirklich nichts dabei.» Ich drückte ihr eine gebogene Schere in die Hand und rief ihr durchs Fenster hindurch Anweisungen zu. «Los jetzt, mit den Fingern hinter dieses baumelnde Knäuel. Prima, prima. Nun hoch mit der Schere und –»

Doch beim ersten Aufblitzen des Stahls war Olly schon auf und über den Hügel davon. Verzweifelt drehte sich Helen zu mir um. «Es hat keinen Zweck, Jim, es ist hoffnungslos – er läßt mich nicht mal einen einzigen Klumpen abschneiden, und er hat überall welche.»

Ich schaute mir das zerzauste kleine Biest an, das uns aus sicherer Entfernung betrachtete. «Du hast recht. Ich muß mir was ausdenken.»

Beim Nachdenken kam mir die Idee, Olly zu betäuben, damit ich an ihn herankam, und da fielen mir sofort meine treuen Nembutalkapseln ein. Dieses orale Anästhetikum war mir in zahllosen Fällen, wo ich es mit unnahbaren Tieren zu tun gehabt hatte, ein geschätzter Verbündeter gewesen. Doch hier war die Lage anders. In den anderen Fällen hatten sich meine Patienten hinter geschlossenen Türen befunden. Olly jedoch war draußen. Ich konnte ihn nicht einfach irgendwo einschlafen lassen, wo ein Fuchs oder ein anderer Räuber ihn sich schnappen konnte. Ich würde die ganze Zeit auf ihn aufpassen müssen.

Die Zeit war reif für Entschlüsse, und ich richtete mich zu voller Größe auf. «Ich werde es am Sonntag versuchen», sagte ich zu Helen. «Dann geht es in der Regel etwas ruhiger zu, und ich bitte Siegfried, für mich einzuspringen, wenn ein Notfall kommt.»

Als der Tag gekommen war, ging Helen hinaus und stellte zwei Schüsseln mit Fischhappen auf die Mauer. In eine war der Inhalt meiner Nembutalkapsel gerührt. Ich ging hinter dem Fenster in die Hocke, sah gespannt zu, als sie Olly zu der richtigen Portion dirigierte, und hielt den Atem an, als er mißtrauisch daran schnupperte. Doch bald siegte sein Hunger über seine Vorsicht, und er fraß genußvoll den Teller leer.

Nun kam der schwierige Teil. Wenn er wie so oft beschloß, durch die Felder zu streifen, würde ich ihm dicht auf den Fersen bleiben müssen. Ich stahl mich aus dem Haus, als er den Abhang hinauf zum Holzschuppen zurückspazierte. Zu meiner großen Erleichterung ließ er sich in seiner Kuhle im Stroh nieder und fing an, sich zu putzen.

Während ich durch die Büsche spähte, sah ich dankbar, daß er schon bald Schwierigkeiten damit bekam. Er versuchte sich die Hinterpfote zu lecken und purzelte um, als er sie an die Wange hob.

Ich lachte leise in mich hinein. Es lief wie am Schnürchen. Noch ein paar Minuten, und er war mein.

Und so kam es auch. Olly schien es bald satt zu haben, ständig umzufallen. Vielleicht war es keine schlechte Idee, ein Nickerchen zu machen. Nach einem benommenen Rundumblick rollte er sich im Stroh zusammen.

Ich wartete noch einen Moment und schlich mich dann heimlich wie ein Indianer auf Kriegspfad aus meinem Versteck zum Schuppen. Olly war noch nicht ganz außer Gefecht – ich hatte mich nicht getraut, ihm eine volle Dosis des Anästhetikums zu verabreichen, denn vielleicht verlor ich ja seine Fährte –, aber er war tief sediert. Ich konnte also getrost mit ihm machen, was ich wollte.

Als ich mich niederkniete und mit meiner Schere munter loszuschnippeln begann, öffnete er die Augen und machte ein paar klägliche Versuche, sich zu wehren, doch es war zwecklos, und ich kam in dem fransigen Fell schnell vorwärts. Ich konnte keine hundertprozentig ordentliche Arbeit leisten, weil er die ganze Zeit über ein wenig zappelte, doch schnitt ich all die großen unansehnlichen Knäuel ab, mit denen er oft im Gebüsch hängengeblieben war und die ihm schrecklich lästig gewesen sein mußten, und schon bald türmte sich ein Häufchen schwarzer Haare neben mir.

Ich bemerkte, daß Olly sich nicht nur bewegte, sondern mich auch beobachtete. So benommen er war, er wußte ganz genau, wen er da vor sich hatte, und sein Blick sagte es mir. «Du schon wieder!» sagte er. «Ich hätte es wissen müssen!»

Als ich fertig war, schob ich ihn in den Katzenkäfig und stellte diesen aufs Stroh. «Tut mir leid, alter Junge», sagte ich, «aber ich kann dich erst freilassen, wenn du wieder aufgewacht bist.»

Olly warf mir einen schläfrigen Blick zu, doch seine Empörung war nicht zu übersehen. «Du hast mich also schon wieder hier drin kaltgestellt. Du änderst dich wohl nie, was?»

Zur Teezeit hatte er sich bereits vollständig erholt, und ich konnte ihn herauslassen. Ohne die häßlichen Knoten sah er so viel besser aus, aber das beeindruckte ihn offenbar gar nicht. Als ich den Käfig öffnete, bedachte er mich nur mit einem kurzen angewiderten Blick und spurtete davon.

Helen war entzückt von meinem Werk, und am nächsten Morgen zeigte sie ungeduldig auf die beiden Katzen auf der Mauer. «Sieht er nicht schick aus! Ach, was bin ich froh, daß du es geschafft hast, ihn hübsch zu machen. Das hat mich wirklich beunruhigt. Und er muß sich ja auch viel wohler fühlen.»

Ich empfand eine gewissen eitle Selbstzufriedenheit, als ich aus dem Fenster schaute. Olly hatte in der Tat nichts mehr mit dem verlotterten Wesen gemein, das er noch gestern gewesen war, und es stand außer Frage, daß ich sein Leben dramatisch verändert und ihn von einer ständigen Plage befreit hatte, doch meine neuerworbene Selbstüberschätzung zerplatzte just in dem Augenblick wie eine Seifenblase, als ich den Kopf zur Tür hinaussteckte. Er hatte sich gerade über sein Frühstück hergemacht; bei meinem Anblick jedoch sauste er schneller denn je davon und verschwand eiligst hinter der Hügelkuppe. Traurig trat ich in die Küche zurück. Mein Ansehen bei Olly war noch ein paar Stufen tiefer gesunken. Lustlos goß ich mir eine Tasse Tee ein. Ich hatte es nicht leicht.

47

Der kleine Hund schaute starr geradeaus, ohne sich zu rühren, als sei er am Küchentisch festgeklebt. Er zitterte, hatte offensichtlich sogar Angst, den Kopf zu bewegen, und in seinem Blick lag etwas, das von panischer Angst nicht weit entfernt war.

Ich hatte ihn zum ersten Mal gesehen, als Molly Minican, eine meiner Nachbarinnen in Hannerly, ihn ein paar Monate zuvor aus dem Hundeheim von Schwester Rose zu sich genommen hatte, und war sofort von seinem zotteligen Mischlingscharme und der Freundlichkeit seiner lachenden Schnauze bezaubert gewesen. Und nun das.

«Wann hat Robbie denn damit angefangen?» fragte ich.

Die alte Frau streckte die Hand in Richtung ihres Lieblings aus, zog sie dann jedoch zurück.

«Ich hab ihn grad heute morgen so gefunden. Gestern abend ist er noch putzmunter rumgerannt.» Sie wandte mir ihr besorgtes Gesicht zu. «Wissen Sie, er scheint sich davor zu fürchten, daß Sie ihn anfassen wollen.»

«Das glaube ich auch», sagte ich. «Sein ganzer Körper ist steif. Das sieht nach einem akuten rheumatischen Anfall aus. Hat er denn schon mal vor Schmerzen aufgeschrien?»

Die alte Frau schüttelte den Kopf. «Nein, er hat keinen Mucks von sich gegeben.»

«Das ist mir ein Rätsel.» Ich strich mit der Hand über die verspannte Muskulatur des kleinen Körpers und drückte leicht am Hals. Er reagierte nicht. «Wenn er Rheumatismus hätte, wäre er jetzt vor Schmerzen zusammengezuckt. Mal sehen, was seine Temperatur uns sagt.»

Es war, als führte ich das Thermometer in ein ausgestopftes Tier ein, und ich pfiff leise durch die Zähne, als ich die Skala ablas – 40,5°.

«Das mit dem Rheumatismus können wir vergessen», sagte ich. «Die Temperatur ist in solchen Fällen immer stinknormal.»

Ich untersuchte das kleine Tier gründlich, tastete den Unterbauch ab, auskultierte Herz und Lunge. Das Herz hämmerte regelrecht, aber das war mit größter Wahrscheinlichkeit auf seine Furcht zurückzuführen. Im Grunde konnte ich nichts Anomales finden.

«Er muß sich irgendeine Infektion eingefangen haben, Molly», sagte ich. «Und bei diesem Fieber könnten es möglicherweise die Nieren sein. Gottlob haben wir ja jetzt Antibiotika. Bei diesen Erkrankungen können wir wirklich einiges machen.»

Als ich Robbie eine Spritze gab, dachte ich zum wiederholten Mal, daß es doch eine gewisse Erleichterung mit sich brachte, eine erhöhte Temperatur festzustellen. Dadurch hatte man wenigstens etwas, gegen das man mit den neuen Medikamenten vorgehen konnte. Bei vergleichbar rätselhaften Fällen mit normaler Temperatur fühlte ich mich schnell ein wenig hilflos, doch in diesem Augenblick war ich durchaus noch zuversichtlich, obwohl ich mir ganz und gar nicht sicher war, was ich diagnostizieren sollte.

«Ich lasse Ihnen diese Tabletten da. Geben Sie ihm heute mittag eine, die nächste vor dem Schlafengehen und dann gleich morgen früh noch eine.» Ich war der beruhigenden Überzeugung, daß ich das Fieber mit dem Antibiotikum drücken konnte. In vierundzwanzig Stunden würde es Robbie schon erheblich besser gehen.

Molly schien das auch zu glauben. «Ach, den kriegen wir bald wieder hin.» Sie beugte den weißen Kopf über den Hund und lächelte. «Dummer Kerl. Uns einen solchen Schrecken einzujagen.»

Sie war eine unverheiratet gebliebene Frau um die Siebzig, und ich hatte in ihr immer die typische weibliche Vertreterin des Menschenschlags von Yorkshire gesehen: unabhängig und praktisch veranlagt, aber mit einem leisen Humor, der nie lange auf sich warten ließ. Ich war damals zu ihrem vorigen Hund gerufen worden, der von einem Traktor überfahren worden war, und als ich ankam, starb er gerade. Obwohl es ein schwerer Schlag für eine einsame Frau gewesen sein muß, ihren einzigen Gefährten zu verlieren, hatte es keine Tränen gegeben, nur einen starren Blick und ein wiederholtes langsames Streicheln des kleinen Körpers. Molly war stark.

Danach hatte sie meinen Rat befolgt und Schwester Roses Hundeheim aufgesucht, wo sie Robbie fand.

Ich hob den Hund vom Tisch und stellte ihn neben sein Bett, doch er blieb einfach so stehen und machte keine Anstalten, sich hinzulegen. Eine zweite Welle der Verblüffung erfaßte mich, als ich ihn betrachtete.

Ich ging zur Spüle neben dem Fenster, um mir die Hände zu waschen, und mußte den Kopf einziehen, um hinaus in den Garten schauen zu können. Dort saß ein Kaninchen und sonnte sich neben einem knorrigen Apfelbaum, und als es mich hinter der Scheibe erspähte, hoppelte es davon und verschwand durch ein Loch in der alten Steinmauer.

Alles an dem winzigen Häuschen war alt: die niedrigen, von Balken gestützten Decken, das verwitterte Mauerwerk mit dem daran hochrankenden Efeu und der Klematis, und die einstmals roten Dachziegel, die gefährlich über den beiden Schlafzimmerfenstern herunterhingen, deren Größe gewiß nicht mehr als vierzig Zentimeter im Quadrat betrug.

Ich mußte den Kopf auch unter dem Türsturz einziehen, als ich mich verabschiedete, und ich schaute noch einmal zurück auf Robbie, der nach wie vor reglos neben seinem Bett stand. Ein kleiner Holzhund.

Als ich am folgenden Tag wiederkam, stand Molly im Garten.

«Hallo, wie geht es Robbie?» fragte ich etwas fröhlicher, als mir zumute war.

Mein Mut sank, als die alte Frau zögerte und dann sichtlich nach aufmunternden Worten suchte.

«Ein wenig besser vielleicht ... aber nicht viel.»

Es ging ihm nicht ein wenig besser, sondern genauso schlecht wie zuvor, und er stand in der gleichen Haltung in der Küche wie am Vortag. Noch immer starr, noch immer zitternd, und nur der angsterfüllte Blick in seinen Augen war nun einer tiefen Mattigkeit gewichen.

Ich beugte mich nieder und streichelte ihn. «Kann er sich denn gar nicht hinlegen?»

«Doch, aber es fällt ihm sehr schwer. Er war ein paar Stunden in seinem Bett, aber sobald er rauskommt, ist er wieder so.»

Ich maß die Temperatur. Noch immer genau 40,5°. Ich hatte das Fieber mit meiner antibiotischen Spritze und den Tabletten nicht einmal senken können. Tief bestürzt wiederholte ich die Injektion und drehte mich dann zu Molly um.

«Ich möchte gern den Urin testen. Wenn Sie ihn in den Garten tragen, damit er das Bein heben kann, dann versuchen Sie doch bitte, ein wenig mit einem sauberen Suppenteller aufzufangen, und geben Sie es in diese Flasche.»

Bezeichnenderweise lachte Molly. «Ja, ich versuch's, aber das könnte kompliziert werden.»

«Ja», sagte ich. «Es kann schwierig werden, aber Sie werden es schon schaffen. Ich brauche nur ganz wenig.»

Am folgenden Tag ging es Robbie unverändert schlecht. Auch das Fieber blieb hartnäckig bei 40,5°. Der Urintest war normal – kein Protein, nichts, was auf Probleme mit den Nieren hindeutete.

Ich spritzte ihm ein anderes Antibiotikum und nahm eine Blutprobe, die ich zur Untersuchung ins Labor schickte. Das Labor rief mich an und teilte mir mit, daß die Probe normal sei, und nach fünf Visiten und einer negativen Röntgenaufnahme hatte sich das Befinden des kleinen Hundes immer noch nicht gebessert.

Ich stand in der Küche und schaute auf meinen verwirrenden Patienten hinab. Er bot ein Bild des Elends: völlig niedergeschlagen, steif und zitternd. Die bittere Wahrheit starrte mir ins Auge: Wenn ich nicht irgend etwas aus dem Hut zaubern konnte, würde Robbie sterben.

«Ich muß etwas anderes versuchen, Molly», sagte ich. Ich hatte eines der neuen Steroide bei mir, Dexamethason, und ich injizierte einen Kubikzentimeter.

«Sie haben es bestimmt schon satt, mich immer wieder hier zu sehen, aber ich komme morgen früh vorbei, um zu überprüfen, ob dieses neue Medikament geholfen hat.»

Molly wartete den folgenden Tag nicht erst ab. Ihr Häuschen war nur etwa einhundert Meter von meinem Haus entfernt, und noch am gleichen Nachmittag stand sie bei mir auf der Schwelle.

Sie war außer Atem. «Es ist eine wunderbare Verbesserung eingetreten, Mr. Herriot», keuchte sie. «Er ist wie ausgewechselt. Bitte kommen Sie doch und sehen ihn sich an.»

Ich war nur allzu neugierig und rannte fast die Straße entlang. Robbie sah fast wieder aus wie der kleine Hund, den ich so gut kannte. Er war immer noch steif, doch konnte er auf dem Küchenboden vorsichtig laufen, und als er mich erblickte, wedelte er schlapp mit dem Schwanz. Das Zittern war verschwunden und der angsterfüllte Blick ebenfalls.

Mir fiel ein Stein vom Herzen. «Hat er etwas gefressen?»

«Ja, ungefähr zwei Stunden, nachdem Sie fort waren, hatte er die Schnauze in der Schüssel.»

«Das ist ja wunderbar.» Ich maß die Temperatur. Sie betrug nun 38,9° – wenigstens sank sie. «Ich komme trotzdem morgen wieder, weil ich glaube, eine Spritze mehr wird ihn vollkommen wiederherstellen.»

Das tat sie denn auch, und es war schön, das kleine Tier eine

Woche später im Garten herumspringen und Stöckchen spielen zu sehen. Obwohl es mich wurmte, daß ich noch immer keine Ahnung hatte, was ihm gefehlt hatte, konnte ich die ganze Episode als einen weiteren glücklich ausgegangenen Fall abhaken.

Ich irrte mich. Einen Monat später stand Molly vor meiner Tür und sah bekümmert aus. «Es hat wieder angefangen, Mr. Herriot.»

«Was meinen Sie damit?»

«Das gleiche wie zuvor. Robbie zittert und kann sich nicht bewegen.»

Wiederum bewirkte die Injektion des Steroids eine rasche Besserung, aber das war noch nicht das Ende, es war vielmehr der Anfang einer langen Geschichte.

Im Verlauf der folgenden zwei Jahre focht ich einen langwierigen Kampf gegen die geheimnisvolle Krankheit. Robbie war einige Wochen lang ein ganz normaler, gesund aussehender Hund, und dann tauchten plötzlich die gefürchteten Symptome wieder auf, worauf Molly zu meinem Haus gelaufen kam, und wenn ich die Tür öffnete, stand sie auf der Treppe, legte den Kopf zur Seite und sagte halb ängstlich, halb lächelnd: «SOS, Mr. Herriot, SOS.»

Jedesmal, wenn es passierte, rannte ich mit meinen Steroiden zu ihrem Häuschen. Manchmal waren die Symptome sehr ernst, und der Hund rang keuchend nach Luft, und jedesmal, wenn ich ihn behandelte, hatte ich das Gefühl, ihm das Leben zu retten. Zwischendurch wendete ich verschiedene andere Taktiken an, deren erfolgreichste die war, die Steroidinjektion durch Tabletten zu unterstützen, die er ein paar Tage lang regelmäßig erhielt, und dann die Medikamentengaben allmählich zu reduzieren, bis ich sie ganz absetzte. Dann warteten wir atemlos bis zum nächsten Ausbruch der Krankheit.

Manchmal geschah wochenlang gar nichts, und wir beruhigten uns und meinten, wir hätten gewonnen und könnten das Ganze nun vergessen wie einen bösen Traum. Dann stand Molly wieder vor meiner Tür, den Kopf zur Seite gelegt: «SOS, Mr. Herriot, SOS.»

Es wurde zu einem Teil unseres Lebens. Da ich ihr nächster Nachbar war, hatte ich Molly schon immer gut gekannt, doch während dieser furchtbaren Visiten erzählte sie mir von ihrem Leben, während ich in der Küche neben dem winzigen Fenster vor den Efeuranken und den Zweigen des Apfelbaums eine Tasse Tee in der Hand hielt.

Sie hatte als junges Mädchen als Hausangestellte gearbeitet und lebte schon seit über dreißig Jahren in dem kleinen Häuschen. Vor einiger Zeit war sie sehr krank gewesen und wäre wohl gestorben, wenn der glänzende Chirurg Sir Charles Armitage in Brawton nicht jene Operation durchgeführt hätte, die ihr das Leben rettete.

Ein Leuchten überzog ihr Gesicht, wenn sie von Sir Charles sprach. «Ja, er ist gescheit und weltberühmt, aber er war so nett zu mir. Ich bin nur eine arme alte Frau und habe kein Geld, doch ich hätte genausogut eine Königin gewesen sein können. Es gab nichts, was er nicht für mich getan hat.»

Es gab noch einen zweiten Helden in ihrem Leben, den Schauspieler John Wayne. Wann immer einer seiner Filme in das kleine Kino von Darrowby kam, war Molly dort, und als sie erfuhr, daß ich ebenfalls ein Fan von ihm war, unterhielten wir uns lange über seine Filme. «Ach, er ist ein so schöner Mann», sagte sie und belächelte zugleich ihren Spleen.

Es war eine herzliche Freundschaft, doch ständig lauerte das Gespenst von Robbies immer wiederkehrender Krankheit im Hintergrund. Ich war zigmal in ihrem Häuschen, und natürlich nahm ich nie Geld von ihr. Sie hatte nur ihre Altersrente, und früher hatte ich ihr einmal einen symbolischen Betrag abverlangt, aber nun war selbst davon keine Rede mehr. Oft flehte sie mich regelrecht an, irgend etwas anzunehmen, doch das war natürlich undenkbar. Als Gegenleistung strickte sie Kleinigkeiten für Helen und die Kinder und schenkte uns Gläser mit selbstgemachtem Tomatenchutney.

Wenn ich auf die Jahre zurückblicke, durchzieht diesen Teil meines Lebens wie ein leuchtender Faden die geschäftige Routine meiner tierärztlichen Arbeit. Robbies einmalige Krankheit, Sir

Charles Armitage, John Wayne und SOS. Und die ganze Zeit über wunderte ich mich über die Duldsamkeit des kleinen Hundes. Jedesmal, wenn ich ihm begegnete, stach ich mit einer subkutanen Nadel in ihn hinein. Er muß sich vorgekommen sein wie ein Nadelkissen, aber wenn er sich erholt hatte, wedelte er immer wie wild mit dem Schwanz, sobald er mich sah, sprang auf, legte mir die Pfoten auf die Beine und schaute freudig zu mir hoch.

Es kam jedoch eine Zeit, in der die Attacken heftiger wurden und häufiger vorkamen. An diesen Tagen war es qualvoll, das Leiden des kleinen Tieres mitanzusehen, und obwohl es mir noch stets gelang, ihn durchzubringen, mußte ich allmählich der bitteren Tatsache ins Auge sehen, daß der Kampf mit einer Niederlage enden würde.

Der Höhepunkt war eines Nachts um drei Uhr erreicht. Ich hörte die Glocke läuten, zog mir einen Morgenmantel über und ging zur Tür. Wieder einmal stand Molly auf der Treppe, doch diesmal war sie nicht imstande, ihr halb scherzhaftes Losungswort auszusprechen.

«Würden Sie bitte kommen, Mr. Herriot?» stieß sie hervor. «Robbie geht es ziemlich schlecht.»

Ich zog mich nicht erst an, sondern griff mir gleich meine Tasche und eilte mit ihr zu ihrem Häuschen. Der kleine Hund hatte einen schrecklichen Starrkrampf, er zitterte, keuchte und konnte kaum atmen. Es war der bisher schlimmste Anfall.

«Würden Sie ihn bitte einschläfern», sagte Molly leise.

«Wollen Sie das wirklich?»

«Ja, er ist am Ende. Ich weiß es einfach. Und ich kann es nicht länger ertragen, Mr. Herriot. Ich bin selber nicht richtig auf dem Posten, und es deprimiert mich.»

Ich wußte, daß sie recht hatte. Als ich das Barbiturat in die Vene injizierte und sah, wie der kleine Hund sich zur letzten Ruhe legte, zweifelte ich innerlich nicht daran, daß es das beste war, wenn ich dieses Leiden für immer beendete.

Wie zuvor keine Tränen. Nur ein stilles «Ach, Robbie, Robbie», während sie den zottigen kleinen Körper tätschelte.

Ich ließ mich auf den Küchenstuhl sinken, wo ich so viele

Tassen Tee getrunken hatte. Während ich in Morgenmantel und Pantoffeln dasaß, konnte ich kaum glauben, daß der lange Kampf am Ende so ausgehen mußte.

«Molly», sagte ich nach einer Weile. «Ich möchte dieser Sache wirklich genau auf den Grund gehen.»

Sie sah mich an. «Sie meinen eine Autopsie?» Sie schüttelte den Kopf. «Nein, nein, nichts dergleichen.»

Anscheinend gab es nichts, was ich tun oder sagen konnte. Ich trat hinaus und hinterließ das Rätsel ungelöst, und als ich durch den mondhellen Garten ging, ganz krank vor Enttäuschung und dem Gefühl, versagt zu haben, dachte ich, daß es nun wohl nie gelöst werden würde.

Bald riß mich die Hektik meiner täglichen Arbeit fort, doch es fiel mir schwer, Robbie aus meinen Gedanken zu vertreiben. Es ist unvermeidlich, daß einige Patienten eines Tierarzts sterben, und bei Hunden folgt das Herzeleid stets auf dem Fuße; ihr Leben ist einfach zu kurz. Ich wußte, ich würde es nicht überleben, wenn ich jedesmal mit den leidtragenden Besitzern mittrauerte, und ich bemühte mich, so gut es ging, eine professionelle Haltung zu bewahren. Aber das klappte nicht immer, und bei Robbie klappte es gar nicht.

Unsere Beziehung hatte zu lange gedauert; die Erinnerungen an den kleinen Hund wollten einfach nicht verblassen. Und dadurch, daß ich tagtäglich an Mollys Häuschen vorübergehen mußte und ihren weißen Kopf im Garten sah, wo sie immer mit Robbie gespielt hatte, wurde es nur noch schlimmer. Sie sah sehr einsam aus.

Ich hatte mir meinen üblichen Rat, sich doch «einen neuen Hund zu besorgen», diesmal erspart, weil es mit der Gesundheit der alten Dame offensichtlich bergab ging und mir klar war, daß sie es nicht über sich brachte, noch einmal von vorn anzufangen.

Traurigerweise bestätigten sich meine Befürchtungen, und Molly starb ein paar Wochen nach Robbie. Nun war dieses Kapitel endgültig abgeschlossen.

Einige Zeit danach an einem Spätnachmittag kam ich in die Praxis und traf Siegfried, der in der Apotheke Medizin zurechtmachte.

«Siegfried», sagte ich, «ich hatte einen verflucht schlimmen Tag.»

Er stellte die Flasche hin, die er gefüllt hatte. «In welcher Beziehung, James?»

«Nun ja, einfach alles ist schiefgegangen. Jedem Patienten, bei dem ich zur zweiten Visite war, geht es schlechter – bei keinem einzigen eine Besserung –, und ein paar Leute haben mehr oder weniger durchblicken lassen, ich sei ein verdammt miserabler Tierarzt.»

«Das ganz gewiß nicht. Das bildest du dir ein.»

«Das glaube ich nicht. Es ging gleich heute früh los, als ich den Hund von Mrs. Cowling untersuchte. Es war ein ziemlich undurchsichtiger Fall, und ich wollte ihr die verschiedenen Möglichkeiten klarmachen. Sie sah mich nur frostig an und sagte: ‹Der langen Rede kurzer Sinn ist, Sie haben nicht die blasseste Ahnung, was dem Tier fehlt.›»

«Darüber würde ich mir keine Gedanken machen. Sie hat es vermutlich nicht so gemeint.»

«Du hast ihr Gesicht nicht gesehen. Und dann bin ich zu George Grindley gegangen, um mir ein Schaf anzusehen. Es war eine Toxikämie bei einem trächtigen Tier, und ich hatte gerade die Temperatur gemessen, als George aus heiterem Himmel sagte: ‹Wissen Sie eigentlich, daß Sie bei mir noch kein einziges Tier geheilt haben? Ich hoffe, bei diesem da kriegen Sie es besser hin.›»

«Aber das stimmt doch nicht, James, ich weiß es.»

«Vielleicht, aber er hat es jedenfalls gesagt.» Ich fuhr mir mit den Fingern durchs Haar. «Und anschließend bin ich zum alten Hawkins rausgefahren, um bei einer Kuh die Nachgeburt zu entfernen. Ich war gerade aus dem Auto gestiegen, als er mich unter seinen buschigen Augenbrauen hervor ansah und sagte: ‹Ach, Sie sind's. Meine Frau sagt, es geht immer schlecht aus, wenn Mr. Herriot kommt.› Ich habe wohl ein bißchen geknickt ausgesehen, denn er hat mir auf die Schulter geklopft und gesagt: ‹Machen Sie sich nichts daraus, als Mann gefallen Sie ihr.›»

«Ach, du Armer. Tut mir leid, James.»

«Vielen Dank, Siegfried, ich will dich nicht weiter langweilen, aber in dieser Tonart ist es den ganzen Tag gegangen, und mittendrin mußte ich dann auch noch durch mein eigenes Dorf und am Haus der armen alten Molly Minican vorbei. Da war gerade der Auktionator und hat ihre Möbel und ihre Habseligkeiten verkauft. Alle möglichen Sachen türmten sich da im Garten, und mir fiel schlagartig wieder ein, daß ihr Hund gestorben ist, ohne daß ich eine Ahnung gehabt hätte, was ihm fehlte, obwohl ich ihn zwei Jahre lang behandelt habe. Sie wußte, daß ich keinen blassen Schimmer hatte, und muß mich für einen richtigen Stümper gehalten haben. Ich glaube, das war der Gipfel meines höllischen Tages.»

Siegfried breitete die Hände aus. «Schau, wie viele Tierärzte und Ärzte haben schon Patienten verloren, ohne zu wissen, ob ihre Diagnose richtig war. Du bist nicht der einzige, James. Wir alle haben doch Tage wie den heutigen, wo nichts richtig läuft. Das erlebt jeder Tierarzt ab und zu. Du wirst noch eine Menge guter Tage haben, die diesen aufwiegen.»

Ich nickte zum Abschied und machte mich auf den Heimweg. Mein Partner wollte mich aufmuntern, doch mir war immer noch flau, als ich in Hannerly ankam, und als ich mich an den Teetisch setzte, warf Helen mir einen fragenden Blick zu.

«Was ist denn los, Jim? Du bist so still.»

«Tut mir leid, Helen, ich weiß, ich bin heute abend kein Ausbund an Fröhlichkeit.» Ich erzählte ihr meine Geschichte.

«Oh, ich habe mir schon gedacht, daß es etwas mit deiner Arbeit zu tun haben muß», sagte sie. «Aber was dich wirklich deprimiert, ist die Sache mit Molly Minican, stimmt's?»

Ich nickte. «Du hast recht. Sie war etwas Besonderes. All ihre Sachen dort im Garten liegen zu sehen hat die ganzen Erinnerungen zurückgebracht, und der Gedanke, daß Molly mit der Überzeugung gestorben ist, ich wäre so etwas wie ein Pfuscher, gefällt mir gar nicht.»

«Aber Sie war doch immer nett zu dir, Jim.»

«Sie war zu jedem nett, mich eingeschlossen. Aber sie muß doch geglaubt haben, ich hätte sie im Stich gelassen. Jetzt ist sie fort, und ich habe dieses eklige Gefühl, daß sie in ihrem Innersten keine hohe Meinung von mir hatte, und das ist etwas, woran ich nichts mehr ändern kann.»

Helen sah mich mit einem zweifelnden Lächeln an. «Ich glaube, ich habe hier etwas, damit wird es dir gleich bessergehen.» Sie ging aus dem Zimmer, und ich wartete auf des Rätsels Lösung, bis sie mit einem Gegenstand unter dem Arm zurückkam, der wie ein gerahmtes Bild aussah.

«Peggy Ford aus dem Dorf war bei Mollys Haushaltsauflösung», sagte sie. «Sie hat mir das gegeben, weil es im Schlafzimmer der alten Dame hing, und sie meinte, es würde dich vielleicht interessieren. Hier, schau es dir mal an.»

Es war kein Bild. Es war ein eingerahmtes Stück Pappkarton, und am oberen Ende las ich in Mollys krakeliger Handschrift: «Meine drei Lieblingsmänner.»

Darunter waren nebeneinander drei Fotos auf den Karton geklebt: Sie zeigten Sir Charles Armitage, John Wayne ... und mich.

48

Es war das erste Mal in meinem Leben, daß ich einen Mann sah, der aus einem Haus kam und sich *danach* die Fahrradklammern von der Hose abnahm.

Ich war von einem Mr. Colwell zu diesem Häuschen gerufen worden, wo ich mir seinen Hund ansehen sollte, und als ich aus dem Auto stieg, überraschte es mich, diesen Mann auftauchen zu sehen, der sich, nachdem er sich vorsichtig umgeschaut hatte, bückte und die Klammern abnahm. Nirgendwo eine Spur von einem Fahrrad.

«Verzeihen Sie», sagte ich. «Ich hoffe, Sie nehmen es mir nicht übel, wenn ich Sie das frage, aber warum die Klammern?»

Der Mann schaute noch einmal zurück, grinste und sagte leise: «Guten Tag, Mr. Herriot, Sie sind es doch, oder nicht? Ich bin gerade da drin gewesen, um die Gasuhr abzulesen, und ich treffe vorbeugende Maßnahmen.»

«Vorbeugende Maßnahmen?»

«Ja, gegen die Flöhe.»

«Flöhe!»

«Ja, so ist es. Es sind gutherzige Leute, die Colwells, aber die Frau nimmt es mit der Sauberkeit nicht sonderlich genau, und da drin gibt es jede Menge Flöhe.»

Ich starrte ihn an. «Aber... die Klammern... ich verstehe immer noch nicht...»

«Ja, nun», sagte der Mann lachend. «Sie sollen die Flöhe daran hindern, mir in der Hose an den Beinen hochzukriechen.» Er steckte die Klammern in die Tasche und bog um die Ecke zu seinem nächsten Besuch.

Ich stand an meinem Auto und lachte leise in mich hinein. Flöhe, die die Beine hinaufkrabbeln! Ich hatte noch nie etwas so Blödes gehört. Ich kannte den Gasmann seit Jahren, und er war mir immer völlig normal vorgekommen, schien aber unverkennbar an einer Phobie zu leiden. Wie die Leute, die sich andauernd die Hände waschen. Vermutlich steckte er die Klammern vor jedem Haus an. Ich lief zur Straßenecke und schaute die lange Häuserreihe hinunter, doch er war verschwunden.

Unglaublich, auf was für komische Gedanken manche Leute kamen, aber derartige Spleens hatten mich immer fasziniert, und ein Flohkomplex war etwas Neues. Ich hoffte bloß, der arme Kerl war nicht unglücklich mit dieser Wahnvorstellung, aber ich hatte ihn ja fröhlich pfeifen gehört, als er um die Ecke bog. Vermutlich beeinträchtigte sie ihn also nicht allzusehr. Ich schmunzelte immer noch, als ich zu meinem Auto zurückging, und es war ein frohlockendes Schmunzeln, denn es war Donnerstag, und dies war die letzte Visite vor meinem freien Nachmittag.

Obwohl der Tierarztberuf mein Leben war und ich nichts anderes hätte tun wollen, hatte er einen Haken – er hörte nie auf, ausgenommen die Donnerstagnachmittage. An diesem besonderen Tag fühlte ich mich ohne mein Zutun schon beim Aufwachen unbeschwert, weil ich wußte, daß Helen und ich mittags nach Brawton aufbrechen würden, frei wie die Vögel. Ein geruhsames

Mittagessen in einem der prachtvollen Cafés der Stadt, dann trafen wir meinen Freund Gordon Rae, den Tierarzt aus Boroughbridge, und seine Frau Jean, die ebenfalls dem Telefon und den Gummistiefeln entflohen waren, und verbrachten den Tag mit Einkäufen, Teetrinken und Kino. Das klingt nicht gerade großartig, aber für uns war es eine willkommene Abwechslung.

Der Abend würde diesmal jedoch anders verlaufen als sonst, denn Helen und ich hatten von den Miss Whitlings, den Stützen der Musikalischen Gesellschaft von Darrowby, Karten für ein Konzert des Halle Orchestra bekommen. Wir würden nach Hause zurückfahren, uns umziehen und dann mit ihnen im Quartett ins Konzert gehen. Der Dirigent war mein alter Held, Sir John Barbirolli, und angesichts des Programms lief mir das Wasser im Munde zusammen: *Coriolanus*, Elgars *Violinkonzert* und Brahms' *Erste Symphonie*.

Ich holte tief und zufrieden Luft, als ich an die Tür der Colwells klopfte – in ungefähr einer Stunde würden wir unterwegs sein.

Es öffnete der Hausherr, ein unrasierter Mann in den Sechzigern mit kragenlosem Hemd, der aber zur Begrüßung lächelte.

«Kommen Sie rein, Mr. Herriot», rief er und schwenkte höflich den Arm. «Tut mir leid, daß wir Sie herrufen mußten, aber wir haben keine Transportmöglichkeit, und unser Hund muß behandelt werden.»

«Schon gut, Mr. Colwell. Wenn ich richtig informiert bin, ist er von einem Auto angefahren worden?»

«Ja, er ist heute früh direkt vor das Postauto gerannt, und dann flog er durch die Luft.» Das Lächeln verschwand von seinem Gesicht, und seine Augen weiteten sich vor Sorge. «Ich hoffe, es ist nichts Ernstes. Der arme alte Roopy.»

Die Vordertür führte direkt ins Wohnzimmer, und dort roch es strenger als in einem Kuhstall. Dick lag der Staub auf den Möbeln, und ein buntes Assortement von Zeitungen, Kleidungsstücken und Essensresten war über Tisch und Boden verstreut. Mrs. Colwell nahm es offenbar nicht sonderlich genau.

Die Hausherrin erschien in der Küchentür und begrüßte mich mit der gleichen Umgänglichkeit wie ihr Mann, doch ihre Augen waren vom Weinen rot und geschwollen.

«Ach, Mr. Herriot», sagte sie mit zitternder Stimme, «wir machen uns solche Sorgen um Roopy. Sein Lebtag lang ist er nie krank gewesen, aber jetzt haben wir Angst, wir könnten ihn verlieren.»

Ich schaute mir den Hund an, der ausgestreckt in einem Korb neben der Wand lag. Anscheinend war er eine Spanielkreuzung, und er schaute mich mit angsterfülltem Blick an.

«Konnte er nach dem Unfall selber hereinlaufen?» fragte ich.

«Nein», erwiderte Mr. Colwell. «Wir mußten ihn hereintragen.» Er schluckte. «Wir denken, er hat sich vielleicht das Rückgrat gebrochen.»

«Hm.» Ich kniete mich neben dem Korb hin, und die Colwells taten dasselbe. Ich schob Roopys oberes Augenlid zurück und sah eine rosafarbene Bindehaut.

«Er hat eine gute Farbe. Kein Anzeichen für eine innere Verletzung.» Mit den Händen tastete ich alle vier Beine, die Rippen und das Becken ab und fand keine Frakturen.

«Laß mal sehen, ob du aufstehen kannst, alter Junge», sagte ich.

Sanft legte ich dem Hund die Hand unter den Bauch und hob ihn ganz vorsichtig hoch. Er antwortete mit einem Protestgejaul, worauf die Besitzer ihrem Schmerz mit Ausrufen wie «Herrje, armer alter Roopy!» – «Ruhig Blut, Junge!» – «Ach, er ist ein so braver Hund!» Ausdruck verliehen, während sie ihn tätschelten und streichelten.

Ich blieb aber hartnäckig und hielt ihn weiter hoch, bis ich ihn soweit hatte, daß er einen Augenblick zitternd auf den Beinen stand. Dann ließ ich ihn wieder herunter.

«Sieht so aus, als sei er glimpflich davongekommen», sagte ich. «Er hat ein paar Quetschungen, und Sie sehen ja, daß die Pfoten aufgeschürft und wund sind, aber ich bin mir sicher, daß er nicht ernsthaft verletzt ist.»

Die Colwells stießen Freudenschreie aus und setzten das Streicheln und Gurren mit verdoppelter Kraft fort, während Roopy aus seinen großen, glänzenden, traurigen Spanielaugen reihum jeden von uns ansah. Er kostete die Situation unverkennbar bis zum Letzten aus.

Wir standen wieder auf, und ich griff nach meiner Tasche. «Ich gebe ihm ein paar Spritzen gegen das Unwohlsein und gegen die Wunden an seinen Pfoten.» Ich verabreichte ein Steroid und ein Antibiotikum und zählte ein paar Penicillintabletten ab. «Er hat den Schock noch nicht richtig überwunden, aber ich glaube, er macht das Beste daraus.» Ich lachte und tätschelte ihm den zottigen Kopf. «Du bist doch ein alter Kämpfer, Roopy.»

Die Colwells stimmten mir freudig zu. «Ja, da haben Sie recht, Mr. Herriot.» Aber wieder rollte eine verstohlene Träne über die Wange der Frau. «Ach, es tut so gut zu hören, daß wir ihn nicht verlieren werden.»

Dann wischte sie sich schnell mit dem Handrücken das Gesicht ab. «Das müssen wir mit einer Tasse Tee feiern. Haben Sie Zeit, Mr. Herriot?»

Brawton winkte, aber ich konnte nicht nein sagten. «Ja, haben Sie vielen Dank, aber es muß schnell gehen.»

Der Kessel war bald heiß, und Mrs. Colwell benutzte beide Arme, um in dem Dschungel auf der Tischplatte so etwas wie eine Lichtung zu schaffen. Während ich meinen Tee trank und mir die freundlichen Leute ansah, die ihren Hund mit liebevollen Blicken bedachten, wußte ich, daß der Gasmann wieder einmal recht gehabt hatte. Es waren gutherzige Menschen.

Meinem Abgang haftete etwas Triumphales an, als sie mich mit wiederholten Dankesbekundungen hinausbegleiteten und mir immer wieder nachwinkten.

Als ich in mein Auto stieg, rief ich zurück: «Rufen Sie mich in ein paar Tagen an, und sagen Sie mir Bescheid, wie er sich macht. Ich bin sicher, es wird ihm gutgehen.»

Ich war gerade um die Ecke gebogen, als ich ein Piksen an den Knöcheln spürte. Vielleicht irritierten mich diese neue Socken – ich schob sie hinunter. Doch das seltsame Kribbeln und Jucken begann sich auf meine Waden auszudehnen, und ich fuhr rechts ran, hielt und rollte ein Hosenbein herauf. Mein Fleisch war mit kleinen schwarzen Flecken getüpfelt, aber die Tüpfelchen hopsten und sprangen und arbeiteten sich rasch zu meinem Oberschenkel empor. O mein Gott, der Gasmann war doch nicht so blöd gewesen!

Ich mußte schleunigst heimfahren, doch ich hatte ein paar Traktoren mit breit überstehenden Ladungen vor mir und konnte sie nicht überholen. Als ich endlich zu Hause war, hatte die Invasion meine Brust und meinen Rücken erreicht, und von dem rasenden Jucken brannte mir die Haut wie Feuer.

Helen machte sich gerade für Brawton zurecht, und sie drehte sich überrascht um, als ich ins Schlafzimmer gestürmt kam.

«Ich muß ins Bad!» schrie ich.

«Ach, hattest du einen schmutzigen Job?»

«Nein, ich hab Flöhe!»

«Was!?»

«Flöhe! Tausende – sie sind überall.»

«Aber... wie... was...?»

«Erzähl ich dir später. Komm bitte und wirf meine Sachen in die Waschmaschine. Ich muß mich komplett umziehen.»

Im Bad riß ich mir die Sachen vom Leib und stieg in die Wanne, wo ich mehrmals auch mit dem Kopf unter Wasser tauchte. Helen kam herein und starrte entsetzt meine Sachen an, wo die lebhaften Tierchen auf dem weißen Hemd deutlich sichtbar umhersprangen. «Huch... igittigitt!» stieß sie hervor, während sie mit vor Ekel verzerrtem Gesicht jedes Stück einzeln an einem Zipfel faßte und damit zur Waschmaschine verschwand.

Mir war, als könnte ich ewig in dieser Wanne bleiben. Die Erleichterung war enorm, als ich so dalag, von der Folter des Juckens befreit, und mich ungläubig abseifte, während die schwarzen Quälgeister auf der Wasseroberfläche trieben. Ich wollte kein Risiko eingehen. Ich zog den Stöpsel, ließ die Wanne noch einmal vollaufen und tauchte wieder unter. Ich wusch und rubbelte mir mehrmals das Haar, und als ich schließlich herauskletterte und eine völlig neue Wäschegarnitur anzog, sagte ich dem Himmel Dank, daß meine Qualen vorüber waren. Es war meine erste derartige Erfahrung, und ich hatte mir nicht träumen lassen, wie niederschmetternd so etwas sein konnte.

Als wir endlich nach Brawton aufbrachen, war es schwierig,

zu der Sorglosigkeit zurückzufinden, die donnerstags regelmäßig Besitz von uns ergriff. Die bizarren Ereignisse des Vormittags waren uns noch zu frisch in Erinnerung. Als wir die Hügellandschaft verließen und durch die weite Ebene von York rollten und die vertrauten Donnerstagsbilder an den Autofenstern vorüberzogen, begannen wir uns allmählich doch zu beruhigen. Bald würden wir Mittag essen, den Alltagsstress hinter uns lassen, und dann, an diesem Abend, die besondere Freude des Halle Orchestra.

Als Schuljunge in Glasgow hatte ich den legendären Barbirolli – damals noch nicht Sir John – einmal kennengelernt, und zwar unter recht kuriosen Umständen. Ich besuchte ein Schülerkonzert, das vom Scottish Orchestra in der St. Andrew's Hall gegeben wurde. In der Pause ging ich auf die Toilette und merkte, daß in der Kabine neben mir eine Gestalt mit weißer Fliege und Frack stand. Ich sah hoch und war erstaunt und entzückt, als ich sah, daß es der große Mann höchstpersönlich war. Es war ein seltsamer Ort für eine Begegnung, doch er fragte mich, ob das Konzert mir Spaß mache, welches Stück mir am besten gefalle und wer ich sei. Er war tatsächlich der gütige, freundliche Mensch, als der er in der ganzen Welt geliebt werden sollte.

Seit dieser Begegnung hatte ich über die Jahre hinweg seinen Lebensweg verfolgt, von der Zeit an, als er Toscanini als Dirigent der New Yorker Philharmonisten ablöste, bis zum heutigen Tag, wo er, und das seit 1942, das großartige Halle Orchestra leitete. Jahrelang war ich stets in seine Konzerte gegangen, sofern sie in erreichbarer Nähe stattfanden, und hatte beobachten können, wie er immer mehr schrumpfte. Er war schon immer klein gewesen, doch mittlerweile wirkte er winzig und zerbrechlich – nur vor dem Dirigentenpult beflügelt wie eh und je.

Diese Gedanken teilte ich Helen mit, während unsere Donnerstags-Hochstimmung wuchs. Wir waren etwa eine Meile von Brawton entfernt, als ich mich plötzlich steif in meinen Sitz drückte und in Schweigen verfiel.

Nach einer Minute oder so sah meine Frau mich an. «Was ist los? Du bist so still geworden.»

Ich änderte vorsichtig meine Sitzhaltung. «Ach, vielleicht hat es ja gar nichts zu bedeuten, aber ich habe das dumme Gefühl, daß ich doch noch ein paar Flöhe auf der Haut habe.»

«Was? Das kann nicht sein – nicht nach dem Bad und mit den neuen Sachen. Das ist unmöglich!»

«Ich weiß, daß es unmöglich ist, aber ich sage dir – ich habe genau dieses Gefühl.»

«Ach, das sind nur die Nachwirkungen, Jim, überleg doch mal, du warst schließlich am ganzen Körper zerbissen.»

«Ich weiß, ich weiß», brummte ich, «aber ich bin mir ziemlich sicher, daß da neue Dinge im Gange sind.»

Sie nahm meine Hand und lächelte ermutigend. «Das bildest du dir ein. Versuch an etwas anderes zu denken.»

Ich tat mein Möglichstes, doch ich wand mich immer noch, als ich die Treppe zum Café Brown hinaufging. Die verschiedenen Küchengerüche, das Klappern des Geschirrs, die fröhliche Geschäftigkeit und das Begrüßungslächeln der Kellnerinnen, alles, was wir so gut kannten, hatte mich sonst immer so in Hochstimmung versetzt, als verkünde ein großer Gong den Beginn unserer wenigen glücklichen Stunden. Doch heute war alles anders.

Als wir unsere Plätze einnahmen und die Speisekarte studierten, in der all die guten, entzückenden, altmodischen Gerichte von Yorkshire verzeichnet waren – Roastbeef mit Yorkshire-Pudding, Gebratene Scholle mit Chips, Steak and Kidney Pie, Gedünsteter Marmeladenkuchen, Rosinenpudding mit Vanillesoße –, rotierten die Gedanken in meinem Kopf, und als ich die Bestellung aufgab, war mein Lächeln eine starre Grimasse. Während ich schlückchenweise die köstliche Suppe leerte, kam ich mir vor wie ein Mann in einem bösen Traum. Ich gab mir alle Mühe, den Hexenkessel unter meinem Hemd zu ignorieren.

Mitten im Essen bahnte sich ein Paar den Weg an den vollen Tischen vorbei zu uns, und der Mann sprach uns an.

«Dürfen wir uns zu Ihnen setzen?» fragte er höflich. «Es ist nirgends mehr ein Platz frei.»

«Ja, natürlich», erwiderte ich und rang mir ein Lächeln ab. «Selbstverständlich.»

Es war leicht, sie einzuordnen. Ein Farmer und seine Frau, die wie wir selbst einen freien Tag hatten. Sie waren in den Fünfzigern, hatten blitzsaubere wettergegerbte Gesichter, und der helle Schlips und das modische Tweedjackett wirkten, als seien sie dem Mann ungewohnt. Er griff mit einer gewaltigen Hand nach der Speisekarte und studierte sie mit seiner Frau.

«Ja», sagte er und schaute uns an, «das war ja ein schöner Regen gestern abend.»

Damit ist die Sache klar, dachte ich, während wir zustimmend nickten. Ich kannte sie nicht. Die meisten Farmer hatten es ziemlich weit bis nach Brawton. Vermutlich kamen sie aus Wharfedale.

Helen schreckte mich aus meinen Überlegungen auf, indem sie ihr Knie gegen meines drückte. Ich drehte mich zu ihr um und sah den entsetzten Ausdruck auf ihrem Gesicht.

«Da sitzt einer auf deinem Kragen», murmelte sie. «Huch, jetzt ist er gesprungen.»

Er war wirklich gesprungen, und zwar mitten auf das weiße Tischtuch. Während ich hilflos zusah, kam ein zweiter angehüpft und dann noch einer.

Der Farmer und seine Frau, die zweifellos gerade eine freundliche Unterhaltung beginnen wollten, blickten verwundert auf die Tierchen. Ein schreckliches Schweigen entstand, und dann sprach der Mann wieder.

«Ach, da ist gerade ein Tisch am Fenster freigeworden, Eva», sagte er und erhob sich. «Dort sitzen wir doch sonst immer. Sie entschuldigen uns gewiß.»

Als sie fort waren, schlangen wir unsere Mahlzeit hinunter. Ich weiß nicht, wie viele der springlebendigen Viecher noch auf dem Tisch erschienen. Ich war zu perplex, um sie zu zählen, und wenn ich heute daran zurückdenke, erinnere ich mich mit Schrecken nur noch an die ersten. Wir gaben den Gedanken an einen Nachtisch auf, und anstatt glücklich über die relativen Vorzüge von Ingwerpudding und Apfelkuchen zu debattieren, riefen wir nach der Rechnung und flohen den Ort.

Wir konnten nicht zu Jean und Gordon. Das Badezimmer zu Hause war unser einziges Ziel, und während ich in vollem Tempo dahinfuhr, hatte ich immer das Bild der kleinen Quälgeister auf dem Tischtuch vor Augen. Wie war das nur möglich?

Wie hatte diese zweite Flohinvasion all meine Gegenmaßnahmen unbeschadet überstehen können? Bis zum heutigen Tag weiß ich darauf keine Antwort, ich weiß nur, daß es so war.

Zu Hause ging die Prozedur von vorne los. Völliges Untertauchen in der Wanne. Helens Fingerspitzen, die meine flohverseuchten Sachen davontrugen, von Kopf bis Fuß neu einkleiden.

Zum Glück hatte ich meinen «guten Anzug» für das Konzert aufgehoben, denn bei meinen begrenzten Vorräten ging mir allmählich die Garderobe aus. Als ich schließlich frisch eingekleidet und ausgehfertig dastand, drehte ich mich verzweifelt zu meiner Frau um. «Diesmal bin ich bestimmt sauber.»

«Oh, ganz sicher! Unmöglich, daß jetzt immer noch welche von diesen Biestern übriggeblieben sind.»

Ich wandte mich betrübt in meinem neuen Hemd hin und her. «Das haben wir vorhin auch gedacht.»

Wir mußten Harriet und Felicity Whitling abholen und trafen sie wie immer vor Lebenskraft und Humor strotzend an. Sie waren korpulente, vollbusige Damen Ende Vierzig. Obwohl manche Menschen sie wohl als dick bezeichneten, hatte ich sie stets außerordentlich attraktiv gefunden und wunderte mich seit langem, daß keine von beiden verheiratet war.

Die Fahrt zurück nach Brawton kam mir kurz vor, wozu nicht nur die ununterbrochenen Gespräche beitrugen, sondern, was mich anging, auch das selige Wissen, daß ich nicht mehr bei lebendigem Leib aufgefressen werden würde. Im Konzertsaal nahmen mich unsere beiden Freundinnen in die Mitte, was ich als Kompliment auffaßte. In Wahrheit war ich zwischen ihnen eingequetscht, denn beide ragten seitlich ein ganzes Stück über ihre Stühle hinaus.

Als ich die vertrauten Geräusche des Konzertsaals in mich aufsog – das Orchester, das die Instrumente stimmte, das erwartungsvolle Geplauder und das Rascheln feiner Abendgarderobe –, war ich überzeugt davon, daß es nach meinem traumatischen Tag nun wieder aufwärtsgehen würde. Das Leben war doch ganz schön.

Ich stimmte in die Woge des Beifalls ein, der Barbirollis schmächtige Gestalt begrüßte. Die Menschen in Yorkshire verehrten ihn wie so viele andernorts auch, und das Klatschen wollte nicht aufhören. Als er schließlich vor dem Pult Aufstellung nahm und in der plötzlichen Stille den Taktstock hob, lehnte ich mich in freudiger Erwartung zurück.

Die ersten majestätischen Takte des *Coriolanus* waren gerade erklungen, als ich ein Prickeln auf dem rechten Schulterblatt spürte. O mein Gott, nein, das konnte nicht sein! Doch die immer aufdringlicher werdende Reizung war mir nur allzu bekannt. Ich versuchte sie zu ignorieren, doch nach einer Minute mußte ich mich an die Rückenlehne drücken, um mir Erleichterung zu verschaffen, und als der Juckreiz sich danach über meinen Rücken ausbreitete, mußte ich mich so unauffällig winden, wie es nur ging, um mein Gewicht auf die andere Seite zu verlagern.

In diesem Augenblick wurde mir schrecklich bewußt, daß sich in meiner eingequetschten Lage noch die leiseste Bewegung sofort einer meiner Nachbarinnen mitteilen mußte. Je stärker das rasende Zwicken wurde, desto lieber wollte ich mich kratzen, mich herumwerfen, der Sache auf jede nur erdenkliche Art ein Ende bereiten – aber das war ausgeschlossen. Ich mußte mich mit der grauenhaften Tatsache abfinden, daß ich gezwungen war, die nächsten Stunden stillzusitzen.

Das verlangte mir eine übermenschliche Willenskraft ab, und um es erfolgreich durchzuhalten, hätte ich eine Art Yogi sein müssen. Ich konzentrierte mich mit aller Kraft auf die Musik, war aber genötigt, mich mit kurzen Perioden der Reglosigkeit zu begnügen, bis ich meine Sitzhaltung wieder vorsichtig ändern mußte, sei es, um den Rücken gegen die Lehne zu pressen, oder sei es, um die Haut an meinen Sachen zu reiben, indem ich hin und her rutschte.

Ich war überzeugt davon, daß nun nur ein Floh am Werke war. Nach meinen jüngsten Erfahrungen hielt ich mich für eine Autorität in Sachen dieser Spezies und hoffte, daß ich das Biest über kurz oder lang erwischen würde. Während um mich herum Beethoven dröhnte, zuckte ich im Jagdfieber, und immer wenn ich einen frischen Biß spürte, versuchte ich mich mit aller Kraft gegen das harte Holz zu pressen und meinen Rücken langsam hin und her zu reiben.

Diese Manöver schlossen unweigerlich ein Eindringen ins Territorium meiner Nachbarinnen ein. Ich war davon ausgegangen, daß ich die Schwestern im Verlaufe dieses Abends besser kennenlernen und mehr über ihre Persönlichkeit in Erfahrung bringen würde, doch in Wahrheit erfuhr ich mehr über ihre Anatomie als über alles andere. Rundliche Arme, gutgepolsterte Rippen, weiche Hüften – dies alles wurde, während ich mich hilflos wand, berührt und wiederholt erforscht, aber als wohlerzogene Damen, die sie waren, zeigte keine der beiden auf meine Übergriffe eine wahrnehmbare Reaktion, die über ein gelegentliches Räuspern oder ein heftiges Atemholen hinausgegangen wäre. Als ich jedoch merkte, daß mein Knie sich in Harriets weichen Schenkel gebohrt hatte, wurde das Bein dann doch unzweideutig zurückgezogen, und als mein linker Ellbogen unabsichtlich, aber unnachgiebig neben einem gewichtigen Busen ruhte, sah ich, wie Felicity die Augenbrauen rümpfte.

Ich möchte lieber nichts mehr über diesen verunglückten Abend sagen, außer, daß er weiter nach dem gleichen Schema ablief. Das göttliche *Violinkonzert* von Elgar, das mehr als jedes andere Musikstück imstande ist, mich in eine vollkommene Welt zu entführen, war nichts als ein Hintergrundgeräusch zu meinem eigenen Kampf. So war es auch mit der geliebten *Ersten Symphonie* von Brahms. Ich wollte nur noch nach Hause.

In der Pause und als wir ihnen am Schluß gute Nacht wünschten, bedachten mich die Miss Whitlings mit starrem Lächeln und verstohlenen Blicken, und das alte Sprichwort über den Boden, in dem man vor Scham versinken will, war noch nie so wahr wie an diesem Tag.

Und als schließlich alles vorbei war, als Helen und ich auf der Bettkante saßen und die Ereignisse des Abends Revue passieren ließen, war mir immer noch entsetzlich zumute.

«Mein Gott, was für ein Abend!» stöhnte ich. Während ich die Peinlichkeiten mit den Schwestern ein weiteres Mal aufs Tapet brachte, gelang es Helen zwar, nicht die Miene zu verziehen, doch ich sah, daß es ihr einiges abverlangte.

Am Ende meiner Leidensgeschichte hob ich verzweifelt die Hände gen Himmel. «Und weißt du, Helen, ich bin überzeugt davon, daß all die Qualen, die ich heute abend ausgestanden habe, von einem einzigen Floh herrührten. Denk doch nur! Ein einziger Floh!»

Meine Frau ließ plötzlich das Kinn auf die Brust sinken, warf die Lippen auf und machte den anerkennenswerten Versuch, die Stimme ein paar Oktaven zu einem *basso profundo* zu senken.

«Ein Floh!» intonierte sie in echt Tschaljapinscher Manier. «Ha-ha-ha-haaa, ein Floh!»

«Ja, sehr komisch», erwiderte ich. «Aber Mussorgsky hätte ganz gewiß nicht das viele Gelächter in das Lied hineinkomponiert, wenn er so gelitten hätte wie ich.»

Zwei Tage später rief Mr. Colwell an. «Roopy geht es prima!» rief er freudig. «Läuft herum und ist wieder ganz der alte, aber er hat so einen abgebrochenen Nagel an der Pfote, mit dem er ständig hängenbleibt. Es wäre mir lieb, wenn Sie kommen und ihn abschneiden würden.»

Ich antwortete ein paar Sekunden lang nicht. «Sie... Sie können das nicht vielleicht selber machen... den einen Schnipser mit der Schere?»

«Nein, nein, in solchen Sachen bin ich gar nicht gut. Ich wäre Ihnen wirklich dankbar, wenn Sie vorbeikommen könnten, falls Sie mal in die Richtung unterwegs sind.»

«Gut... gut, Mr. Colwell. Ich komme heute vormittag vorbei.»

«Helen», rief ich, als ich das Haus verließ. «Ich muß noch einen Besuch machen – bei den Colwells.»

«Was!?» Sie drehte sich erschreckt in der Küchentür herum.

«Ja... ich fürchte, es muß sein, aber ich fahre zuerst noch beim jungen Jack Arnold vorbei.»

«Dem Sohn von Farmer Arnold?»

«Ja, genau. Dem Burschen, der immer so viel mit dem Fahrrad herumfährt.»

«Warum denn das?»

«Ich leihe mir seine Fahrradklammern.»

49

Schwester Rose hob den zitternden Hund sacht auf den Tisch. Es war eine winzige Terrierkreuzung, und er sah mich furchtsam an.

«Der arme kleine Kerl», sagte ich. «Kein Wunder, daß er Angst hat. Das ist doch der, den man in Helvington auf der Straße gefunden hat, nicht wahr?»

Schwester Rose nickte. «Ja, er ist ziellos herumgerannt und hat seine Besitzer gesucht. So etwas sehen Sie sicher nicht zum ersten Mal.»

Sie hatte recht. Ein Hund suchte verzweifelt nach den Menschen, die er liebte und denen er vertraute und die ihn einfach ausgesetzt hatten und davongefahren waren. Nun lief er mit offener Schnauze auf jemanden zu, der so ähnlich aussah, und machte dann bestürzt kehrt: Das war ein unerträglicher Anblick, der in mir eine solche Wut und ein solches Mitleid erweckte, daß es mich fast würgte.

«Mach dir keine Sorgen, alter Junge», sagte ich und streichelte ihm den zottigen Kopf. «Jetzt kommen bessere Zeiten.»

Es kamen immer bessere Zeiten für die ausgesetzten Hunde, die in Schwester Roses kleinem Tierheim aufgenommen wurden. Es war erstaunlich, wie schnell ihre Pflege und Zuwendung die hilflosen Wesen beruhigte und verwandelte. Durch die offene Tür des Behandlungszimmers sah ich oft das Schwanzwedeln und hörte das fröhliche Bellen der Hunde in den Zwingern mit dem Maschendraht an der Vorderseite.

Ich war zu einem Routinebesuch hier. Der Gesundheitszustand und das Allgemeinbefinden der Neuankömmlinge mußten beurteilt, Impfungen gegen Staupe, Hepatitis und Leptospirose gegeben und Fäden nach erfolgter Sterilisation gezogen werden (alle Hündinnen wurden nach ihrer Ankunft sofort sterilisiert). Ganz allgemein galt es, jede Krankheit zu behandeln, die ich entdecken mochte.

«Ich sehe, daß er das Hinterbein anhebt», sagte ich.

«Ja, anscheinend kann er gar nicht damit auftreten. Ich möchte, daß Sie sich das einmal ansehen. Ich hoffe, es ist nur etwas Vorübergehendes.»

Ich untersuchte den Fuß und die Klauen. Normal. Als ich das Bein langsam von unten nach oben abtastete, entdeckte ich bald die Ursache des Problems.

Ich drehte mich zu Schwester Rose um. «Er hat sich mal den Oberschenkelknochen gebrochen, und der Bruch ist nie behandelt worden. Der Knochen hat zwar eine Art Kallus gebildet, aber wirklich geheilt ist der Bruch nicht.»

«Dieser kleine Kerl hat also ein gebrochenes Bein gehabt, und die Besitzer haben sich nicht darum gekümmert?»

«So ist es.» Ich fuhr mit der Hand über den kleinen Körper, tastete das hervorstehende Rückgrat und die beinahe fleischlosen Rippen ab. «Er ist auch sehr abgemagert, fast nur noch Haut und Knochen. Wenn ich je einen vernachlässigten Hund gesehen habe, dann diesen.»

«Und ich wette, er hat auch nie Zuwendung bekommen», sagte sie leise. «Schauen Sie nur, wie er zittert, wenn wir sprechen. Er scheint sich richtig vor Menschen zu fürchten.» Sie seufzte tief. «Also gut, wir tun, was wir können. Was machen wir mit dem Bein?»

«Ich muß es heute noch röntgen, erst danach kann ich dazu etwas sagen.» Ich impfte ihn, und Schwester Rose trug ihn hinaus und setzte ihn ganz für sich allein in einen Zwinger. «Übrigens», sagte ich, «wie haben Sie ihn denn genannt?»

Sie lächelte. «Titch. Kein sehr eleganter Name, aber er ist so klein.»

«Ja, das finde ich auch. Ein sehr passender Name.» Indessen dachte ich, daß die Namengebung für den stetigen Zustrom geretteter Tiere noch eines von Schwester Roses geringsten Problemen darstellte. Sie war Radiologin in einem großen Krankenhaus und fand trotzdem die Zeit, sich um die stets wechselnden Mitglieder ihrer Hundefamilie zu kümmern. Überdies brachte sie das Geld dafür auf, indem sie für ihren «Hundekuchenfonds» sammelte und aus der eigenen Tasche noch etwas beisteuerte.

Ich verband gerade den entzündeten Fuß eines anderen Hundes, als ich einen Mann vor der Reihe der Zwinger auf und ab gehen sah. Er hatte die Hände auf den Rücken gelegt und schaute sich die eifrigen Gesichter hinter dem Maschendraht genau an.

«Ich sehe, Sie haben einen Kunden», sagte ich.

«Ja, hoffentlich. Sein Aussehen gefällt mir. Er ist kurz vor Ihnen gekommen, und er schaut sich sehr gründlich um.»

Während sie sprach, drehte der Mann sich zur Seite, um einen Hund genauer zu betrachten. Irgend etwas an der gedrungenen Gestalt kam mir bekannt vor.

«Das ist Rupe Nellist», rief ich aus. «Ich kenne ihn.»

Vor ein paar Jahren hatte er in Darrowby ein großes Lebensmittelgeschäft gehabt, doch er hatte expandiert und ein noch größeres Geschäft in Hargrove eröffnet. Er war auch in diese dreißig Meilen entfernte quirlige Stadt gezogen, aber weiter ein treuer Kunde geblieben und hatte mir regelmäßig seinen Hund gebracht, bis der im Alter von fünfzehn Jahren eine Woche zuvor gestorben war.

Ich war mit dem Verbinden fertig und ging mit Schwester Rose zu ihm hinaus.

«Hallo, Rupe», sagte ich.

Er drehte sich überrascht um. «Guten Tag, Mr. Herriot. Ich hatte nicht erwartet, Sie hier zu treffen.» Sein Gesicht, das herausfordernd wirkte, wenn er nicht sprach, gewann etwas sehr Anziehendes, sobald er lächelte. «Mir war ganz elend zumute, seit ich diesen alten Hund verloren hab, und jetzt befolge ich Ihren Rat und such mir einen anderen.»

«Das ist das beste, Rupe, und Sie sind an den richtigen Ort gekommen. Es gibt hier ein paar ganz reizende Hunde.»

«Ja, da haben Sie recht.» Er nahm den weichen Filzhut ab und strich sich das Haar glatt. «Aber ich hab mir schon das Hirn zermartert und kann mich einfach nicht entscheiden. Es klingt dumm, aber wenn ich mir einen aussuche, tut es mir für all die anderen armen kleinen Kerle leid, die ich nicht nehme.»

Schwester Rose lachte. «So geht es vielen Leuten, Mr. Nellist, aber Sie brauchen sich keine Sorgen zu machen. Ich finde für alle meine Hunde ein gutes Zuhause. Es ist mir egal, wie lange ich sie bei mir behalten muß – keiner wird eingeschläfert. Die einzige Ausnahme sind die Fälle, wo ein Hund sehr alt ist oder eine unheilbare Krankheit hat.»

«Also, das klingt ja großartig. Dann gehe ich noch mal hier entlang.» Er setzte seine Inspektion der Zwinger fort. Beim Gehen hinkte er deutlich mit dem rechten Bein, ein Überbleibsel der Kinderlähmung, die er gehabt hatte.

Schwester Rose hatte nicht übertrieben, als sie gesagt hatte, er sei gründlich. Immer wieder ging er hin und her, sprach mit den Tieren oder steckte einen Finger durch den Maschendraht, um sie an der Nase zu kitzeln. Viele Hunde waren hübsche Vertreter ihrer Art und sahen reinrassig aus – da waren edle Labradors, majestätische Retriever mit einem goldfarbenen Fell und ein deutscher Schäferhund, der ein Crufts-Sieger hätte sein können, und als ich sie mir alle miteinander ansah, während sie schwanzwedelnd vor Rupe hochsprangen, fragte ich mich erneut, wie es nur möglich war, daß man sie ausgesetzt hatte.

Jedesmal, wenn Rupe an Titchs Box vorüberging, hoppelte

der kleine Hund auf der anderen Seite des Drahts auf seinen drei Beinen neben ihm her und schaute hoch zu ihm. Schließlich blieb Rupe stehen und schaute das kleine Wesen lange an. «Wissen Sie, mir gefällt der hier am besten», flüsterte er.

«Wirklich?» Schwester Rose war überrascht. «Er ist gerade erst angekommen. Wir hatten noch keine Gelegenheit, etwas für ihn zu tun. Er ist in einem schockierenden Zustand. Und er lahmt.»

«Ja, das sehe ich. Aber lassen Sie mich ihn doch bitte mal genauer anschauen.»

Schwester Rose öffnete die Zwingertür, und Rupe Nellist langte hinein und nahm den kleinen Hund heraus. Dann studierten die beiden einander, Auge in Auge.

«Na, kleines Kerlchen», sagte Rupe leise. «Wie würde es dir gefallen, mit mir zu kommen?» Die ängstlichen Augen in dem zottigen Gesicht schauten ihn einen Moment lang an, dann zuckte der Schwanz, und eine rosafarbene Zunge streckte sich Rupes Gesicht entgegen.

Der Mann lächelte. «Ich glaube, das ist ein richtig gutmütiger Bursche. Wir werden prima miteinander auskommen.»

«Dann wollen Sie ihn also mitnehmen?» fragte Schwester Rose und machte große Augen.

«Ja, und zwar gleich.»

«Oh, es wäre mir lieb, wenn wir ihn erst einmal ein wenig aufpäppeln könnten.»

«Keine Sorge. Das mache ich schon.» Er setzte den Hund auf den Boden und steckte einen Geldschein in die Spendenbüchse. «Vielen Dank, Schwester, daß ich mich umsehen durfte. Wie haben Sie diesen kleinen Burschen denn genannt?»

«Titch... leider. Vielleicht wollen Sie ihm ja einen anderen Namen geben?»

Er lachte. «Keineswegs. Komm, Titch.» Er humpelte zu seinem Wagen hinaus, und sein neuer Hausgenosse humpelte neben ihm her. Nach ein paar Schritten schaute Rupe sich grinsend um. «Läuft wie ich, nicht war? Das gleiche Bein.»

Ich sah Mann und Hund vierzehn Tage später wieder, als sie in meine Praxis kamen, um dem Hund die Wiederholungsimpfung verpassen zu lassen. Die Veränderung, die mit Titch vor sich gegangen war, war dramatisch. Er hatte kräftig Fleisch angesetzt, und, was noch auffälliger war, das Zittern und die Furcht waren verschwunden.

«Das ist ja ein ganz anderer Hund, Rupe», sagte ich. «Er sieht aus, als hätte er endlich mal was Gutes zu fressen bekommen, und glücklich ist er auch.»

«Ja, bei Gott, die ersten Tage hat er ganz schön reingehauen, und prächtig eingewöhnt hat er sich auch. Meine Frau hat ihn richtig ins Herz geschlossen.»

Mir fiel auf, daß der kleine Hund den Blick unverwandt auf seinen neuen Herrn gerichtet hielt, solange dieser sprach. Titch hatte einen neuen Menschen gefunden, den er lieben konnte, und dieses Mal würde er gewiß nicht enttäuscht werden. Rupe Nellist war kein überschwenglicher Mensch, aber an der Art, wie er seinen neuen Hausgenossen ansah und ihm sanft über den Kopf strich, konnte man unzweifelhaft erkennen, daß das kleine Tier etwas an sich hatte, auf das er mit seinem ganzen Wesen reagierte.

Ich benutzte die Gelegenheit, um das lahme Bein zu durchleuchten, und das Röntgenbild zeigte, was ich erwartet hatte.

«Es ist zu spät, das gebrochene Bein einzugipsen, Rupe», sagte ich. «Die einzige Hoffnung besteht darin, das Bein zu plattieren – die Knochenenden aneinanderzulegen und sie für ein paar Wochen mit einer Metallplatte zu verbinden, aber selbst dann kann ich nicht dafür garantieren, daß er je wieder richtig gesund wird. So etwas macht man am besten gleich nach Entstehen der Verletzung.»

«Ja, das leuchtet mir ein, aber, wissen Sie, ich würde viel darum geben, wenn ich sehen könnte, wie der kleine Kerl auf allen vier Beinen rumläuft. Er tritt nie auf mit dem Bein, das beunruhigt mich. Denken Sie darüber nach, und ich werde alles tun, wozu Sie raten.»

Mit der Plattierung von Frakturen drang man schon weit auf das Gebiet der orthopädischen Chirurgie vor, aber zweierlei motivierte mich dazu, einen Versuch zu wagen. Zum einen vertraute Rupe Nellist unerschütterlich meinen Fähigkeiten, und zum anderen war Calum Buchanan entschlossen, mich in die moderne Welt der Kleintierbehandlung einzuführen.

Und da war noch etwas. Leute, die in Hargrove wohnten, berichteten mir immer wieder von Rupes außerordentlicher Zuneigung zu seinem neuen Hund. Anscheinend nahm er ihn überallhin mit, ob er nun privat oder geschäftlich unterwegs war, und zeigte ihn stolz vor, als sei er von allerfeinster Abstammung und nicht, wie die meisten Menschen wohl sagen würden, bloß eine Promenadenmischung. Rupes Unternehmen ging es auch weiterhin glänzend, seit er ein weiteres großes Geschäft eröffnet hatte, und er betätigte sich auch im Stadtrat und im regionalen Verwaltungsapparat. Er sorgte für ein paar überraschte Kommentare, indem er Titch sogar zu den Ratssitzungen mitnahm, und wäre er nicht diese beeindruckende Persönlichkeit gewesen, deren Macht ständig wuchs, hätte man ihm das bestimmt nicht nachgesehen. Es bestand also kein Zweifel daran, daß ich dieses Bein in Ordnung bringen mußte.

Ich war in einer mir nur allzu vertrauten Lage – ich mußte eine Operation durchführen, die ich noch nie gemacht, ja noch nicht einmal jemand anderen ausführen gesehen hatte. Ich hatte im Veterinärmedizinischen Institut eine gute wissenschaftliche Ausbildung erhalten, aber leider zu einer Zeit studiert, als der ganze Berufsstand mit einer riesigen Woge von neuen Medikamenten und Heilverfahren überschwemmt wurde, und ich versuchte atemlos, den Kopf über Wasser zu behalten. Ich konnte mir nicht anders helfen, als über all diese neuen Dinge in der Fachliteratur nachzulesen. Diese Lektüre hatte es mir etwa ermöglicht, Eingriffe bei Rindern vorzunehmen, beispielsweise Kaiserschnitte und Pansenöffnungen, die in unserem Kreis noch nie gemacht worden waren. In einem bescheidenen Maße war ich ein Pionier auf diesem Gebiet.

Diese Operationen wurden mir jedoch aufgezwungen, sie waren ein unvermeidlicher Bestandteil meiner Arbeit als Tierarzt auf dem Land, der Großtiere zu versorgen hatte. Es war nur allzuleicht gewesen, um die Kleintierbehandlung einen Bogen zu machen, indem wir unsere Problemfälle an den brillanten Granville Bennett weiterreichten, doch die Zeit war reif, und wir mußten uns der Tatsache stellen, daß die Behandlung von Hunden und Katzen einen immer größeren Teil unseres Lebens ausfüllen würde. Dies war die nächste Umwälzung, mit der wir uns anfreunden mußten.

Calum war ein begeisterter Verfechter dieser neuen Ideen. Er nahm sich chirurgischer Eingriffe beherzt und entschlossen an, und er war entzückt über die Gelegenheit, Titchs Bein zu reparieren. Und im Unterschied zu mir hatte er bei vielen solchen orthopädischen Operationen zugeschaut. Die modernen Veterinärmedizinischen Institute verfügten über gute Kliniken, in denen die allerneuesten Verfahren angewendet wurden – etwas, wovon man zu meiner Zeit nicht einmal zu träumen gewagt hatte.

Wir mußten uns einige neue Instrumente und Hilfsmittel besorgen, doch am folgenden Sonntagmorgen konnten wir anfangen. Wir wählten diesen Tag aus, weil es dann in der Praxis ruhig zugehen und wir mehr Zeit haben würden.

Wie bei allen neuen Operationen stellte ich fest, daß der tatsächliche Fall zehnmal schwieriger und beängstigender war, als ich es nach meiner Lektüre erwartet hatte. Es kam mir vor, als hätte ich ein ganzes Jahr, Kopf an Kopf neben Calum, über Titchs schlafende Gestalt gebeugt zugebracht. Im Verlauf der Operation arbeiteten wir uns durch die Muskeln bis zu dem verletzten Knochen vor, entfernten den partiellen Kallus und eine scheinbar endlose Menge faserigen Gewebes, banden die Gefäße ab, aus denen das Blut spritzte, kratzten die Knochenenden auf, bohrten und schraubten schließlich die Platten an, die die gebrochenen Enden zusammenhalten sollten. Als der Schnitt durch die Haut wieder verschlossen war und man nur noch eine Naht sah, war ich schweißnaß und völlig erschöpft. Als ich daran dachte, was unter der Naht lag, sprach ich ein stilles Gebet.

Während der folgenden Wochen brachte Rupe Nellist Titch zu regelmäßigen Kontrolluntersuchungen zu uns. Die Wunde war ohne Abstoßungsreaktion verheilt, doch der kleine Hund machte keine Anstalten, das Bein auf den Boden zu stellen.

Zwei Monate später entfernten wir die Eisenplatte. Der Knochen war wunderschön zusammengewachsen, aber Titch war weiterhin ein dreibeiniger Hund.

«Hat er je versucht, mit dem Bein den Boden zu berühren?» fragte ich.

Rupe schüttelte den Kopf. «Nein, er ist immer so, wie Sie ihn hier sehen. Nie anders. Vielleicht hinkt er schon so lange, daß er das Bein aus Gewohnheit hochhält?»

«Könnte sein, aber es ist enttäuschend.»

«Machen Sie sich nichts draus, Mr. Herriot. Sie und Ihr Kollege haben Ihr Bestes getan, und ich bin Ihnen dankbar. Und dem kleinen Kerl geht's ansonsten ja prächtig.»

Als er sich mit seinem hinkenden Hausgenossen verabschiedete, drehte Calum sich mit einem ironischen Lächeln zu mir um. «Tja, manchmal verliert man eben.»

Einige Monate später las Calum mir eine Meldung in der *Darrowby and Houlton Times* vor.

«Hören Sie sich das an. ‹Am Sonnabend findet im Rathaus ein Empfang für Rupert Nellist, den neugewählten Bürgermeister von Hargrove, statt, der sich im Anschluß daran der Öffentlichkeit zeigen wird.›»

«Der gute alte Rupe», sagte ich. «Er hat es verdient, nach allem, was er für die Stadt getan hat. Ich hab den Mann gern.»

Calum nickte. «Mir geht es ebenso. Und ich hätte nichts dagegen, ihn im Augenblick seines Ruhms zu sehen. Meinen Sie, wir könnten uns für eine halbe Stunde nach Hargrove schleichen?»

Ich schaute ihn nachdenklich an. «Das wäre nett, nicht wahr. Und am Samstag steht noch nicht viel an. Ich spreche mit Siegfried – ich bin sicher, er hält für uns die Stellung.»

Der Sonnabend vormittag sah mich und Calum inmitten der Menge, die in strahlendem Sonnenschein vor dem Rathaus von Hargrove stand. Auf dem oberen Treppenabsatz hatte man zu beiden Seiten der schweren Türen mehrere große Blumentöpfe aufgestellt, und die bunten Blüten trugen zusätzlich zu der festlichen Atmosphäre und der allgemeinen Erwartungshaltung bei. Ein Team von der BBC stand mit Fernsehkameras bereit.

Wir brauchten nicht lange zu warten. Die Türen wurden aufgestoßen, und als Rupe mit der umgelegten Amtskette und der Bürgermeistersgattin an seiner Seite erschien, brach die Menge in lautes Hurrageschrei aus. Wie populär er war, sah man an den lächelnden Gesichtern und den winkenden Armen rings um uns. Die begeisterten Rufe wurden noch lauter, als Titch hinter seinem Herrn angelaufen kam. Jedermann wußte von Rupes Beziehung zu seinem Hund.

Dieser Lautstärkepegel war jedoch noch nichts im Vergleich zu dem donnernden Gelächter, das ertönte, als Titch nach vorn spazierte, das Bein hob und sich in einen der Blumentöpfe erleichterte, eine Geste, mit der er bei den Fernsehzuschauern im ganzen Land berühmt wurde.

Es wurde immer noch gelacht, als der kleine Zug die Treppe herunterkam und durch die Menge zu schreiten begann. Die Menschen bildeten eine Gasse, durch die der Bürgermeister und seine Gattin mit Titch im Schlepptau marschierten. Es war ein hübscher Anblick, doch Calum und ich hatten nur für eines Augen.

Calum knuffte mich aufgeregt in die Rippen. «Sehen Sie auch, was ich sehe?»

«Jawohl», stieß ich hervor. «Ich sehe es ganz genau.»

«Er ist gesund. Auf vier Beinen. Absolut kein Humpeln mehr.»

«Ja... große Klasse... wunderbar!» Unser Triumphgefühl ließ die Sonne noch heller erstrahlen.

Wir konnten nicht länger bleiben, und als wir ins Auto stiegen, drehte Calum sich zu mir um. «Da war noch etwas. Ist Ihnen was aufgefallen, als Titch diese Blumen gegossen hat?»

«Ja. Er hat sein gesundes Bein hochgehoben. Das ganze Gewicht lastete auf dem kranken.»

«Woraus sich schließen läßt...», sagte Calum grinsend.

«Daß er nie wieder humpeln wird.»

«Genau.» Calum nahm hinter dem Steuer Platz, und als er den Motor anließ, seufzte er zufrieden: «Tja, manchmal gewinnt man eben.»

50

Bob Stockdale war der einzige Überlebende der Katastrophe, die über das Lord Nelson Inn hereingebrochen war. In schmutzigen Gummistiefeln und mit einer Schirmmütze auf dem Kopf saß er auf einem hohen Hocker am Ende des Tresens und schien die ewige Litanei der Dudelsackmusik und das Stimmengewirr des dichten Gedränges smarter junger Leute gar nicht wahrzunehmen.

Ich kämpfte mich zum Tresen durch und holte mir ein Pint Bitter, und als ich dort stand und, an die Wand gelehnt, die ganze Szenerie überblicken konnte, schweiften meine Gedanken traurig zu den alten Tagen zurück. Noch vor einem Jahr war das Lord Nelsen ein für Yorkshire typischer Pub gewesen. Ich erinnerte mich an einen Abend, an dem ich mit einem Freund aus

Glasgow dort vorbeigeschaut hatte. Damals war das Lord Nelson ein großer Raum gewesen, der eher wie eine große Küche wirkte und in dem ein Holzfeuer in einem schwarzen Herd brannte und ein Dutzend Farmer auf Eichenbänken mit hoher Lehne saßen, die ihre Pints auf groben Holztischen vor sich stehen hatten. Diese Bänke waren eine Zuflucht vor den kalten Winden, die durch die Straßen des Dorfes draußen und über die Viehweiden fegten, auf denen diese Männer ihr Leben verbrachten.

Der Geräuschpegel der Unterhaltung stieg nie über ein gedämpftes Flüstern an, und das Ticken der Wanduhr und das Klappern der Dominosteine trugen zusätzlich zu der Atmosphäre von Ruhe und Stille bei.

«Mann, hier drin ist es aber friedlich», sagte mein Freund damals. Verwundert schaute er dem Besitzer zu, der, in Hemd und Hosenträgern, gemächlich in den Keller hinabstieg und mit einem großen Emaillekrug wieder heraufkam, aus dem er die Gläser auffüllte, wobei er fachmännisch das Bier so ausgoß, daß die erforderliche Schaumkrone entstand.

«Ist ein bißchen was anderes als die West Nile Street», sagte ich.

Mein Freund grinste. «Kann man wohl sagen. Es ist im Grunde nicht zu glauben. Wie kann sich denn ein solcher Pub rentieren? Nur ein paar Gäste, und die trinken noch nicht einmal viel.»

«Ich glaube, er rentiert sich auch nicht. Bringt vielleicht ein paar Pfund pro Woche, aber der Besitzer betreibt außerdem eine kleine Landwirtschaft – er hat Kühe, Kälber und Schweine auf der anderen Seite der Mauer – und betrachtet dies hier als angenehme Nebenbeschäftigung.»

Mein Freund trank einen großen Schluck aus seinem Glas, streckte die Beine aus und machte die Augen halb zu. «Mir jedenfalls gefällt es. Man kann sich hier ausruhen. Es ist herrlich.»

Es war wirklich herrlich, und die meisten Pubs in der Umgebung von Darrowby waren weiterhin herrlich, doch als ich mich jetzt in dem modernisierten Lord Nelson umschaute, fragte ich mich, wie lange das noch so bleiben würde.

Als der neue Besitzer den Pub übernahm, zögerte er nicht damit, seine Revolution anzuzetteln. Er war kein Farmer, sondern ein gewiefter Grundbesitzer, und er versprach sich von der alten Kneipe in dem hübschen, an die Berghänge geschmiegten Dorf Welsby eine gewinnträchtige Zukunft. Der Küchenherd verschwand und wurde durch einen schicken Tresen vor einem Hintergrund aus Spiegeln und glänzenden Flaschen ersetzt; Zaumzeug, Jagdhörner und Drucke mit Jagdszenen erschienen an den Wänden, und die antiken Holzbänke und Tische wurden fortgeworfen. Die Wand am Ende des Raums wurde eingerissen, und die Leute aßen in einem eleganten Speisezimmer, wo ich einst den Kühen beim Kalben geholfen und die Schweine verarztet hatte.

Zweierlei ereignete sich beinahe gleichzeitig: In Scharen schwärmten die jungen Leute mit ihren Autos aus den großen Städten von Yorkshire aus, und die alte Kundschaft blieb weg. Ich hatte keine Ahnung, wohin diese Männer von den Farmen sich zurückzogen – vermutlich in Pubs in die Nachbardörfer –, Bob Stockdale jedoch blieb. Mir war nicht klar, warum, doch er war ein stiller Mensch, ein Einzelgänger, und vielleicht dachte er daran, daß er jahrelang mehrere Abende in der Woche in diesem Raum gesessen hatte, und wollte ihn, all den Veränderungen zum Trotz, einfach nicht verlassen. Jedenfalls war er jedesmal da, wenn ich vorbeikam, und thronte stets auf dem gleichen Hocker, unter dem seine alte Hündin Meg lag. Welsby lag an der langen, langen Straße, die sich durchs Dale hinaufwand und die ich tausendmal befahren hatte, und wenn ich abends zu einer Visite dorthin gerufen wurde, kam ich manchmal auf ein Bier hier herein. Heute hatte ich einen Uterusvorfall bei einer Kuh behandelt, und während ich in kleinen Schlucken mein Glas austrank, spürte ich ein tiefes Gefühl der Befriedigung wie nach jeder gelungenen Operation.

Ich erspähte eine Lücke im Gewimmel am Tresen und drängte mich neben Bob. «Hallo, Bob», sagte ich. «Kann ich Ihnen was nachschenken lassen? Ihr Glas wird langsam leer.»

«Ja, danke, Mr. Herriot. Stimmt, ist schon fast leer.» Er trank die letzten paar Zentimeter aus und schob das Glas über den Tresen.

Er sprach langsam und hatte Mühe mit der Aussprache. Es war schon fast Sperrstunde, und er hatte lange hier gesessen, schweigend seine Gläser geleert und jenen Zustand der Weltferne erreicht, in dem ich ihn schon früher gesehen hatte.

Beim Hinunterschauen sah ich Megs Nase zwischen den Hokkerbeinen hervorspitzen und beugte mich hinunter, um das ergrauende Maul der alten Hündin zu streicheln, die Bobs Helferin und Freundin war. Tagsüber trieb sie für ihn die Kühe auf den Hof, strich eifrig um sie herum und schnappte nach ihren Fersen, wenn sie ausbrechen wollten, und abends ruhten sie sich gemeinsam aus.

Ich sah, daß die freundlichen Hundeaugen trüber wurden. «Sie kommt allmählich ins Alter, Bob.»

«Ja, an Ostern wird sie zehn, aber sie ist immer noch springlebendig.»

«O ja, ich hab ihr bei der Arbeit zugesehen. Sie wird noch lange leben.»

Er nickte feierlich.

Wir unterhielten uns ein paar Minuten. Männern wie Bob, diesen unerschrockenen Farmarbeitern, die ein Teil meines Lebens waren, fühlte ich mich sehr verbunden – sie fingen die großen Tiere für mich ein und hielten sie fest, und wenn das Kalben und Lammen sich schwierig gestaltete, schwitzten sie Seite an Seite neben mir. Es war mir stets ein Vergnügen, sie einmal nach der Arbeit treffen zu können, und ich sah, daß es Bob Freude machte, wenn wir uns an gemeinsame Erlebnisse in der Vergangenheit erinnerten. Er lächelte sanft zu diesen Reminiszenzen, obwohl er schon ein wenig lallte und die Augen halb geschlossen hatte.

Ich trank mein Glas aus und schaute auf die Uhr. «Ich muß jetzt gehen, Bob. Passen Sie auf sich auf, bis wir uns wiedersehen.»

Darauf glitt er von seinem Hocker. «Ich mach mich auch auf den Heimweg.» Vorsichtig steuerte er türwärts.

Draußen ging er in der Sommerdämmerung auf sein Fahrrad zu, das an der Mauer lehnte. Ich blieb bei meinem Auto stehen. Ich war schon des öfteren Zeuge dieses Rituals geworden und fand es faszinierend.

Er nahm das Rad von der Mauer und verwendete einige Zeit

darauf, es so vor sich aufzustellen, daß es seinen Vorstellungen entsprach. Dann machte er einen Versuch, ein im Gummistiefel steckendes Bein über den Sattel zu schwingen. Beim ersten Anlauf gelang ihm das nicht, und er stand ein paar Sekunden da und schien tief Luft zu holen. Dann rückte er das Rad sorgfältig zurecht, bevor er das Bein nochmals hochwarf. Er kam wieder nicht auf der anderen Seite an, und einen Augenblick lang dachte ich, er würde samt seinem Rad zu Boden gehen, doch er kam wieder ins Gleichgewicht, stand mit eingezogenem Kopf da und hielt Zwiesprache mit sich selbst. Schließlich straffte er entschlossen die Schultern, faßte die Querstange und die Lenkstange ins Auge, und diesmal landete er nach einem jähen Satz auf dem Sattel.

Einen spannungsgeladenen Moment saß er so da und kam kaum vorwärts: Die Füße strampelten wild auf den Pedalen, und die Hände rissen die Lenkstange hin und her, während er darum kämpfte, nicht das Gleichgewicht zu verlieren. Dann fuhr er endlich im Schneckentempo los. Nach ein paar Metern hielt er schon wieder an und blieb ein paar Sekunden lang, ohne auch nur den Fuß vom Pedal zu nehmen, auf der Stelle stehen, doch das Rad blieb auf geheimnisvolle Weise aufrecht. Ich fand es wieder einmal schade, daß Bob sich nie an dem im Rahmen der Darrowby-Gala ausgetragenen Wettkampf im Rad-Langsamfahren beteiligte. Er hätte jedes Jahr den ersten Preis gewonnen.

An mein Auto gelehnt, sah ich ihm zu. Die alte Meg, der das Spielchen offenbar bestens bekannt war, spazierte geduldig neben ihm her und ließ sich jedesmal nieder, wenn er eine seiner wunderbar ausbalancierten Pausen einlegte. Bobs Haus stand ungefähr eine Meile weiter hinten an der Straße, und ich fragte mich, wie lange er wohl brauchte, um dort anzukommen. Seine einstigen Gefährten aus der Ära vor der Modernisierung des alten Pubs hatten stets hartnäckig beteuert, daß er noch nie vom Rad gefallen sei, und ich persönlich hatte ebenfalls noch nie gesehen, daß er zu Schaden gekommen wäre. Als Mann und Hund schließlich in der dichter werdenden Dunkelheit verschwanden, stieg ich ins Auto und fuhr nach Hause.

Wie ich schon sagte, schien ich mein halbes Leben auf der

durch Welsby führenden Straße zu verbringen, und im Lauf der nächsten Monate machte ich mehrmals im Lord Nelson Station. Eines Abends entdeckte ich dort wie immer Bobs Schirmmütze, die wie ein Fremdkörper von den modischen Jacketts und Kleidern abstach, doch als ich durch das Gewimmel spähte, fiel mir eine Veränderung auf.

Ich zwängte mich zu seinem Stammplatz an der Bar durch. «Hallo, Bob. Sie haben ja Meg gar nicht dabei.»

Er schaute auf den leeren Platz unter seinem Hocker und trank erst einen Schluck aus seinem Glas, ehe er mich mit traurigem Gesicht ansah.

«Nein», flüsterte er. «Ich konnte sie nicht mitbringen.»

«Warum denn nicht?»

Eine Weile antwortete er nicht, und als er dann sprach, klang seine Stimme heiser und war fast unhörbar. «Sie hat Krebs.»

«Was!?»

«Krebs. Meg hat Krebs.»

«Woher wissen Sie das?»

«Sie hat eine große Wucherung. Die wächst schon seit einer ganzen Weile.»

«Warum haben Sie mir nichts davon gesagt?»

«Sie hätten sie doch bloß eingeschläfert. Und ich will nicht, daß sie jetzt schon eingeschläfert wird.»

«Aber... aber... Sie ziehen voreilige Schlüsse, Bob. Nicht alle Wucherungen bedeuten automatisch Krebs.»

«Das da muß Krebs sein. Es ist ein verflucht großes Ding, so groß wie ein Kricketball.»

«Und wo befindet sie sich?»

«Unter ihrem Bauch. Hängt schon fast bis zum Boden runter. Es ist schrecklich.» Er rieb sich die Augen, als wolle er die Erinnerung wegwischen. Er bot ein Bild des Jammers.

Ich packte ihn am Arm. «Hören Sie, Bob, das klingt, als sei es ein einfacher Gesäugetumor.»

«Ein was?»

«Eine Wucherung am Euter der Hündin. Diese Dinge kommen häufig vor, und oft sind sie gutartig und ziemlich harmlos.»

«Oh, dieses bestimmt nicht», sagte er mit zitternder Stimme.

«Sie ist verdammt groß ...» Er demonstrierte es mir mit den Händen.

«Die Größe ist nicht von Belang. Kommen Sie, Bob, wir fahren zu Ihnen nach Hause und schauen uns Meg an.»

«Nein ... nein ... ich weiß doch schon, was Sie machen werden.» In seinen Augen erschien ein gehetzter Ausdruck.

«Ich mache gar nichts, das verspreche ich Ihnen.» Ich schaute auf die Uhr. «Gleich ist Sperrstunde. Gehen wir.»

Er warf mir einen letzten verzweifelten Blick zu, erhob sich von seinem Hocker und schlingerte vorsichtig zur Tür.

Draußen sah ich der üblichen Prozedur mit dem Fahrrad zu, doch diesmal gingen Mann und Rad beim dritten Versuch aufzusteigen krachend zu Boden. Ein schlechtes Zeichen. Auf der nicht enden wollenden Reise zum Haus schlug Bob noch mehrmals hin, und als ich ihn so ansah, wie er quer über seinem Rad lag, wurde mir klar, daß ihn die Lebensgeister verlassen hatten.

Im Haus schaute sein Bruder Adam von seiner Arbeit an einem Knüpfteppich auf. Keiner der beiden Männer hatte geheiratet, und obwohl sie ganz unterschiedliche Persönlichkeiten waren, lebten sie in schönster Harmonie miteinander. Ich hastete zu Megs Korb und rollte die alte Hündin vorsichtig auf die Seite. Es war tatsächlich ein riesiger Tumor, doch er war steinhart und auf die Haut begrenzt und hatte sich nicht bis zum Gesäugegewebe ausgebreitet.

«Schauen Sie, Bob», sagte ich. «Meine Finger haben dahinter sogar noch Platz. Ich bin sicher, daß ich ihn entfernen kann und daß Meg die besten Aussichten hat, wieder vollkommen gesund zu werden.»

Er ließ sich auf einen Stuhl fallen, und als Meg hinüberschlenderte, um ihn zu begrüßen, streichelte er ihr langsam die Ohren. Es war etwas Trauriges an dem wedelnden Schwanz, der offenen, keuchenden Schnauze und der monströsen Wucherung, die fast bis zum Boden hinabbaumelte.

Von ihm erhielt ich keine Antwort; statt seiner ergriff nun Adam das Wort: «Da sehen Sie, wie er ist, Mr. Herriot. Ich sag ihm schon seit Wochen, er soll zu Ihnen gehen, aber er hört mir gar nicht zu. Ich hab keine Geduld mehr mit ihm.»

«Wie wär's, Bob?» sagte ich. «Wollen Sie sie so bald wie möglich in die Praxis bringen? Je früher es gemacht wird, desto besser. Sie können sie doch nicht weiter so herumlaufen lassen.»

Er streichelte Meg noch eine Weile weiter und nickte dann. «In Ordnung.»

«Wann?»

«Ich sag Ihnen Bescheid.»

Jetzt meldete Adam sich wieder zu Wort. «Da hören Sie's. Er will es nicht sagen, aber ich weiß jetzt schon, daß er sie nie zu Ihnen bringen wird. Er hat sich einfach in den Kopf gesetzt, daß Meg sterben muß.»

«Das ist doch Blödsinn, Bob», sagte ich. «Ich sage Ihnen, ich bin mir ziemlich sicher, daß ich ihr helfen kann. Soll ich sie nicht jetzt gleich mitnehmen? Wie wäre das?»

Den Blick noch immer zu Boden gerichtet, schüttelte er heftig den Kopf. Ich entschied mich für eine Schocktaktik.

«Oder lassen Sie mich die Operation sofort vornehmen.»

Er warf mir einen verdutzten Blick zu. «Was ... gleich hier?»

«Warum denn nicht? Das ist keine so große Sache, wie Sie denken. Es sind keine lebenswichtigen Organe betroffen, und ein Operationsbesteck habe ich immer im Auto.»

«Gute Idee!» platzte Adam los. «Sonst wird ja doch nichts draus!»

«Nur eine Frage noch», sagte ich. «Wann hat sie zum letzten Mal was gefressen?»

«Sie hat heute früh ein paar Hundekuchen gefuttert», erwiderte Adam. «Aber das ist alles. Bob gibt ihr ihre Hauptmahlzeit immer spätabends.»

«Schön, schön. Dann wird sie die Narkose gut vertragen.»

Bob schien ganz benommen zu sein. Er sagte kein Wort und regte sich auch nicht, als Adam und ich geschäftig unsere Vorbereitungen trafen. Ich hatte mich schon immer für die Beziehung der beiden interessiert. Größere Gegensätze konnte man sich kaum vorstellen. Adam hatte in seinem ganzen Leben noch kein Bier angerührt, doch schien er an Bobs Trinkerleben nichts auszusetzen zu haben. Während Bob im Lord Nelson saß, besuchte er gewöhnlich Abendkurse in der Dorfschule; das Teppichknüpfen war sein neuestes Hobby. Adam arbeitete nicht auf der Farm; er war bei der großen Molkerei beschäftigt, die die Milch von den Farmen in den Dales aufkaufte. Er war klein und leicht gebaut und nahm, anders als sein kräftiger, phlegmatischer Bruder, alles sehr genau, ließ nichts schleifen.

Nachdem ich die Instrumente ausgekocht hatte, hoben wir Meg auf den Tisch, und die rasche intravenöse Injektion eines Barbiturats schickte die alte Hündin in einen tiefen Schlaf. Ich band sie in Rückenlage mit Binden an den Tischbeinen fest, und dann schrubbten wir drei uns am Ausguß in der Küche die Hände. Bob, der immer noch seine Mütze aufhatte, legte zusehends weniger Begeisterung an den Tag, und als ich jedem der Brüder eine Arterienklemme aushändigte und mein Skalpell zückte, schloß er fest die Augen.

Meine Technik bei diesen Tumoren bestand darin, eine Ellipse in die Haut zu schneiden und dann ohne weitere Umschweife zum Ausschälen mit den Fingern voranzuschreiten. Das sah ein wenig grob aus, verringerte aber die Blutung beträchtlich. Ich hatte den ersten Schnitt gemacht und damit begonnen, die Haut zurückzuschieben, und genau in dem Augenblick, als ich mir von den Brüdern die Klemme reichen ließ und ein paar blutende Gefäße abklemmte, öffnete Bob die Augen. Er stöhnte dumpf auf und stolperte zu einem alten Roßhaarsofa, auf dem er zusammensackte und den Kopf in den Händen vergrub. Sein zerbrechlicher Bruder jedoch war aus härterem Holz geschnitzt, und obwohl auch er ein wenig Farbe verloren hatte, preßte er die Lippen fest aufeinander und hielt beide Klemmen an den Gefäßen mit ruhiger Hand, während ich sie abband.

Einmal angefangen, machte mir die Sache Spaß. Ich legte mit den Fingern die kugelförmige Wucherung frei und schob die Hautfaszien zurück. Einige davon wären beinahe herausgesprungen, und obwohl es mancherorts nicht so leicht ging wie anderswo, kam ich gut voran. Schon bald hatte ich den ganzen Tumor bis auf eine Masse am unteren Ansatz in der Hand, und ich wußte aus Erfahrung, daß da unten ein großes Gefäß sein mußte. «Halten Sie die Klemme bereit, Adam», sagte ich und zog vorsichtig am Gewebe, doch ich hatte noch nicht zu Ende gesprochen, als bereits ein blutroter Strahl zu seinem Gesicht hochspritzte.

Bob wählte diesen Augenblick, um die Hände vom Gesicht zu nehmen, und nach einem entsetzten Blick auf die blutbeschmierte Brille seines Bruders stieß er ein ersticktes Grunzen aus, riß die Beine hoch, ließ sich rückwärts aufs Sofa plumpsen und zog sich mit einer matten Handbewegung die Mütze über die Augen.

«Gut gemacht, Adam», sagte ich zu dem kleinen Mann, der resolut auf dem Posten stand und dieses letzte Gefäß abklemmte, während ich es abschnürte und den Tumor entfernte. «Wir sind gleich fertig. Jetzt sind nur noch ein paar Stiche zu machen.» Ich vernähte den Schnitt mit einem Nylonfaden und trat hochzufrieden einen Schritt zurück.

«Ohne das häßliche Ding sieht das alte Mädchen doch viel besser aus», sagte ich und fuhr mit der Hand über den makellosen Unterbauch. Leider stieß ich dabei mit den Fingern an den Tumor, der auf dem Tisch lag, worauf er auf den Boden plumpste und auf das Sofa zurollte.

Bob drehte sich bestürzt in Richtung der Geräuschquelle um, und die Kinnlade klappte ihm herunter, als er das grausige Objekt auf sich zurollen sah. «Oh, verdammt!» stöhnte er und drehte sich sofort wieder zur Wand.

So blieb er liegen, während ich seinem Bruder half, Meg zu ihrem Korb zu tragen, den Tisch abzuschrubben und aufzuräumen.

Als alle Spuren unserer Operation beseitigt waren, ging Adam mit dem Wasserkessel zur Spüle. «Ich weiß nicht, wie es Ihnen geht, Mr. Herriot, aber ich könnte jetzt eine Tasse Tee vertragen.»

«Ich auch, gern», sagte ich und ließ mich auf einen der Eichenstühle sinken.

Adam wandte sich der bäuchlings auf dem Sofa liegenden Gestalt zu. «Wie steht's mit dir, Bob? Trinkst du auch eine Tasse?»

Bob regte sich, setzte sich auf und schaute sich argwöhnisch im Zimmer um. «Nein... nein...» Er kam auf die Beine und ging zu einem Schrank, aus dem er eine Flasche braunes Ale nahm. Er goß sich ein Glas ein und trank einen großen Schluck, dann ging er zum Korb und schielte auf den flachen Bauch und die akkurate Naht. Eine Weile hockte er dort, streichelte das schlafende Tier und kraulte ihm die Ohren, dann drehte er sich um, und langsam breitete sich ein höchst zufriedenes Lächeln auf seinem Gesicht aus.

«Tja», sagte er, «das hätten wir geschafft.»

«Ja, Bob, alter Junge», sagte sein Bruder und lächelte ihn ebenfalls an, «wir haben es geschafft.»

Als ich zehn Tage später die Fäden zog, konnte ich Bob versichern, daß sich der Tumor bei der mikroskopischen Untersuchung als gutartig erwiesen hatte und er sich keine Sorgen mehr zu machen brauchte.

Danach bekam ich ihn fast einen Monat lang nicht zu Gesicht, bis ich eines Abends wieder seine Mütze über dem Gewühl im Lord Nelson aufragen sah. Es war fast Sperrstunde, und gerade als ich mich zu ihm durchdrängen wollte, stand er von seinem Hocker auf, und Meg trollte sich von ihrem Platz darunter und trottete ihm gemächlich zum Ausgang hinterher. Ohne dieses entstellende Anhängsel an ihrem Bauch sah sie jünger und munterer aus. Ich schaute dem Paar durch das Fenster des Pubs zu. Vor der Tür angelangt, legte Meg die Schnauze auf die Vorderbeine und wartete, bis ihr Herr sein Ritual absolviert hatte.

Bob ergriff sein Rad und schüttelte es kräftig durch, als wolle er ihm klarmachen, wer hier der Boss war. Er benötigte nur zwei Anläufe, um aufzusitzen, und obwohl er reglos in dieser Stellung verharrte und die Lenkstange hin und her riß, hatten seine Bewegungen etwas Gebieterisches an sich, und es dauerte nicht lange, bis er zum Heimweg startete. Ich schaute Mann und Hund nach, bis sie meinen Blicken entschwanden, und obwohl Bob häufig Pausen einlegte, sah ich, daß eine Katastrophe nicht zu befürchten war.

Bob würde an diesem Abend nicht herunterfallen. Er war wieder ganz der alte.

51

Calum nähte nach einer seiner mit geschickter Hand ausgeführten Operationen den letzten Stich und schaute ein paar Sekunden lang auf die schlafende Katze hinunter.

«Jim», sagte er, ohne den Kopf zu heben. «Ich fürchte, ich werde Sie verlassen.»

«Oh.» In meinem Herzen gab es einen Ruck, und im Augenblick fiel mir nichts zu sagen ein. Calum war zwei Jahre lang bei uns gewesen, und einmal mußte der Tag kommen, wo er sich, wie alle jungen Tierärzte, selbständig machen würde. Ich jedoch war von einem einzigen Gedanken beherrscht – ich wollte ihn nicht fortlassen.

Da er keine Antwort erhielt, sprach Calum weiter. «Ja, ich hatte da ein Stellenangebot, das mir, glaube ich, sehr zusagt.»

«Oh...» Mit meinem begrenzten Vokabular begann ich mir wie ein Idiot vorzukommen. «Tja... das verstehe ich natürlich, Calum. Wohin werden Sie denn gehen?» Mein Gehirn fing wieder an zu arbeiten, und eine Gewißheit zeichnete sich deutlich ab – es würde ein abgelegener Ort sein, irgendwo in der Wildnis. Höchstwahrscheinlich Nordschottland... vielleicht ein Ort auf den Western Isles.

«Neuschottland», erwiderte er.

«Großer Gott!» Mir wurde plötzlich klar, daß ich ihn doch nicht in- und auswendig kannte.

Er lachte. «Ich dachte mir schon, daß Sie so etwas sagen würden. Ich stehe in Kontakt mit einem Burschen, der da drüben eine Praxis betreibt, und die Stelle scheint genau das richtige für mich zu sein. Die Praxis ist für ein weites ländliches Gebiet zuständig, wo manches noch recht primitiv ist – ein großer Teil der Landschaft ist noch ganz ursprünglich und unzivilisiert: unbefestigte Straßen, einfache Farmen, eine wunderbar vielfältige Tierwelt. Und, wie ich es verstehe, ein paar noch völlig unberührte Landstriche auch dabei.» Ein verträumter Ausdruck schlich sich in seine dunklen Augen, als erblicke er das Gelobte Land.

Ich mußte ebenfalls lachen. «Ach, zum Teufel, Calum, es tut mir leid, daß ich so reagiert habe. Es war ein kleiner Schock für mich, aber es hört sich an, als sei es genau das richtige für Sie, und ich hoffe, Sie werden da drüben glücklich. Was hält denn Deirdre von der Idee?»

«Sie findet sie ganz prima. Kann's nicht erwarten, daß es endlich losgeht.»

«Das glaube ich gern. Ich glaube, ich höre Siegfried kommen. Es ist wohl besser, wenn wir ihn gleich einweihen.»

Wir begegneten meinem Partner im Gang. Er schaute ein wenig feierlich drein, als wir ihm die Neuigkeiten berichteten, doch dann setzte er, wie ich, ein munteres Gesicht auf und klopfte Calum auf die Schulter. «Ich bin so froh, daß Sie etwas gefunden haben, was Ihnen wirklich zusagt, mein Junge. Ich bin sicher, das ist genau das richtige für Sie, und ich wünsche Ihnen und Deirdre alles Glück und viel Erfolg. Aber, Teufel noch mal, Sie werden mir fehlen.»

Er verstummte plötzlich und zeigte wortlos auf ein riesiges gefiedertes Tier, das an ihm vorüberstolzierte. «Was...? Was...?» In der Dunkelheit des Flurs sah es so groß aus wie ein Strauß.

Der junge Mann lächelte glücklich. «Ist nur ein Reiher. Ich hab ihn vor ein paar Tagen aufgelesen, unten am Fluß. Wanderte umher, konnte nicht fliegen. Hat sich offensichtlich einen Flügel verletzt, aber es scheint schon besser zu werden.» Während er sprach, breitete der Vogel die Schwingen aus, flatterte um die Ecke und verschwand aus unserem Blickfeld. «Da, sehen Sie. Er ist bald wieder ganz gesund.»

«Das hoffe ich... hoffe ich wirklich.» Siegfried starrte ihn an und spitzte dann die Ohren, als von weiter hinten im Gang das leise Kratzgeräusch der über die Fliesen spazierenden, kürzlich aufgenommenen Schildkröten zu uns drang. Dann lachte er plötzlich breit. «Ja, Sie werden mir wirklich fehlen.»

Die wenigen Wochen bis zu Calums Abreise vergingen wie im Flug, und nachdem er und Deirdre fort waren, betrat ich die verlassene Wohnung wieder mit diesem Gefühl der Leere. John Crooks und nun Calum – sie waren meine Freunde geworden, und beide hinterließen eine Lücke, doch in Calums Fall war die Veränderung sogar noch traumatischer. Die mit dem Auszug der Menagerie entstandene Stille war fast mit Händen zu greifen, und als ich in dem Zimmer, wo er an seinem ersten Tag den Kuchen verspeist hatte, aus dem Fenster schaute, wurden zahlreiche Erinnerungen wach, die mir fortan im Kopf herumgingen: «Bitte essen gehen zu dürfen, Sir!», «Ich setze Deirdre nur noch auf einen Baum», die «Herriot-Röhre» und – die bewegendste von allen – der Anblick seines verzückten Gesichts und seiner dunklen Augen, als er der kleinen Konzertina meiner Kinder «Shenandoah» abgequetscht hatte.

Calum war während seiner Zeit in Darrowby schon interessant genug gewesen, doch es war beinahe noch interessanter, seine Laufbahn zu verfolgen, nachdem er fortgegangen war. Ich bekam regelmäßig Briefe, in denen er mir von seiner zunehmenden Arbeit auf den schmutzigen Straßen und in der unberührten Landschaft Neuschottlands berichtete. Mit seiner überbordenden Energie rief er den ersten Viehmarkt der Gegend ins Leben, und er versuchte auch, die Kleintierbehandlung voranzubringen. Ein Satz hat sich meinem Gedächtnis deutlich eingeprägt: «Mache hier ziemlich viele Sterilisationen bei Katzen – häufiges Auftreten der Herriot-Röhre.» Die Briefe endeten oft mit: «Bitte wegtreten zu dürfen, Sir!»

Border Collies abzurichten war eine weitere seiner Leidenschaften, und er hatte große Zuchterfolge, denn mehrere Generationen seiner Hunde waren Nachfahren der preisgekrönten Hütehunde, die er während seiner Zeit in Darrowby von einem befreundeten Farmer gekauft hatte. Als habe er nicht schon genug zu tun, kaufte er sich auch noch eine Farm in Cape Breton.

Ich wurde auch über die regelmäßige Ankunft neuer Kinder auf dem laufenden gehalten und zählte mit zunehmender Verwunderung mit, wie deren Anzahl sich auf sechs erhöhte. Er erzog sie alle in seinem Geiste, vermittelte ihnen die Liebe zum Leben im Freien und zu den Tieren der Wildnis, er lehrte sie, alles Weichliche im Leben genauso zu verachten wie er selbst, und er lehrte sie, im Wald und auf den Bergen mit Zelt und Rucksack zu leben.

Wenn ich Calums Briefe las, dachte ich immer wieder, daß er nun doch seine ideale Welt gefunden hatte, aber da sollte ich mich irren.

Zwanzig Jahre nachdem er aus Darrowby fortgegangen war, behandelte ich eine Kuh bei seinem Freund, dem Farmer Alan Beech. Alan hielt das Tier an den Nüstern fest und sagte über die Schulter: «Haben Sie das Neueste von Calum gehört?»

«Nein, was?»

«Er geht weg aus Neuschottland.»

«Nicht möglich!»

«Doch, es stimmt. Und was glauben Sie, wohin?»

Ein Wirrwarr von Gedanken schoß mir durch den Kopf. Jetzt endlich, wo er selber die Lebensmitte erreichte, fand er es zu rauh und hart da draußen. Fand es an der Zeit, mit seiner Familie irgendwohin zu gehen, wo ein etwas bequemeres Leben möglich war. Vielleicht kam er gar hierher zurück.

«Ich habe keine Ahnung», sagte ich. «Sagen Sie's mir.»

«Papua-Neuguinea.»

«Was?»

«Sie haben ganz richtig gehört.» Alans Gesicht verzog sich zu einem breiten Grinsen. «Ist es zu glauben?»

«Mein Gott, aus Kälte und Schnee in dunstige Hitze. So etwas bringt nur Calum fertig. Vielleicht war Kanada zu bequem und zivilisiert für ihn?»

«Das kann gut sein. Er scheint dort nicht wirklich zufrieden zu sein – will wohl an einem Ort leben, an dem es, nach allem, was man hört, noch von Kannibalen wimmelt. Weiß Gott, er ist schon ein komischer Kauz!»

Ich hatte wohl tausendmal gehört, wie die Farmer im Umkreis von Darrowby so über Calum sprachen, und nun schien sich diese Charakterzeichnung als wahrer denn je zu erweisen. Ich las in der Bibliothek über Papua-Neuguinea nach und erfuhr, daß der erste weiße Mann erst 1930 mit den Eingeborenen in Berührung gekommen war, die das unerforschte Hochland bevölkerten, in dem Calum sich niederlassen wollte. Es war eine intakte Zivilisation, bis zu diesem Zeitpunkt völlig von der Außenwelt abgeschnitten.

Ich schaute mir Aufnahmen von wild aussehenden, beinahe nackten Männern mit Knochensplittern in der Nase an, die mit Pfeil und Bogen bewaffnet in die Kamera starrten. Diese furchteinflößenden Menschen wurden nun seine Nachbarn, und nichts war sicherer, als daß er sie alle lieben würde, ganz besonders diese kleinen schwarzen Kinder mit den Kulleraugen.

Bald kamen nun Briefe aus Mendi im südlichen Hochland. Wie zu erwarten, war Calum von allem dort entzückt. Die Landwirtschaft befand sich noch auf steinzeitlichem Niveau, und Schweine bildeten den einzigen Viehbestand; die meisten Siedlungen waren seit der Entdeckung durch die ersten Weißen völlig unverändert geblieben, und die Bauern dort, die es mit verabredeten Terminen nicht sonderlich genau nahmen, wenn er ihnen etwas über die Viehzucht beibringen wollte, waren ansonsten reizende Burschen. Deirdre und er hatten zahlreiche dicke Freundschaften geschlossen.

Monate und Jahre verstrichen, und Calum widmete sich ganz

der Entwicklung und Förderung des Landes. Ich erfuhr, daß er die einheimische Artenvielfalt um Rinder, Schafe und Hühner bereicherte, die Farmer unterrichtete und mit aller ihm zur Verfügung stehenden Kraft in seinem Leben dort aufging.

1988 bekam ich einen Brief von seiner Tochter Sara. Sie schrieb: «Dad erstaunt mich immer wieder mit seinen Kenntnissen über die hiesige Vegetation und die Tierwelt. Auf seiner Farmstation hat er 11 Border Collies, 2 Labrador-Kreuzungen (sie hüten ihm die Schweine), 2 Wasserbüffel, 5 Pferde, jede Menge Rinder, Schafe und Ziegen, eine bunte Mischung von Hühnern, Enten, Perlhühnern und einen riesigen Schwarm Brieftauben.»

Als ich den Brief beiseite legte, dachte ich an Calums kleine Menagerie in Skeldale House. Sie war nur das Vorspiel zu dieser da gewesen. Nun würde der Doktor mit dem Dachs glücklich sein.

52

Es vergingen Monate, ohne daß in der Beziehung zwischen mir und den Katzen Tauwetter eingesetzt hätte, und ich sah mit zunehmender Beklommenheit, wie Ollys langes Fell zu seiner früheren unansehnlichen Form zurückfand. Die vertrauten Knoten und Knäuel tauchten wieder auf, und binnen eines Jahres war es so schlimm wie eh und je. Mit jedem Tag wurde es offensichtlicher, daß ich etwas unternehmen mußte. Aber würde ich ihn noch einmal überlisten können? Ich mußte es versuchen.

Ich traf die gleichen Vorkehrungen wie damals, und Helen stellte das mit Nembutal versetzte Futter auf die Mauer, doch diesmal schnupperte Olly, leckte daran und ging weg. Bei seiner nächsten Mahlzeit probierten wir es wieder, doch er untersuchte sie mit größtem Mißtrauen und ließ sie erneut stehen.

Während ich mich an meinem üblichen Ausguck am Fenster herumdrückte, wandte ich mich meiner Frau zu. «Helen, ich muß versuchen, ihn so einzufangen.»

«Einfangen? Mit deinem Netz, meinst du?»

«Nein. Das ging, als er noch klein war. Jetzt würde ich nicht einmal mehr in seine Nähe kommen.»

«Wie dann?»

Ich schaute zu dem verlotterten schwarzen Wesen auf der Mauer hinaus. «Na ja, vielleicht kann ich mich hinter dir verstekken, wenn du ihn fütterst, und ihn packen und in den Käfig stopfen. Dann könnte ich ihn in die Praxis mitnehmen, ihm eine Vollnarkose verpassen und ihn richtig bearbeiten.»

«Ihn packen? Und ihn dann in den Käfig sperren?» sagte Helen ungläubig. «Das halte ich für undurchführbar.»

«Ja, ich weiß, aber ich habe in meinem Leben schon einige Katzen eingefangen, und ich reagiere schnell. Wenn ich mich nur gut verstecken kann. Morgen versuchen wir es.»

Meine Frau schaute mich aus großen Augen an. Ich sah, daß sie wenig Zutrauen zu dieser Idee hatte.

Am folgenden Morgen stellte sie köstlichen, frisch zerteilten rohen Schellfisch auf die Mauer. Das war die Lieblingsmahlzeit der Katzen. Gekochten Fisch mochten sie zwar nicht sonderlich, doch dieser hier war unwiderstehlich. Der offene Käfig lag außer Sichtweite. Die Katzen kamen auf der Mauer entlangstolziert, Ginny glatt und glänzend, Olly mit dem zerzausten Fell und den häßlichen Fransen, die ihm von Hals und Körper herunterhingen: ein trauriger Anblick. Helen scharwenzelte wie üblich um die beiden herum und zog sich dann, als sie sich glücklich über das Futter beugten, in die Küche zurück, in der ich schon auf der Lauer lag.

«Jetzt probieren wir's», sagte ich. «Ich möchte, daß du ganz langsam wieder hinausgehst, und ich werde mich hinter dir verstecken. Wenn du dich Olly näherst, konzentriert er sich vielleicht auf seinen Fisch und bemerkt mich nicht.»

Helen gab keine Antwort, als ich mich an ihren Rücken preßte und vom Kopf bis zur Zehenspitze mit ihr Körperkontakt hatte.

«Also, los geht's.» Ich stupste mit meinem linken Bein das ihre an, und wir schlichen wie ein einziger Mensch zur Tür hinaus.

«Das ist doch lächerlich», jammerte Helen. «Wie in einer Schmierenkomödie.»

Ich schmiegte mich hinten an ihren Hals und zischte ihr ins Ohr: «Still, geh einfach nur weiter.»

Als wir an der Mauer angelangt waren, streckte Helen die Hand aus und streichelte Ollys Kopf, doch er war so beschäftigt mit dem Schellfisch, daß er gar nicht hochsah. Da war er, in Brusthöhe, kaum einen Meter von mir entfernt. Meine Chancen hatten nie besser gestanden. Blitzartig fuhr ich mit der Hand hinter Helen hervor, packte ihn am Genick, hielt ihn – ein Trommelfeuer von um sich schlagenden schwarzen Beinen – ein paar Sekunden lang fest und stieß ihn dann in den Käfig. Als ich den Deckel zuwarf, schaute an einem Ende eine verzweifelte schwarze Pfote heraus, doch ich drückte sie hinein und schob den Eisenriegel vor. Nun gab es kein Entrinnen.

Ich stellte den Käfig auf die Mauer, so daß Olly und ich uns auf Augenhöhe gegenüberstanden, und zuckte zurück, als mich sein anklagender Blick durch die Stäbe traf. «O nein, nicht schon wieder! Ich kann's nicht glauben!» schien er zu sagen. «Finden deine Gemeinheiten denn nie ein Ende?»

In Wirklichkeit war mir ziemlich elend zumute. Die arme, von meinem Überfall zu Tode erschreckte Katze hatte nicht einmal versucht zu kratzen oder zu beißen. Ich konnte es ihr nicht verübeln, wenn sie eine schlechte Meinung von mir hatte.

Trotzdem, so sagte ich mir, würde sie am Ende als gepflegtes hübsches Tier freikommen. «Du wirst dich nicht wiedererkennen, alter Junge», sagte ich zu ihr, als wir zur Praxis fuhren. «Diesmal werde ich dich richtig schön herausputzen. Du wirst einfach toll aussehen.»

Siegfried hatte mir seine Hilfe angeboten, und als wir den zitternden Olly erst einmal auf dem Tisch hatten, ließ er die intravenöse Narkoseinjektion widerstandslos über sich ergehen. Während er friedlich schlafend dalag, machte ich mich mit grimmigem Vergnügen über das gräßlich verfilzte Fell her, schnippelte und trimmte, bearbeitete ihn danach mit der elektrischen Haarschneidemaschine und striegelte ihn schließlich so lange, bis auch der letzte winzige Knoten ausgekämmt war. Beim letzten Mal hatte ich ihn nur behelfsmäßig frisiert, doch nun bekam er das komplette Programm.

Siegfried lachte, als ich ihn hochhielt, nachdem ich fertig war. «Sieht aus, als könnte er jetzt auf jeder Katzenshow gewinnen.»

Am nächsten Morgen, als die Katzen auf der Mauer zum Frühstück kamen, dachte ich an seine Worte. Ginny war immer schön, doch jetzt konnte sie kaum mit ihrem Bruder konkurrieren, der mit glattem, schimmerndem, in der Sonne glänzendem Fell anstolziert kam.

Helen war entzückt über sein Aussehen und strich ihm immer wieder bewundernd über den Rücken. Ich hatte natürlich meine übliche Position eingenommen und spähte verstohlen aus dem Fenster. Es sollte noch eine lange Zeit vergehen, bis ich es wagte, Olly überhaupt unter die Augen zu treten.

Schon bald wurde mir klar, daß mein Ansehen einen neuen Tiefstand erreicht hatte, denn ich brauchte nur aus der Hintertür zu treten, damit er davonflitzte. Die Situation wurde so schlimm, daß ich mir ernsthaft den Kopf darüber zu zerbrechen begann.

«Helen», sagte ich eines Morgens. «Diese Sache mit Olly zerrt an meinen Nerven. Ich wünschte, ich könnte etwas daran ändern.»

«Es gibt einen Weg, Jim», sagte sie. «Du mußt ihn endlich kennenlernen. Und er dich.»

Ich warf ihr einen finsteren Blick zu. «Ich fürchte, wenn du ihn fragst, wird er dir antworten, daß er mich nur allzu gut kennt.»

«Ja, ich weiß, aber wenn du es dir einmal genau überlegst, haben dich diese Katzen in all den Jahren, die wir sie jetzt schon haben, kaum zu sehen gekriegt. Nur immer in Notfällen. Ich bin diejenige, die sie gefüttert, mit ihnen geredet, sie tagein, tagaus gestreichelt hat. Mich kennen sie, und mir vertrauen sie auch.»

«Das stimmt schon, aber ich hatte doch einfach keine Zeit.»

«Natürlich hattest du keine Zeit. Dein Leben ist eine einzige Hetzerei. Kaum bist du mal zu Hause, bist du auch schon wieder unterwegs.»

Ich nickte nachdenklich. Sie hatte ja so recht. Im Lauf der

Jahre hatte ich diese Katzen zwar ins Herz geschlossen und mich jedesmal gefreut, wenn ich sah, wie sie den Abhang herunter zu ihren Freßnäpfen getrottet kamen, im hohen Gras auf dem Feld spielten und von Helen mit Zärtlichkeiten verwöhnt wurden, doch verglichen mit ihr war ich für sie ein Fremder. Es gab mir einen Stich, als ich mir vergegenwärtigte, daß diese lange Zeit so schnell verflogen war.

«Vielleicht ist es ja noch nicht zu spät. Ob ich noch irgend etwas daran ändern kann?»

«Ja», sagte sie. «Du mußt anfangen, sie zu füttern. Du mußt dir einfach die Zeit dafür nehmen. Oh, ich weiß, das geht nicht immer, aber wenn du es irgendwie einrichten kannst, mußt du ihnen das Futter hinausbringen.»

«Du glaubst also, es handelt sich nur um ein Bratkartoffel-Verhältnis?»

«Absolut nicht. Du hast mich doch bestimmt oft genug mit ihnen zusammen gesehen. Sie würdigen ihr Futter keines Blikkes, wenn ich mich nicht vorher lange mit ihnen abgegeben habe. Die Zuwendung und die Freundschaft, das bedeutet ihnen am meisten.»

«Aber dann besteht für mich keine Hoffnung. Sie können es doch nicht einmal ertragen, mich zu sehen.»

«Du mußt einfach hartnäckiger sein. Ich habe auch lange gebraucht, bis ich ihr Vertrauen gewonnen hatte. Besonders das von Ginny. Sie ist immer die schüchternere von den beiden gewesen. Sie läuft sogar jetzt noch weg, wenn ich die Hand zu schnell bewege. Trotz allem, was geschehen ist, glaube ich, daß du bei Olly die besseren Chancen hast – in dieser Katze steckt viel Freundlichkeit.»

«Also gut», sagte ich. «Gib mir das Futter und die Milch. Ich fange gleich an.»

Dies war der Beginn einer der schönen kleinen Geschichten in meinem Leben. Bei jeder sich bietenden Gelegenheit war ich derjenige, der sie zu uns rief, ihnen das Futter auf die Mauerkante stellte und dort wartete. Anfangs wartete ich vergeblich. Ich sah die beiden vom Holzschuppen her zu mir herüberstarren, und noch lange Zeit wagten sie sich erst herunter, wenn ich den

Rückzug ins Haus angetreten hatte. Aufgrund meines unregelmäßigen Lebens war es schwierig, den neuen Tagesablauf einzuhalten, und manchmal, wenn ich früh am Morgen zu einer Visite gerufen wurde, bekamen sie ihr Frühstück nicht rechtzeitig, aber es geschah an einem dieser Tage, als das Frühstück mit mehr als einer Stunde Verspätung serviert wurde, daß ihr Hunger den Sieg über ihre Furcht davontrug und sie vorsichtig herunterkamen, während ich mucksmäuschenstill an der Mauer stehenblieb. Sie fraßen rasch und schauten nervös immer wieder zu mir her, dann sausten sie davon. Ich lächelte zufrieden.

Das war der erste Durchbruch.

Danach folgte eine lange Phase, in der ich einfach nur danebenstand, während sie fraßen, und sie gewöhnten sich langsam an mich. Dann streckte ich vorsichtig die Hand aus. Davor schraken sie zurück, doch während die Tage verstrichen, merkte ich, daß meine Hand ihnen immer weniger bedrohlich erschien, und meine Hoffnung wuchs. Wie Helen prophezeit hatte, war Ginny diejenige, die bei der kleinsten Bewegung vor mir zurückwich, wohingegen Olly, nachdem er sich ein wenig zurückgezogen hatte, mich prüfend anschaute, als sei er unter gewissen Umständen gewillt, das Vergangene zu vergessen und seine Meinung von mir noch einmal zu überdenken. Mit unendlicher Geduld gelang es mir, mit der Hand näher an ihn heranzukommen, Tag für Tag ein bißchen mehr, und es war ein denkwürdiges Ereignis, als er eines Morgens still stehenblieb und mir gestattete, mit dem Zeigefinger seine Wange zu berühren. Als ich sanft über das Fell fuhr, betrachtete er mich mit einem unzweifelhaft freundlichen Blick, bevor er davonsprang.

«Helen!» sagte ich und schaute zum Küchenfenster hinein. «Ich habe es geschafft! Endlich werden wir Freunde. Es ist jetzt nur noch eine Frage der Zeit, bis ich ihn so streicheln kann wie du.» Ich war von einer irrationalen Freude und Befriedigung erfüllt. Das war vielleicht ein törichtes Gefühl bei einem Mann, der tagtäglich mit allem möglichen Viehzeug zu tun hatte, doch ich freute mich auf die Jahre der Freundschaft mit dieser ganz besonderen Katze.

Ich sollte mich irren. In diesem Augenblick konnte ich nicht wissen, daß Olly nur achtundvierzig Stunden später tot sein würde.

Am nächsten Morgen rief Helen aus dem Garten hinter dem Haus nach mir. Sie klang völlig verzweifelt. «Jim, komm schnell. Es ist was mit Olly.»

Ich rannte hinaus zu der Stelle, wo sie stand, nicht weit vom oberen Ende des Abhangs und dem Holzschuppen entfernt. Ginny war dort, aber alles, was ich von Olly sehen konnte, war ein dunkler Fleck auf dem Gras.

Helen klammerte sich an meinen Arm, als ich mich über ihn beugte. «Was ist ihm denn passiert?»

Er bewegte sich nicht. Die Beine waren steif, der Rücken in einem furchterregenden Opisthotonus gekrümmt, die Augen starr geradeaus gerichtet.

«Ich... ich fürchte, er ist schon hinüber. Sieht nach einer Strychninvergiftung aus.» Doch noch während ich sprach, bewegte er sich ein wenig.

«Warte einen Augenblick!» sagte ich. «Er lebt noch.» Ich sah, daß der Rigor etwas nachgelassen hatte, und ich konnte ihm die Beine biegen und ihn hochheben, ohne daß er sich wehrte. «Das ist kein Strychnin. Es sieht zwar ähnlich aus, ist es aber nicht. Das ist irgend etwas im Gehirn, vielleicht ein Schlaganfall.»

Mit ausgetrocknetem Mund trug ich ihn ins Haus hinunter, wo er still dalag und fast unmerklich atmete.

Helen sagte unter Tränen: «Was kannst du unternehmen?»

«Ihn in die Praxis bringen. Wir werden tun, was wir können.» Ich küßte sie auf die nasse Wange und rannte zum Auto.

Siegfried und ich sedierten ihn, weil er angefangen hatte, mit den Beinen zu rudern, dann injizierten wir ihm Steroide und Antibiotika und gaben ihm eine intravenöse Infusion. Ich schaute ihn an, als er in dem großen Krankenkäfig lag und matt mit den Pfoten zuckte. «Mehr können wir nicht tun, oder?»

Siegfried schüttelte den Kopf und zuckte die Achseln. Er war, was die Diagnose anging, der gleichen Meinung wie ich: Schlaganfall, Gehirnschlag, zerebrale Blutung – man konnte es nennen, wie man wollte, es war jedenfalls das Gehirn. Ich sah, daß er die gleiche Hoffnungslosigkeit empfand wie ich.

Wir kümmerten uns den ganzen Tag lang um ihn, und am Nachmittag dachte ich kurzzeitig, er würde sich erholen, doch am Abend hatte er wieder das Bewußtsein verloren, und in der Nacht starb er.

Ich brachte ihn nach Hause, und als ich ihn aus dem Auto hob, schien sein glattes, knotenfreies Fell der glatte Hohn zu sein. Ich begrub ihn hinter dem Holzschuppen, nur wenige Schritte von dem Strohbett entfernt, in dem er all die Jahre über geschlafen hatte.

Tierärzte unterscheiden sich nicht von anderen Menschen, wenn sie einen Hausgenossen verlieren, und Helen und ich waren sehr unglücklich. Wir hofften, daß die Zeit unseren Kummer lindern würde, und wir hatten ja noch ein anderes drängendes Problem, mit dem wir uns sofort beschäftigen mußten. Was sollte aus Ginny werden?

Die beiden Katzen waren zu einem Teil unseres Lebens geworden, und wir dachten nie an die eine, ohne zugleich auch an die andere zu denken. Es verstand sich von selbst, daß für Ginny eine Welt ohne Olly unvollständig war. Mehrere Tage lang fraß sie nicht. Wir riefen häufig nach ihr, doch sie kam nur ein paar Meter aus dem Holzschuppen, schaute sich irritiert überall um und kehrte dann in ihr Bett zurück. In all diesen Jahren war sie den Abhang niemals allein heruntergelaufen, und die Bestürzung, mit der sie sich in den folgenden Wochen immer wieder umsah, nach ihrem Gefährten Ausschau hielt und ihn suchte, war eines der bedrückendsten Dinge, die wir je miterleben mußten.

Wir fütterten sie mehrere Tage lang in ihrem Bett und schafften es schließlich, sie auf die Mauer zu locken, doch sie beugte nur selten den Kopf über ihr Futter, ohne vorher in die eine und die andere Richtung gespäht zu haben. Sie wartete noch immer darauf, daß Olly käme und es mit ihr teilte.

«Sie ist so einsam», sagte Helen. «Wir müssen versuchen, noch zärtlicher zu ihr zu sein als zuvor. Ich bleibe noch ein Weilchen draußen und spreche mit ihr. Wenn wir sie doch nur zu uns hereinholen könnten. Das wäre die Lösung, aber ich weiß, das wird nie geschehen.»

Ich betrachtete das kleine Tier und fragte mich, ob ich mich je daran gewöhnen würde, nur eine Katze auf der Mauer zu sehen, aber Ginny neben dem Kamin oder auf Helens Knie sitzen zu sehen, war tatsächlich ein unmöglicher Traum. «Ja, du hast recht, aber vielleicht kann ich etwas tun. Ich hatte gerade mit Olly Freundschaft geschlossen – jetzt fange ich mit Ginny noch einmal von vorn an.»

Mir war klar, daß ich mich auf ein langwieriges und vielleicht hoffnungsloses Unterfangen einließ, denn sie war ja immer die schüchternere von den beiden gewesen, doch ich verfolgte hartnäckig mein Ziel. Zu den Mahlzeiten und wann immer ich die Gelegenheit dazu hatte, ließ ich mich vor der Küchentür sehen, lockte und schmeichelte, winkte ihr mit der Hand, doch noch lange wollte sie mich, obwohl sie das Futter von mir akzeptierte, nicht in ihre Nähe lassen. Doch dann fehlte ihr vielleicht so sehr ein Gefährte, daß sie meinte, ich sei besser als gar keiner, denn es kam der Tag, an dem sie nicht zurückwich, sondern mir erlaubte, mit dem Zeigefinger ihre Wange zu berühren, wie ich es auch bei Olly getan hatte.

Danach machte ich langsame, aber kontinuierliche Fortschritte. Im Wochenrhythmus kam ich ihr näher: Erst berührte ich ihre Wange, dann streichelte ich sie, schließlich kraulte ich ihr sanft die Ohren, bis ich endlich mit der Hand über ihren ganzen Körper fahren und sie an der Schwanzwurzel kitzeln konnte. Von da an taten sich Möglichkeiten zu vertraulichem Kontakt auf, von denen ich nie zu träumen gewagt hätte. Es ging soweit, daß sie ihr Futter erst zur Kenntnis nahm, nachdem sie mehrmals auf der Mauer hin und her spaziert war, sich mit krummem Bukkel entzückt an meiner Hand gerieben hatte und mit dem Körper an meiner Schulter entlanggestrichen war. Ihr Lieblingstrick aus dem Reservoir dieser täglichen Zärtlichkeiten bestand darin, ihre Nase gegen meine zu pressen und mehrere Minuten dazustehen und mir in die Augen zu schauen.

Es war eines Morgens mehrere Monate später, und Ginny und ich standen uns in dieser Pose gegenüber – sie auf der Mauer, die Nase an meine gedrückt, mir tief in die Augen blickend –, als ich hinter mir ein Geräusch hörte.

«Ich sehe bloß dem Tierarzt bei der Arbeit zu», sagte Helen leise.

«Und bei was für einer schönen Arbeit», sagte ich, ohne mich von der Stelle zu rühren, und schaute weiter tief in die grünen Augen. «Du mußt nämlich wissen, dies ist einer meiner größten Triumphe.»